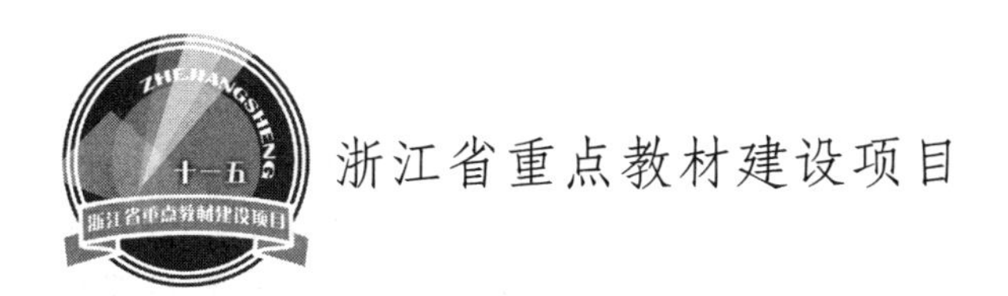

Altium Designer 15 电路设计与制板技术

叶建波　陈志栋　李翠凤　编著

清华大学出版社
北京交通大学出版社
·北京·

内 容 简 介

《Altium Designer 15 电路设计与制板技术》为高职高专规划教材和浙江省重点教材建设项目。本书以Protel 的最新版本 Altium Designer 15 为平台，从印制电路板设计方向的岗位出发，按照项目导入、任务驱动的原则共设置了 11 个项目，包括 Altium Designer 15 的安装与启动、原理图设计入门、原理图元器件绘制、原理图设计提高、原理图设计实例、印制电路板设计基础、人工设计 PCB、PCB 封装绘制、PCB 自动布线、PCB 设计实例和 PCB 制板技术。

本书深入浅出，循序渐进，图文并茂，侧重于软件的实用性，用一些简单的实例使读者快速掌握软件的使用方法，在短时间内成为印制电路板设计的高手。

本书可作为高职高专类院校应用电子技术、信息电子技术、电气自动化技术、通信技术等机电类专业的教材，还可作为工程技术人员和培训班学员的参考书。

图书在版编目（CIP）数据

Altium Designer 15 电路设计与制板技术/叶建波，陈志栋，李翠凤编著. —北京：北京交通大学出版社：清华大学出版社，2016. 8
ISBN 978 – 7 – 5121 – 2668 – 8

Ⅰ. ①A… Ⅱ. ①叶… ②陈… ③李… Ⅲ. ①印刷电路–计算机辅助设计–应用软件–高等职业教育–教材 Ⅳ. ①TN410. 2

中国版本图书馆 CIP 数据核字（2016）第 032491 号

Altium Designer 15 电路设计与制板技术
Altium Designer 15 DIANLU SHEJI YU ZHIBAN JISHU

责任编辑：解　坤
出版发行：清华大学出版社　邮编：100084　电话：010 – 62776969
　　　　　北京交通大学出版社　邮编：100044　电话：010 – 51686414
印 刷 者：北京鑫海金澳胶印有限公司
经　　销：全国新华书店
开　　本：185mm × 260mm　印张：22　字数：549 千字
版　　次：2016 年 8 月第 1 版　2016 年 8 月第 1 次印刷
书　　号：ISBN 978 – 7 – 5121 – 2668 – 8/TN · 107
印　　数：1 ~ 1 500 册　定价：38. 00 元

本书如有质量问题，请向北京交通大学出版社质监组反映。对您的意见和批评，我们表示欢迎和感谢。
投诉电话：010 – 51686043，51686008；传真：010 – 62225406；E-mail：press@ bjtu. edu. cn。

前　言 FOREWORD

Altium Designer（原 Protel）系列是进入我国最早的电子设计自动化软件，一直以易学易用而深受广大电子设计者的喜爱。Altium Designer 15 是 Protel 的最新版本，作为新一代的板卡级设计软件，其独一无二的 DXP 技术集成平台为设计系统提供了所有工具和编辑器的兼容环境。

Altium Designer 15 是一套完整的板卡级设计系统，真正实现了在单个应用程序中的集成，具有更好的稳定性、增强的图形功能和超强的用户界面，设计者可以选择最适当的设计途径以最优化的方式工作。

作者在前几年出版了以 Protel 99 SE 软件为基础的《EDA 技术——Protel 99 SE & EWB 5.0》和《Protel 99 SE 电路设计与制板技术》二书，二书出版后深受广大读者的喜爱，已经多次重印。经过这些年的教学和应用研究，作者对 Protel 的最新版本 Altium Designer 15 有了更深的了解。为适应项目导向教学和软件升级的需要，本书对每个项目的教学内容进行了精心的设计与编排，按照项目导入、任务驱动的原则进行编写，每个项目均以实际工作任务开始，并增加了印制电路板制板工艺方面的内容，使本书更具实用性和可操作性。

本书从印制电路板设计方向的岗位出发，按照项目导入、任务驱动的原则共设置了 11 个项目，包括 Altium Designer 15 的安装与启动、原理图设计入门、原理图元器件绘制、原理图设计提高、原理图设计实例、印制电路板设计基础、人工设计 PCB、PCB 封装绘制、PCB 自动布线、PCB 设计实例和 PCB 制板技术。

本书深入浅出，循序渐进，图文并茂，侧重于软件的实用性，用一些简单的实例使读者快速掌握软件的使用方法，在短时间内成为印制电路板设计的高手。

本书由叶建波、陈志栋、李翠凤编著，全书由叶建波设计编写架构并完成统稿工作。在编写过程中，湖南科瑞特科技股份有限公司给予了大力支持，提供了印制电路板制板工艺方面的资料，该公司技术培训中心对 PCB 制板技术项目内容进行了审核与修改，在此一并表示衷心的感谢。

作者投入大量精力编写本书，但书中难免存在错误和疏漏，恳请读者批评指正。

读者可通过电子邮箱 yjbhp@ sina. com 与作者交流。

作者

2016 年 5 月

目　录 CONTENTS

项目 1 Altium Designer 15 的安装与启动

任务目标：

- ❖ 了解 Altium Designer 15
- ❖ 熟悉 Altium Designer 15 的运行环境
- ❖ 掌握 Altium Designer 15 的安装与启动
- ❖ 了解 Altium Designer 15 集成开发环境

任务 1.1　了解 Altium Designer 15

2014 年 10 月，电子设计自动化、原生 3D PCB 设计系统（Altium Designer）和嵌入式软件开发工具包（TASKING）的全球领导者——Altium 有限公司，宣布发布其专业印制电路板（PCB）和电子系统级设计软件——Altium Designer 15。

Altium 一直致力于开发提升生产力且减缓设计压力的软件和解决方案，以帮助用户应对具有挑战性的电子设计项目。Altium Designer 15 恰恰体现了这一承诺，Altium 通过为客户提供他们所想、所需的产品，助其实现成功设计。秉承这一系列目标，Altium Designer 15 为实现下一代高速印刷电路板设计进行了全新优化，并支持新的生产制造标准，保持了行业领先地位。

1. 高速信号引脚对

现代电子设计要求信号的传播速率要达到 100 Gbps。上一代设计软件难以达到这一规范。这个过程通常需要手工返工并在设计工具以外进行精心的信号布局，这一布局通常在电子表格程序中进行，因此添加了额外的步骤，并引入大量的空间误差。Altium Designer 15 的新引脚对能够：

- 在跨终端组件上进行精确的长度和相位调整；
- 遍历整个信号路径进行精确的长度、相位和延迟的调整。

设计者将不再需要外部软件，也不必维护信号和网络的复杂列表，而是能够更高效、更精确地实现高速信号网络组的布局、布线。

2. IPC-2581 和 Gerber X2 支持

传统的 Gerber 作为计算机辅助制造格式，来源于三十多年前发布的 RS-274D 标准版，许多人认为这种标准 Gerber 格式已经过时。Ucamco 公司将 RS-274X 格式更新为 Gerber X2 以完善先前版本丢失的关键制造数据，国际印制电路行业协会开发了一种全新的标准——IPC-2581。这两个格式标准解决了使用旧版本进入制造流程时所遇到的数据模糊或丢失的问题，能够完整地再现 PCB 的设计，包括：

- 铜层的图像；
- 电镀和未电镀孔、槽、路线、沟槽和微孔；
- PCB 设计大纲和缺口的地区；
- 复杂层堆栈区；
- 刚性和柔性电路板领域；
- 材料规格；
- 制作注释、公差和其他关键标准的合规性信息。

Altium Designer 15 引入了 IPC-2581 和 Gerber X2 两种格式，使设计人员紧跟设计前沿，同时扩大他们对 PCB 制造合作伙伴的选择。

除了更多新功能，Altium Designer 15 还能改善电子工程工作流程，减少设计师和制造商之间的通信瓶颈。

任务 1.2　Altium Designer 15 的安装、汉化和卸载

1.2.1　Altium Designer 15 的安装

Altium Designer 15 的安装很简单，安装步骤如下。

（1）将安装光盘放入光驱后，打开该光盘，从中找到并双击 AltiumInstaller. exe 文件，弹出 Altium Designer 15 的安装界面（见图 1－1）。

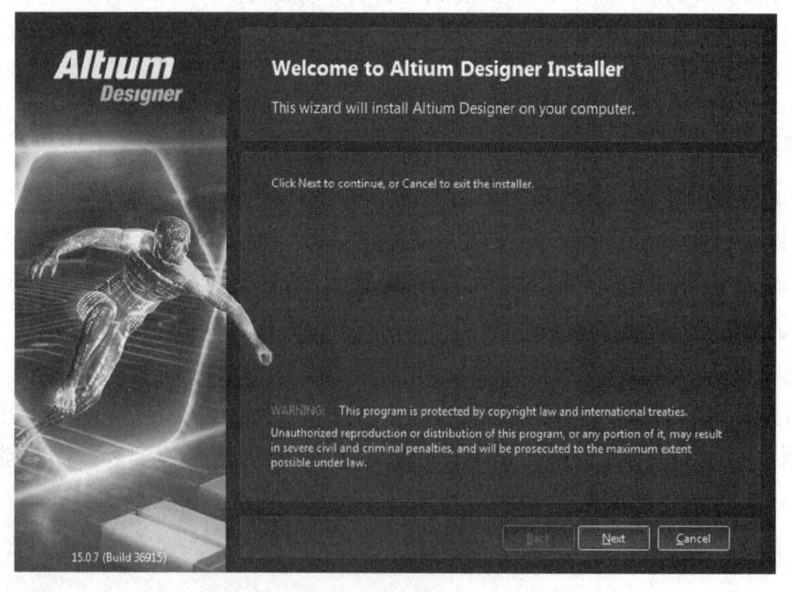

图 1－1　Altium Designer 15 的安装界面

（2）单击【Next】（下一步）按钮，弹出 Altium Designer 15 安装协议对话框（见图 1 –2）。无须选择语言，选择【I accept the agreement】（同意安装）选项即可。

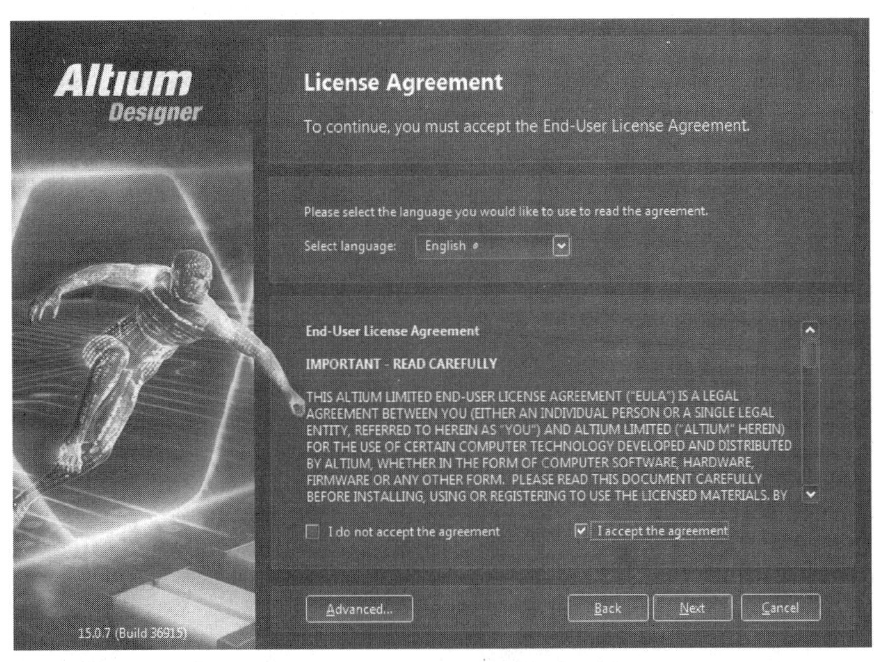

图 1 –2　Altium Designer 15 安装协议对话框

（3）单击图 1 –2 中的【Next】按钮，出现如图 1 –3 所示的对话框，选择【New installation】（新的安装）或者【Update existing version】（更新现有版本）选项。如果计算机没有安装过 Altium Designer 软件，则选择【New installation】选项，然后单击【Next】按钮。

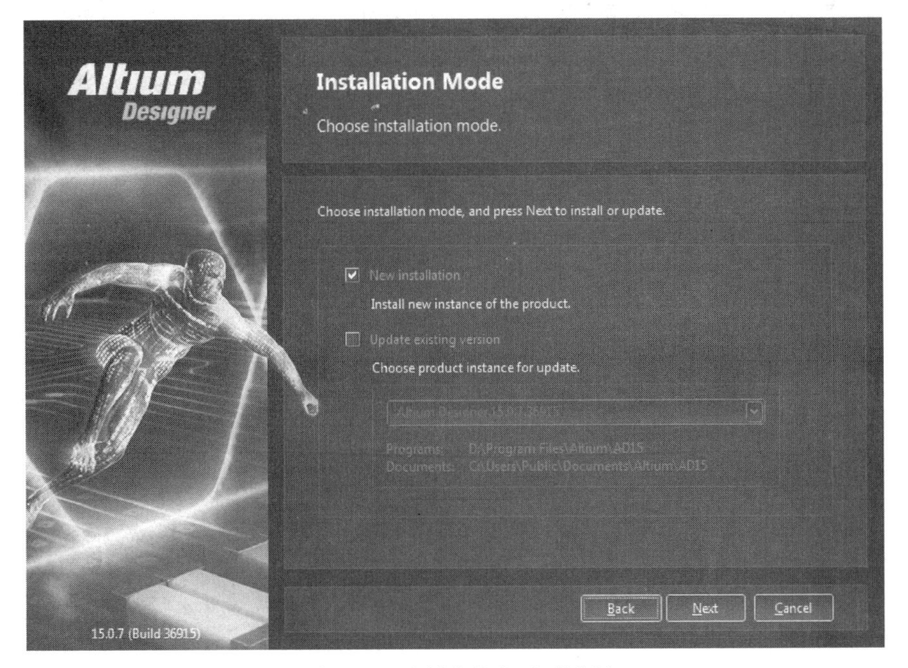

图 1 –3　选择安装方式对话框

（4）单击【Next】按钮后出现如图 1－4 所示的对话框，有 6 种安装类型可供选择。根据需要，选择相应的安装类型。本书选择默认设置，单击【Next】按钮。

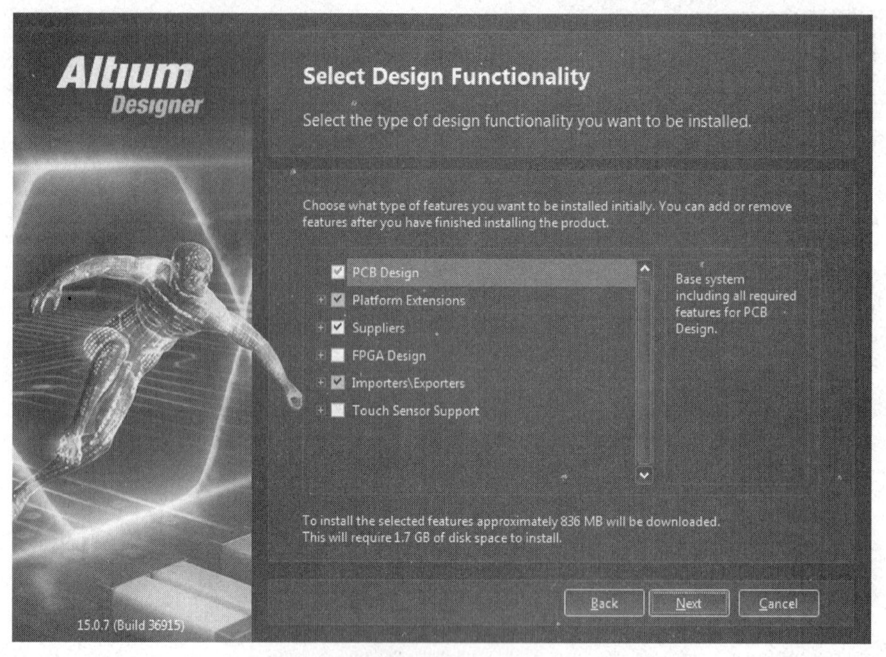

图 1－4　选择安装类型对话框

（5）用户在如图 1－5 所示的对话框中，需要选择 Altium Designer 15 的安装路径。系统默认的安装路径为 C：\Program Files\Altium\AD15，用户可以单击【Default】按钮从而自定义安装路径。

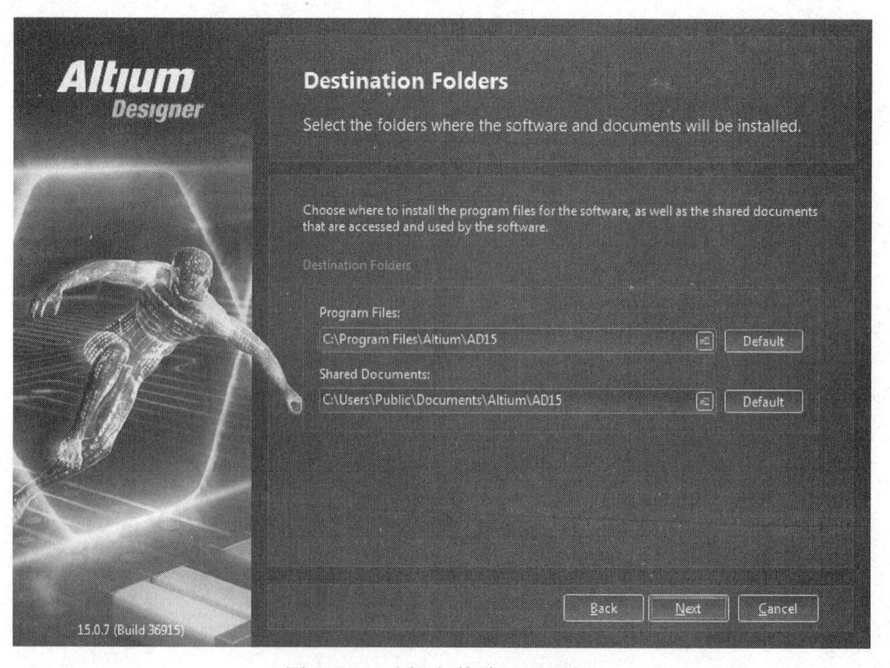

图 1－5　选择安装路径对话框

（6）确定好安装路径后，单击【Next】按钮进行安装。安装进度对话框如图 1－6 所示。由于系统需要复制大量的文件，所以需要等待几分钟。安装过程中，可以随时单击【Cancel】按钮终止安装过程。

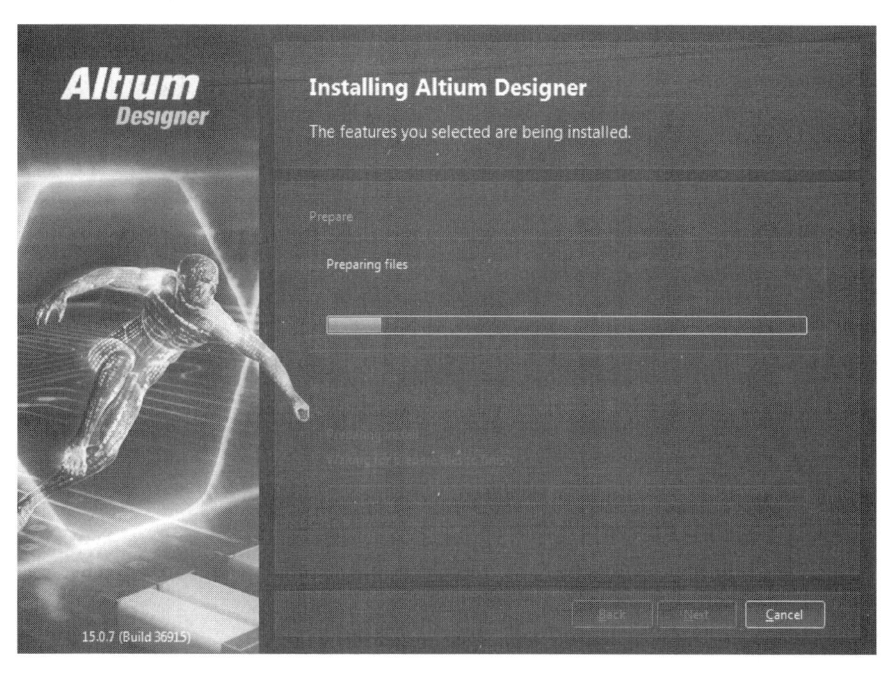

图 1－6　安装进度对话框

（7）如图 1－7 所示，安装结束后，会出现一个安装完成对话框。安装完成后，先不要运行，取消已勾选的选项，单击【Finish】按钮。

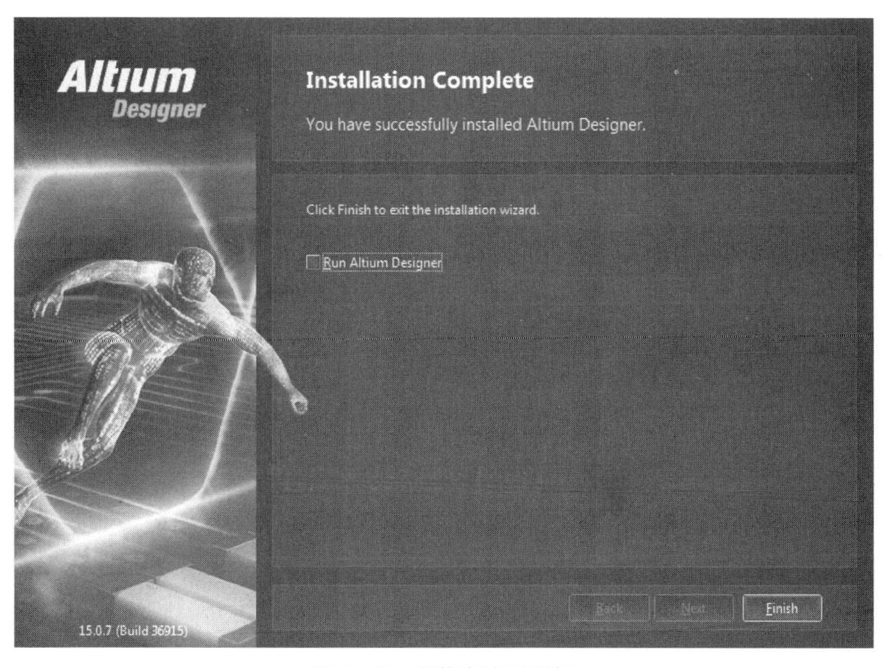

图 1－7　安装完成对话框

安装完成后，在 Windows 操作系统的【开始】|【所有程序】中创建了一个 Altium 级联菜单和快捷键。

1.2.2 Altium Designer 15 的汉化

安装完成之后的 Altium Designer 15 界面是英文显示的，选择【DXP】|【Preferences】选项，在打开的【Preferences】（参数选择）对话框中选择【System】|【General】|【Localization】|【Use localized resources】复选框（见图 1-8）。保存此设置之后，重新启动就会显示中文菜单了。

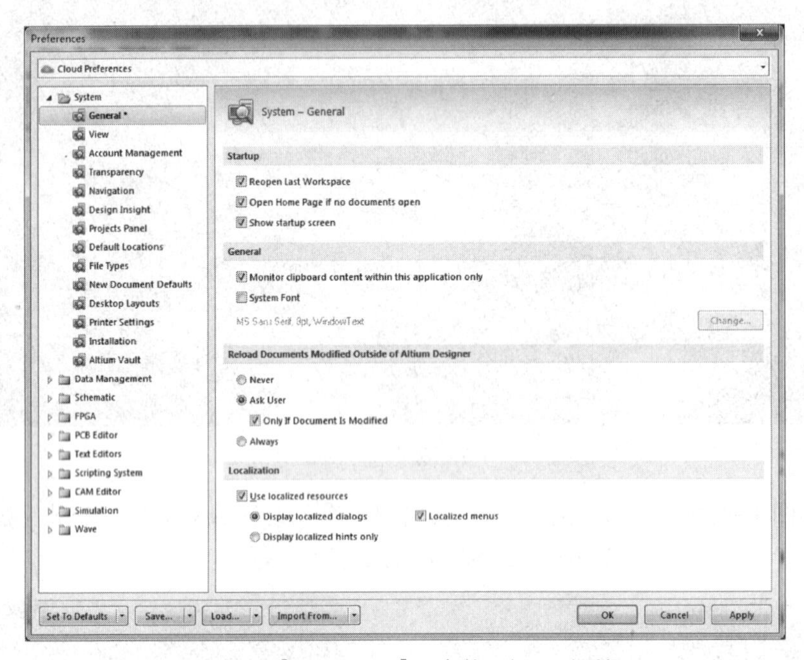

图 1-8 【Preferences】（参数选择）对话框

1.2.3 Altium Designer 15 的卸载

Altium Designer 15 的卸载步骤如下：

（1）在 Windows 操作系统中选择【开始】|【控制面板】选项，显示【控制面板】窗口；

（2）双击【添加/删除程序】图标后，选择【Altium Designer】选项；

（3）单击【删除】按钮，开始卸载程序，直至卸载完成。

任务 1.3 Altium Designer 15 的主要开发环境

1.3.1 Altium Designer 15 的启动

启动 Altium Designer 15 的方法很简单。在 Windows 操作系统中选择【开始】|【所有

程序】|【Altium Designer】选项，即可启动 Altium Designer 15。启动 Altium Designer 15 后，系统会出现如图 1－9 所示的启动画面，稍等一会，即可进入 Altium Designer 15 集成开发环境。

图 1－9 Altium Designer 15 启动画面

1.3.2 Altium Designer 15 集成开发环境

Altium Designer 15 的所有电路设计工作都是在集成开发环境中进行的，集成开发环境具有友好的人机接口功能，而且设计功能强大、使用方便。图 1－10 所示为 Altium Designer 15 集成开发环境窗口，设有菜单栏、工具栏，左边为文件面板，中间对应的是主面板，右边对应的是库面板，同时可分别在两侧加载其余面板，最下面是状态条。

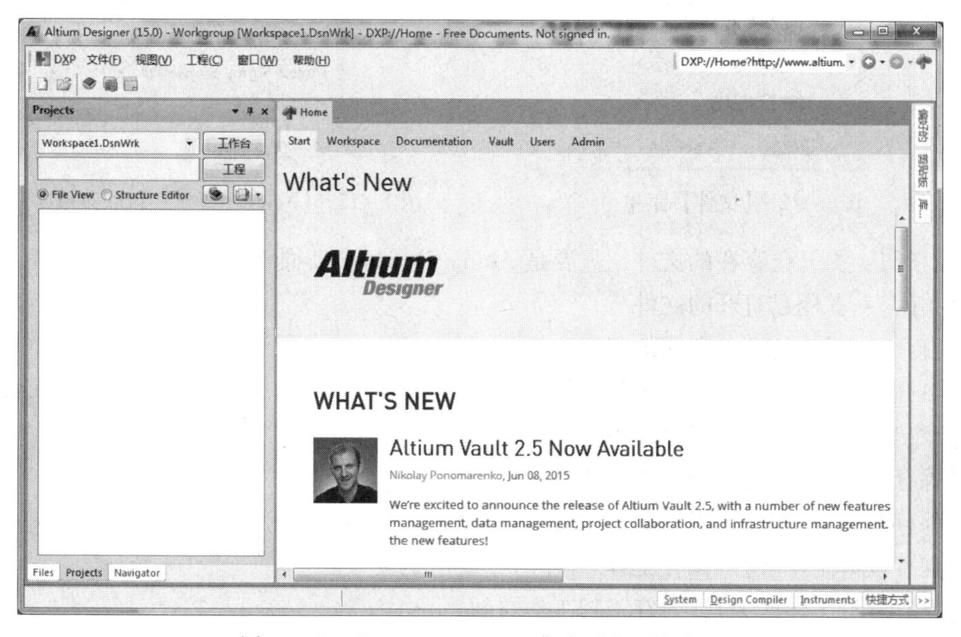

图 1－10 Altium Designer 15 集成开发环境窗口

如图 1－11 所示，Altium Designer 15 的菜单栏包括文件、视图、工程、窗口、帮助 5 个菜单。

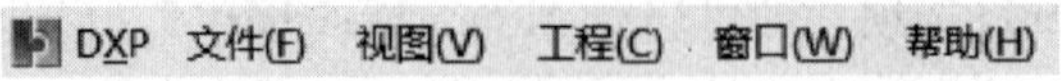

DXP 文件(F) 视图(V) 工程(C) 窗口(W) 帮助(H)

图 1-11 菜单栏

1. 【文件】菜单

【文件】菜单主要用于文件的建立、保存、打开及关闭等，如图 1-12 所示。

【New】（新建）：用于新建文件，可以新建原理图、PCB 等文件，如图 1-13 所示。

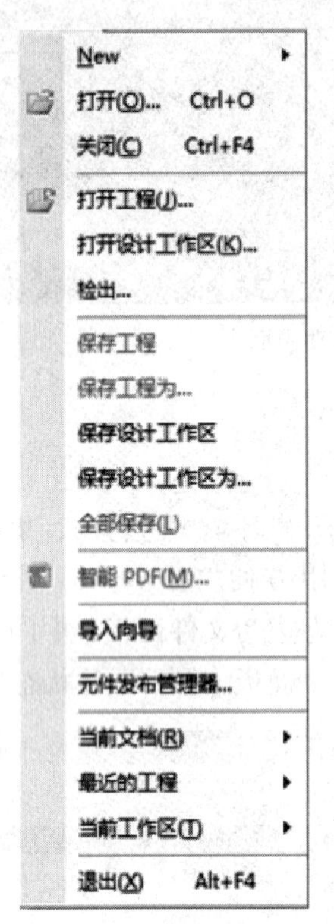

图 1-12 【文件】菜单

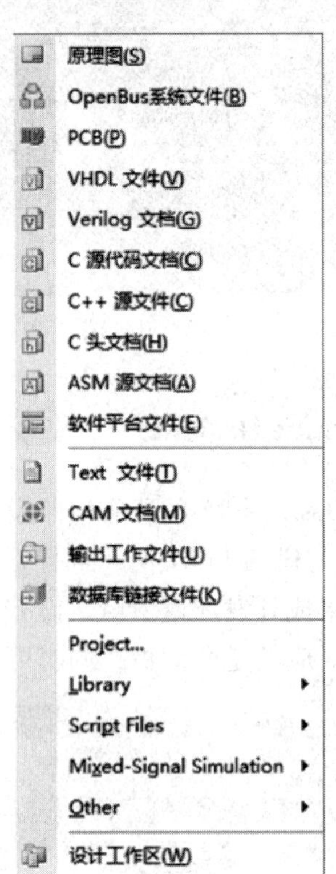

图 1-13 【New】（新建）级联菜单

【打开】：打开已存在的文件，只要是 Altium Designer 15 能识别的文件都能打开。

【关闭】：关闭已打开的文件。

【打开工程】：打开已存在的工程文件。

【打开设计工作区】：打开工程工作空间。

【检出】：用于从设计储存库中选择模板。

【保存工程】：保存当前的工程文件。

【保存工程为】：另存当前的工程文件。

【保存设计工作区】：保存工程。

【保存设计工作区为】：另存工程工作空间。

【全部保存】：保存当前所有打开的文件。

【智能 PDF】：可以指导生成 PDF 格式的设计文件。

【导入向导】：可以将其他版本的文件（如 Protel 99 SE 下创建的 DDB 文件）转换成

Altium Designer 15 文件。

【元件发布管理器】：用于设置发布文件参数及发布文件。

【当前文档】：查看最近打开过的文件。

【最近的工程】：查看最近打开过的工程文件。

【当前工作区】：查看最近打开过的工作空间。

【退出】：退出 Altium Designer 15。

2. 【视图】菜单

【视图】菜单主要用于视图管理，如工具栏、状态栏和命令状态的显示和隐藏等，如图 1－14 所示。常用命令介绍如下。

【Toolbars】（工具栏）：用于控制工具栏的显示与隐藏。

【Workspace Panels】（工作区面板）：用于控制工作窗口的显示与隐藏。

【桌面布局】：用于对桌面的版块进行配置。

【Key Mappings】（映射）：用于快捷键与软件功能的映射，提供了两种映射方式供用户选择。

【器件视图】：设备视图管理。

【PCB 发布视图】：用于发布 PCB 文件。

【首页】：用于控制 Altium Designer 15 主页的显示与隐藏。

【状态栏】：用于控制状态栏和标签栏的显示与隐藏。

【命令状态】：用于控制命令行的显示与隐藏。若选中该命令，在主页下方出现 Idle state - ready for command 命令行。

3. 【工程】菜单

【工程】菜单主要用于整个设计工程的编译、分析和版本控制，如图 1－15 所示。

图 1－14 【视图】菜单

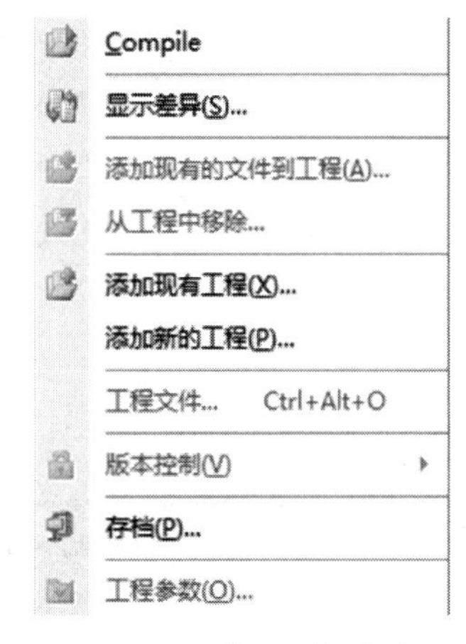

图 1－15 【工程】菜单

4. 【窗口】菜单

【窗口】菜单主要用于窗口的管理，包括调整窗口的大小、位置等，如图 1－16 所示。

【水平平铺展示所有的窗口】：若选中此命令，则所有的窗口水平平铺。
【垂直平铺展示所有的窗口】：若选中此命令，则所有的窗口纵向平铺。
【关闭所有文档】：关闭所有窗口。

5. 【帮助】菜单

【帮助】菜单主要用于打开帮助文件，如图 1－17 所示。

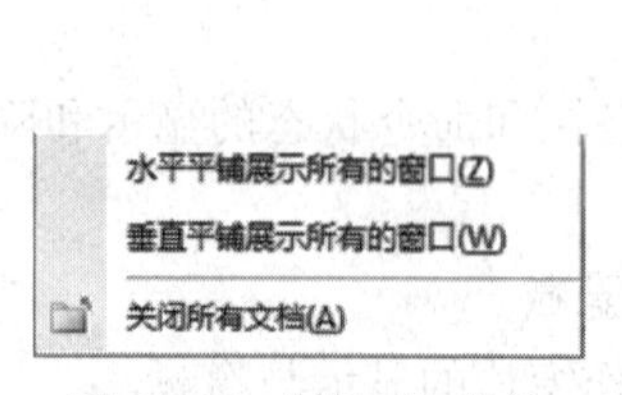

图 1－16 【窗口】菜单

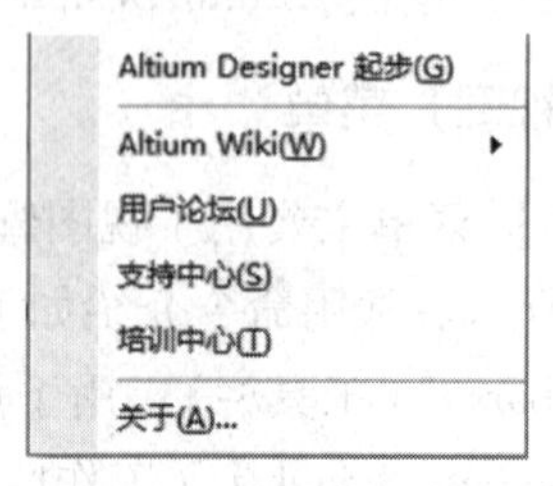

图 1－17 【帮助】菜单

1.3.3 Altium Designer 15 原理图开发环境

图 1－18 所示为 Altium Designer 15 原理图开发环境。

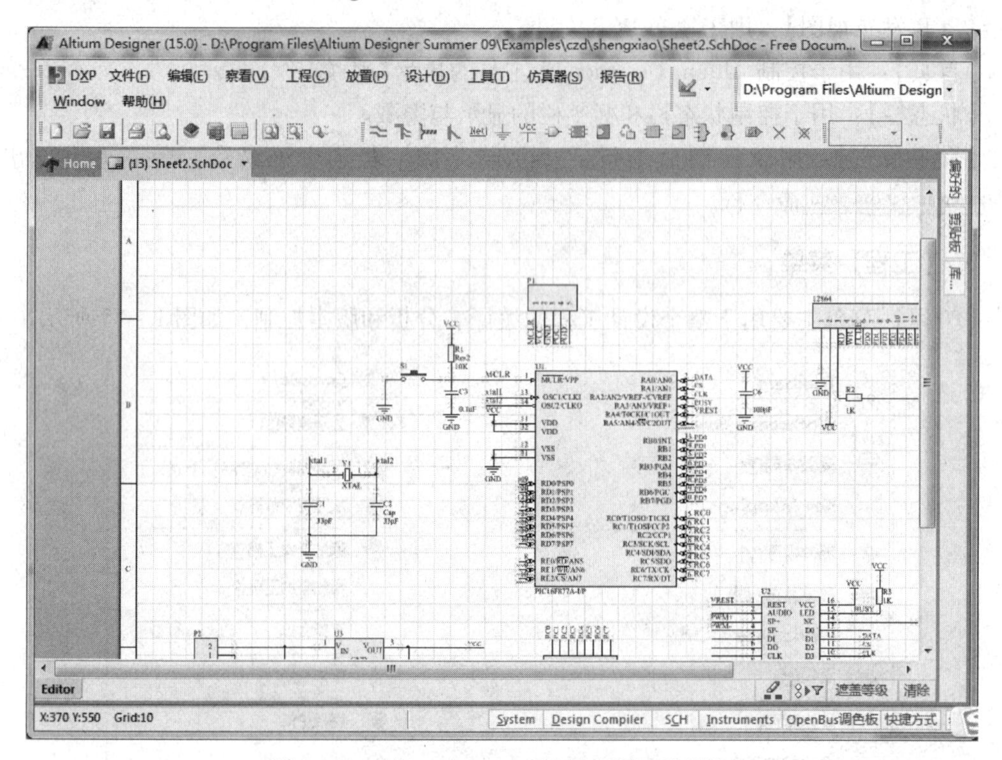

图 1－18 Altium Designer 15 原理图开发环境

1.3.4 Altium Designer 15 印制板电路的开发环境

图 1－19 所示为 Altium Designer 15 印制板电路的开发环境。

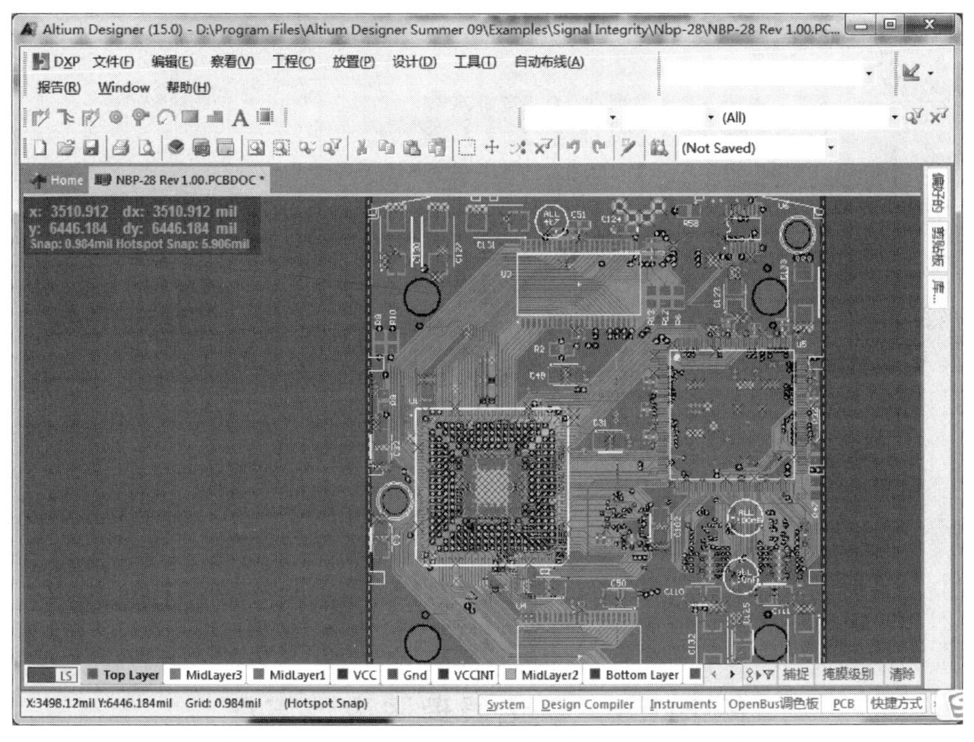

图 1－19　Altium Designer 15 印制板电路的开发环境

项目小结

本项目主要讲解了 Altium Designer 15 的特点、安装、汉化和卸载，并简要介绍了 Altium Designer 15 的主要开发环境。由于其强大的设计能力，Altium Designer 15 受到了广大电路设计人员的喜爱。

项目练习

1. 动手安装 Altium Designer 15 软件，熟悉其安装及汉化过程。
2. 打开 Altium Designer 15 的各种编辑环境，尝试操作相应的菜单和工具栏。

项目2 原理图设计入门

任务目标：

- ❖ 了解 Altium Designer 15 原理图设计流程
- ❖ 熟悉原理图集成开发环境的设置
- ❖ 熟悉加载原理图元器件库的方法
- ❖ 掌握放置原理图设计对象
- ❖ 掌握原理图元器件的编辑与操作

任务2.1　认识原理图设计流程

电路原理图设计是印制电路板的基础，此工作主要在电路原理图的开发环境中完成。

2.1.1　印制电路板设计的一般步骤

想要制作一块印制电路板，首先需要了解其主要设计流程，如图2－1所示。

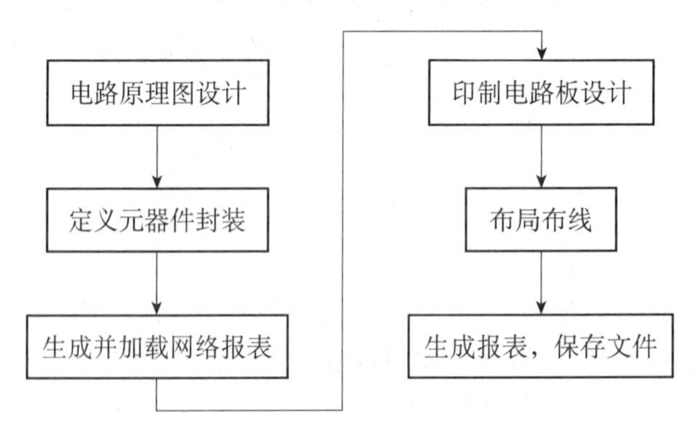

图2－1　印制电路板设计流程

（1）电路原理图设计：利用 Altium Designer 的电路原理图设计（SCH）系统，绘制完整的、正确的原理图。

（2）定义元器件封装：原理图绘制完成后，系统会自动为大多数器件提供封装。但是对于用户自己设计的元器件或者某些特殊的元器件必须由用户自己创建或者修改元器件封装。

（3）生成并加载网络报表：网络报表是连接电路原理图和印制电路板之间的桥梁。只有将网络报表装入PCB系统后，才能进行布线。加载网络报表后，系统将产生一个内部的网络报表，形成飞线。

（4）印制电路板设计：根据原理图，利用Altium Designer提供的强大的PCB设计功能进行印制电路板的设计。

（5）布局布线：使用自动布局将元器件进行初步设置，手工调整元器件，使其符合功能需要和电气规范；合理设置布线规则，为PCB自动布线，并按照设计需要进行大量的手动调整。

（6）生成报表，保存文件：布线完成之后，可以生成相应的各种报表文件，比如元器件报表清单、电路板信息报表等，并可以保存及打印输出。

2.1.2　原理图设计的一般流程

原理图设计是整个电路设计的基础，它决定了后面工作的进展。原理图的一般设计流程如下（可以根据实际情况进行适当的调整）。

（1）新建原理图文件。

（2）启动原理图编辑器。

（3）设置图纸和工作环境。

（4）加载元器件库。

（5）放置元器件。

（6）调整元器件布局。

（7）布线及调整。

（8）检查及修改。

（9）报表文件的生成。

（10）文件的保存与输出。

任务2.2　原理图的设计准备

2.2.1　新建原理图文件

Altium Designer 15为用户提供了一个十分友好且易用的环境，采用了以工程为中心的设计环境。在一个工程中，各个文件互有关联，当工程被编辑以后，工程中的原理图文件和PCB文件都会被同步更新。因此，要进行PCB设计，在进行原理图设计的时候需创建一个PCB工程。

1. 新建PCB工程

启动Altium Designer 15，进入集成开发环境，屏幕显示如图2－2所示。

执行菜单命令【文件】|【New】（新建），屏幕显示如图2－3所示的窗口。

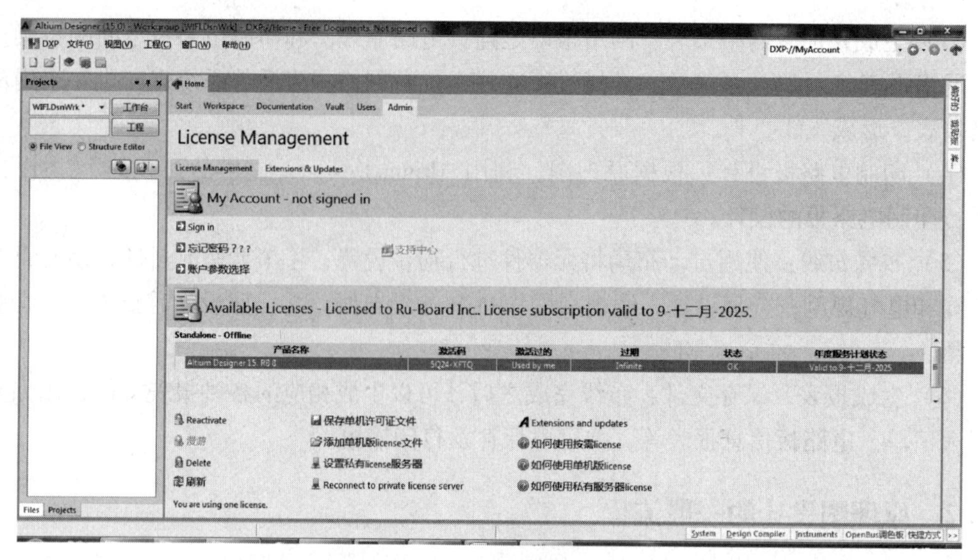

图 2-2 Altium Designer 15 集成开发环境

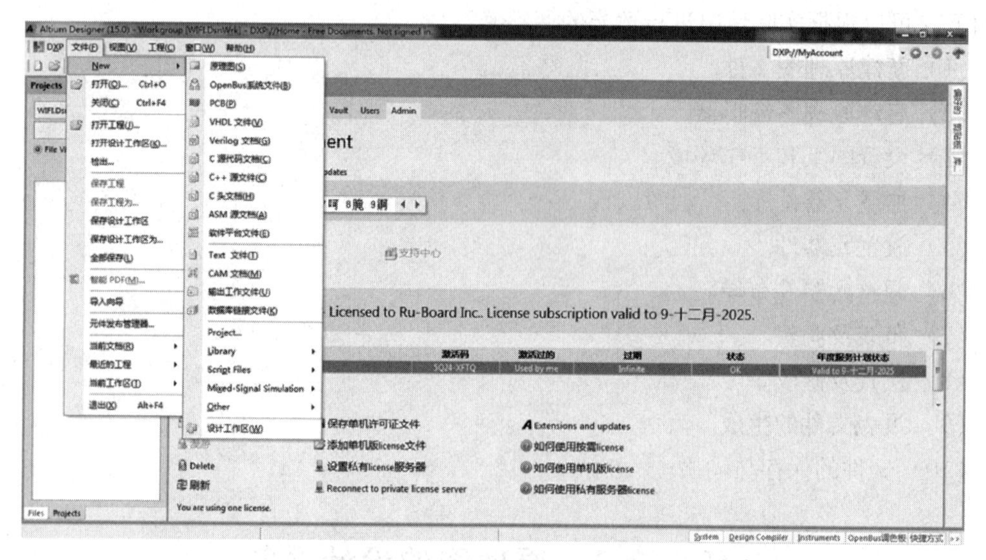

图 2-3 设计管理器工作界面

然后选择【Project】（工程）选项，打开如图 2-4 所示的【New Project】（新工程）对话框。常用设置如下。

• 【Project Types】（工程类型）：PCB 工程、FPGA 工程、核心工程、嵌入式项目工程、集成库工程、脚本工程，用户可以根据自己的需要选取工程类型。

• 【Project Templates】（工程模板）：Altium Designer 15 为用户提供了大量的模板，默认为空。

• 【Name】（工程名）：自定义工程名。

• 【Location】（保存路径）：设置保存工程路径。

在【Project Types】选项区域选择【PCB Project】选项，集成开发环境出现【Projects】（工程）面板（见图 2-5）。

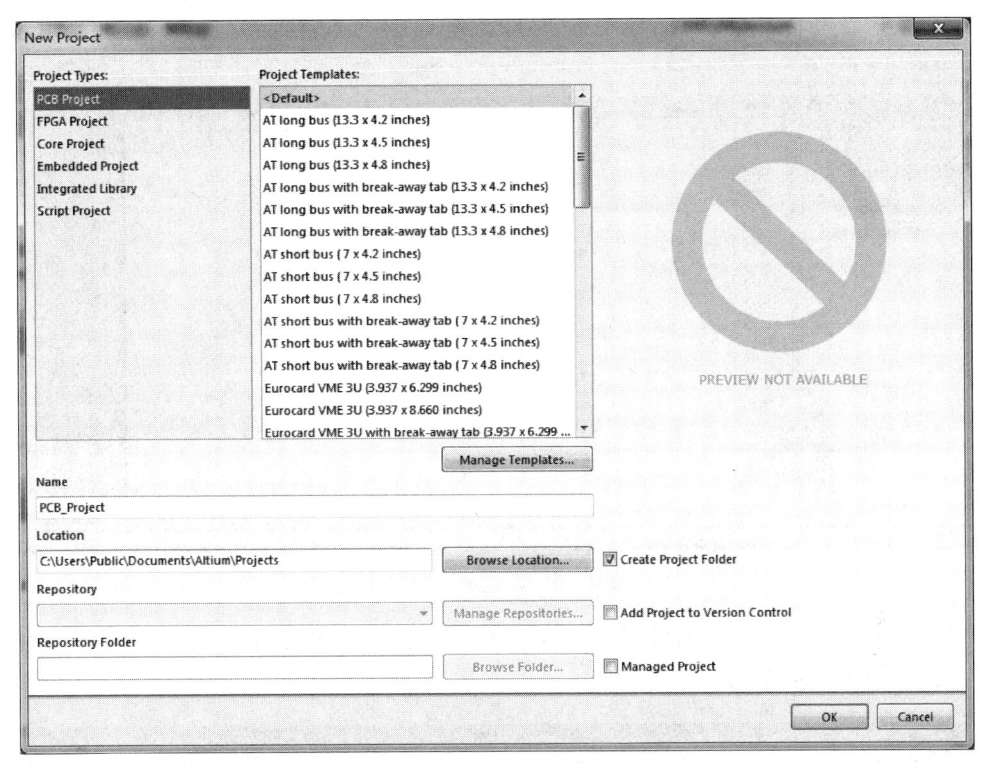

图 2－4　【New Project】（新工程）对话框

图 2－5　【Projects】（工程）面板

2. 新建原理图文件

若要建立原理图文件，可在图 2－2 中执行菜单命令【文件】|【New】（新建）|【原理图】，在当前工程 PCB_ Project_ 1. PrjPcb 下建立原理图文件，默认文件名为 Sheet1. SchDoc，在右边的设计窗口中将打开 Sheet1. SchDoc 的编辑窗口，屏幕显示如图 2－6 所示。

3. 文件的保存

在图 2－6 中执行菜单命令【文件】|【保存工程】，屏幕显示如图 2－7 所示。在文件

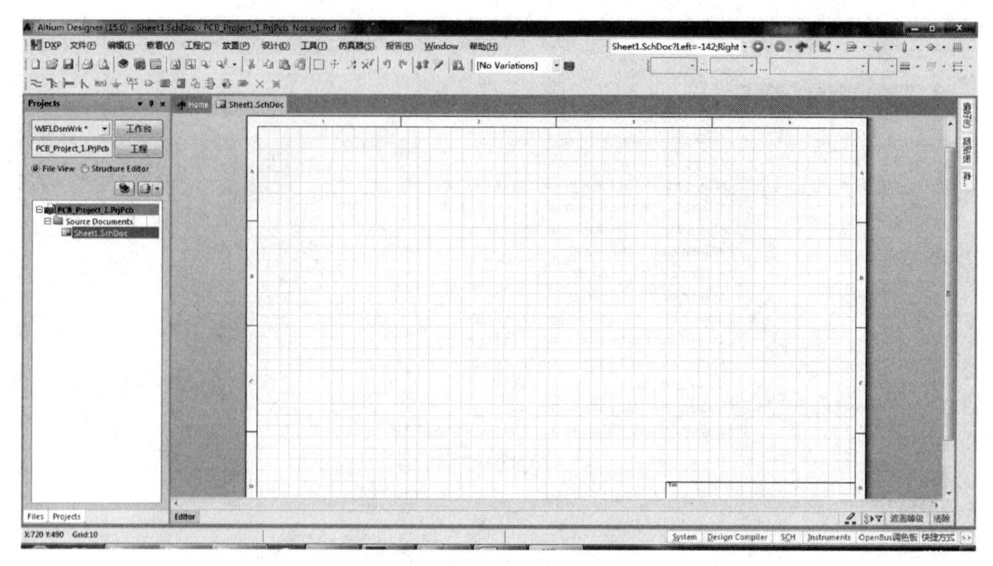

图 2-6　新建原理图文件

保存对话框中，用户可以更改文件名、保存路径等，PCB 工程后缀名为 . PrjPcb，原理图文件默认类型为 . SchDoc。

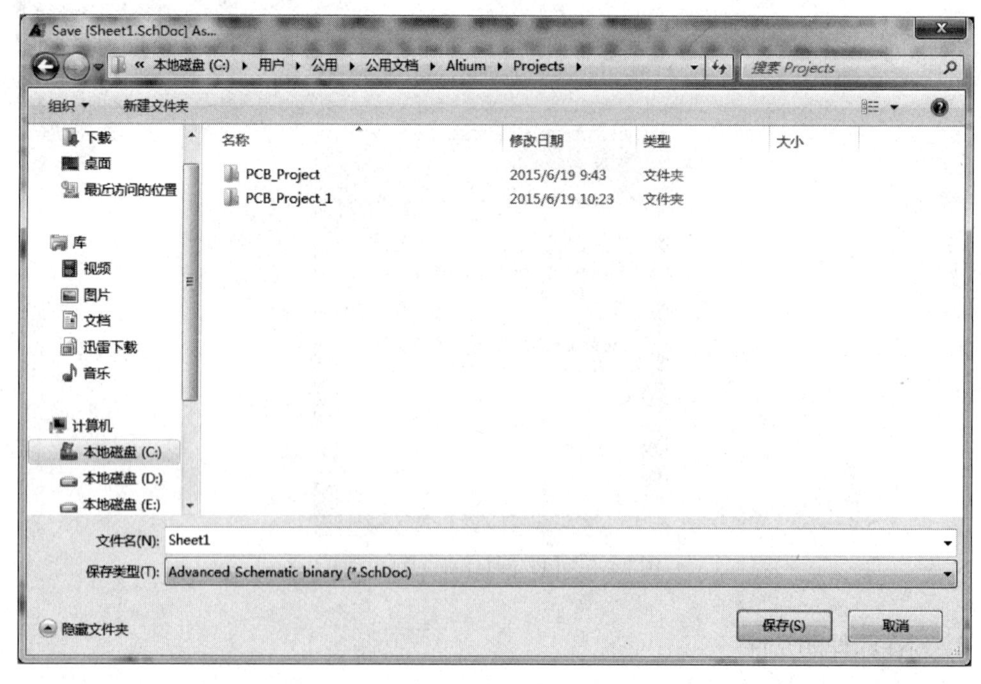

图 2-7　文件保存对话框

2.2.2　原理图编辑器

图 2-8 所示为原理图编辑器，包括菜单栏、主工具栏、布线工具栏、工程面板、工作窗口等。原理图编辑器有两个窗口，左边的窗口称为工程面板，右边的窗口称为工作窗口。

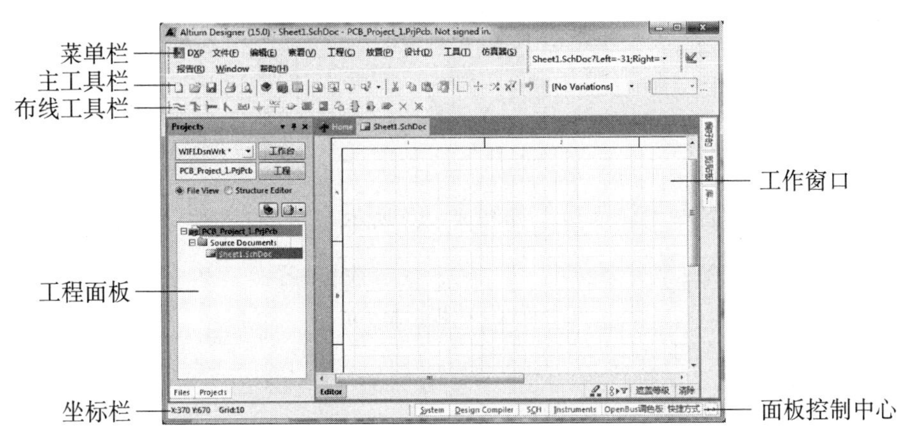

图 2-8　原理图编辑器

1. 菜单栏

Altium Designer 15 在设计不同类型文件时，其菜单栏的内容会发生改变。在原理图编辑器中，菜单栏如图 2-9 所示。

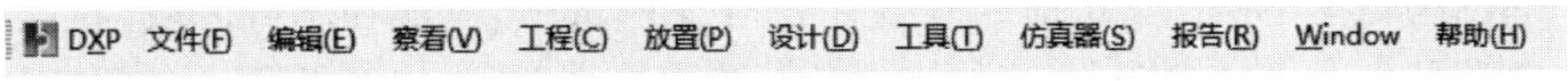

图 2-9　原理图编辑器的菜单栏

2. 主工具栏

Altium Designer 15 提供形象直观的主工具栏，用户可以通过单击该工具栏上的按钮来执行常用的命令。执行菜单命令【察看】|【Toolbars】（工具栏）|【原理图标准】，可以打开或关闭主工具栏。主工具栏如图 2-10 所示。

图 2-10　主工具栏

3. 布线工具栏

布线工具栏主要用于绘制原理图，放置元器件、电源、地、端口、图纸标号等，同时可以完成连线操作，如图 2-11 所示。

4. 工程面板

工程面板列出了当前打开工程的文件列表及所有的临时文件，提供了所有关于工程的操作功能，如打开、关闭和新建各种文件，以及在工程中导入文件等。

5. 工作窗口

工作窗口是进行电路原理图设计的工作区。

6. 坐标栏

在工作窗口的左下方，坐标栏上会显示鼠标指针目前所在的位置，如图 2-12 所示。

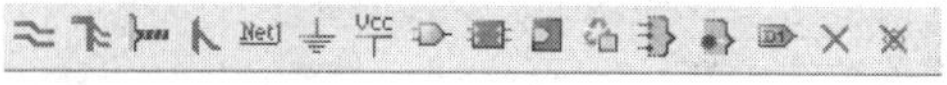

图 2－11 布线工具栏

图 2－12 坐标栏

7. 面板控制中心

用来开启或者关闭各种工作面板，如图 2－13 所示。

图 2－13 面板控制中心

2.2.3 图纸设置

在开始设计原理图之前，一般要先设置图纸参数。合适的图纸设置是设计好原理图的第一步，必须根据实际原理图的规模和复杂程度而定。

1. 图纸格式设置

1）打开【文档选项】对话框

在原理图编辑器中执行菜单命令【设计】|【文档选项】，或在图纸区域内右击，并在弹出的快捷菜单中选择【选项】|【文档选项】命令，如图 2－14 所示，或者双击图纸边沿，系统弹出【文档选项】对话框，如图 2－15 所示。

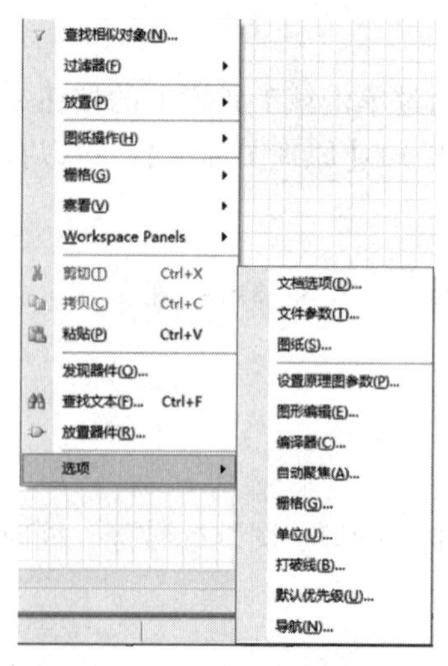

图 2－14 右击弹出快捷菜单

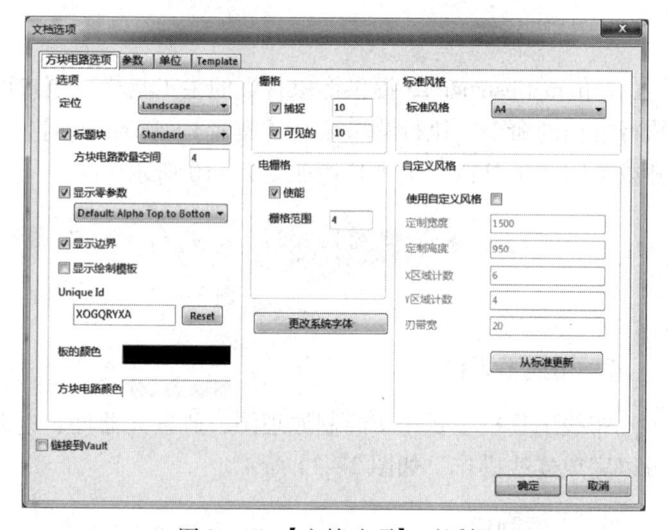

图 2－15 【文档选项】对话框

2）图纸尺寸设置

在图 2－15 中选择【方块电路选项】标签，这个选项卡的右边为图纸尺寸的设置区域。Altium Designer 15 给出了两种图纸尺寸的设置方法：一种是标准风格，一种是自定义风格。用户可以根据设计需要选择不同的风格，默认的设置为标准风格。

（1）使用标准风格设置图纸，可以在【标准风格】下拉列表中选择已经定义好的尺寸，包括公制尺寸（A0～A4）、英制尺寸（A～E）、CAD 尺寸（ORCAD A～ORCAD E）及其他尺寸。Altium Designer 15 提供的标准图纸尺寸见表 2－1。然后单击【从标准更新】

按钮，对图纸尺寸进行更新。

Altium Designer 15 中使用的尺寸是英制，它与公制之间的关系是：

1 mil = 0.025 4 mm　　100 mil = 0.1 in = 2.54 mm

1 mm = 40 mil

表 2-1　Altium Designer 15 提供的标准图纸尺寸

尺　寸	宽度×高度/in	宽度×高度/mm
A	11.00×8.50	279.40×215.90
B	17.00×11.00	431.80×279.40
C	22.00×17.00	558.80×431.80
D	34.00×22.00	863.60×558.80
E	44.00×34.00	1 117.60×863.60
A4	11.69×8.27	297×210
A3	16.54×11.69	420×297
A2	23.39×16.54	594×420
A1	33.07×23.39	840×594
A0	46.80×33.07	1 188×840
ORCAD A	9.90×7.90	251.46×200.66
ORCAD B	15.40×9.90	391.16×251.46
ORCAD C	20.60×15.60	523.24×396.24
ORCAD D	32.60×20.60	828.04×523.24
ORCAD E	42.80×32.80	1 087.12×833.12
Letter	11.00×8.50	279.40×215.90
Legal	14.00×8.50	355.60×215.90
Tabloid	17.00×11.00	431.80×279.40

（2）使用自定义风格设置图纸，在图 2-15 中勾选【使用自定义风格】复选框，则自定义功能被激活。在【定制宽度】、【定制高度】、【X 区域计数】、【Y 区域计数】、【刃带宽】5 个文本框中分别输入自定义的图纸尺寸，如图 2-16 所示。

3）设置图纸方向

对图纸方向的设置是在图 2-15 中【方块电路选项】选项卡的【选项】区域中进行的。图纸方向设置如图 2-17 所示。在【定位】下拉列表中有两个选项：【Landscape】（水平方向）和【Portrait】（垂直方向），默认为【Landscape】。

图 2-16　自定义图纸设置

图 2-17　图纸方向设置

4）设置图纸标题栏

在图 2－17 中选中【标题块】复选框，即可进行标题栏设置。单击下拉列表，出现两种类型的标题栏供选择，图 2－18 所示为 Standard（标准型）标题栏，图 2－19 所示为 ANSI（美国国家标准协会模式）标题栏。

Title			
Size A4	Number		Revision
Date:	2015/6/27	Sheet of	
File:	C:\Users\..\Sheet1.SchDoc	Drawn By:	

图 2－18 Standard（标准型）标题栏

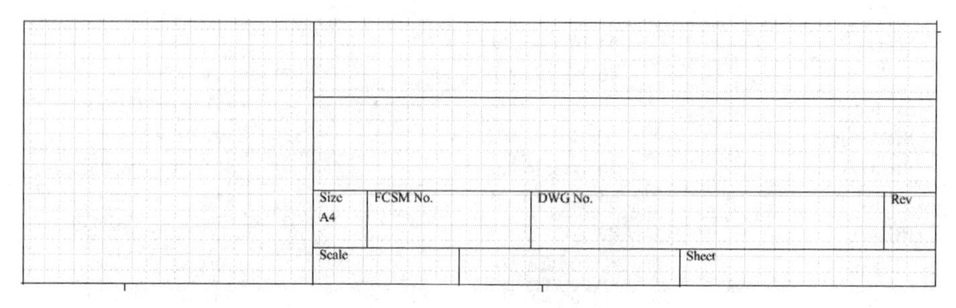

图 2－19 ANSI（美国国家标准协会模式）标题栏

5）设置边框颜色和图纸颜色

在图 2－17 中双击【板的颜色】色块，出现【选择颜色】对话框，即可对边框颜色进行设置，如图 2－20 所示。在图 2－17 中双击【方块电路颜色】色块，出现【选择颜色】对话框，即可对图纸颜色进行设置。

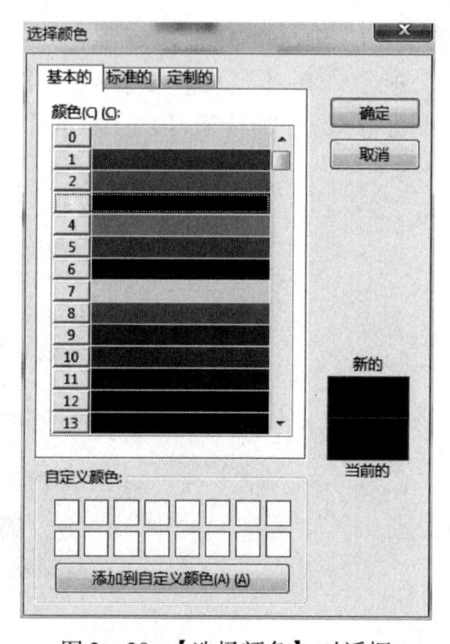

图 2－20 【选择颜色】对话框

6）设置图纸信息

图纸信息记录了电路原理图的设计信息和更新信息，可以使用户更加有效地管理。

在【文档选项】对话框中选择【参数】标签，即可填写图纸信息，如图 2－21 所示。

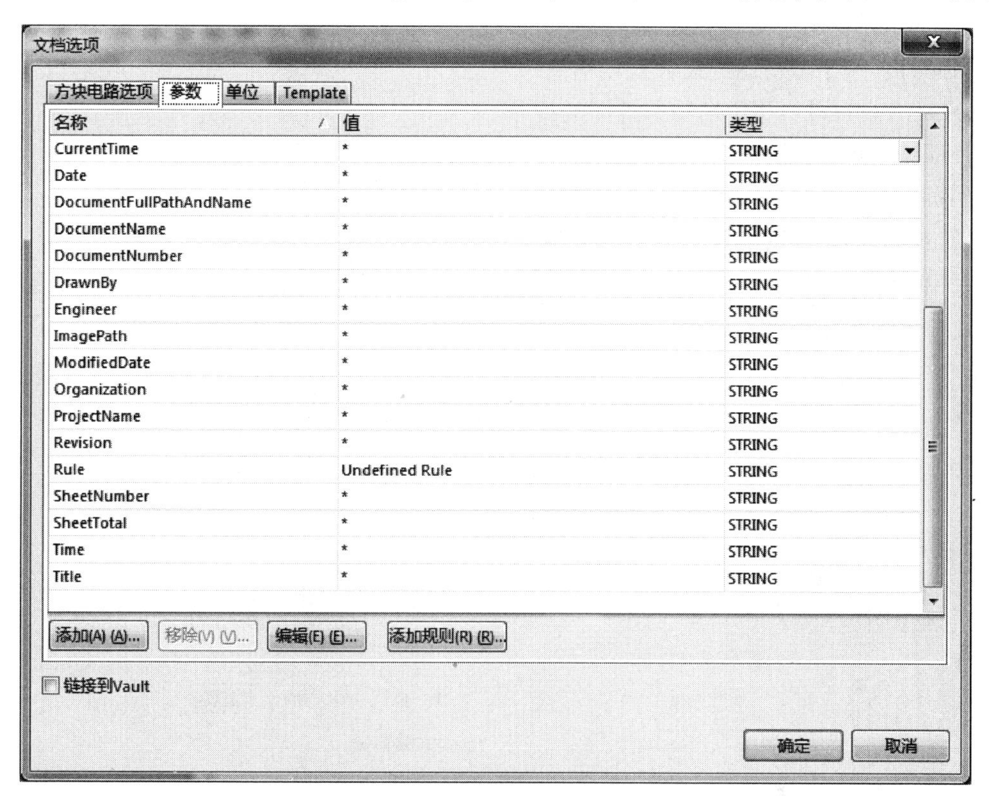

图 2－21　填写图纸信息

图纸信息的主要内容如下。

【Address1、Address2、Address3、Address4】：用于填写公司或者单位的地址。

【Application_BuildNumber】：用于填写设计负责人的名字。

【Author】：用于填写设计者的名字。

【CheckedBy】：用于填写审核者的名字。

【CompanyName】：用于填写公司或者单位的名字。

【CurrentDate】：用于填写当前日期。

【CurrentTime】：用于填写当前时间。

【Date】：用于填写日期。

【DocumentFullPathAndName】：用于填写设计文件名和完整的保存路径。

【DocumentName】：用于填写文件名。

【DocumentNumber】；用于填写文件数量。

【DrawnBy】：用于填写图纸绘制者姓名。

【Engineer】：用于填写工程师名字。

【ImagePath】：用于填写影响路径。

【ModifiedDate】：用于填写修改的日期。

【Organization】：用于填写设计机构名称。

【ProjectName】：用于填写工程名称。

【Revision】：用于填写图纸版本号。

【Rule】：用于填写图纸设计规则信息。

【SheetNumber】：用于填写原理图的编号。

【SheetTotal】：用于填写原理图总数。

【Time】：用于填写时间。

【Title】：用于填写电路原理图的标题。

选中要填写的信息后，单击 编辑(E) (E)... 按钮，弹出相应的对话框，如图 2－22 所示，填写完成后单击 确定 按钮即可完成填写。

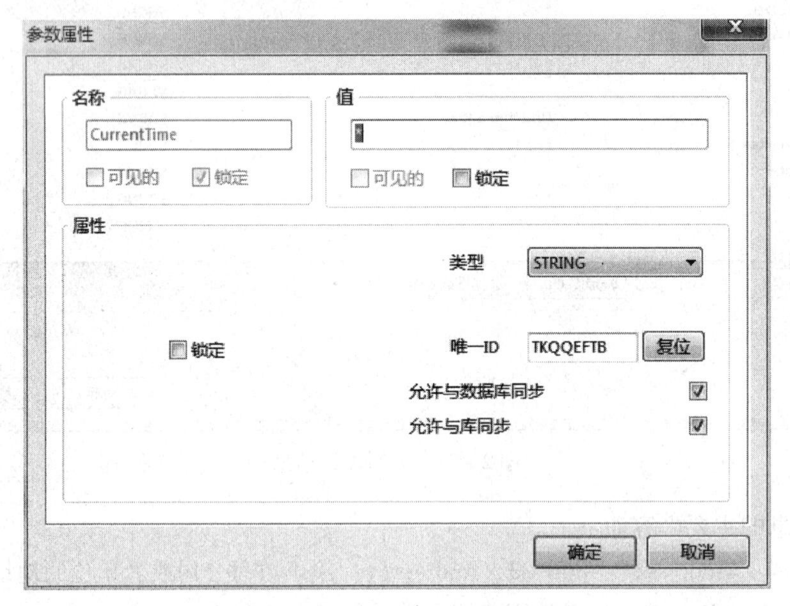

图 2－22 【参数属性】对话框

2.2.4 网格和光标设置

1. 网格设置

在进入原理图的编辑环境后，会看到编辑窗口的背景是网格形的。图纸上的网格为元器件放置、线路连接带来了极大的方便。用户可以根据自己的需求对网格的类型和显示进行设置。

在图 2－15 中【方块电路选项】选项卡的【栅格】选项区域，可以对图纸的网格进行设置，如图 2－23 所示。

【捕捉】复选框：选中此框，则光标将以设置的值为单位移动，默认值为 10 px；不选中此框，光标将以 1 px 为单位移动。

【可见的】复选框：用来开启可视网格，即在图纸上可以看到网格；不选中此框，图纸的网格将被隐藏。

如果同时选中这两个复选框，且其后的设置值也相同的话，那么光标每次移动的距离将是一个网格。

在图2-15中【方块电路选项】选项卡的【电栅格】选项区域，可以对图纸的电气网格进行设置，如图2-24所示。

图2-23　图纸网格设置　　图2-24　图纸电气网格设置

若选中【使能】复选框，在绘制导线时，以光标所在位置为中心、以【栅格范围】文本框中设置的值为半径，自动向四周搜索电气节点。如果在此半径范围内有电气节点，光标将会自动移动到该节点上，并在该节点显示一个圆点。

Altium Designer 15 提供了两种网格形状：线状网格（Line Grid）和点状网格（Dot Grid），如图2-25所示。

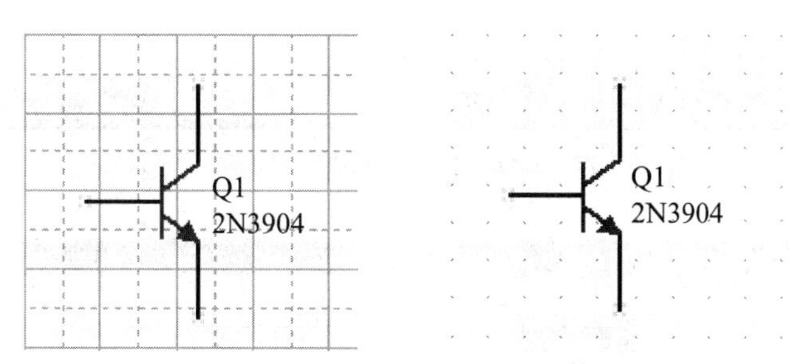

图2-25　线状网格和点状网格

设置网格形状的具体步骤如下。

（1）在原理图编辑器中执行菜单命令【工具】|【设置原理图参数】，或在原理图上单击右键，选择【选项】|【设置原理图参数】选项，打开【参数选择】对话框。在该对话框中，选择【Grids】（栅格）选项，如图2-26所示。

（2）在图2-26的【可视化栅格】下拉列表框中，有【Line Grid】（线状栅格）和【Dot Grid】（点状栅格）两个选项。

（3）单击图2-26的【栅格颜色】色块，可以选择栅格的颜色。

2. 光标设置

在【参数选择】对话框中，选择【Graphical Editing】（图形编辑）选项，如图2-27所示。

在图2-27的【光标】选项区域，可以设置光标在画图、连线和放置元器件时的形状。指针类型就是光标的类型，【指针类型】下拉列表（见图2-28）中会出现4个选项：【Large Cursor 90】（大90°十字光标）、【Small Cursor 90】（小90°十字光标）、【Small Cursor 45】（小45°十字光标）、【Tiny Cursor 45】（超小45°十字光标）。

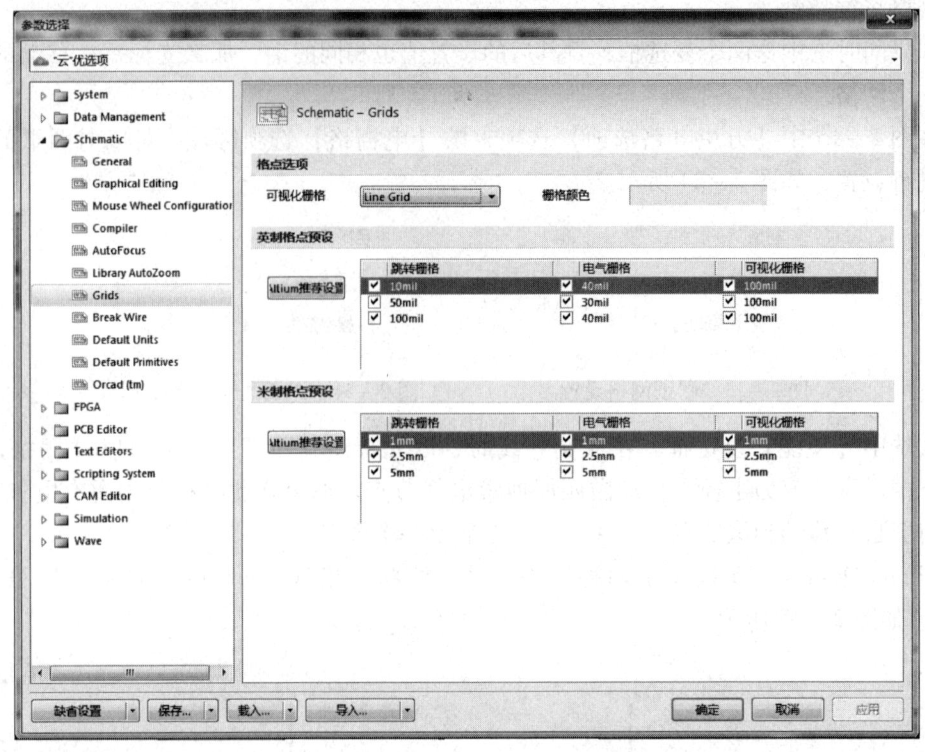

图 2－26 【参数选择】对话框

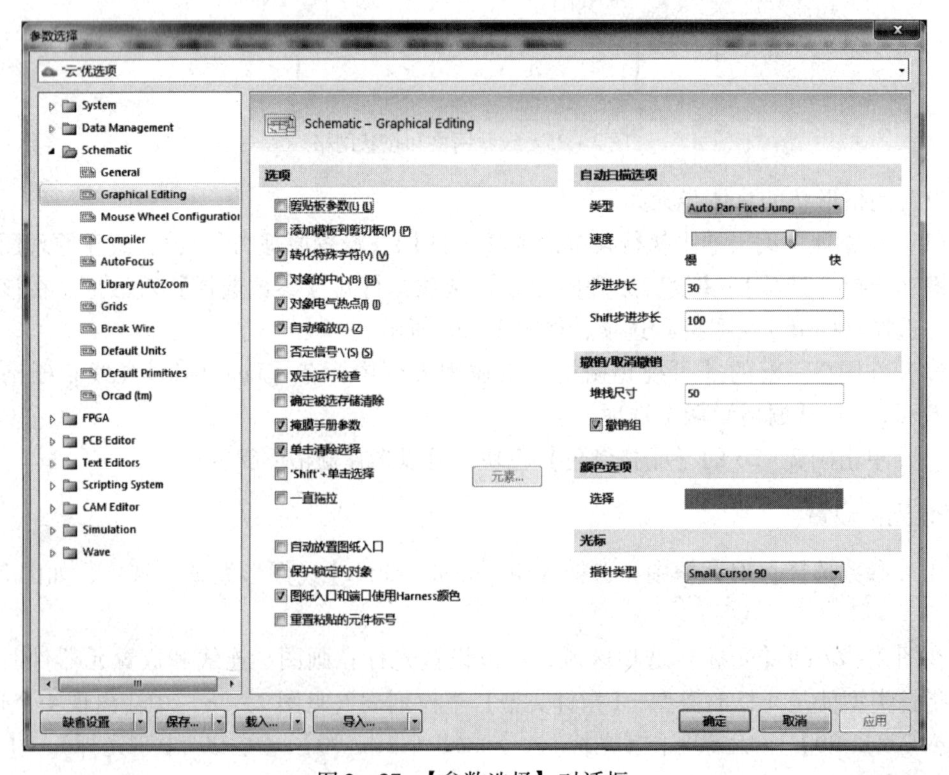

图 2－27 【参数选择】对话框

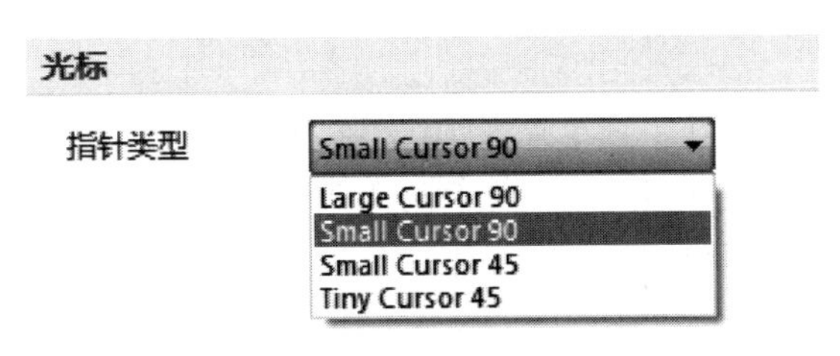

图2-28 【指针类型】下拉列表

2.2.5 绘制原理图工具栏

绘制电路原理图主要通过电路图绘制工具来完成，因此必须熟练使用电路图绘制工具。下面介绍几种常用的活动工具栏。

1. 布线工具栏（Wiring Tools）

在如图2-8所示的原理图编辑器中执行菜单命令【察看】|【ToolBars】（工具栏）|【布线】，如图2-29所示，即可打开【布线】工具栏（见图2-30）。

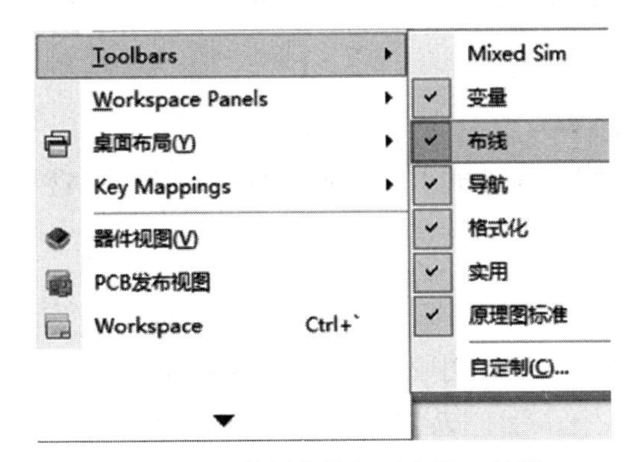

图2-29 利用菜单打开布线工具栏

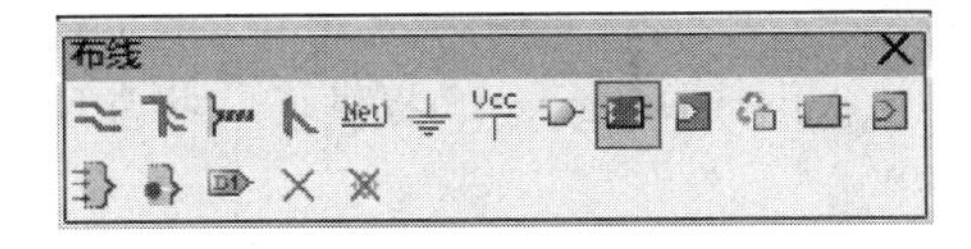

图2-30 【布线】工具栏

在如图2-8所示的原理图编辑器中执行菜单【放置】中的命令或在电路原理图的图纸上右击，选择【Place】（放置）选项，将弹出【放置】菜单以绘制电路图，如图2-31所示。这些菜单命令与布线工具栏的各个按钮相互对应，功能完全相同。

2. 绘图工具栏（Drawing Tools）

绘图工具主要用于在原理图中绘制各种标注信息及各种图形。由于绘制的图形在电路原理图中只起到说明的作用，没有任何电气意义，所以在做电气检查及生成网络表时，不会对系统产生影响。

执行菜单命令【放置】|【绘图工具】，弹出如图2-32所示的【绘图工具】级联菜单，选择该子菜单中不同的命令，就可以绘制出各种图形。

在图2-8中单击右上角的实用工具按钮 ，弹出【绘图】工具栏。【绘图】工具栏的各项和【绘图工具】级联菜单中的命令一一对应，如图2-33所示。

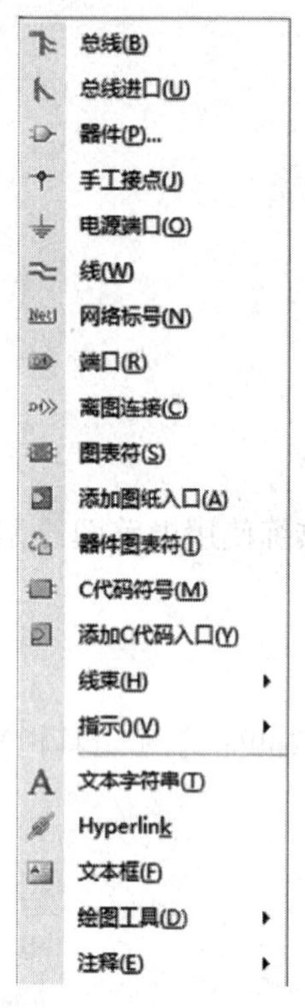

图 2-31 【放置】菜单

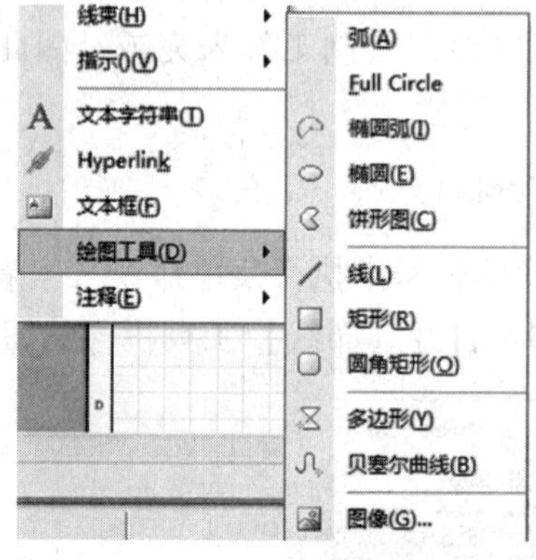

图 2-32 【绘图工具】级联菜单

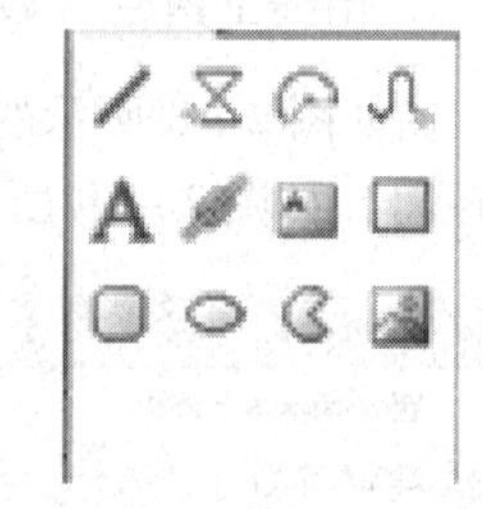

图 2-33 【绘图】工具栏

2.2.6 常用热键

Altium Designer 15 提供了一些常用热键，如果在设计中熟练运用这些热键是非常有用的。

- PgUp：放大视图。
- PgDn：缩小视图。
- End：刷新画面。
- Tab：在元器件处于浮动状态时，编辑元器件属性。
- Space bar：旋转元器件或变更走线方式。
- X：元器件水平镜像。
- Y：元器件垂直镜像。
- Esc：结束当前操作。

任务 2.3 原理图元器件库

Altium Designer 15 为用户提供了包含大量元器件的元器件库。在绘制电路原理图之前，首先要学会如何使用元器件库，包括元器件库的加载、卸载及如何查找自己需要的元器件。

2.3.1　库面板

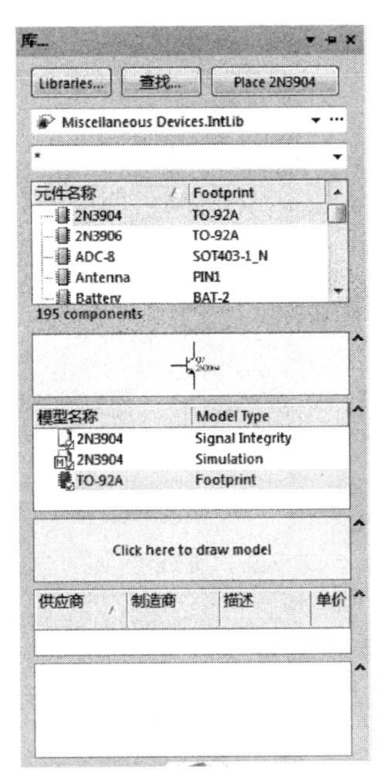

图2-34　【库】面板

在如图2-8所示的原理图编辑器中执行菜单命令【设计】|【Browser Library】(搜索库)，或在电路原理图编辑环境的右下角单击【System】(系统)按钮，在弹出的菜单中选择【Library】(库)命令，即可打开【库】面板，如图2-34所示。

利用【库】面板可以完成元器件的查找、元器件库的加载和卸载等功能。

2.3.2　元器件的查找

当用户不知道元器件在哪个库时，就要查找需要的元器件。查找过程如下。

(1) 单击【库】面板的 查找... 按钮或在图2-8中执行菜单命令【工具】|【发现器件】，弹出如图2-35所示的对话框。

【过滤器】选项区域包括【域】、【运算符】和【值】三项设置。【域】下拉列表框可选择要查找的范围，默认为【Name】(名称)。【运算符】下拉列表有【equals】(相等)、【contains】(包含)、【starts with】(开始)和【ends with】(结束) 4个选项。【值】下拉列表框用于输入要查找的名称。

【范围】设置区：有一个下拉列表和三个单选项。【在…中搜索】下拉列表用来设置查找类型，有【Components】(元器件)、【Footprints】(封装)、【3D Models】(3D模型)和【Database Components】(库元器件) 4个选项。

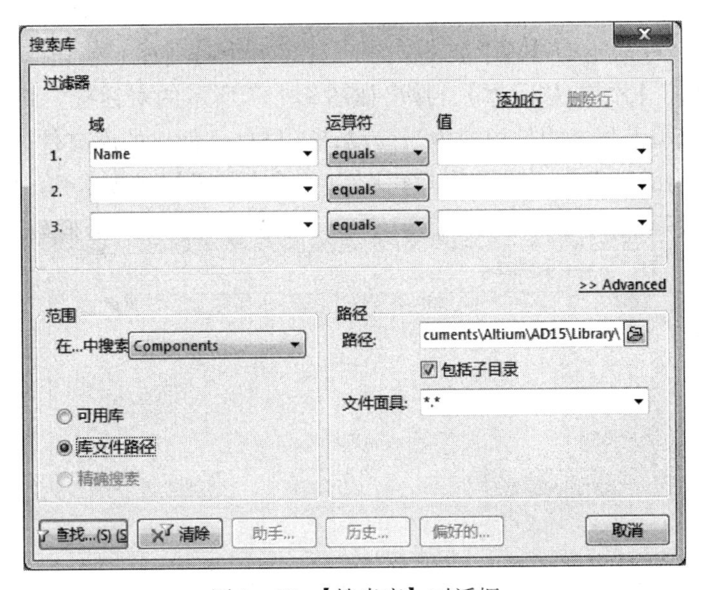

图2-35　【搜索库】对话框

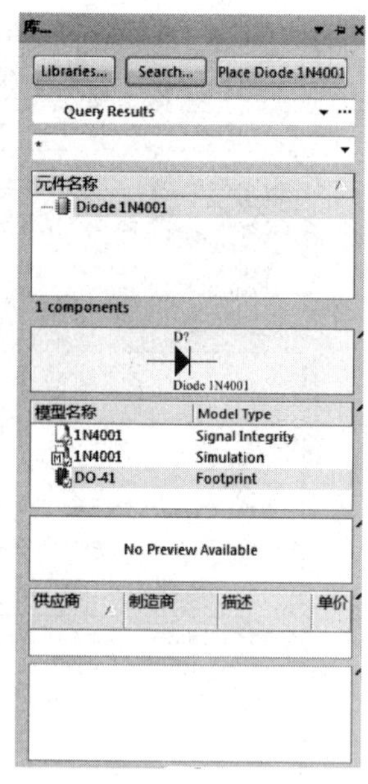

图 2-36 查找元器件结果

【路径】设置区：用户设置查找元器件的路径。只有在【范围】选项区域选择了【库文件路径】单选项时，才能进行路径设置。单击【路径】文本框右边的打开文件按钮，弹出浏览文件夹对话框，可以选中相应的文件搜索路径。一般选中下方的【包括子目录】复选框。【文件面具】下拉列表框是文件过滤器，默认是通用符，如果对搜索元器件库比较了解，可以键入相应符号减少搜索范围。

（2）设置完成后，单击 查找...(S) 按钮进行查找。查找元器件 Diode 1N4001，在【域】下拉列表框中选择 Name，在【运算符】下拉列表中选择【contains】选项，在【值】下拉列表框中输入 4001；【在 ... 中搜索】下拉列表中选择【Components】（元器件）；选中【库文件路径】单选项，并选择默认路径 X：\Documents\Altium\AD15\Library\，单击 查找...(S) 按钮，查找元器件结果如图 2-36 所示。

2.3.3 原理图元器件库的加载与删除

绘制原理图最重要的是放置元器件符号，原理图的元器件符号都分门别类地存放在不同的原理图元器件库中。

1. 加载原理图元器件库

1）直接加载原理图元器件库

当用户已经知道元器件所在的库时，就可以直接将其添加到【库】面板中。加载元器件库的步骤如下。

（1）在图 2-34 所示的【库】面板中单击【Libraries】（库）按钮或在图 2-8 中执行菜单命令【设计】|【添加/移除库】，弹出如图 2-37 所示的对话框。此对话框有三个选项卡：【工程】选项卡列出的是用户为当前设计项目自己创建的库文件；【Installed】（已安装）选项卡列出的是当前安装的系统库文件；【搜索路径】选项卡列出的是查找路径。

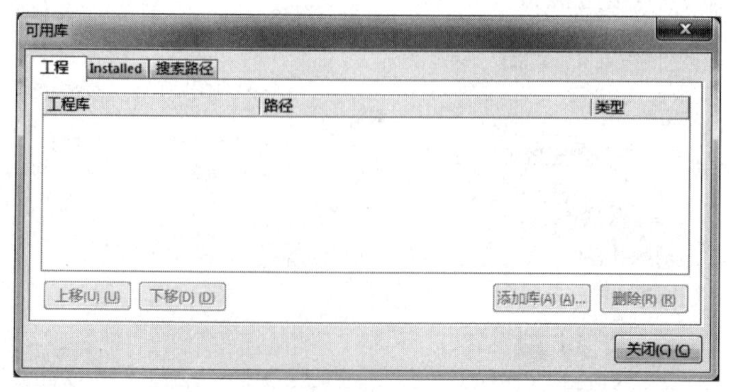

图 2-37 加载、卸载元器件对话框

（2）加载元器件库。单击【Installed】（已安装）选项卡的安装(I) (I)...按钮，弹出选择库文件对话框，如图2－38所示，即可根据设计需要安装库。可以利用【上移】和【下移】两个按钮来调节元器件库在列表中的位置。

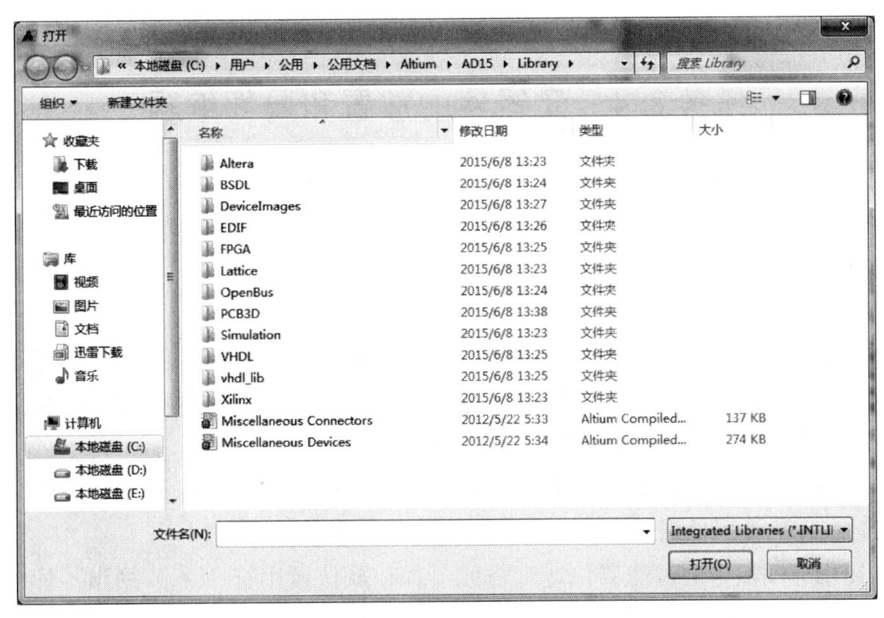

图2－38　选择库文件对话框

2）加载元器件所在的库

前面介绍了如何查找元器件，现在介绍如何将找到的元器件所在库加载到库面板中。这里以元器件PIC16F877A-E/L为例。

（1）找到元器件PIC16F877A-E/L并在其上面右击，弹出如图2－39所示的快捷菜单。选择【安装当前库】命令，即可将PIC16F877A-E/L所在的元器件库加载到【库】面板。

（2）在图2－39所示的菜单中选择【Place PIC16F877A-E/L】命令，弹出如图2－40所示的提示框。单击【是】按钮，即可将PIC16F877A-E/L所在元器件库加载到【库】面板。

（3）单击【库】面板上的Place PIC16F877A-E/I按钮，会弹出对话框，选择【是】按钮，即可将PIC16F877A-E/L所在的元器件库加载到【库】面板。

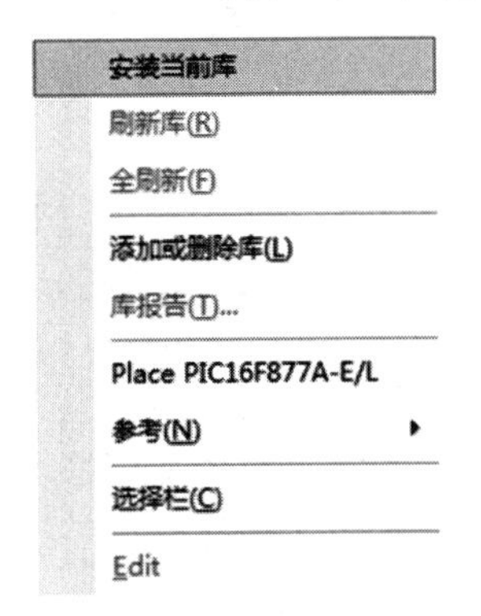

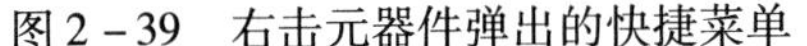
图2－39　右击元器件弹出的快捷菜单

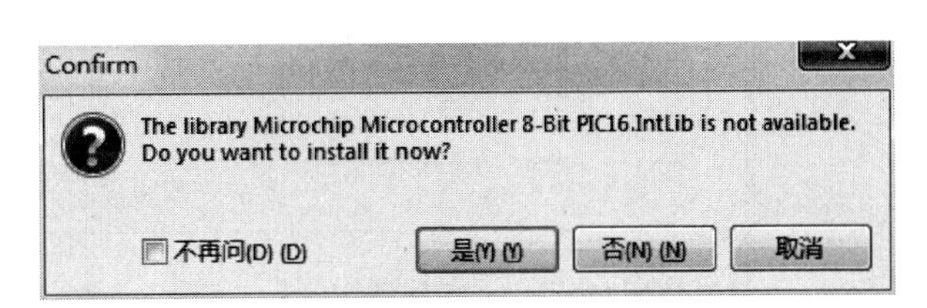

图2－40　加载库文件提示框

2. 删除原理图元器件库

当不需要一些元器件库时，选择不需要的库，然后单击 删除(R) (R) 按钮就可以删除不需要的元器件库了。

任务 2.4 元器件的放置和属性编辑

2.4.1 在原理图中放置元器件

在当前项目中加载装入所需的元器件后，就要在原理图中放置元器件，下面以放置元器件 2N3904 为例，介绍在原理图中放置元器件的具体步骤。

（1）在图 2－8 中执行菜单命令【察看】|【Fit Document】（适合文件），或者在图纸上右击，在弹出的菜单中选择【察看】|【Fit Document】（适合文件）命令，使原理图显示在整个窗口中。也可以按 PgDn 和 PgUp 键进行缩小和放大。

（2）在图 2－34 的元器件库列表中选择【Miscellaneous Devices. IntLib】，使之成为当前库，同时在库的元器件列表中找到元件名称【2N3904】。

（3）使用库面板中的过滤器快速定位元器件，默认通用符“＊”列出了库中所有元器件，也可以输入 2N3904，即可找到该元器件。

（4）选中【2N3904】后，单击 Place 2N3904 按钮或双击该元件名称，光标变为十字形，同时光标上悬浮着一个 2N3904 的轮廓。若按下 Tab 键，将弹出【Properties for Schematic Component in Sheet】（元器件属性）对话框，可以对元器件的属性进行编辑，如图 2－41 所示。

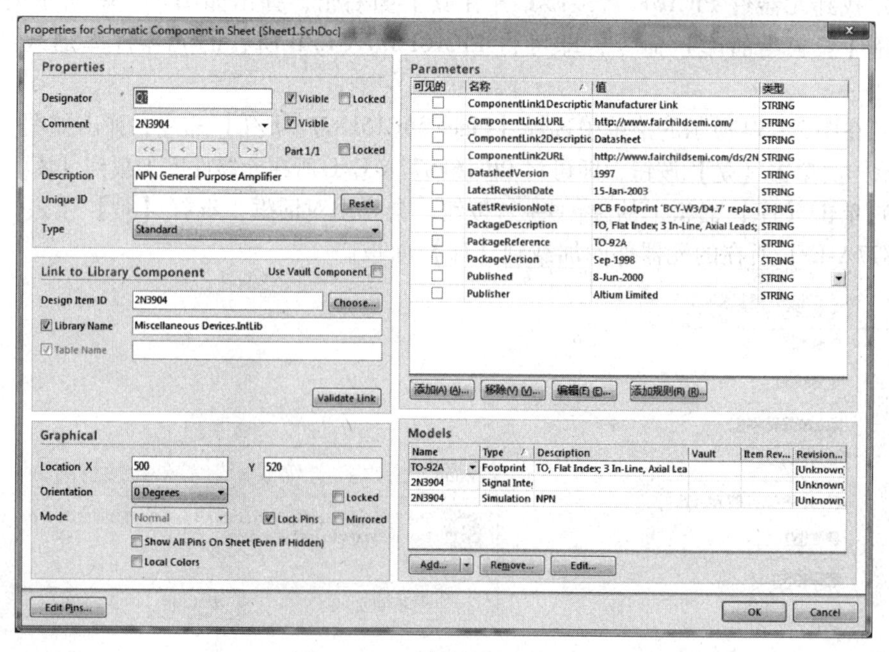

图 2－41 元器件属性对话框

（5）移动光标到原理图合适位置，单击鼠标把元器件 2N3904 放置在原理图上。

（6）放置完成后，右击或者按 Esc 键退出放置状态，光标恢复为箭头状态。

2.4.2　编辑元器件属性

双击要编辑的元器件，打开元器件属性对话框（见图 2－41）。下面介绍该对话框的常用设置。

1.【Properties】（属性）选项区域

元器件属性设置主要包括元器件标识和命令栏设置等。

【Designator】（标识）：用来设置元器件序号。在【Designator】文本框里输入元器件标识，如 Q1、U1 等。右边的【Visible】（可见的）复选框用来设置元器件标识在原理图上是否可见。若选定【Visible】复选框，标识符就会出现在原理图上；反之，将会隐藏。

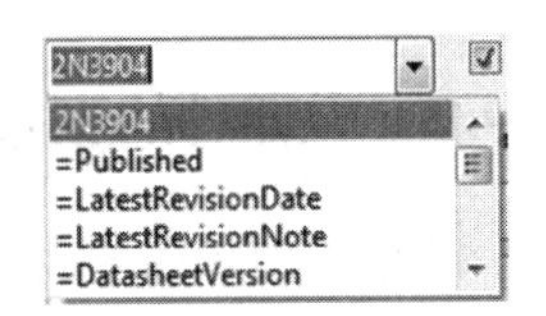

图 2－42　【Comment】（注释）下拉列表

【Comment】（注释）：用来说明元器件特征。单击下拉按钮，弹出如图 2－42 所示的下拉列表。在右边的【Parameters】选项区域可以看到与【Comment】下拉列表的对应关系，如图 2－43 所示。【添加】【移除】【编辑】【添加规则】等按钮是对 Comment 参数的编译，一般情况下，保持默认参数。

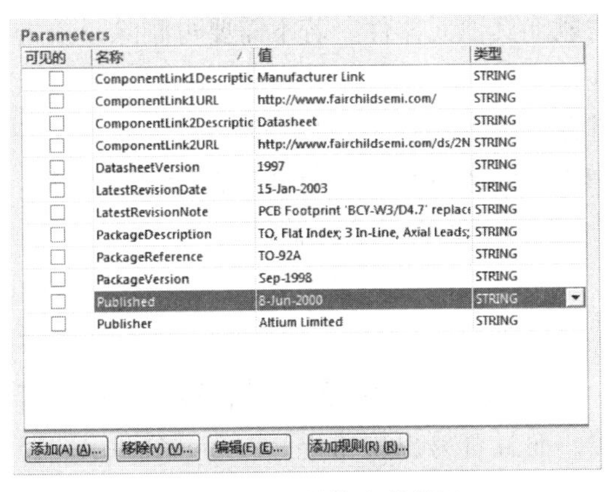

图 2－43　元器件参数设置

【Description】（标识）：对元器件功能作简单描述。

【Unique ID】（唯一地址）：在整个项目设计中，系统分配给元器件的唯一 ID 号，用来与 PCB 同步，用户一般不要修改。

【Type】（类型）：元器件符号的类型。

2.【Link to Library Component】（连接库元器件）选项区域

【Design Item ID】（设计项目地址）：元器件在库中的图形符号。单击后面的【Choose】按钮可以修改，但会引起整个电路原理图上的元器件属性的混乱，不要随意修改。

【Library Name】（库名称）：元器件所在库名称。

3.【Graphical】（图形的）选项区域

【Graphical】（图形的）选项区域主要包括元器件在原理图中的位置、方向等属性。

【Location X/Y】（地址）：主要设置元器件在原理图中的坐标位置，一般通过移动鼠标来进行修改。

【Orientation】（方向）：主要设置元器件的翻转，改变元器件方向。

【Mirrored】(镜像)：选中后元器件翻转 180°。

【Show All Pins On Sheet (Even if Hidden)】：选中后显示图纸上的全部管脚（包括隐藏的)。TTL 器件一般隐藏了元器件的电源和地的管脚。

【Local Colors】(局部颜色)：选中后，采用元器件本身的颜色设置。

【Lock Pins】(锁定管脚)：选中后元器件的管脚不可以单独移动和编辑。选择此项可以避免不必要的误操作。

一般情况下，在图 2-41 中只需要对【Designator】(标识）和【Comment】(注释）参数进行设置，其他采用默认设置。

2.4.3 元器件的删除

当电路原理图上放置错误的元器件时，就要将其删除。可以一次删除一个元器件，也可以一次删除多个元器件，步骤如下。

(1) 在原理图编辑器中执行菜单命令【编辑】|【Delete】(删除)，鼠标会变成十字形。将十字光标移动到要删除的元器件上，单击该元器件就可以删除。

(2) 此时，光标仍是十字形，可以继续单击删除其他元器件。若不需要再删除，单击鼠标右键或者按 Esc 键，即可退出删除模式。

(3) 也可以单击要删除的元器件，然后按键盘上的【Delete】键删除。

(4) 若要一次删除多个元器件，用鼠标选中多个元器件后，执行菜单命令【编辑】|【Delete】(删除）或者按键盘上的 Delete 键，即可删除选中的多个元器件。

2.4.4 元器件编号管理

对于元器件较多的原理图，当设计完成后，往往会发现元器件的编号很混乱。用户可以逐个地手动更改这些编号，但是这样比较烦琐，而且容易出现错误。Altium Designer 15 提供了元器件编号管理的功能。

1. 重新编号命令

在原理图编辑器中执行菜单命令【工具】|【注释】，系统将弹出如图 2-44 所示的【注释】对话框。在该对话框中，可以对元器件进行重新编号。

【注释】对话框分为两部分：左侧是【原理图注释配置】选项区域，右侧是【提议更改列表】选项区域。

(1) 在左侧的【原理图页面注释】栏中列出了当前工程中的所有原理图文件。通过文件名前面的复选框，可以选择对哪些原理图进行重新编号。在【处理顺序】下拉列表框中列出了 4 种编号顺序，即【Up Then Across】(先向上后左右)、【Down Then Across】(先向下后左右)、【Across Then Up】(先左右后向上）和【Across Then Down】(先左右后向下)。

在【匹配选项】选项组中列出了元器件的参数名称。通过选中参数名前面的复选框，用户可以选择是否根据这些参数进行编号。

(2) 在右侧的【当前的】栏中列出了当前的元器件编号，在【被提及的】栏中列出了新的编号。

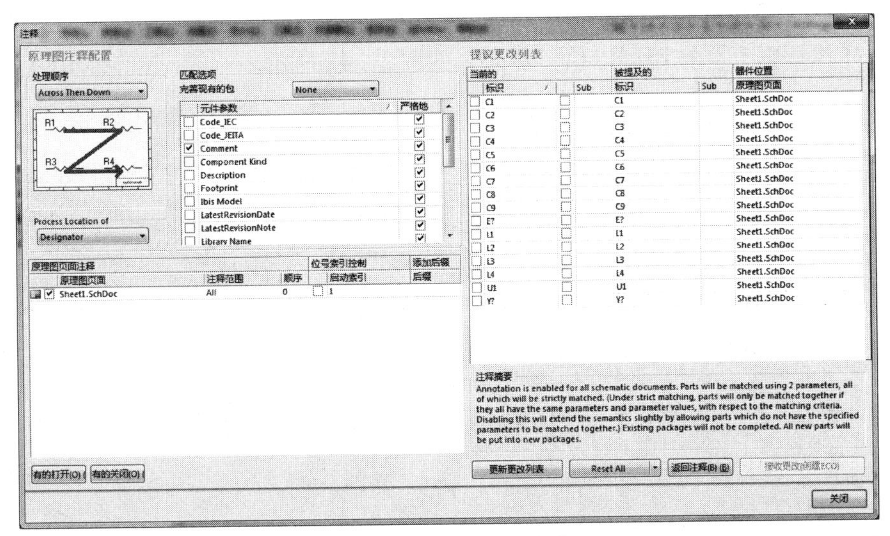

图 2－44　【注释】对话框

2. 重新编号

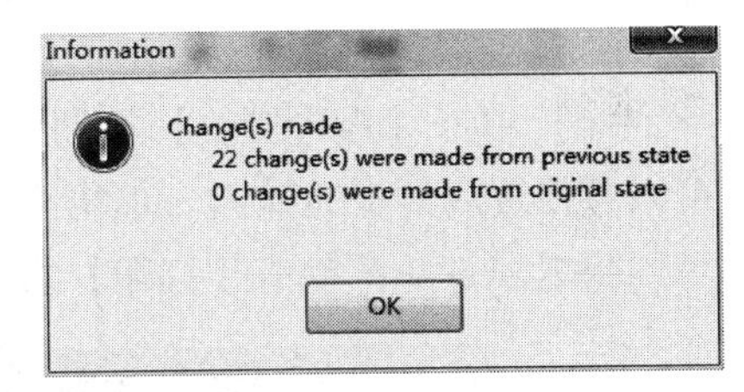

图 2－45　【Information】（信息）对话框

重新编号的操作步骤如下。

（1）选择要进行编辑的原理图。

（2）选择编号的顺序和参照的参数，在【注释】对话框中，单击【Reset All】（全部重新编号）按钮，对编号进行重置。系统将弹出【Information】（信息）对话框，如图 2－45 所示，提示用户哪些编号发生了变化。单击【OK】按钮重置后，所有元器件的编号将消除。

（3）单击【更新更改列表】按钮重新编号，弹出如图 2－45 所示的【Information】（信息）对话框，提示用户相对前一次状态和初始状态所发生的变化。

（4）单击【接受更改创建】按钮，弹出如图 2－46 所示的【工程更改顺序】对话框，可以查看编号的变化。

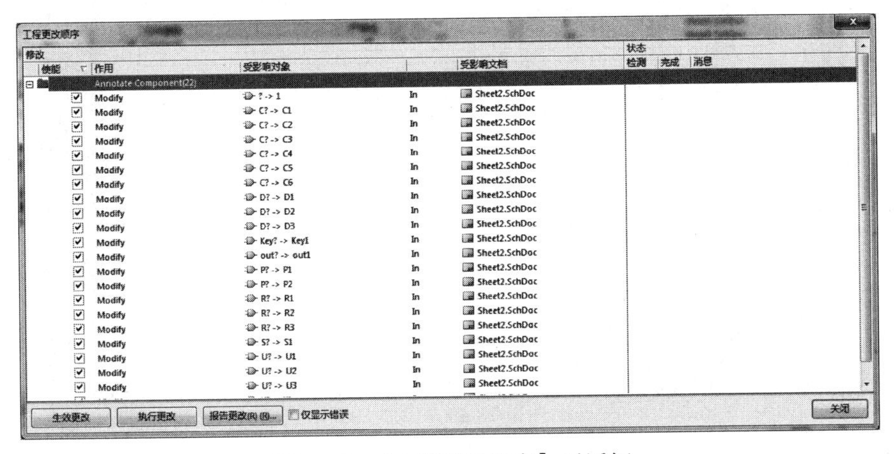

图 2－46　【工程更改顺序】对话框

（5）在【工程更改顺序】对话框中，单击【生效更改】按钮，可以验证修改的可行性，单击【执行更改】按钮可以执行更改，如图 2－47 所示。

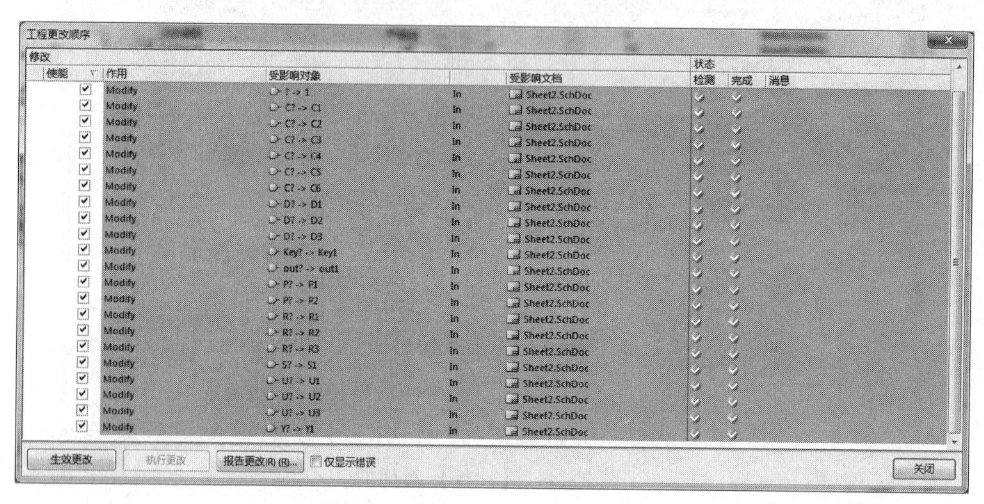

图 2－47　执行更改

（6）单击【报告更改】按钮，系统将弹出如图 2－48 所示的【报告预览】对话框，可以将修改后的报表输出。单击【输出】按钮可以将报表保存；单击【打开报告】按钮可以将报表打开；单击【打印】按钮，可以将报表打印输出。

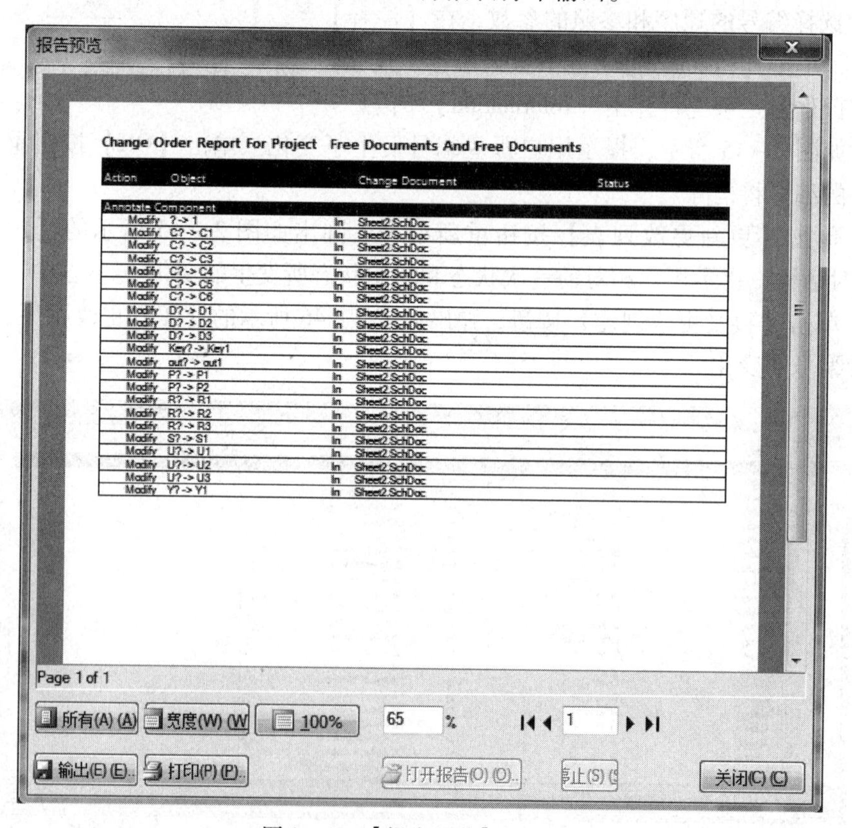

图 2－48　【报告预览】对话框

2.4.5　回溯更新原理图元器件符号

【Back Annotate Schematics】（回溯更新原理图元器件标注）命令用于从印制电路回溯更新原理图元器件符号。在设计印制电路时，有时可能需要对元器件重新编号，为了保持原理图和 PCB 板图之间的一致性，可以使用该命令基于 PCB 板来更新原理图中的元器件符号。

在图 2 – 8 所示的原理图编辑器中执行菜单命令【工具】|【反向标注】，系统将弹出一个选择 WAS-IS 文件对话框，如图 2 – 49 所示，用于从 PCB 文档中更新原理图文件的元器件标号。

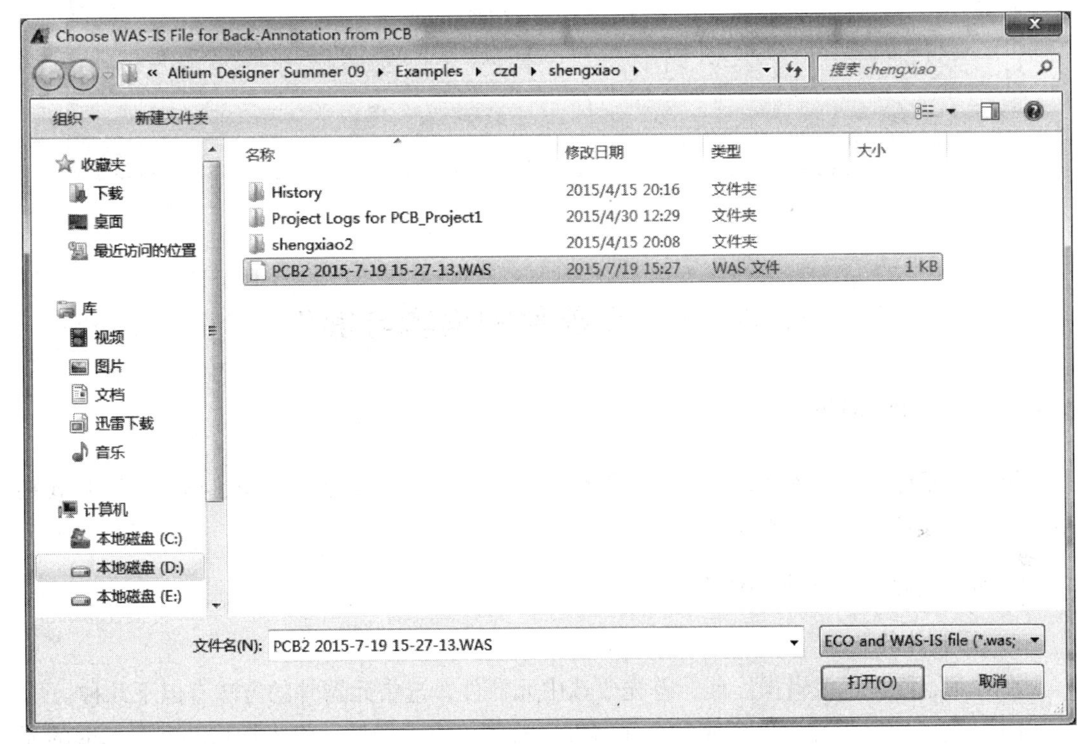

图 2 – 49　选择 WAS-IS 文件对话框

WAS-IS 文件是在 PCB 文档中执行【Reannotate】（回溯标记）命令后生成的文件，在 PCB 文档中，执行菜单命令【工具】|【重新标注】可以生成。

当选择 WAS-IS 文件后，系统将弹出一个消息框，报告所有将被重新命名的元器件。当然，这时原理图中的元器件名称并没有真正被更新。单击【确定】按钮，弹出【注释】对话框，如图 2 – 50 所示。在该对话框中可以预览系统推荐的重命名，然后决定是否执行更新命令，创建新的 ECO 文件。

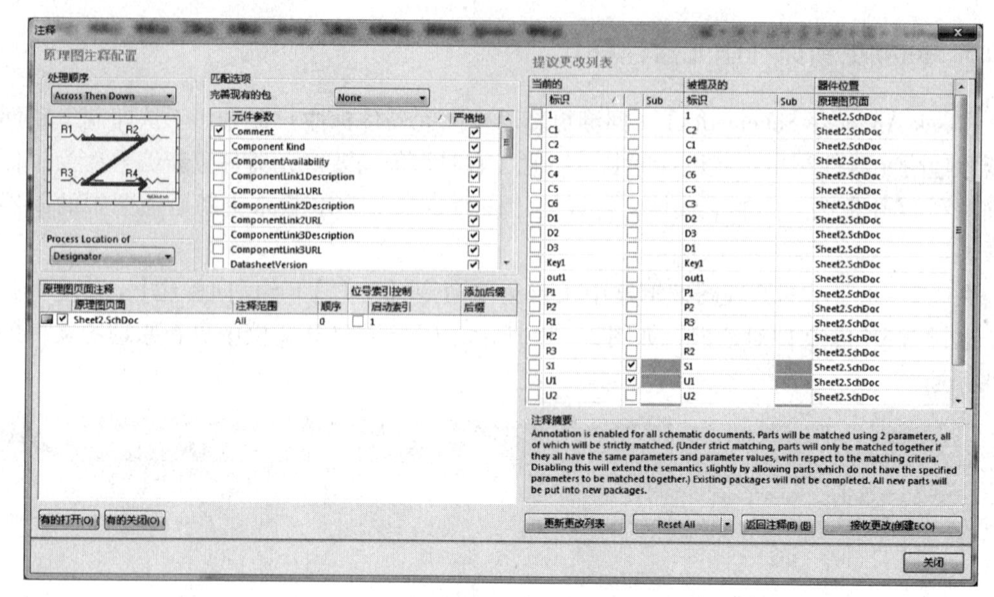

图 2－50 【注释】对话框

任务 2.5 元器件的编辑与操作

2.5.1 元器件的编辑

放置元器件后，在连线前必须对元器件进行一些选中、复制、剪切、粘贴、阵列式粘贴、移动、旋转、删除等编辑操作。

1. 元器件的选中与取消选中

1）元器件的选中

在对元器件进行编辑操作前，首先要选中元器件，选中元器件的方法有以下几种。

（1）直接用鼠标选中单个或多个元器件。对于单个元器件，将光标移动到要选取的元器件上单击即可。这时该元器件周围会出现一个绿框，表明该元器件已经被选中，如图 2－51 所示。

对于多个元器件，单击并拖动鼠标，拖出一个矩形框，将要选取的元器件包含在该矩形框内，释放鼠标后即可选中多个元器件，或者按住 Shift 键，用鼠标逐一单击要选取的元器件，也可以选中多个元器件。

（2）利用菜单命令选中。在原理图编辑器中执行菜单命令【编辑】|【Select】（选中），弹出如图 2－52 所示的菜单命令。下面介绍常用的几个命令。

【内部区域】：执行后，光标变成十字形状，用鼠标选取一个区域，则区域内的元器件被选中。

【外部区域】：操作同上，区域外的元器件被选中。

【全部】：执行后，所有元器件被选中。

【连接】：执行后，若单击某一导线，则此导线及与其相连的所有元器件都被选中。

【切换选择】：执行后，元器件的选取状态将被切换，若原先处于未选中状态，则会被选中；若原先处于选中状态，则会被取消选中。

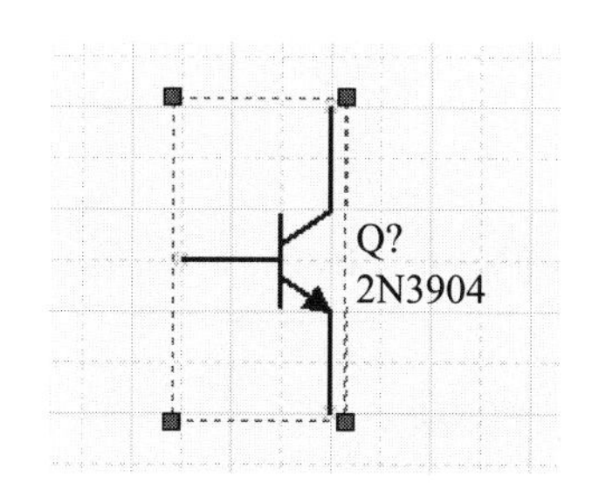

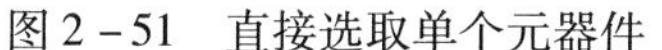

图2－51　直接选取单个元器件

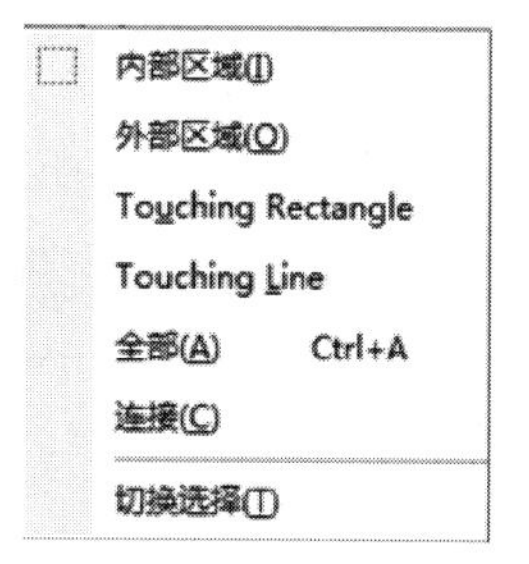

图2－52　利用菜单命令选取单个元器件

2）元器件的取消选中

一般执行所需的操作后，必须取消元器件的选中状态，取消的方法有以下几种。

（1）直接用鼠标单击电路原理图的空白区域，即可取消选中。

（2）单击主工具栏的 按钮就可以将选中的元器件取消。

（3）执行原理图编辑器中的菜单命令【编辑】|【Deselect】（取消选中），弹出取消选中元器件菜单命令。

【内部区域】：执行后，光标变成十字形状，单击鼠标取消区域内元器件的选中。

【外部区域】：操作同上，取消区域外元器件的选中。

【所有打开的当前文档】：执行后，取消当前原理图中所有处于选中状态的元器件。

【所有打开的文件】：执行后，取消所有打开的原理图中处于选中状态的元器件。

【切换选择】：执行后，元器件的选中状态将被切换，若原先处于未选中状态，则会被选中；若原先处于选中状态，则会被取消选中。

2. 元器件的复制与剪切

1）元器件的复制

选中要复制的对象，执行原理图编辑器中的菜单命令【编辑】|【Copy】（复制），或者单击 按钮，或者使用快捷键 Ctrl + C，光标变成十字形，单击选中的对象，确定参考点。参考点的作用是在进行粘贴时以参考点为基准。此时选中的内容被复制到剪贴板上。

2）元器件的剪切

选中要剪切的对象，执行原理图编辑器中的菜单命令【编辑】|【Cut】（剪切），或者单击 按钮，光标变成十字形，单击选中的对象，确定参考点。此时选中的内容被复制到剪贴板上，与复制不同的是剪切后选中的对象会消失。

3. 元器件的粘贴

在元器件的复制或剪切操作之后，单击主工具栏上的 图标，或在原理图编辑器中执行菜单命令【编辑】|【Paste】（粘贴），或用快捷键 Ctrl + V，光标变成十字形，且被粘贴对象处于浮动状态粘在光标上，在适当位置单击鼠标左键，完成粘贴。

4. 元器件的阵列式粘贴

元器件的阵列式粘贴是一次性按照指定间距将同一元器件重复粘贴到图纸上。

1）启动阵列式粘贴

在原理图编辑器中执行菜单命令【编辑】|【Smart Paste】（智能粘贴），或者使用快捷键 Shift + Ctrl + V，弹出【智能粘贴】对话框，如图 2－53 所示。

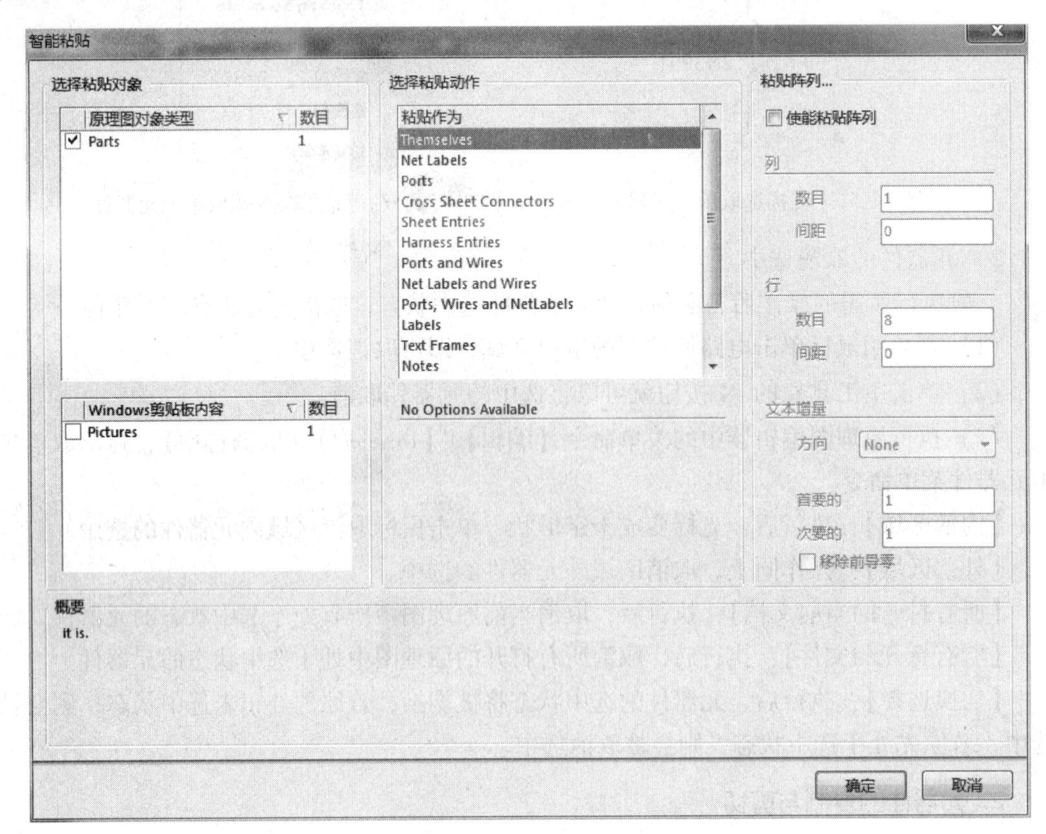

图 2－53 【智能粘贴】对话框

2）阵列式粘贴对话框设置

首先在图 2－53 中选中【使能粘贴阵列】复选框。

【列】（Columns）：设置列参数。【数目】（Count）文本框用于设置每一列中所要粘贴的元器件个数；【间距】（Spacing）文本框用于设置每一列中两个元器件的垂直距离。

【行】（Rows）：设置行参数。【数目】（Count）文本框用于设置每一行中所要粘贴的元器件个数；【间距】（Spacing）文本框用于设置每一行中两个元器件的垂直距离。

【文本增量】（Text Increment）：元器件序号增长的步长。【方向】（Direction）下拉列表框用于设置序号增长的方向：【Horizontal first】（水平优先）、【Vertical first】（垂直优先）。

3）阵列式粘贴具体步骤

首先，在每次使用阵列式粘贴前，必须通过复制选项将选取的元器件复制到剪切板中。然后执行阵列式粘贴命令，设置对话框，即可实现阵列式粘贴。图 2－54 所示的阵列式粘贴电阻的参数设置如下。

Columns：2　　Spacing：40

Rows：3　　Spacing：50

Horizontal first

Primary：1　Secondary：1

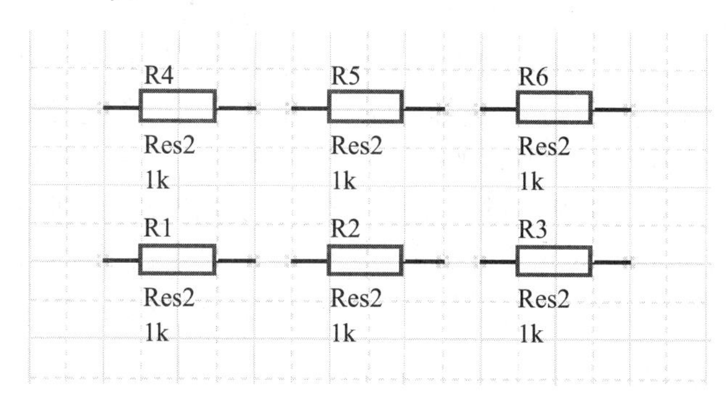

图2－54　阵列式粘贴电阻

5. 元器件的移动

元器件的移动有以下几种常用的方法。

（1）将光标移动到需要移动的元器件上（不需要选取），按下鼠标左键不放，拖动鼠标，元器件将会随光标一起移动，到达指定位置后松开左键，即可完成移动。

（2）在原理图编辑器中执行菜单命令【编辑】|【Move】（移动）|【Move】（移动），光标将变成十字形状，单击需要移动的元器件后，元器件将会随光标一起移动，到达指定位置后再次单击，完成移动。

（3）将光标移动到需要移动的元器件上（已选取），按下鼠标左键不放，拖动至指定位置后松开鼠标左键；或在原理图编辑器中执行菜单命令【编辑】|【Move】（移动）|【Move Selection】（移动选择），将鼠标移动到指定位置。

（4）单击主工具栏的 ✛ 按钮，光标变成十字形状，单击需要移动的元器件后，元器件将会随光标一起移动，到达指定位置后再次单击，完成移动。

6. 元器件的旋转

1）利用空格键旋转

单击选取需要旋转的元器件，然后按空格键可以对元器件进行旋转，或者按住需要旋转的元器件不放，等光标变为十字形后，按空格进行旋转。每按一次空格键，元器件逆时针旋转90°。

2）用X键进行左右对调

按住需要旋转的元器件不放，等光标变为十字形后，按X键可以对元器件进行左右对调操作。

3）用Y键进行上下对调

按住需要旋转的元器件不放，等光标变为十字形后，按Y键可以对元器件进行上下对调操作。

7. 元器件的删除

原理图编辑器的【编辑】菜单里有两个删除命令，即【Clear】和【Delete】命令。

（1）【Clear】命令的功能是删除已选中的元器件；启动【Clear】命令之前需要选中元器件，启动【Clear】命令后，已选中的元器件立刻被删除。

（2）【Delete】命令的功能也是删除元器件，只是启动【Delete】命令之前，不需要选中元器件；启动【Delete】命令后，光标变成十字形，将光标移到所要删除的元器件上单击鼠标，即可删除该元器件。此时，光标还处于十字形状态，可以继续单击元器件进行删除。若不删除，则可以单击鼠标右键或按 Esc 键，即可退出删除元器件命令状态。

（3）使用快捷键 Delete 也可实现元器件的删除，但是在用此快捷键删除元器件之前，需要选中元器件；选中后，元器件周围出现虚框，按 Delete 键即可实现该元器件的删除。

2.5.2 绘制电路原理图

1. 元器件的导线连接

导线是电路原理图最基本的电气组件之一，具有电气连接意义。下面介绍绘制导线的具体步骤和导线的属性设置。

1）启动绘制导线命令

启动绘制导线命令有以下 4 种方法。

（1）单击布线工具栏的放置线按钮≈进入绘制导线状态。

（2）在原理图编辑器中执行菜单命令【放置】|【Wire】（线），进入绘制导线状态。

（3）在原理图空白区域单击鼠标右键，在弹出的菜单中选择【Place】（放置）|【Wire】（线）命令。

（4）使用快捷键：P，W（依次按下 P 键，W 键，方法下同）。

2）绘制导线

进入导线绘制状态后，光标变成十字形，绘制导线的具体步骤如下。

（1）将光标移到要绘制导线的起点，若导线的起点是元器件的管脚，当靠近元器件管脚时，会自动移到元器件的管脚，同时出现一个红色的×表示电气连接的意义。单击鼠标左键确定导线的起点。

（2）移动光标到导线的折点或终点，在导线折点或终点处确定导线的位置，并单击鼠标左键一次。导线转折时，可以通过按 Shift + 空格键来切换导线转折的模式，共有直角、45°和任意角三种，如图 2－55 所示。

注意把输入法切换到中文美式键盘，中文输入法时 Shift + 空格键是切换全/半角的快捷键。

（3）绘制完第一条导线后，单击鼠标右键退出绘制第一根导线的状态。此时仍处于绘制导线状态，将鼠标移动到新导线的起点，按照上面的方法继续绘制其他导线。

（4）绘制完所有的导线后，单击鼠标右键退出绘制导线状态，光标由十字形变成箭头。

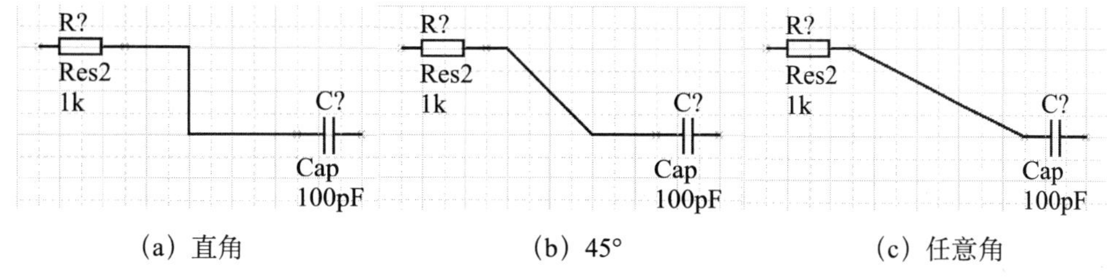

（a）直角　　（b）45°　　（c）任意角

图 2－55　导线转折的模式

3）导线属性设置

在绘制导线状态，按下 Tab 键或者在绘制导线完成之后双击导线，都会弹出【线】对话框，如图 2－56 所示，可对导线属性进行设置。

在【线】对话框中，主要对导线的颜色和宽度进行设置。单击【颜色】右边的色块，弹出【选择颜色】对话框，如图 2－57 所示。选中合适的颜色即可。

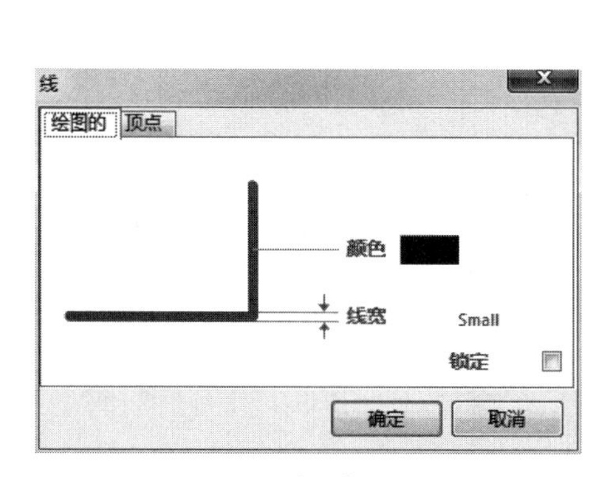

图 2－56　【线】对话框

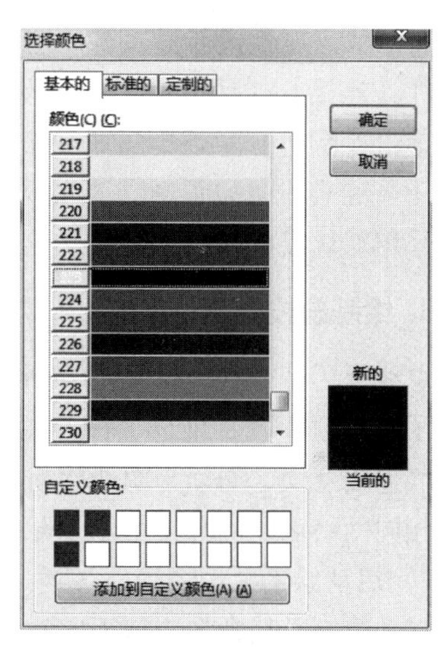

图 2－57　【选择颜色】对话框

导线的宽度设置是通过【线宽】右边的下拉按钮实现的，有【Smallest】（最细）、【Small】（细）、【Medium】（中等）、【Large】（粗）4 个选项供选择。一般不需要设置导线属性，采用默认设置即可。

2. 放置电路节点

电路节点用来表示两条导线交叉是否连接的状态。如果没有节点，表示两条导线在电气上是不相连的，若有节点则认为两条导线在电气上是相连的。

1）启动放置电路节点命令

启动放置电路节点命令有以下 3 种方法。

（1）在原理图编辑器中执行菜单命令【放置】|【Manual Junction】（手工节点）。

（2）在原理图空白区域单击鼠标右键，在弹出的菜单中选择【放置】|【Manual Junction】（手工节点）命令。

（3）使用快捷键：P，J。

2）放置电路节点

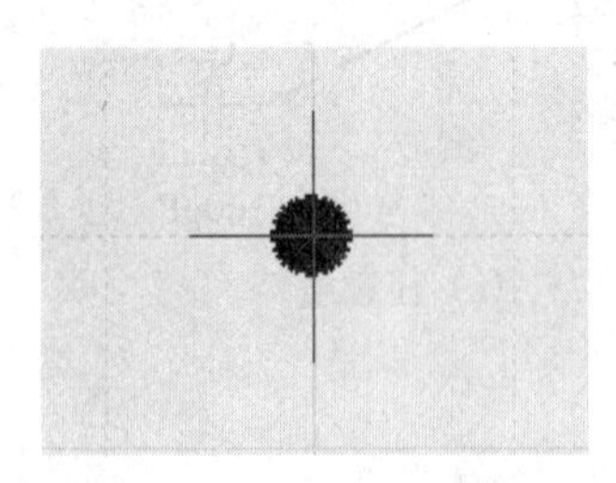

图 2－58 手工放置电路节点

一般在布线时，系统会在 T 形交叉处自动加入电路节点，免去手动放置的麻烦。但在十字交叉处，系统不会自动放置电路节点。如果导线确实是相连的，就需要采用手动放置节点的方法。

启动放置电路节点后，光标变为十字形，且光标上有一个红色的圆点，如图 2－58 所示。移动光标，在原理图的合适位置单击鼠标完成一个节点的放置。单击鼠标右键退出放置电路节点状态。

3）电路节点属性设置

在放置电路节点状态下按 Tab 键，或者在放置电路节点完成之后双击节点，都会弹出【连接】对话框，可对节点属性进行设置，如图 2－59 所示。

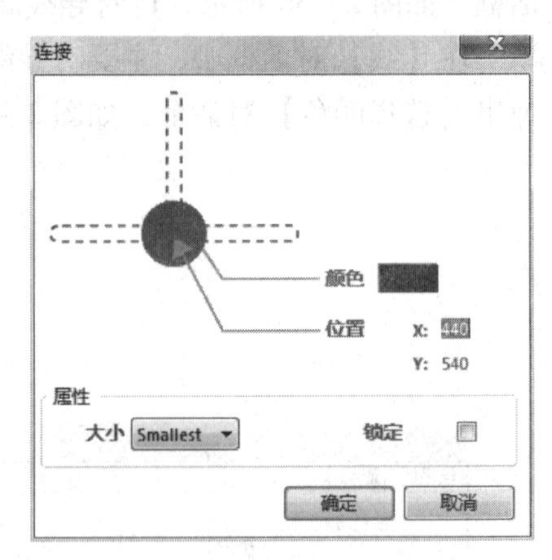

图 2－59 【连接】对话框

在【连接】对话框中，可以设置节点的颜色和大小。单击【颜色】色块即可改变节点的颜色；在【大小】下拉列表中可以设置节点的大小；【位置】选项一般采用默认设置即可。

3. 绘制总线

总线是用一条线来表达数条并行的导线。这样做是为了简化原理图，便于读图。总线本身并没有实际的电气连接意义，必须由总线接出的各个单一导线的网络名称来完成电气意义上的连接，具有相同网络名称的导线表示实际电气意义上的连接。

1）启动绘制总线命令

启动绘制总线命令有以下 4 种方法。

（1）单击电路图布线工具栏中的 按钮。

（2）在原理图编辑器中执行菜单命令【放置】|【Bus】（总线）。

（3）在原理图空白区域单击鼠标右键，在弹出的菜单中选择【Place】（放置）|【Bus】（总线）命令。

（4）使用快捷键：P，B。

2）绘制总线

启动绘制总线命令后，光标变成十字形，在合适的位置单击左键以确定总线的起点，然后拖动鼠标，在转折点或者总线的末端单击确定，如图 2－60 所示。

3）设置总线属性

在绘制总线状态下按 Tab 键，或者在绘制总线完成之后双击总线，都会弹出【总线】对话框，如图 2－61 所示。

【总线】对话框的设置与导线相同，都是对颜色和宽度的设置。在此不再重复，一般情况采用默认设置即可。

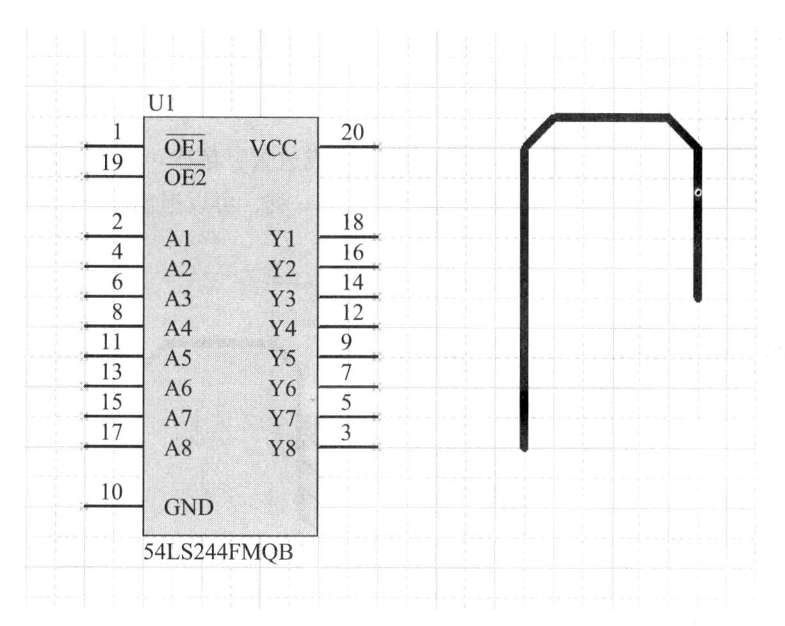

图2-60　绘制总线

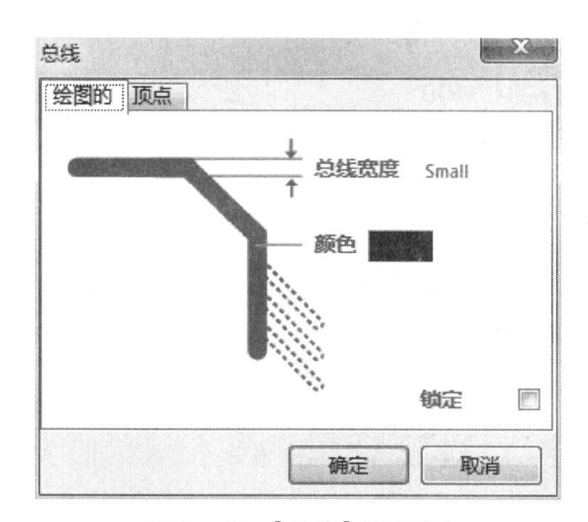

图2-61　【总线】对话框

4. 绘制总线分支

总线分支是单一导线进出总线的端点。导线与总线连接时必须使用总线分支，总线和总线分支没有任何的电气连接意义，因此电气连接需要靠网络标号来完成。

1）启动绘制总线分支命令

启动绘制总线分支命令有以下4种方法。

（1）单击电路图布线工具栏中的 按钮。

（2）在原理图编辑器中执行菜单命令【放置】|【Bus Entry】（总线入口）。

（3）在原理图空白区域单击鼠标右键，在弹出的菜单中选择【Place】（放置）|【Bus Entry】（总线入口）命令。

（4）使用快捷键：P，U。

2）绘制总线分支

启动绘制总线分支命令后，光标变为十字形，并有分支线“/”悬浮在光标上。如果需要改变分支线的方向，按空格就行。

移动光标到所要放置的位置，单击鼠标即可完成放置，依次可以放置所有总线分支。

绘制完成所有的分支后，单击鼠标右键或者按 Esc 键，可以退出绘制状态。绘制总线分支如图 2－62 所示。

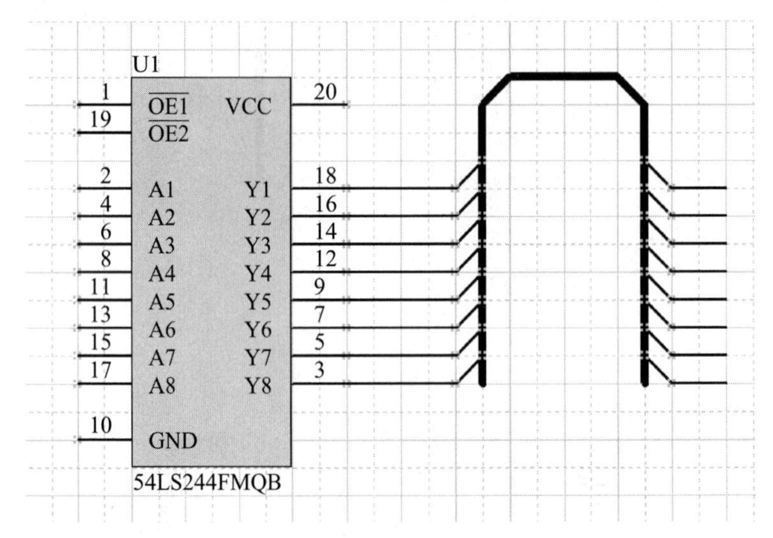

图 2－62　绘制总线分支

3）总线分支属性设置

在绘制总线分支状态下，按 Tab 键弹出【总线入口】对话框，或者在绘制总线分支完成之后，双击总线分支同样会弹出【总线入口】对话框，如图 2－63 所示。可以设置总线分支的颜色和线宽。位置一般不需要设置，采用默认设置即可。

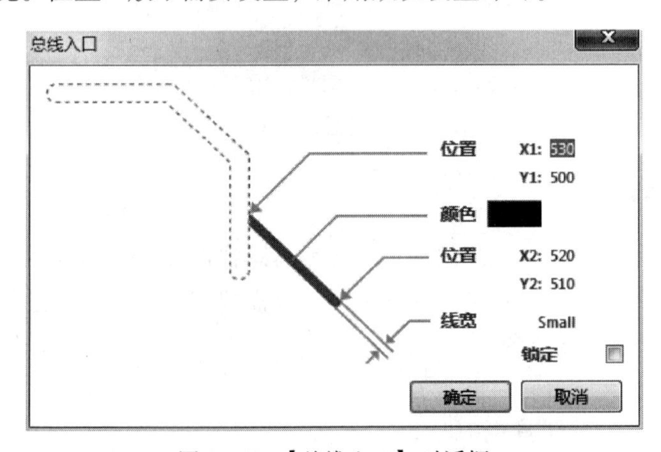

图 2－63　【总线入口】对话框

5. 放置网络标号

在总线中聚集了多条并行导线，怎样表示这些导线之间的具体连接关系呢？在比较复杂的原理图中，有时两个需要连接的电路（或元器件）距离很远，甚至不在同一张图纸上，该怎样进行电气连接呢？这些都要用到网络标号。

网络标号的物理意义是电气连接点。在电路图上具有相同网络标号的电气连线是连在一起的。即在两个以上没有相互连接的网络中，把应该连接在一起的电气连接点定义成相同的网络标号，使它们在电气含义上属于真正的同一网络。这个功能在将原理图转换成印制电路板的过程中十分重要。

网络标号多用于层次式电路、多重式电路各模块电路之间的连接和具有总线结构的电路图中。

网络标号的作用范围可以是一张电路图，也可以是一个项目中的所有电路图。

1）启动网络标号命令

启动网络标号命令有以下 4 种方法。

（1）单击电路图布线工具栏中的 Net 按钮。

（2）在原理图编辑器中执行菜单命令【放置】|【Net Label】（网络标号）。

（3）在原理图空白区域单击鼠标右键，在弹出的菜单中选择【Place】（放置）|【Net Label】（网络标号）命令。

（4）使用快捷键：P，N。

2）放置网络标号

启动网络标号命令后，光标变为十字形，出现一个虚拟方框悬浮在光标上。此方框的大小、长度和内容由上一次使用的网络标号决定。

将光标移动到放置网络名称的位置（导线或总线），光标上出现红色的 ×，单击鼠标左键就可以放置一个网络标号了。但是在一般情况下，为了避免后面修改网络标号的麻烦，在放置前要按 Tab 键来设置网络标号属性。

鼠标移动到其他位置可继续放置网络标号。在放置网络标号的过程中如果网络标号的末尾是数字，那么这些数字会自动增加，如图 2 – 64 所示。单击鼠标右键或者按 Esc 键退出放置网络标号状态。

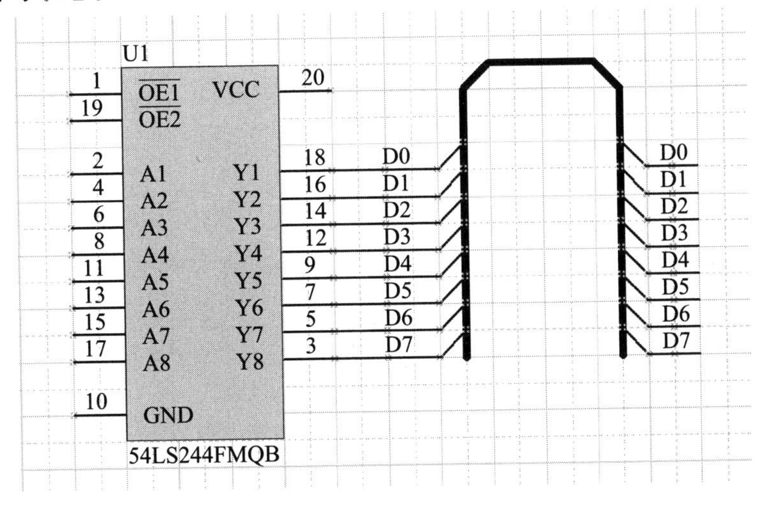

图 2 – 64　放置网络标号

3）网络标签对话框

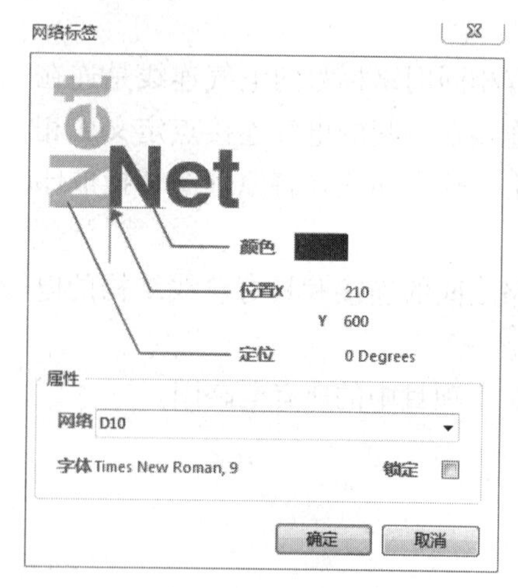

图 2-65 【网络标签】对话框

启动网络标号命令后，按 Tab 键，或者放置网络标号完成后双击网络标号，均可打开【网络标签】对话框，如图 2-65 所示。

【网络标签】对话框主要设置以下选项。

【网络】：定义网络标号。可以直接输入想要放置的网络标号，也可以单击后面的下拉按钮选取前面使用过的网络标号。

【颜色】：单击右边的色块，弹出【Choose Color】（选择颜色）对话框，用户可以选择想要的颜色。

【位置 X，Y】：X，Y 表明网络标号在电路原理图上的水平和垂直坐标。

【定位】：用来设置网络标号在原理图上的放置方向。单击【0 Degrees】后面的下拉按钮即可选择网络标号的方向，也可以用空格键实现方向的调整，每按一次空格键可改变 90°。

【字体】：单击后弹出如图 2-66 所示的对话框，用户可以选择自己喜欢的字体等。

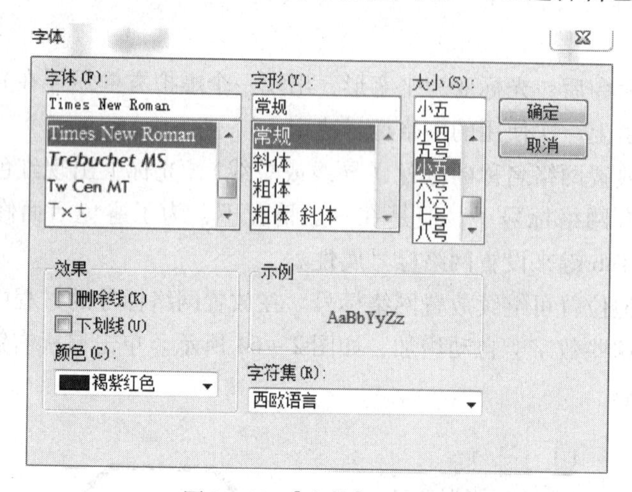

图 2-66 【字体】对话框

6. 放置电源和接地符号

1）电源和接地符号工具栏

在原理图编辑器中执行菜单命令【察看】|【Toolbars】（工具栏）|【实用】，出现如图 2-67 所示的工具栏。

单击【实用】工具栏的 ⏚ ▾ 按钮，弹出电源和接地符号工具栏，如图 2-68 所示。

2）放置电源和接地符号方法

放置电源和接地符号主要有 5 种方法。

（1）单击布线工具栏中的 ⏚ VCC 按钮。

（2）在原理图编辑器中执行菜单命令【放置】|【Power Port】（电源端口）。

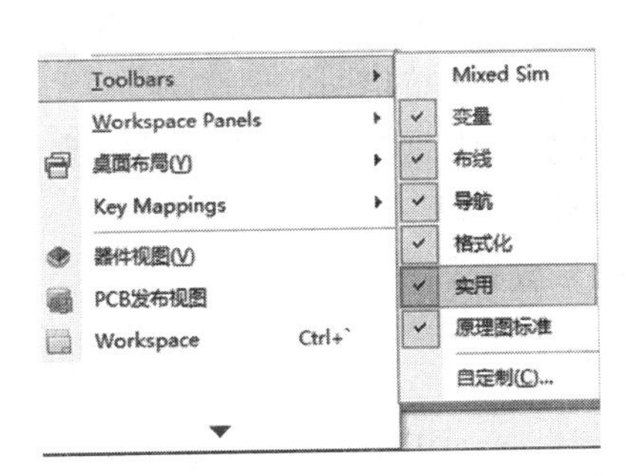

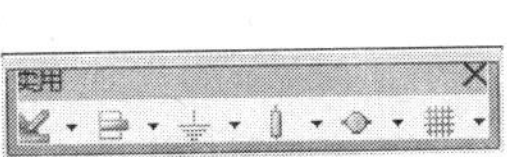

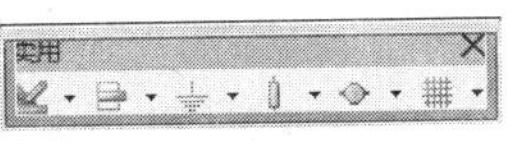

图 2－67 【实用】工具栏

放置GND 端口
放置VCC 电源端口
放置+12电源端口
放置+5 电源端口
放置-5电源端口
放置箭头型电源端口
放置波形电源端口
放置Bar型电源端口
放置环型电源端口
放置信号地电源端口
放置地端口

图 2－68 电源和接地符号工具栏

（3）在原理图空白区域单击鼠标右键，在弹出的菜单中选择【放置】|【Power Port】（电源端口）命令。

（4）使用电源和接地符号工具栏。

（5）使用快捷键：P，O。

3）放置电源和接地符号步骤

（1）启动放置电源和接地符号后，光标变成十字形，同时一个电源或接地符号悬浮在光标上。

（2）在合适的位置单击鼠标或按 Enter 键，即可放置电源和接地符号。

（3）单击鼠标右键或者按 Esc 键即可退出放置电源和接地符号的状态。

4）放置电源和接地符号属性

启动放置电源和接地符号命令后按 Tab 键，或者在放置电源和接地符号完成之后双击电源符号或接地符号，均可弹出【电源端口】对话框（见图 2－69）。主要进行以下设置。

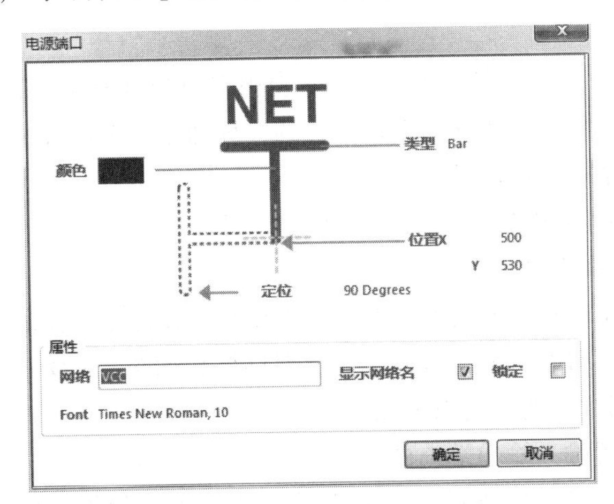

图 2－69 【电源端口】对话框

【颜色】：用来设置电源和接地的颜色，单击右边的色块可以选择颜色。

【定位】：用来设置电源和接地符号的方向，在下拉菜单中可以选择需要的方向，有【0 Degrees】、【90 Degrees】、【180 Degrees】、【270 Degrees】共 4 个选项。方向的设置也可以通过在放置电源和接地符号时按空格键实现，每按一次变化 90°。

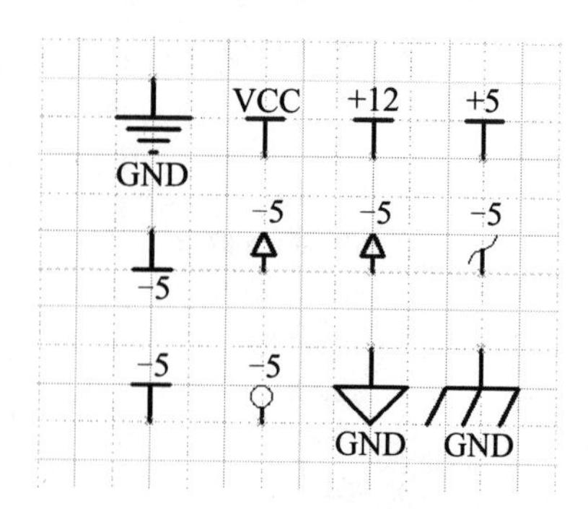

图 2-70　各类电源和接地符号放置

【位置 X，Y】：定位 X，Y 的坐标。

【类型】：单击【类型】下拉按钮出现不同的类型，与电源和接地符号工具栏中的图示一一对应。

【网络】：在【网络】文本框中输入电源和接地的网络标号名称，如 GND、VCC 等。

各类电源和接地符号放置如图 2-70 所示。

7. 放置输入输出端口

在设计电路原理图时，一个电路网络与另一个电路网络可以直接通过导线连接；也可以通过设置相同的网络标号来实现两个网络之间的电气连接；还有一种方法，即相同网络标号的输入输出端口，在电气意义上也是连接的。输入输出端口是层次原理图设计中不可缺少的组件。

1）启动放置输入输出端口的命令

启动放置输入输出端口主要有 4 种方法。

（1）单击布线工具栏中的 D1 按钮。

（2）在原理图编辑器中执行菜单命令【放置】|【端口】。

（3）在原理图图纸空白区域单击鼠标右键，在弹出的菜单中选择【放置】|【端口】命令。

（4）使用快捷键：P，R。

2）放置输入输出端口

放置输入输出端口的步骤如下。

（1）启动放置输入输出端口命令后，光标变成十字形，同时一个输入输出端口图示悬浮在光标上。

（2）移动光标到合适的位置，在光标与导线相交处会出现红色的 ×，这表明实现了电气连接。单击鼠标即可定位输入输出端口的一端，移动鼠标至输入输出端口大小合适的位置，单击鼠标完成一个输入输出端口的放置。

（3）单击鼠标右键退出放置输入输出端口的状态。

3）输入输出端口属性设置

在放置输入输出端口状态下按 Tab 键，或者在退出放置输入输出端口状态后双击放置的输入输出端口符号，均可弹出【端口属性】对话框，如图 2-71 所示。

【端口属性】对话框主要进行以下几项设置。

【高度】：用于设置输入输出端口外形高度。

【队列】：用于设置输入输出端口名称在端口符号中的位置，有 Left、Right 和 Center 三种位置可以选择。

【文本颜色】：用于设置端口内文字的颜色。单击后面的色块，可以进行设置。

【类型】：用于设置端口的外形。有 8 种端口外形可供选择，如图 2-72 所示。系统默认的设置是【Left & Right】。

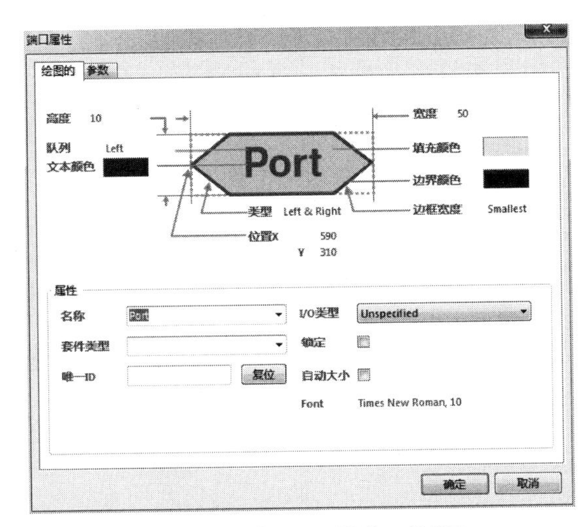

图2－71 【端口属性】对话框

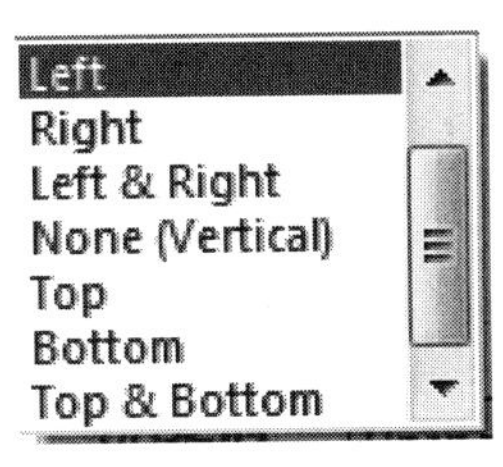

图2－72 类型下拉菜单

【位置X，Y】：用于定位端口的水平和垂直坐标。

【宽度】：用于设置端口的宽度。

【填充颜色】：用于设置端口内的填充色。

【边界颜色】：用于设置端口边框的颜色。

【名称】下拉列表框：用于定义端口的名称，具有相同名称的输入输出端口在电气意义上是连接在一起的。

【I/O类型】下拉列表：用于设置端口的电气特性，为系统的电气规则检查（ERC）提供依据。端口有4种类型设置：【Unspecified】（未确定类型）、【Output】（输出端口）、【Input】（输入端口）、【Bidirectional】（双向端口）。

【唯一ID】文本框：在整个项目中该输入输出端口的唯一ID号，用来与PCB同步。ID号由系统随机给出，用户一般不需要修改。

8. 放置忽略ERC检查测试点

放置忽略ERC检查测试点的主要目的是让系统在进行电气规则检查（ERC）时，忽略对某些节点的检查。例如系统默认输入型引脚必须连接，但实际上某些输入型引脚不连接也是常事，如果不放置忽略ERC检查测试点，那么系统在编译时就会生成错误信息，并在引脚上放置错误标记。

1）启动放置忽略ERC检查测试点命令

启动放置忽略ERC检查测试点命令，主要有4种方法。

（1）单击布线工具栏中的 × （放置忽略ERC检查测试点）按钮。

（2）在原理图编辑器中执行菜单命令【放置】|【指示】|【Generic No ERC】（忽略ERC检查测试点）。

（3）在原理图图纸空白区域右击，在弹出的菜单中选择【放置】|【指示】|【Generic No ERC】（忽略ERC检查测试点）命令。

（4）使用快捷键：P，I，N。

2）放置忽略 ERC 检查测试点

启动放置忽略 ERC 检查测试点命令后，光标变成十字形，并且在光标上悬浮一个红叉，将光标移动到需要放置忽略 ERC 检查的节点上，单击鼠标完成一个忽略 ERC 检查测试点的放置。单击鼠标右键或按 Esc 键退出放置忽略 ERC 检查测试点状态。

3）不 ERC 检查属性设置

在放置忽略 ERC 检查测试点状态下按 Tab 键，或在放置忽略 ERC 检查测试点完成后双击需要设置属性的忽略 ERC 检查符号，均可弹出【不 ERC 检查】对话框，如图 2-73 所示。

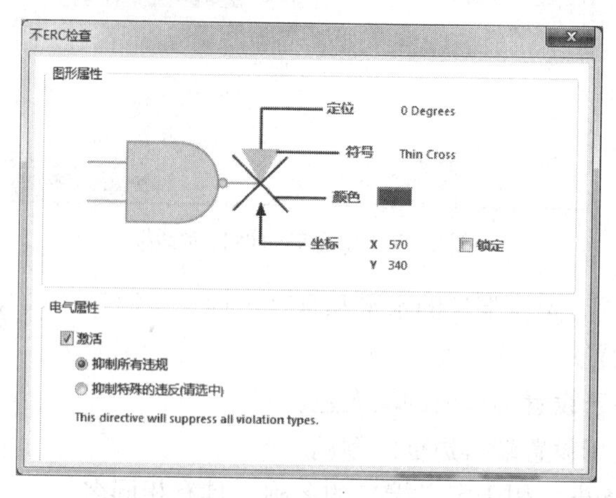

图 2-73 【不 ERC 检查】对话框

【不 ERC 检查】对话框主要用来设置忽略 ERC 检查测试点的颜色和坐标位置，采用默认设置即可。

9. 设置 PCB 布线标志

Altium Designer 15 允许用户在原理图设计阶段来规划指定网络的铜箔宽度、过孔直径、线优先权和布线板层属性。如果用户在原理图中对某些特殊要求的网络设置 PCB 布线指示，在创建 PCB 的过程中就会自动在 PCB 中引入这些设计规则。

1）放置 PCB 布线标志命令

启动放置 PCB 布线标志命令，主要有 2 种方法。

（1）在原理图编辑器中执行菜单命令【放置】|【指示】|【PCB 布局】。

（2）在原理图图纸空白区域右击鼠标，在弹出的菜单中选择【放置】|【指示】|【PCB 布局】命令。

2）放置 PCB 布线标志

启动放置 PCB 布线标志命令后，光标变成十字形，PCB Rule 图标悬浮在光标上，将光标移动到放置 PCB 布线标志的位置，单击即可完成 PCB 布线标志的放置。单击鼠标右键，退出放置 PCB 布线标志状态。

3）PCB 布线指示属性设置

在放置 PCB 布线标志状态下按 Tab 键，或者在已放置的 PCB 布线标志上双击，均可弹出如图 2-74 所示的【参数】对话框，主要设置 PCB 布线标志的名称、位置和定位等。

【名称】：用来设置 PCB 布线标志的名称。

【位置 X、Y】：用来设置 PCB 布线标志的坐标，一般采用移动鼠标实现。

【定位】：用来设置 PCB 布线标志的放置角度，同样有 4 种选择，包括【0 Degrees】、【90 Degrees】、【180 Degrees】、【270 Degrees】，也可以按空格键实现角度的切换。

参数列表中列出了选中 PCB 布线标志所定义的参数及其属性，包括名称、值及类型等。在列表中选中任一参数值，单击对话框下方的【编辑】按钮，打开如图 2－75 所示的【参数属性】对话框。单击【编辑规则值】按钮，弹出【选择设计规则类型】对话框，如图 2－76 所示。

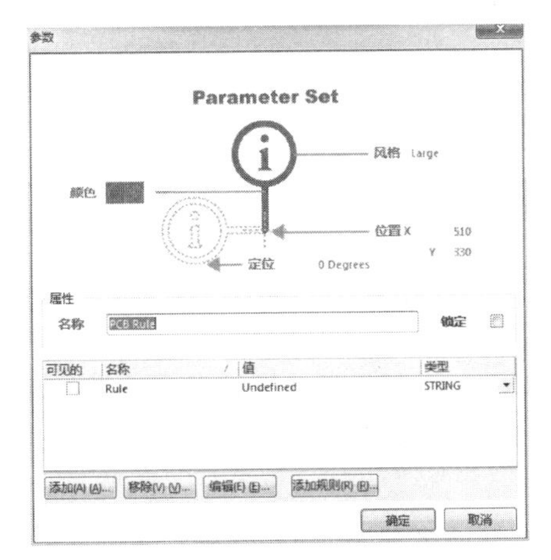

图 2－74　【参数】对话框

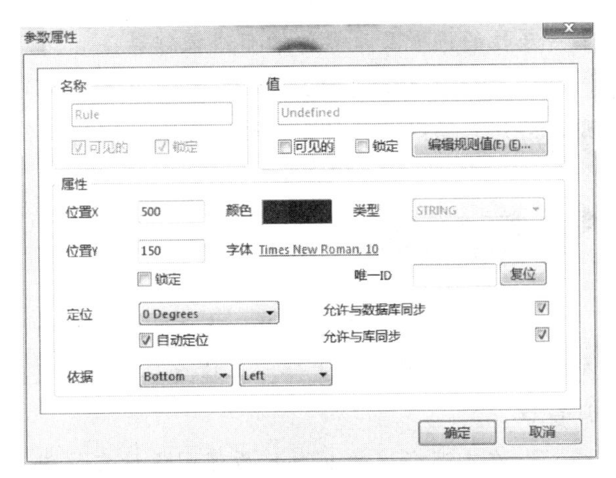

图 2－75　【参数属性】对话框

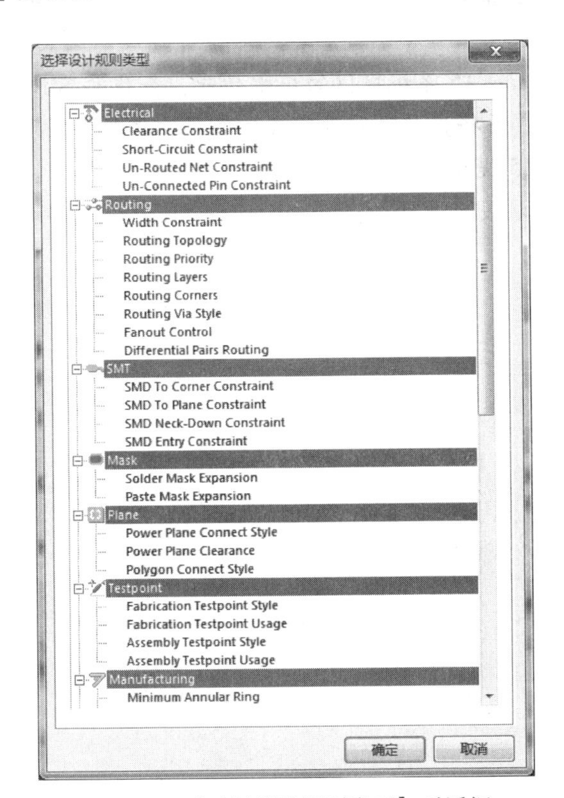

图 2－76　【选择设计规则类型】对话框

项目小结

本项目主要介绍了以下内容：

（1）Altium Designer 15 原理图设计的功能及应用；

（2）电路原理图的编辑环境、图纸设置、编辑器工作环境参数设置；

（3）绘制原理图的各种操作，如元器件的查找、元器件库的加载、元器件的放置、元器件属性的设置及元器件的布线操作等；

（4）放置元器件后，Altium Designer 15 可以对元器件进行一些选中、复制、剪切、粘贴、阵列式粘贴、移动、旋转、删除等编辑操作。

项目练习

1. 先新建一个名为 MyPro 的文件夹，启动 Altium Designer 15，并在此文件夹内建立名为 MyFirst 的设计工程文件，再建立一个名为 FirSch 的原理图设计文件，并进入原理图设计窗口。

2. 在上述新建的 FirSch 原理图设计文件中，将图纸版面设置为：A4 图纸，横向放置，标题栏为标准型，可视栅格设置为 100 mil，捕捉栅格设置为 50 mil，光标形状为小 45°十字光标。

3. 使用 Altium Designer 15 系统提供的搜索功能，查找元器件 LED0、LM324、TL074、P50C51FA-4N、2N2222，并将这些元器件所在的元器件库加载到元器件库管理器中。

4. Altium Designer 15 提供了哪些常用热键？

5. 主电路图文件的扩展名是什么？

项目 3
原理图元器件绘制

任务目标：

- ❖ 掌握新建原理图元器件库文件的方法
- ❖ 熟悉原理图元器件库文件编辑器
- ❖ 熟悉元器件绘制工具
- ❖ 掌握新元器件实例的绘制
- ❖ 熟悉有关元器件报表的生成

尽管 Altium Designer 15 系统具有庞大的元器件库，但随着新型元器件的不断涌现，在进行原理图设计时，经常会用到一些 Altium Designer 15 中没有提供的元器件符号。这就需要设计者自己来绘制新元器件，Altium Designer 15 提供了一个功能强大的创建原理图元器件的工具，即原理图元器件库编辑器。

任务 3.1 绘图工具介绍

3.1.1 绘图工具

绘图工具主要用于在原理图中绘制各种标注信息及图形。由于这些绘制的图形在电路原理图中只起到说明和修饰的作用，不具有任何电气意义，所以不会对系统电气规则检查（ERC）产生任何影响。

（1）在原理图编辑器中执行菜单命令【放置】|【绘图工具】，弹出如图 3－1 所示的绘图工具菜单，选择菜单中不同的命令，就可以绘制各种图形。

（2）单击实用工具栏中的 按钮，弹出绘图工具栏，如图 3－2 所示。绘图工具栏中的按钮与绘图工具菜单中的命令具有对应关系，其含义如下。

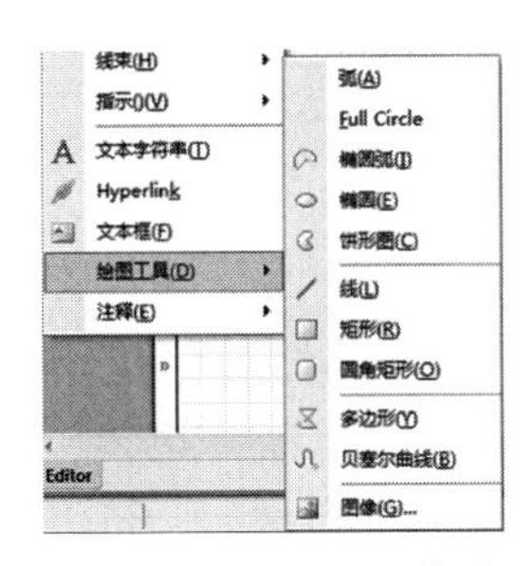

图 3－1 绘图工具菜单

图 3－2 绘图工具栏

/：用来绘制直线。

⌛：用来绘制多边形。

◠：用来绘制椭圆弧。

∿：用来绘制贝塞尔曲线。

A：用来在原理图中添加文字说明。

🔗：用来放置超链接。

▣：用来在原理图中添加文本框。

□：用来绘制直角矩形。

▢：用来绘制圆角矩形。

⬭：用来绘制椭圆或圆。

◔：用来绘制扇形。

🖼：用来往原理图上粘贴图片。

3.1.2 绘制直线

在电路原理图中，绘制出的直线在功能上完全不同于前面所讲的导线，它不具有电气连接意义，所以不会影响到电路的电气结构。

1. 启动绘制直线命令

启动绘制直线命令有以下 2 种方法。

（1）执行菜单命令【放置】|【绘图工具】|【线】。

（2）单击绘图工具栏中的绘制直线按钮/。

2. 绘制直线

启动绘制直线命令后，光标变成十字形，系统处于绘制直线状态。在指定位置单击确定直线的起点，移动光标形成一条直线，在适当的位置再次单击确定直线终点。若在绘制过程中需要转折，在折点处单击确定直线转折的位置，每转折一次都要单击一次。转折时，可以通过按 Shift + 空格键来切换选择直线转折的模式。与绘制导线一样，绘制直线也有三种模式，分别是直角、45°角和任意角。

绘制出第一条直线后，单击鼠标右键退出绘制第一条直线的状态。此时系统仍处于绘制直线状态，将鼠标移动到新的直线的起点，按照上面的方法继续绘制其他直线。

单击鼠标右键或按 Esc 键可以退出绘制直线状态。

3. 绘制直线属性设置

在绘制直线状态下，按 Tab 键，或者在完成绘制直线后双击需要设置属性的直线，弹出如图 3－3 所示的【PolyLine】（折线）对话框，可对直线属性进行以下几项设置。

【绘图的】选项卡设置了如下选项。

【开始线外形】：用来设置直线起点外形。单击后面的下拉按钮，可以看到有 7 个选项供用户选择，如图 3－4 所示。

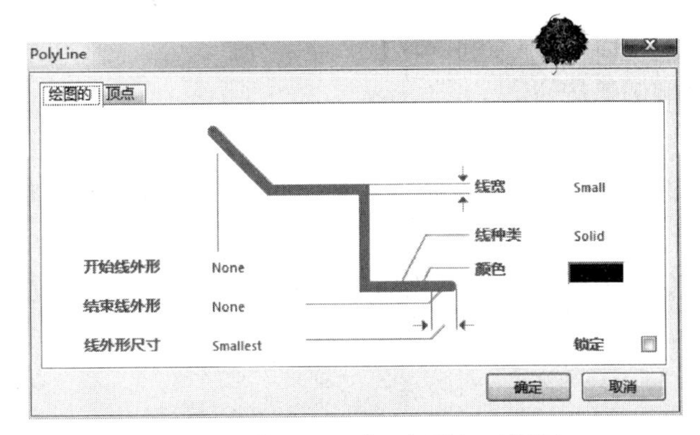

图3－3　【PolyLine】（折线）对话框

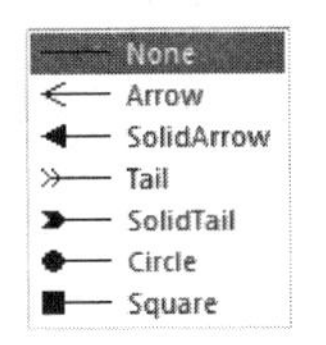

图3－4　起点外形设置

【结束线外形】：用来设置直线终点外形。单击后面的下拉按钮，也可以看到有7个选项供用户选择。

【线外形尺寸】：用来设置直线起点和终点外形尺寸。有4个选项供用户选择，包括【Smallest】、【Small】、【Medium】和【Large】，系统默认是【Smallest】。

【线宽】：用来设置直线的宽度。也有4个选项供用户选择，包括【Smallest】、【Small】、【Medium】和【Large】，系统默认是【Small】。

【线种类】：用来设置直线类型。有3个选项供用户选择，包括【Solid】（实线）、【Dashed】（虚线）和【Dotted】（点线），系统默认是【Solid】。

【颜色】：用来设置直线的颜色。单击右边的色块，即可设置直线的颜色。

单击【顶点】标签可打开【顶点】选项卡，如图3－5所示。

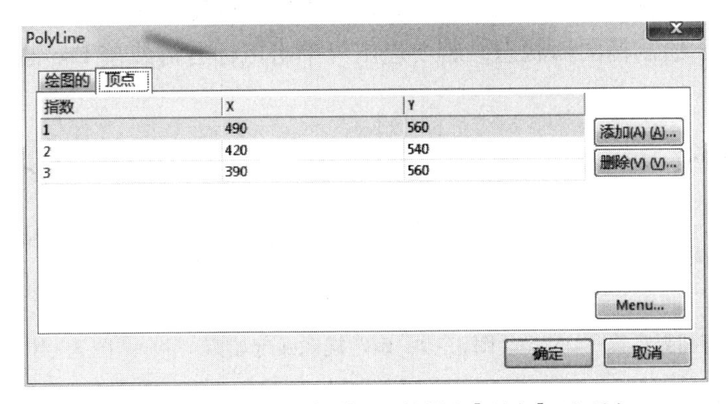

图3－5　PolyLine（折线）对话框【顶点】选项卡

【顶点】选项卡主要用来设置折线各个顶点的位置坐标。图3－5所示是一条折线的3个顶点的位置坐标。用户可以改变每一个顶点的X、Y值来改变各顶点的位置。

3.1.3　绘制椭圆弧和圆弧

1. 绘制椭圆弧

1）启动绘制椭圆弧命令

启动绘制椭圆弧命令有以下2种方法。

（1）执行菜单命令【放置】|【绘图工具】|【椭圆弧】。

（2）单击绘图工具栏中的绘制椭圆弧按钮。

2）绘制椭圆弧

启动绘制椭圆弧命令后，光标变成十字形。光标移动到指定位置，单击确定圆弧的圆心，如图 3－6 所示。

沿水平方向移动鼠标，可以改变椭圆弧的宽度，当宽度合适后单击确定椭圆弧的宽度，如图 3－7 所示。

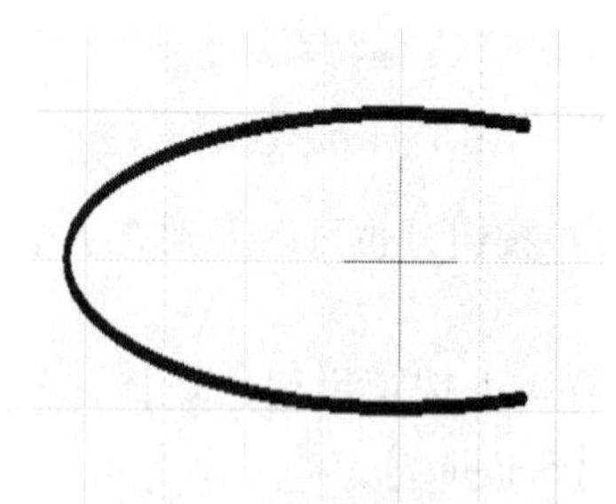

图 3－6　确定椭圆弧圆心

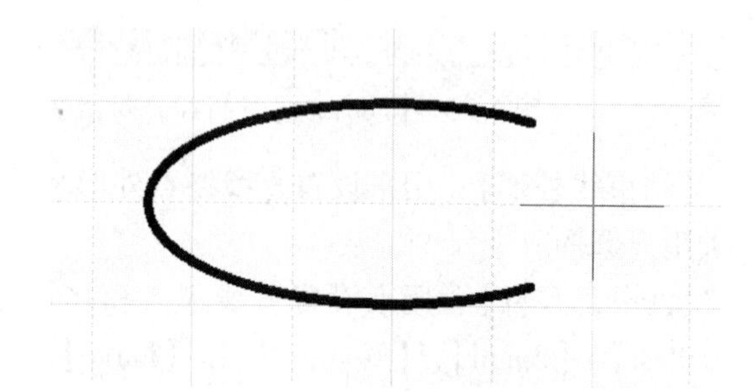

图 3－7　确定椭圆弧宽度

沿垂直方向移动鼠标，可以改变椭圆弧的高度。当高度合适后单击确定椭圆弧的高度，如图 3－8 所示。

此时，光标会自动移到椭圆弧的起始角处，移动光标可以改变椭圆弧的起始角，单击鼠标确定椭圆弧起始点，如图 3－9 所示。

此时，光标自动移动到椭圆弧的终点处，单击鼠标确定椭圆弧的终点，如图 3－10 所示。此时，仍处于绘制椭圆弧状态，若要退出可单击鼠标右键或按 Esc 键。

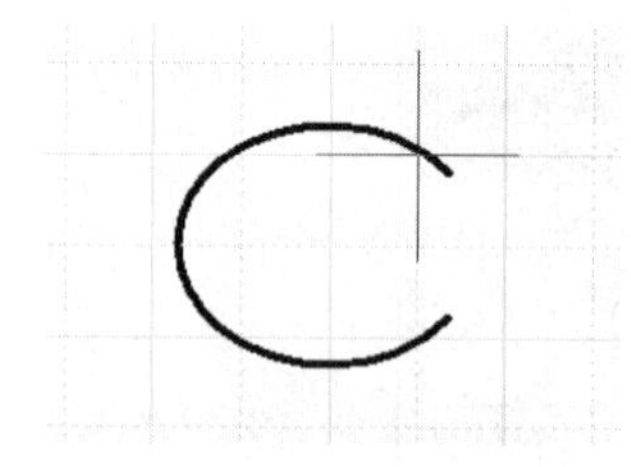

图 3－8　确定椭圆弧高度

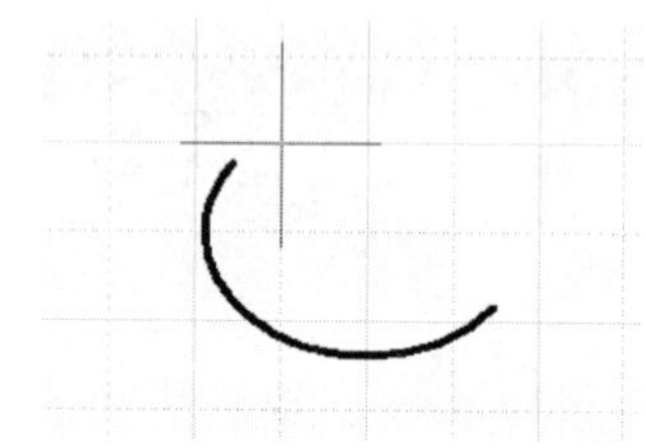

图 3－9　确定椭圆弧起始点

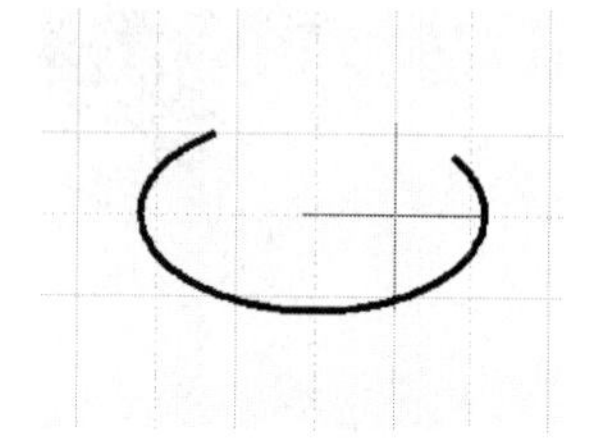

图 3－10　确定椭圆弧终点

3）椭圆弧属性设置

在绘制状态下按 Tab 键，或者绘制完成之后双击需要设置的椭圆弧，弹出【椭圆弧】对话框，如图 3－11 所示。在该对话框中可设置椭圆弧的圆心坐标（位置）、椭圆弧的宽度（X 半径）和高度（Y 半径）、椭圆弧的起始角度和终止角度及椭圆弧的颜色等。

2. 绘制圆弧

绘制圆弧的方法与绘制椭圆弧的方法基本相同。绘制圆弧时，不需要确定宽度和高度，只需确定圆弧的圆心、半径及起始点和终止点即可。

1）启动绘制圆弧命令

启动绘制圆弧命令有以下 2 种方法。

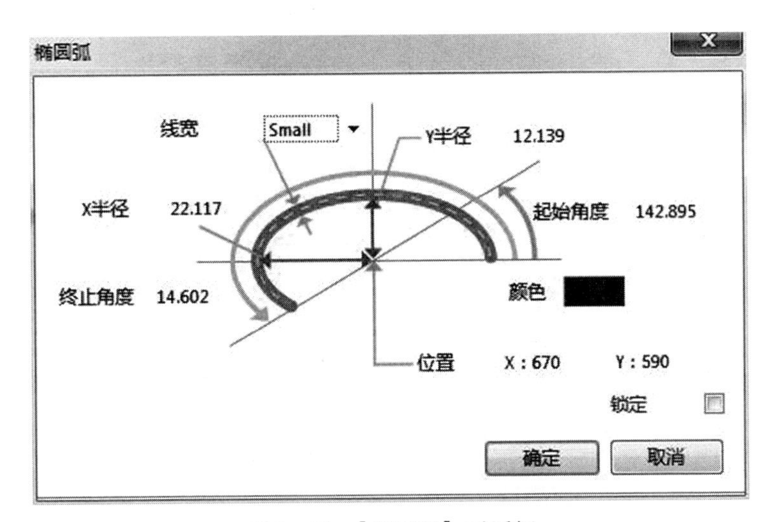

图3－11　【椭圆弧】对话框

（1）执行菜单命令【放置】|【绘图工具】|【弧】。

（2）在原理图的空白区域单击鼠标右键，在弹出的菜单中选择【放置】|【绘图工具】|【弧】命令。

2）绘制圆弧

启动绘制圆弧命令后，光标变成十字形。将光标移到指定位置，单击鼠标左键确定圆弧的圆心，如图3－12所示。

此时，光标自动移到圆弧的圆周上，移动鼠标可以改变圆弧的半径。单击鼠标左键确定圆弧的半径，如图3－13所示。

此时，光标自动移动到圆弧的起始角处，移动鼠标可以改变圆弧的起始点。单击鼠标左键确定圆弧的起始点，如图3－14所示。

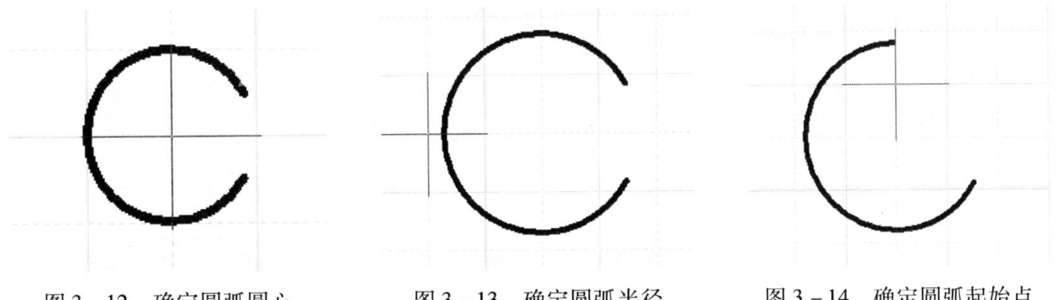

图3－12　确定圆弧圆心　　图3－13　确定圆弧半径　　图3－14　确定圆弧起始点

此时，光标移到圆弧的另一端处于绘制圆弧状态，单击确定圆弧的终止点，如图3－15所示，一条圆弧绘制完成。若要退出绘制，单击鼠标右键或按Esc键。

3）圆弧属性设置

在绘制状态下按Tab键，或者绘制完成后双击需要设置属性的圆弧，弹出【弧】对话框，如图3－16所示。圆弧的属性设置与椭圆弧的属性设置基本相同，区别在于圆弧的设置是其半径大小。

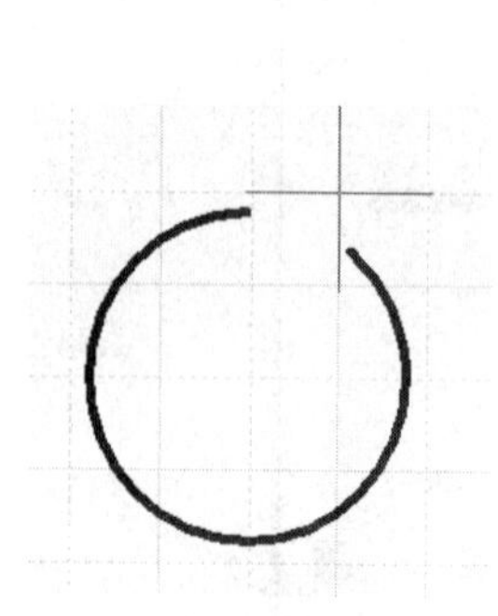

图 3 - 15　确定圆弧终止点

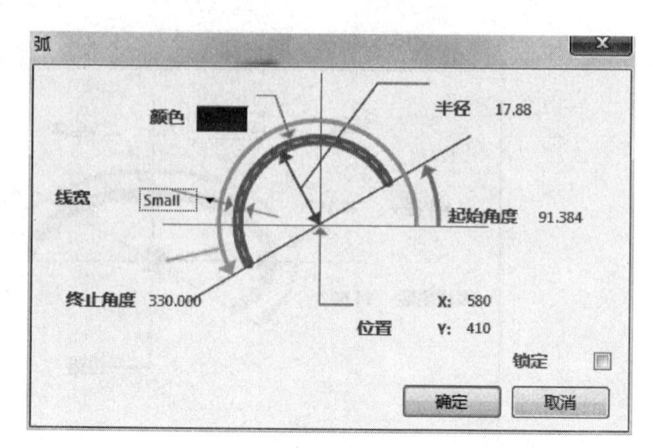

图 3 - 16　【弧】对话框

3.1.4　绘制多边形

1. 启动绘制多边形命令

启动绘制多边形命令有以下 3 种方法。

（1）执行菜单命令【放置】|【绘图工具】|【多边形】。

（2）在原理图的空白区域单击鼠标右键，并选择【放置】|【绘图工具】|【多边形】命令。

（3）单击绘图工具栏中的绘制多边形按钮。

2. 绘制多边形

启动绘制多边形命令后，光标变成十字形。单击确定多边形的起点，移动鼠标至多边形的第二个顶点，单击确定第二个顶点，如图 3 - 17 所示。

移动光标至多边形的第三个顶点，单击确定第三个顶点。此时出现一个三角形，如图 3 - 18 所示。

继续移动光标，确定多边形的下一个顶点，多边形将变成一个四边形，如图 3 - 19 所示。

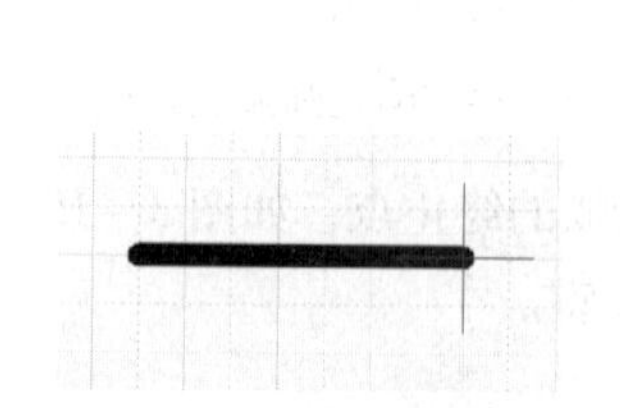

图 3 - 17　确定多边形一边

图 3 - 18　确定多边形第三个顶点

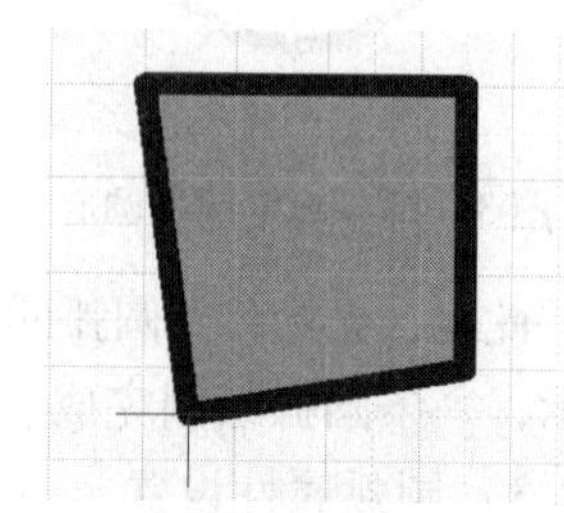

图 3 - 19　确定多边形第四个顶点

继续移动光标，可以确定多边形的第五个、第六个顶点，绘制出各种形状的多边形，单击鼠标完成绘制。

此时仍处于绘制状态，若要退出可单击鼠标右键或按 Esc 键。

3. 多边形属性设置

在绘制状态下按 Tab 键，或者绘制完成后双击需要设置属性的圆弧，弹出【多边形】对话框，如图 3－20 所示。其中【绘图的】选项卡设置了如下选项。

【填充颜色】：用于设置多边形内部填充颜色。单击后面的色块，可以进行设置。

【边界颜色】：用于设置多边形边界线的颜色。单击后面的色块，可以进行设置。

【边框宽度】：用于设置边界线的宽度，有【Smallest】、【Small】、【Medium】和【Large】4 个选项，默认是【Large】。

【拖拽实体】：用于设置多边形内部是否加入填充。

【透明的】：用于设置内部的填充是否透明，选中则填充透明。

单击【顶点】标签，弹出如图 3－21 所示的对话框。【顶点】选项卡主要用来设置多边形各个顶点的位置坐标。

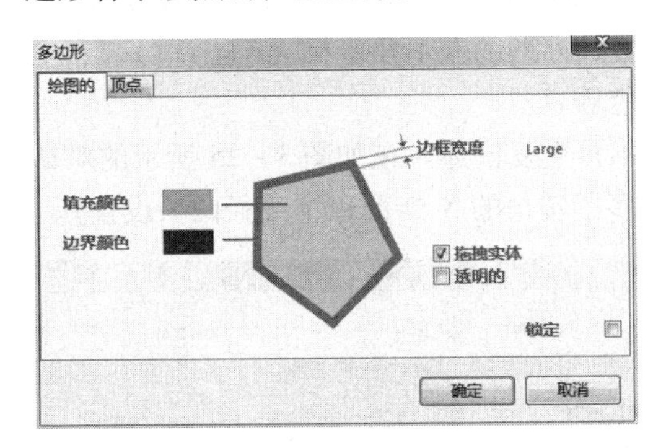

图 3－20　【多边形】对话框

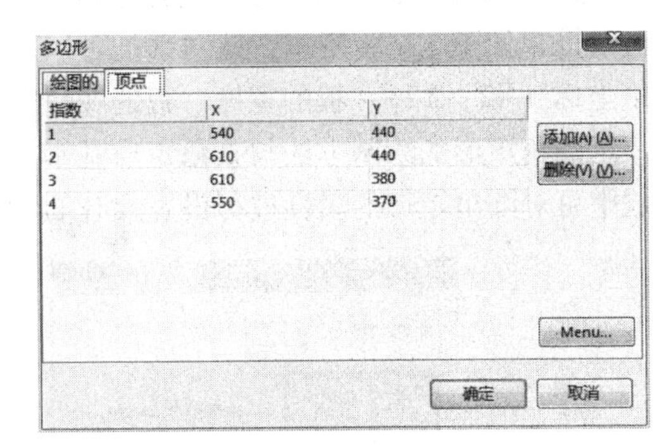

图 3－21　【顶点】选项卡

3.1.5　绘制矩形

Altium Designer 15 中绘制的矩形分为直角矩形和圆角矩形。它们的绘制方法基本相同。

1. 启动绘制直角矩形命令

启动绘制直角矩形命令有以下 3 种方法。

(1) 执行菜单命令【放置】|【绘图工具】|【矩形】。

(2) 在原理图的空白区域单击鼠标右键，并选择【放置】|【绘图工具】|【矩形】命令。

(3) 单击绘图工具栏中的绘制直角矩形按钮□。

2. 绘制直角矩形

启动绘制直角矩形的命令后，光标变成十字形。将十字光标移动到指定位置，单击确定矩形左下角位置，如图 3－22 所示。此时，光标自动跳到矩形的右上角，拖动鼠标，调整矩形至合适大小，再次单击确定右上角位置，如图 3－23 所示。矩形绘制完成。此时系统仍处于绘制矩形状态，若要退出，单击鼠标右键或按 Esc 键。

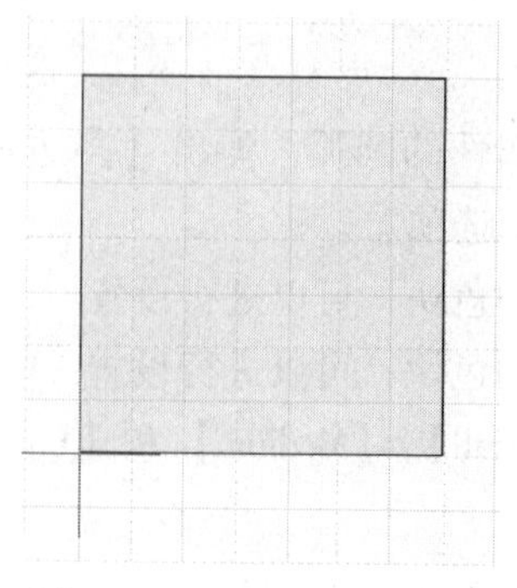

图 3－22　确定矩形左下角

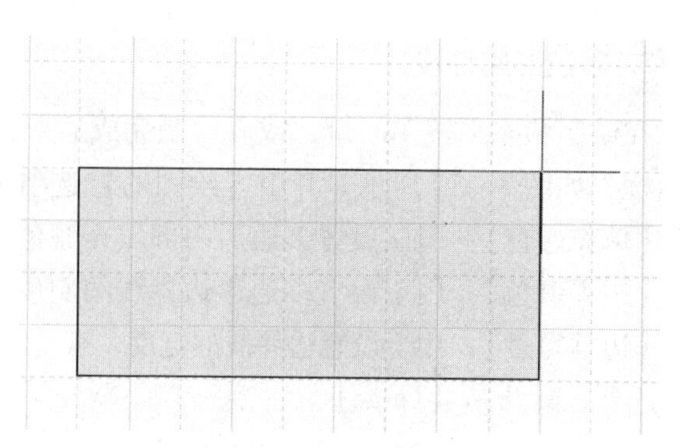

图 3－23　确定矩形右上角

3. 直角矩形属性设置

在绘制状态下按 Tab 键，或者绘制完成后双击需要设置属性的矩形，弹出【长方形】对话框，如图 3－24 所示。此对话框可以用来设置长方形的左下角坐标（X1，Y1）、右上角坐标（X2，Y2）、板的宽度、板的颜色、填充色等。

圆角矩形的绘制方法与直角矩形基本一致，不再重复讲述。在如图 3－25 所示的对话框中可对圆角矩形的属性进行设置（比直角矩形多了转角的 X 半径和 Y 半径两项设置）。

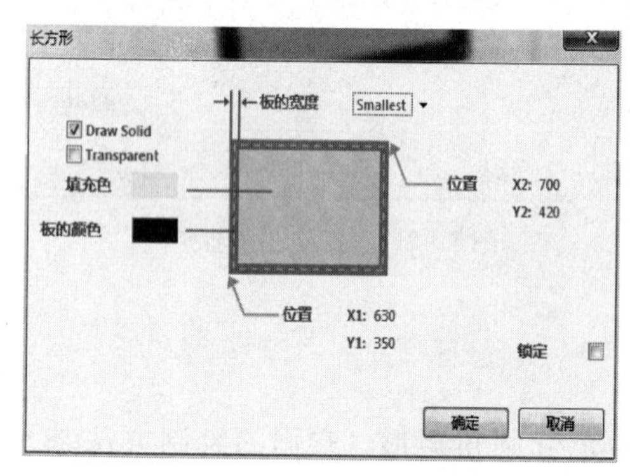

图 3－24　【长方形】对话框

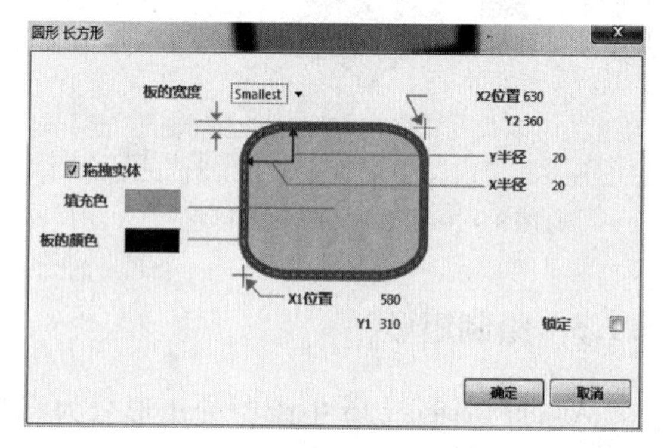

图 3－25　【圆形 长方形】对话框

3.1.6　绘制贝塞尔曲线

1. 启动绘制贝塞尔曲线命令

启动绘制贝塞尔曲线命令有以下 3 种方法。

（1）执行菜单命令【放置】|【绘图工具】|【贝塞尔曲线】。

（2）在原理图的空白区域单击鼠标右键，并选择【放置】|【绘图工具】|【贝塞尔曲线】命令。

（3）单击绘图工具栏中的绘制贝塞尔曲线按钮。

2. 绘制贝塞尔曲线

启动绘制贝塞尔曲线命令，鼠标变成十字形。将十字光标移到指定位置，单击鼠标左键，确定贝塞尔曲线起点，然后移动光标，再次单击确定第二点，绘制出一条直线，如

图3－26所示。

继续移动鼠标，在合适的位置单击鼠标左键确定第三个点，生成一条弧线，如图3－27所示。

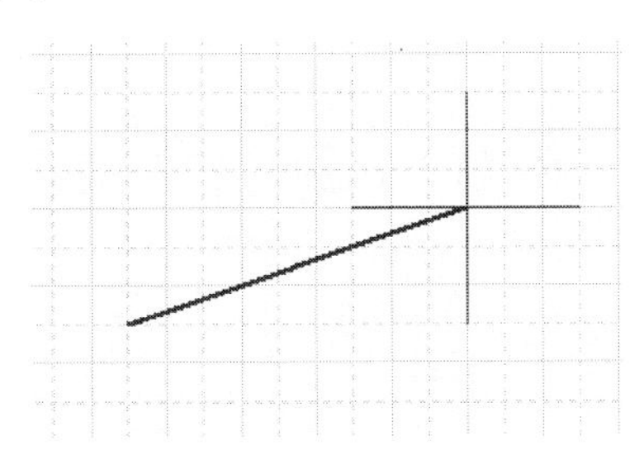

图3－26　确定一条直线

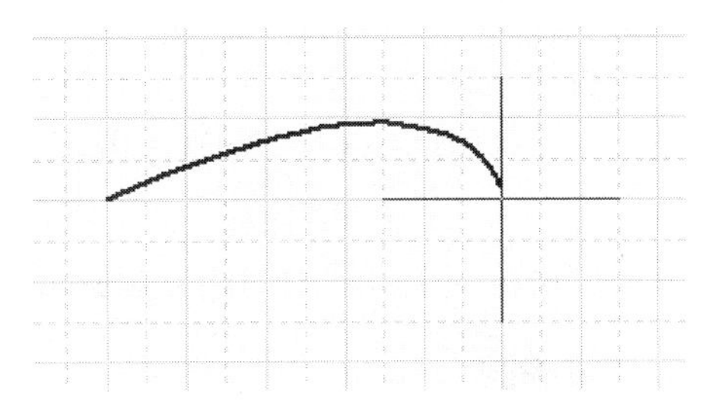

图3－27　确定贝塞尔曲线的第三点

继续移动鼠标，曲线将随光标的移动而变化，单击鼠标左键，确定此段贝塞尔曲线，如图3－28所示。

继续移动鼠标，重复上述动作，绘制出一条完整的贝塞尔曲线，如图3－29所示。

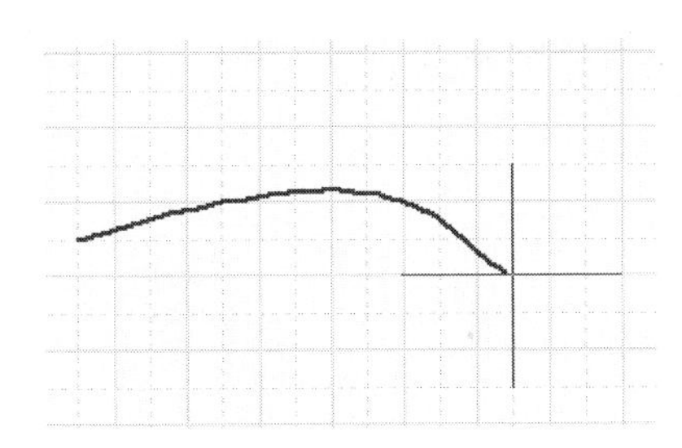

图3－28　确定一条贝塞尔曲线

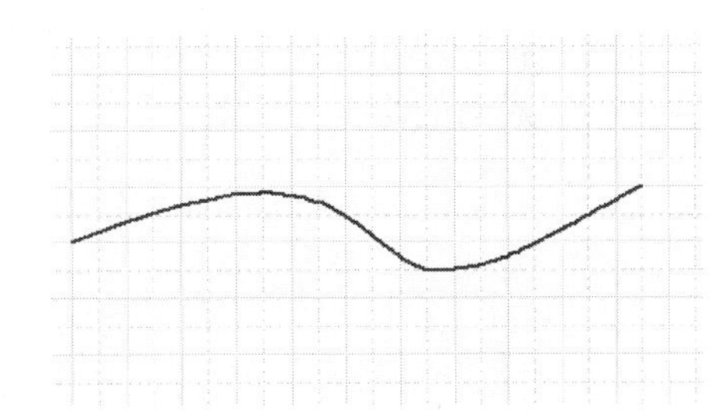

图3－29　完整的贝塞尔曲线

此时仍处于绘制贝塞尔曲线状态，单击鼠标右键或者按Esc键退出。

3. 贝塞尔曲线属性设置

双击绘制完成的贝塞尔曲线，弹出【贝塞尔曲线】对话框，如图3－30所示，此对话框只用来设置贝塞尔曲线的曲线宽度和颜色。

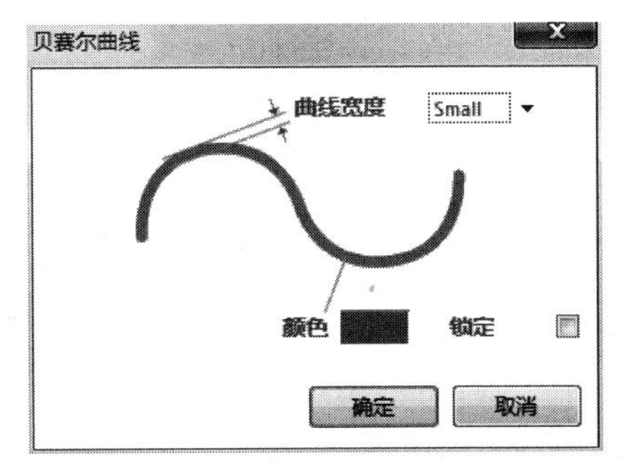

图3－30　【贝塞尔曲线】对话框

3.1.7　绘制椭圆或圆

用Altium Designer 15绘制椭圆和圆的工具是一样的。当椭圆的长轴和短轴的长度一样时，椭圆就变成圆。

1. 启动绘制椭圆命令

启动绘制椭圆命令有以下 3 种方法。

（1）执行菜单命令【放置】|【绘图工具】|【椭圆】。

（2）在原理图的空白区域单击鼠标右键，并选择【放置】|【绘图工具】|【椭圆】命令。

（3）单击绘图工具栏中的绘制椭圆或圆按钮。

2. 绘制椭圆

启动绘制椭圆命令，鼠标变成十字形。将十字光标移到指定位置，单击鼠标左键，确定椭圆的圆心，如图 3－31 所示。

光标移动到椭圆的右顶点，水平移动光标改变椭圆的长轴，在合适位置单击鼠标左键确定水平轴的长度，如图 3－32 所示。

此时光标移动到椭圆的上顶点处，垂直拖动鼠标改变椭圆垂直轴的长短，在合适位置单击鼠标确定椭圆的绘制，如图 3－33 所示。

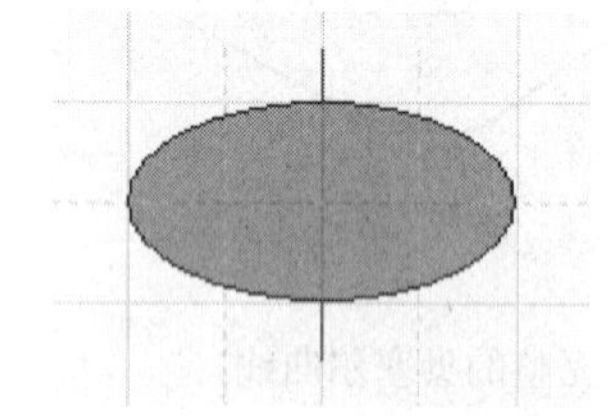

图 3－31 确定椭圆圆心

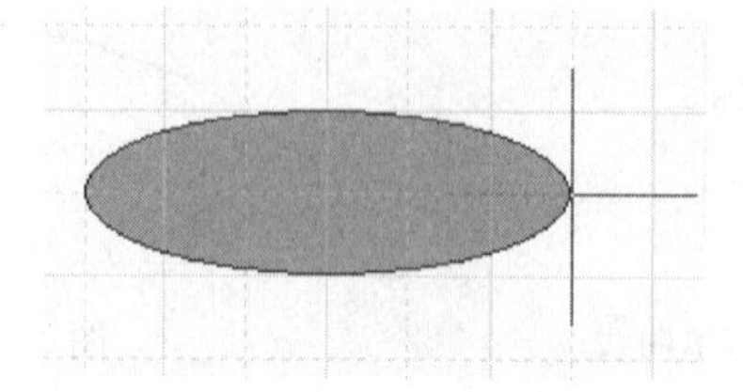

图 3－32 确定椭圆水平轴长轴

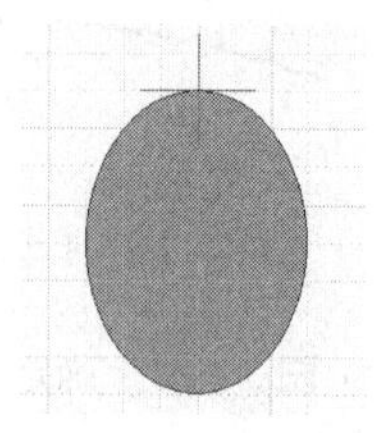

图 3－33 绘制完成椭圆

此时仍处于绘制椭圆状态，单击鼠标右键或者按 Esc 键退出。

3. 椭圆属性设置

在绘制状态下按 Tab 键，或者绘制完成之后双击椭圆，弹出如图 3－34 所示的【椭圆形】对话框。此对话框用来设置椭圆的圆心坐标、X 半径、Y 半径、板的宽度、边界颜色及填充色等。

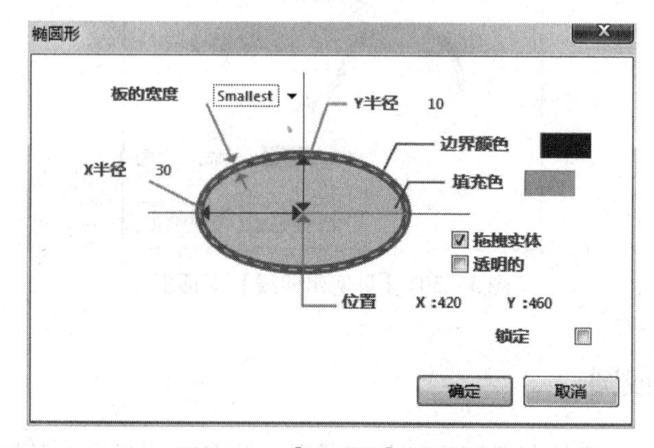

图 3－34 【椭圆形】对话框

当需要绘制一个圆时，直接绘制有点难度，用户可以先绘制一个椭圆，然后在其属性对话框中设置，让 X 半径等于 Y 半径，即可得到一个圆。

3.1.8　绘制扇形

1. 启动绘制扇形命令

启动绘制扇形命令有以下 3 种方法。

（1）执行菜单命令【放置】|【绘图工具】|【饼形图】。

（2）在原理图的空白区域单击鼠标右键，并选择【放置】|【绘图工具】|【饼形图】命令。

（3）单击绘图工具栏中的绘制扇形按钮。

2. 绘制扇形

启动绘制扇形命令后，光标变成十字形，并附有一个扇形。将光标移动到指定位置，单击鼠标左键确定圆心位置，如图 3－35 所示。

圆心确定后，光标自动跳到扇形的圆周上，移动光标调整半径的大小，单击鼠标左键确定扇形的半径，如图 3－36 所示。

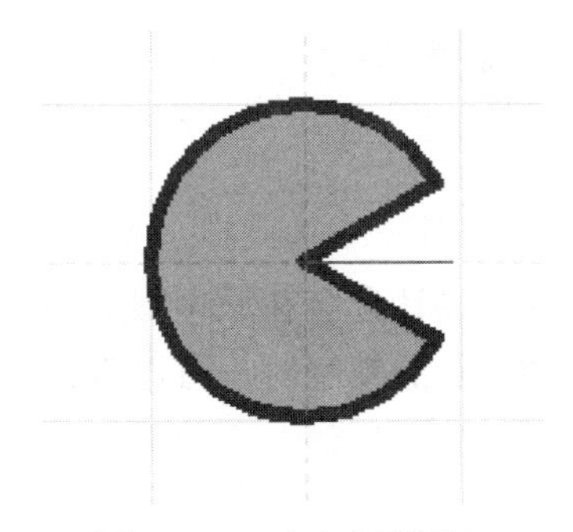

图 3－35　确定扇形圆心

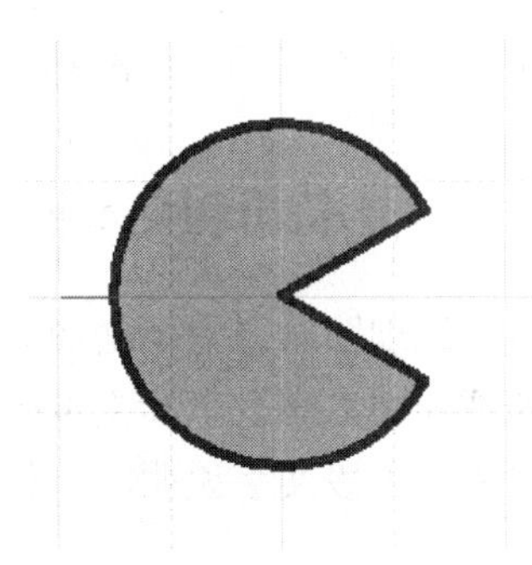

图 3－36　确定扇形半径

此时，光标跳到扇形的开口起点处，移动光标选择合适的开口位置，单击鼠标确定开口起点，如图 3－37 所示。

开口起点确定后，光标跳到扇形开口终点处，移动光标选择合适的终点，单击鼠标确定，如图 3－38 所示。

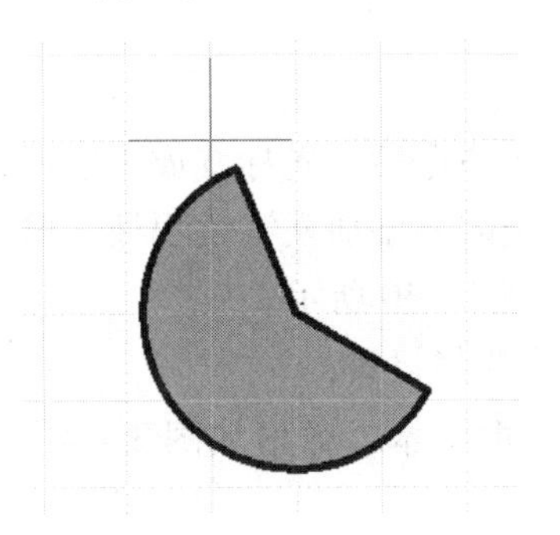

图 3－37　确定扇形开口起点位置

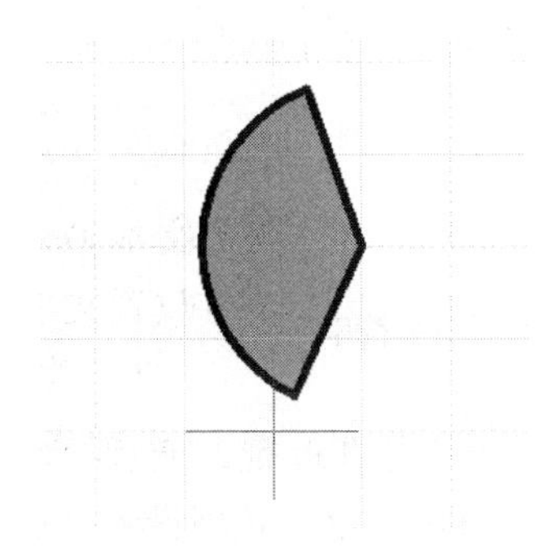

图 3－38　确定扇形开口终点位置

此时仍处于绘制扇形状态，单击鼠标右键或者按 Esc 键退出。

3. 扇形属性设置

在绘制状态下按 Tab 键，或者绘制完成之后双击扇形，弹出如图 3－39 所示的【Pie 图表】对话框。此对话框可以设置扇形的位置 X、Y（圆心坐标），半径，边框宽度，边界颜色，起始角度，终止角度及颜色等。

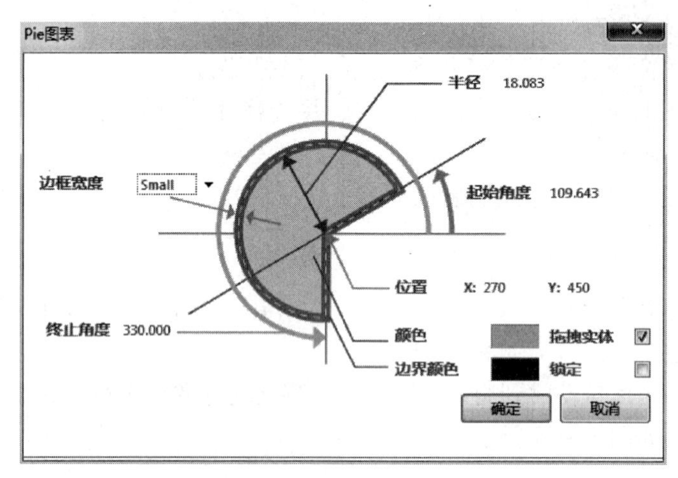

图 3－39 【Pie 图表】对话框

3.1.9 放置文本字符串和文本框

在绘制电路原理图时，为了增加原理图的可读性，设计者会在原理图的关键位置添加文字说明，即添加文本字符串和文本框。当需要添加少量的文字时，可以直接放置文本字符串；当需要添加大段文字说明时，就需要用文本框。

1. 放置文本字符串

1）启动放置文本字符串命令

启动放置文本字符串的命令有以下 3 种方法。

（1）执行菜单命令【放置】|【文本字符串】。

（2）在原理图的空白区域单击鼠标右键，并选择【放置】|【文本字符串】命令。

（3）单击绘图工具栏中的放置文本字符串按钮**A**。

2）放置文本字符串

启动放置文本字符串命令后，光标变成十字形，并带有一个文本 Text。移动光标至需要添加文字说明处，单击鼠标左键可放置文本字符串，如图 3－40 所示。

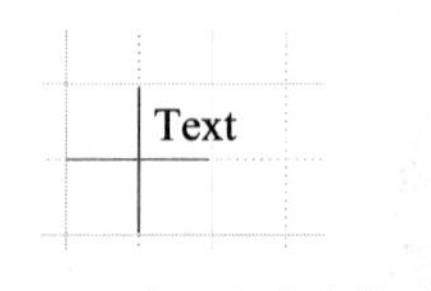

图 3－40 放置文本字符串

3）放置文本字符串属性设置

在绘制状态下按 Tab 键，或者绘制完成之后双击文本，弹出如图 3－41 所示的【标注】对话框。可进行以下几项设置。

【颜色】：用于设置文本字符串的颜色。

【位置X、Y】：用于设置文本字符串的坐标位置。

【定位】：用于设置文本字符串的放置方向，有【0 Degrees】、【90 Degrees】、【180 Degrees】和【270 Degrees】4个选项。

【水平正确】：用于调整文本字符串在水平方向上的位置，有【Left】、【Center】和【Right】3个选项。

【垂直正确】：用于调整文本字符串在垂直方向上的位置，有【Bottom】、【Center】和【Top】3个选项。

【文本】：用于输入具体的文字说明。此外单击放置的文字，稍等一会再次单击，即可进入文本字符串的编辑状态，可直接输入文字说明。此法不需要打开文本字符串属性设置对话框。

【字体】：用于设置输入文字的字体。

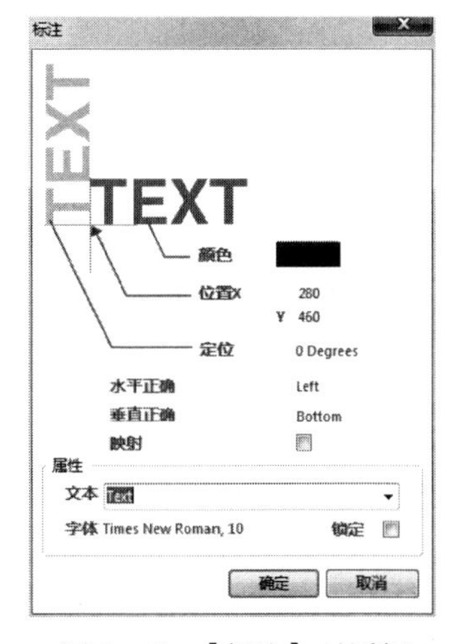

图3－41　【标注】对话框

2. 放置文本框

1）启动放置文本框命令

启动放置文本框命令有以下3种方法。

（1）执行菜单命令【放置】|【文本框】。

（2）在原理图的空白区域单击鼠标右键，并选择【放置】|【文本框】命令。

（3）单击绘图工具栏中的放置文本框按钮。

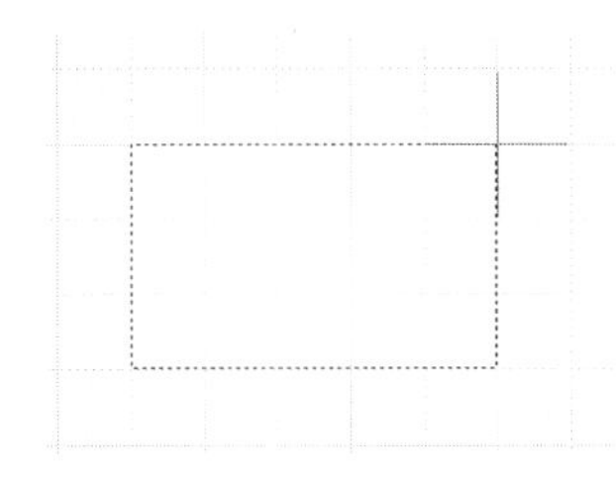

图3－42　文本框的放置

2）放置文本框

启动放置文本框命令后，光标变成十字形。移动光标至指定位置，单击鼠标左键确定文本框的一个顶点，然后移动鼠标到合适位置，再次单击确定文本框对角线上的另一个顶点，完成放置，如图3－42所示。

3）放置文本框属性设置

在绘制状态下按Tab键，或者绘制完成之后双击文本框，弹出如图3－43所示的【文本结构】对话框。可进行以下几项设置。

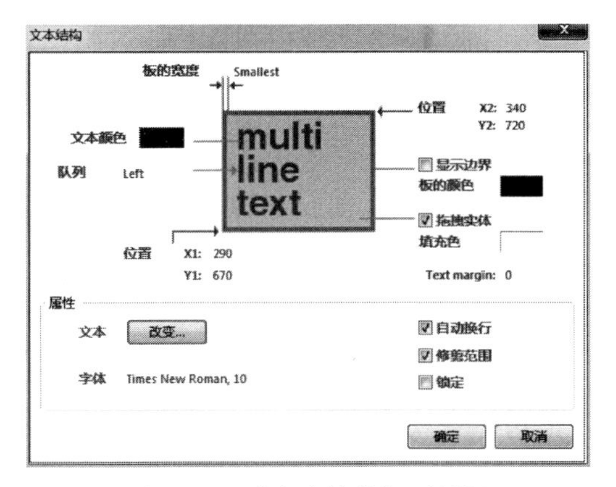

图3－43　【文本结构】对话框

【文本颜色】：用于设置文本框中文字的颜色。

【队列】：用于设置文本框内文字的对齐方式，有【Left】（左对齐）、【Center】（中心对齐）和【Right】（右对齐）3 个选项。

【位置 X1、Y1 和位置 X2、Y2】：用于设置文本框起始顶点和终止顶点的位置坐标。

【板的宽度】：用于设置文本框边框的宽度，有【Smallest】、【Small】、【Medium】和【Large】4 个选项供用户选择，系统默认是【Smallest】。

【显示边界】：该复选框用于设置是否显示文本框的边框。选中，则显示边框。

【板的颜色】：用于设置文本框的边框的颜色。

【拖拽实体】：该复选框用于设置是否填充文本框。选中，则文本框被填充。

【填充色】：用于设置文本框填充的颜色。

【文本】：用于输入文本内容。单击右侧的【改变】按钮，系统将弹出一个文本内容编辑对话框，用户可以在里面输入文字，如图 3－44 所示。

【自动换行】：该复选框用于设置文字的自动换行。选中，则当文本框中的文字长度超过文本框的宽度时会自动换行。

【字体】：用于设置文本框中文字的字体。

【修剪范围】：若选中该复选框，则当文本框中的文字超出文本框区域时，系统自动截去超出的部分；若不选，则当出现这种情况时，将在文本框的外部显示超出部分。

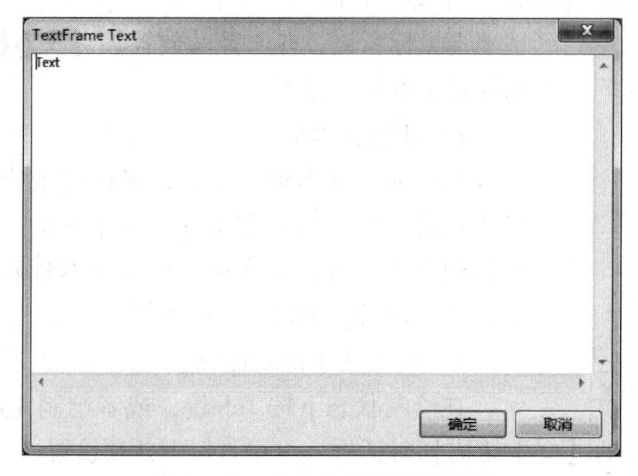

图 3－44　文本内容编辑对话框

3.1.10　放置图片

在电路原理图的设计过程中，有时候需要添加一些图片文件，如元器件的外观、厂家标识等。

1. 启动放置图片命令

启动放置图片命令有以下 3 种方法。

（1）执行菜单命令【放置】|【绘图工具】|【图像】命令。

（2）在原理图的空白区域单击鼠标右键，并选择【放置】|【绘图工具】|【图像】命令。

（3）单击绘图工具栏中的放置图片按钮。

2. 放置图片

启动放置图片命令后，光标变成十字形，并附有一个矩形框。移动光标到指定位置，单击鼠标左键，确定矩形框的起点，如图3－45所示。此时光标自动跳到矩形框的另一顶点，移动鼠标可改变矩形框的大小，在合适位置再次单击鼠标左键确定终点，如图3－46所示。同时弹出【选择图片】对话框选择图片的路径，选择好以后，单击【打开】按钮即可将图片添加到原理图中。

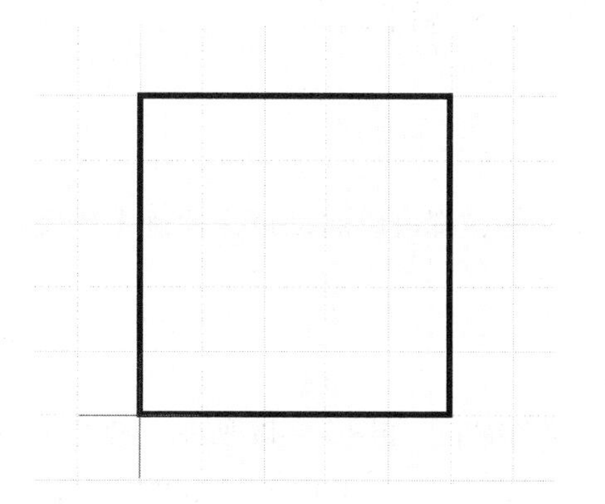

图3－45　确定起点位置

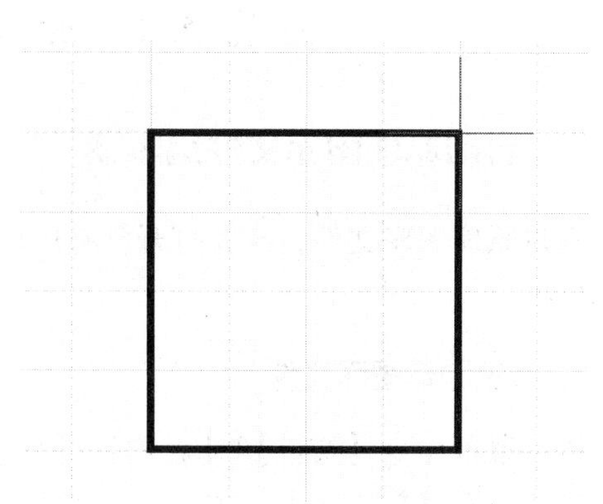

图3－46　确定终点位置

3. 放置图片属性设置

在绘制状态下按Tab键，或者绘制完成之后双击图片，弹出如图3－47所示的【绘图】对话框。可进行以下几项设置。

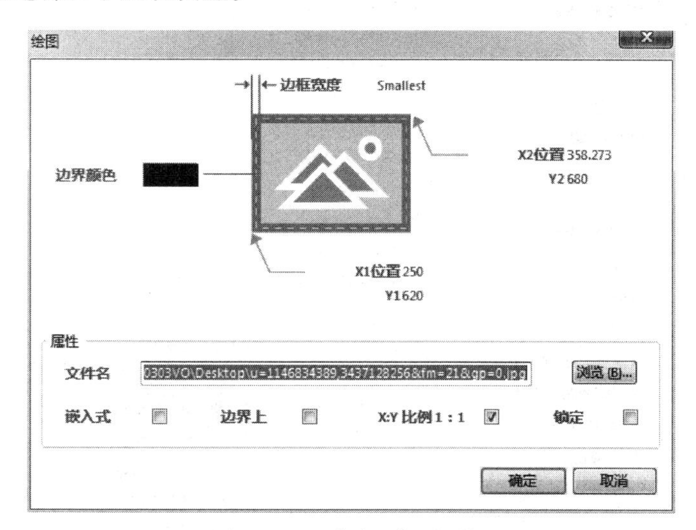

图3－47　【绘图】对话框

【边界颜色】：用于设置图片边框的颜色。

【边框宽度】：用于设置图片边框的宽度，有【Smallest】、【Small】、【Medium】和【Large】4个选项供用户选择，系统默认是【Smallest】。

【X1 位置，Y1】和【X2 位置，Y2】：用于设置图片矩形框的第一顶点和第二顶点的位置坐标。

【文件名】：所放置图片的路径及名称。单击右边的浏览按钮，可以选择要放置的图片。

【嵌入式】：若选中该复选框，则图片嵌入电路原理图中。

【边界上】：若选中该复选框，则放置的图片会添加边框。

任务 3.2　原理图库文件编辑器

3.2.1　启动原理图库文件编辑器

新建原理图库文件，或者打开已有的原理图库文件，都可以启动进入原理图库文件编辑环境中。

1. 新建原理图库文件

执行菜单命令【文件】|【新建】|【库】|【原理图库】，如图 3－48 所示。执行该命令后，系统会在【Projects】（工程）面板中创建一个默认名为 Schlib1. SchLib 的原理图库文件，同时启动原理图库文件编辑器（见图 3-49）。

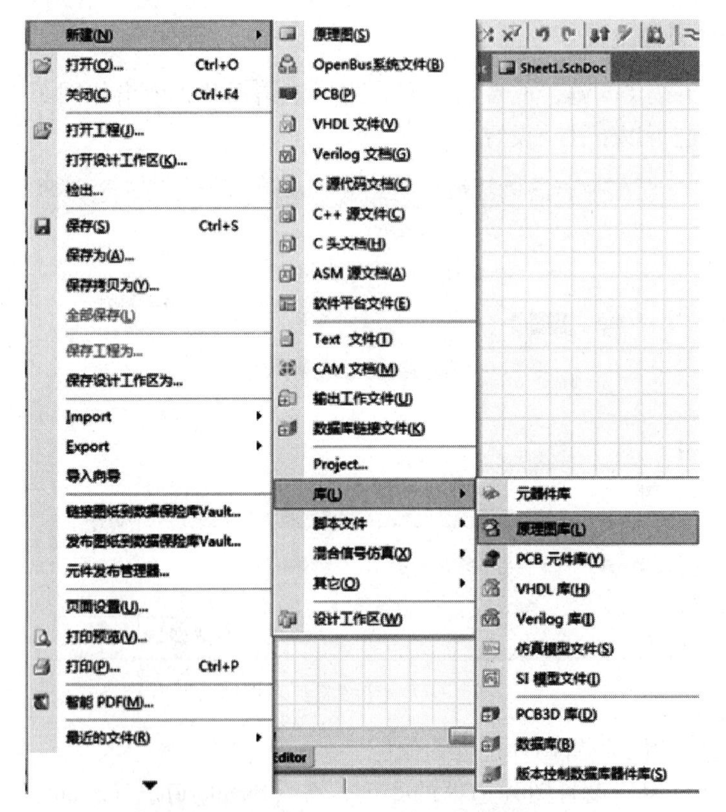

图 3－48　启动原理图库文件编辑器

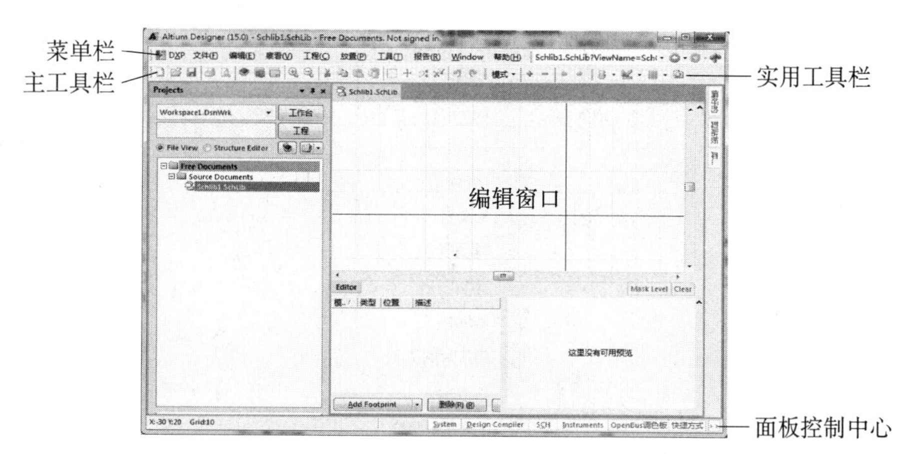

图3－49　原理图库文件编辑器

2. 保存并重新命名原理图库文件

执行菜单命令【文件】|【保存】，或单击主工具栏上的保存按钮，弹出保存文件对话框，将原理图文件重新命名为MySchlib1. SchLib，并保存在指定位置。保存后回到原理图库文件编辑器中。

3.2.2　原理图库文件编辑环境

图3－49所示的原理图库文件编辑器主界面，与原理图编辑器界面相似，菜单栏及主工具栏的按钮也基本一致，也可以通过菜单或按键进行放大屏幕、缩小屏幕的操作。

3.2.3　实用工具栏介绍

1. 原理图符号绘制工具栏

单击实用工具栏中的按钮，弹出原理图符号绘制工具栏，如图3－50所示。此工具栏中的大部分按钮与主菜单【放置】中的命令相对应，如图3－51所示。其中大部分与前面讲的绘图工具操作相同，在此不再重复，只将增加的几项简单介绍一下。

：用于新建元器件原理图符号。

：用于放置元器件的子部件。

：用于放置元器件的引脚。

2. IEEE符号工具栏

单击实用工具栏的按钮，弹出IEEE符号工具栏，如图3－52所示。

这些按钮的功能与原理图库文件编辑器中的菜单命令【放置】|【IEEE符号】相对应。

：放置低电平触发符号。

：放置信号左向传输符号，用来指示信号传输方向。

：放置时钟上升沿触发符号。

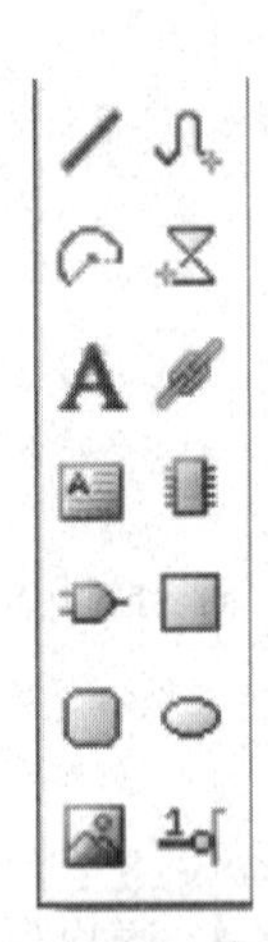

图 3－50　原理图符号绘制工具栏

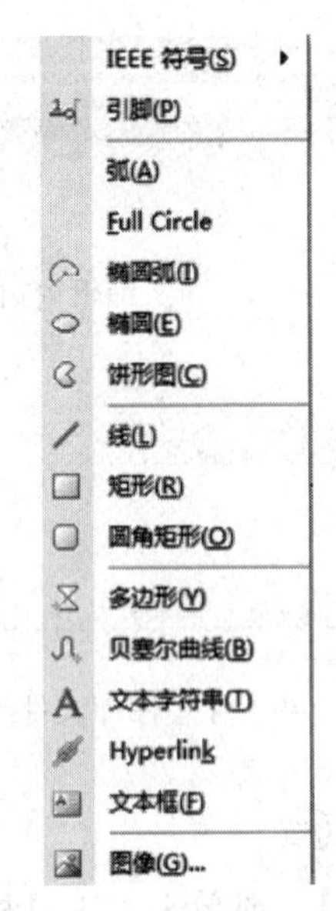

图 3－51　【放置】菜单

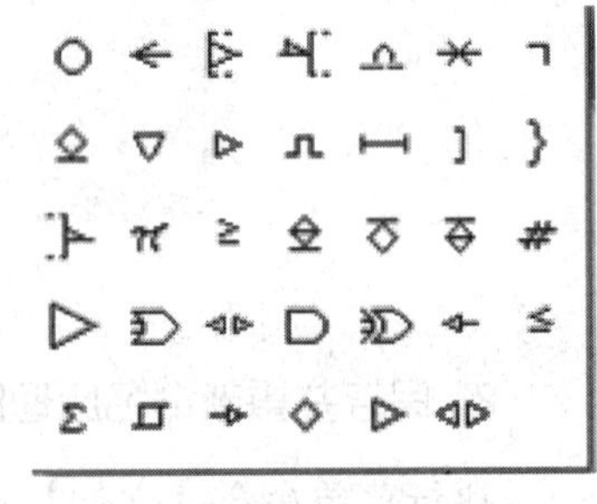

图 3－52　IEEE 符号工具栏

：放置低电平输入触发符号。

：放置模拟信号输入符号。

：放置无逻辑性连接符号。

：放置延时输出符号。

：放置集电极开极输出符号。

：放置高阻抗符号。

：放置大电流符号。

：放置脉冲符号。

：放置延时符号。

]：线组。

}：放置二进制组合符号。

：放置低电平触发输出符号。

π：放置 π 符号。

≥：放置大于等于符号。

：放置具有上拉电阻的集电极开极输出符号。

：放置发射极开极输出符号。

：发射极开路上拉。

#：放置数字信号输入符号。

▷：放置反相器符号。

：放置或门符号。

：放置输入输出流符号。

D：放置与门符号。

：放置异或门符号。

：放置数据信号左移符号。

：放置小于等于符号。

：放置 Σ 加法符号。

：放置带有施密特触发的输入符号。

：放置数据信号右移符号。

：放置开极输出符号。

：大电流。

：放置信号双向传输符号。

3. 模式工具栏

模式工具栏用于控制当前元器件的显示模式，如图 3－53 所示。

：用来为当前元器件选择一种模式，默认为 Normal。

：用来为当前元器件添加一种显示模式。

：用来删除当前元器件的当前显示模式。

：用来切换到前一种显示模式。

：用来切换到后一种显示模式。

图 3－53　模式工具栏

3.2.4　工具菜单的库元器件管理命令

在原理图库文件编辑环境中，系统为用户提供了一系列管理库元器件的命令。执行菜单命令【工具】弹出库元器件管理菜单命令，如图 3－54 所示。下面介绍几个主要命令。

【新器件】：用来创建一个新的库元器件。

【移除器件】：用来删除当前元器件库中选中的元器件。

【移除重复】：用来删除元器件库中重复的元器件。

【重新命名器件】：用来重新命名当前选中的元器件。

【拷贝器件】：用来将选中的元器件复制到指定的元器件库中。

【移动器件】：用来把当前选中的元器件移动到指定的元器件库中。

【新部件】：用来放置元器件的子部件，其功能与原理图符号绘制工具栏中的按钮相同。

【移除部件】：用来删除子部件。

【模式】：用来管理库元器件的显示模式，其功能与模式工具栏相同。

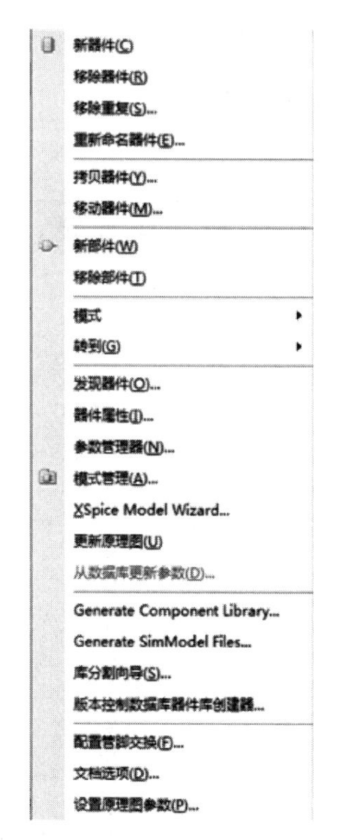

图 3－54　【工具】菜单

【转到】：用来对库元器件及子部件进行快速切换定位。

【发现器件】：用来查找元器件。其功能与【库】面板中的【查找】按钮相同。

【器件属性】：用来启动元器件属性对话框，进行元器件属性设置。

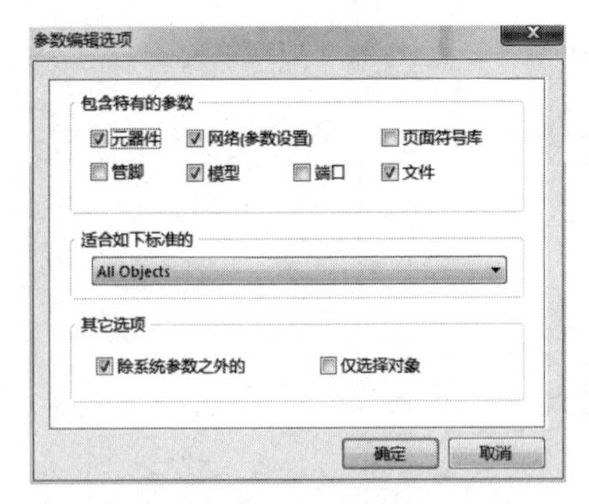

图 3-55 【参数编辑选项】对话框

【参数管理器】：用来进行参数管理。执行该命令后，弹出【参数编辑选项】对话框（见图 3-55）。

在图 3-55 中，【包含特有的参数】选项区域有 7 个复选框，主要用来设置所要显示的参数，如元器件、网络（参数设置）、页面符号库、管脚、模型、端口、文件。单击【确定】按钮后，系统会弹出当前原理图库文件的参数编辑器，如图 3-56 所示。

【模式管理】：用来为当前选中的库元器件添加其他模型，包括 PCB 模型、信号完整性分析模型、仿真模型及 PCB 3D 模型等。执行该命令后，弹出如图 3-57 所示的【模式管理器】对话框。

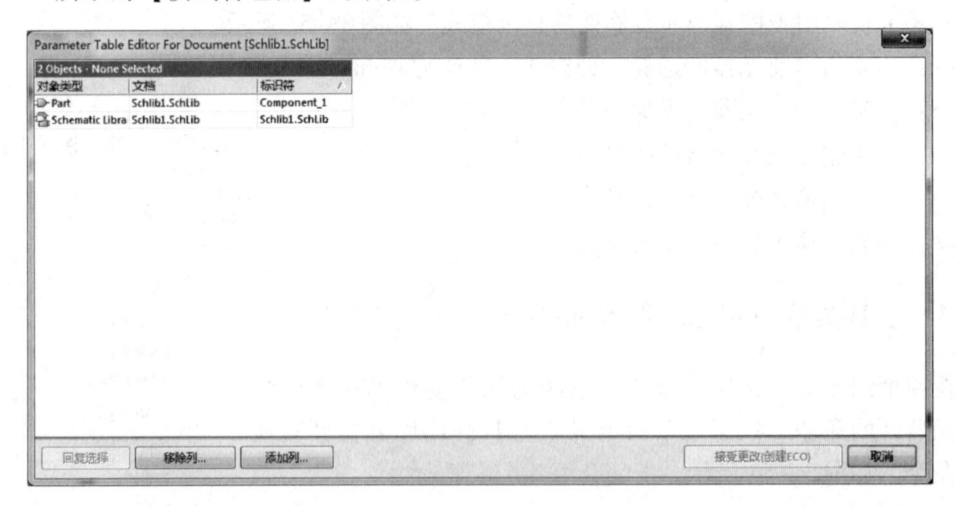

图 3-56 参数编辑器

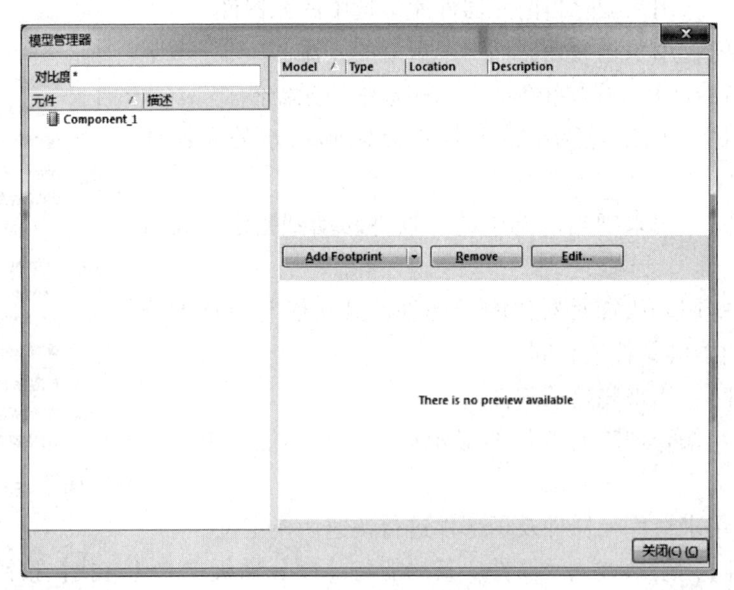

图 3-57 【模式管理器】对话框

【XSpice Model Wizard】：用来引导用户为所选中的库元器件添加一个 XSpice 模型。

【更新原理图】：用来将当前库文件在原理图库文件编辑器中所做的修改，更新到打开的电路原理图中。

3.2.5　原理图库文件面板介绍

【SCH Library】面板（原理图库文件）是原理图库文件编辑环境中的专用面板，如图 3－58 所示。

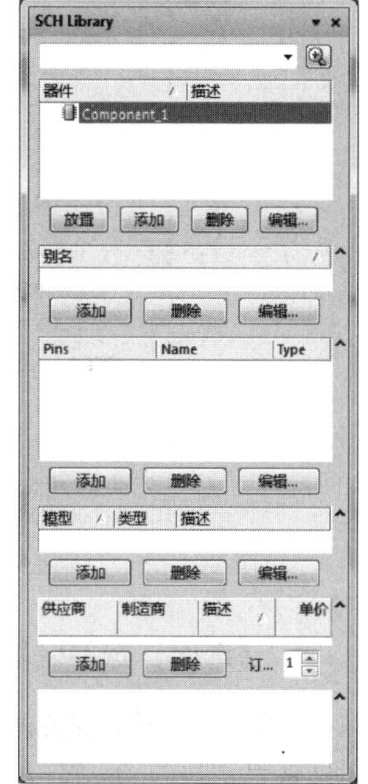

图 3－58　SCH Library 面板

【SCH Library】面板主要用来对库元器件及其库文件进行编辑管理，可进行以下设置。

【器件】区域：主要用于列出当前打开的原理图库文件中的所有库元器件名称，并可以进行放置元器件、添加新元器件、删除元器件和编辑元器件等操作。若要放置一个元器件时，选中元器件名称后，单击【放置】按钮，或者直接双击该元器件即可将其放置在打开的原理图图纸上。若要添加新元器件，单击【添加】按钮，弹出如图 3－59 所示的对话框，输入一个元器件名称后，单击【确定】按钮即可。

【别名】区域：可以为同一个元器件原理图符号设置不同别名。例如，同样功能的元器件会有多家厂商生产，它们虽然在功能、封装形式和管脚形式上完全相同，但是元器件型号却不完全一致。在这种情况下，没有必要去创建每一个元器件符号，只要为其中一个已创建的元器件另外设置一个或多个别名就可以了。

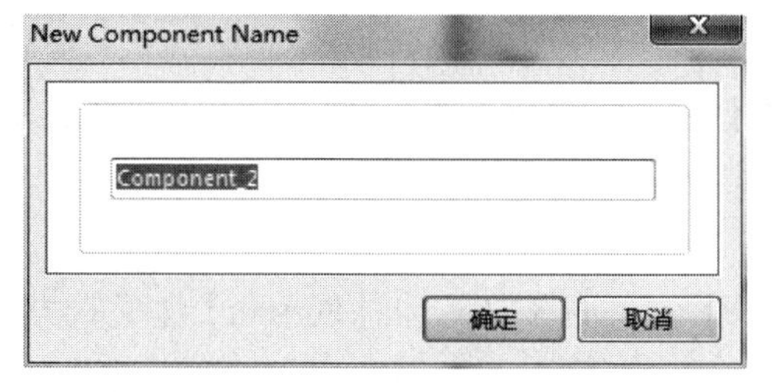

图 3－59　新元器件名称对话框

【Pins】（管脚）区域：列出了当前工作区中元器件的所有管脚及其属性。

【模型】区域：主要用来列出元器件的其他模型，如 PCB 封装模型、仿真模型、信号完整性分析模型、VHDL 模型等。

任务 3.3　绘制所需的库元器件

前面对原理图库文件编辑环境及相应的工具栏、原理图库文件有了初步的介绍。这一节将绘制一个具体的元器件，让读者了解和学习创建原理图库元器件的方法和步骤。

3.3.1　设置工作区参数

执行菜单命令【工具】|【文档选项】，弹出【库编辑器工作台】对话框，如图 3－60 所示。

图 3－60 【库编辑器工作台】对话框

1. 【选项】选项区域

【类型】：用来设置库编辑图纸的风格。单击下拉列表框的下三角按钮，会出现 2 种类型供选择：【Standard】（标准型）和【ANSI】（美国国家标准协会模式）。

【大小】：用来设置库编辑图纸的尺寸。Altium Designer 15 所提供的图纸样式有以下几种。

- 公制：A0、A1、A2、A3、A4，其中 A4 最小。
- 英制：A、B、C、D、E，其中 A 最小。
- Orcad 图纸：Orcad A、Orcad B、Orcad C、Orcad D、Orcad E。
- 其他类型：Altium Designer 15 还支持其他类型图纸，如 Lettter、Legal、Talioid 等。

系统默认的图纸类型为 E。

【定位】：用来设置图纸的方向，有【Landscape】（水平方向）和【Portrait】（垂直方向）2 个选项。系统默认的设置为【Landscape】。

【显示边界】：该复选框用来设置是否显示边界。若选中，则在图纸中间将显示一个大十字形边界。

【显示隐藏 Pin】：用来设置是否显示库元器件的隐藏管脚。若选中，则元器件的隐藏管脚被显示出来。

2. 【习惯尺寸】选项区域

此选项区域主要用来自定义图纸尺寸参数。

【使用习惯尺寸】：用于设置是否自定义图纸大小。若选中该复选框，则可以在下面的 X、Y 文本框中自定义图纸的高度和宽度。

3. 【颜色】选项区域

【边界】：用来设置边界（即库编辑图纸中的十字形）的颜色。单击后面的色块，弹出颜色选择对话框，用户可以根据自己的需要选择颜色。

【工作台】：用来设置工作区的颜色。同样单击后面的色块，可以选择颜色。

4. 【栅格】选项区域

此选项区域主要用于设置网格参数。

【捕捉】：启用图纸上捕获网格。若选中此复选框，则光标将以设置的值为单位移动，系统默认值为 10 px；若不选中此复选框，光标将以 1 px 为单位移动。

【可见的】：用于启用可视网格，即在图纸上可以看到网格。若选中此复选框，图纸上的网格是可见的；若不选中此复选框，图纸的网格将隐藏。

如果同时选中这两个复选框，且其后的设置值也相同的话，那么光标每次移动的距离将是一个网格。

5. 【库描述】选项区域

用来输入对原理图库文件的描述说明。用户根据自己创建的库文件，在该文本栏中输入描述说明，可以为以后系统进行元器件查找提供相应的帮助。

3.3.2　新建原理图元器件库文件

下面以 LG 半导体公司生产的 GMS97C2051 微控制芯片为例，绘制其原理图符号。

执行菜单命令【文件】|【新建】|【库】|【原理图库】，系统会在【Projects】（工程）面板中创建一个默认名为 Schlibl. SchLib 的原理图库文件，同时启动原理图库文件编辑器。然后执行菜单命令【文件】|【保存为】，保存新建的库文件，并命名为 MyGMS97C2051. SchLib，如图 3-61 所示。

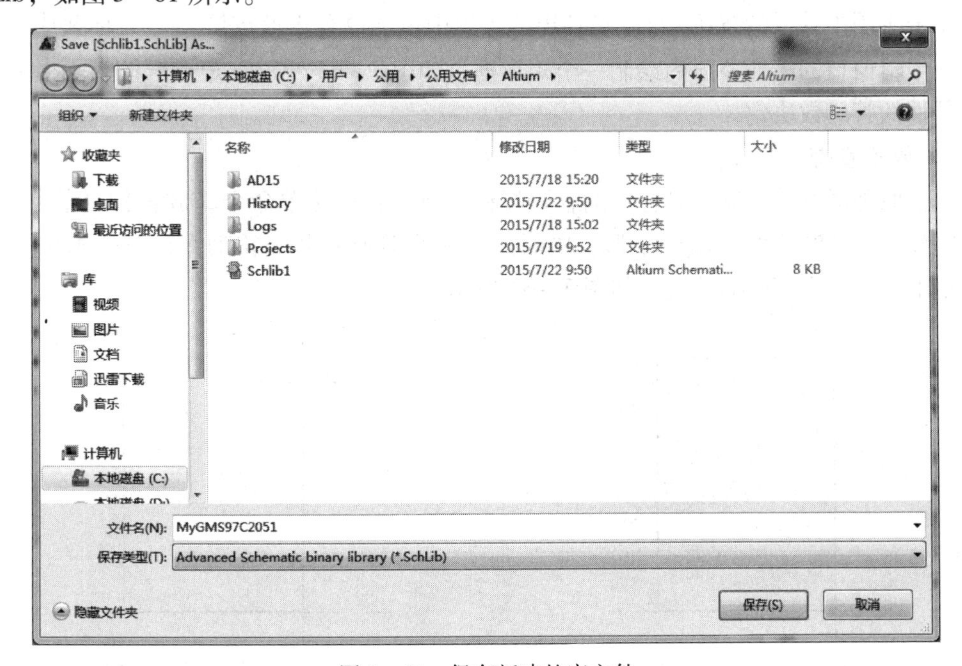

图 3-61　保存新建的库文件

3.3.3 绘制库元器件

1. 新建元器件原理图符号名称

在创建了一个新的原理图库文件的同时，系统会自动为该库添加一个默认名为ComPonent_1的库元器件原理图符号名称。新建元器件原理图符号名称有2种方法。

（1）单击实用工具栏的按钮，在弹出的菜单中单击创建新元器件按钮，弹出原理图符号名称设置对话框，在此对话框中输入用户要绘制的库元器件名称GMS97C2051，如图3－62所示。

（2）在【SCH Library】面板中，单击原理图符号名称栏下面的【添加】按钮，同样会弹出如图3－62所示的原理图符号名称设置对话框。

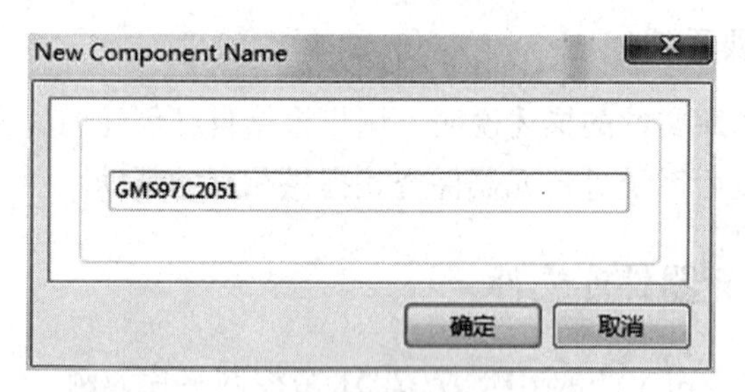

图3－62　原理图符号名称设置对话框

2. 绘制库元器件原理图符号

1）绘制矩形框

单击实用工具栏的按钮，在弹出的菜单中单击放置矩形按钮，光标变成十字形状，在编辑窗口的第四象限内绘制一个矩形框，如图3－63所示。矩形框的大小由要绘制的元器件的管脚数决定。

2）放置管脚

单击原理图符号绘制工具栏中的管脚按钮，或者执行菜单命令【放置】|【管脚】，进行管脚放置。此时光标变成十字形，同时附有一个管脚符号。移动光标到矩形的合适位置，单击完成一个管脚的放置，如图3－64所示。

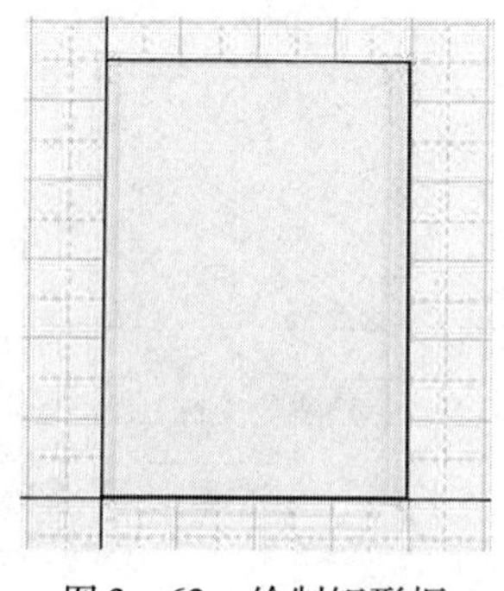

图3－63　绘制矩形框

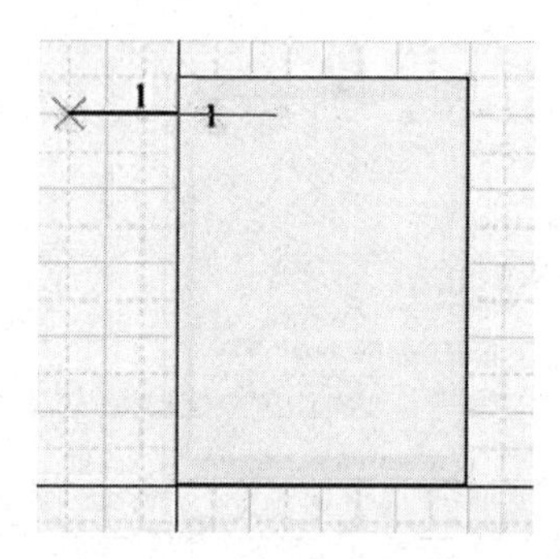

图3－64　放置元器件的管脚

在放置元器件管脚时，要保证具有电气属性的一端（带有“×”的一端）朝外。

3）管脚属性设置

在放置管脚时按下 Tab 键，或者在放置管脚后双击要设置属性的管脚，弹出【管脚属性】对话框，如图 3－65 所示。在该对话框中，可以对元器件管脚的以下属性进行设置。

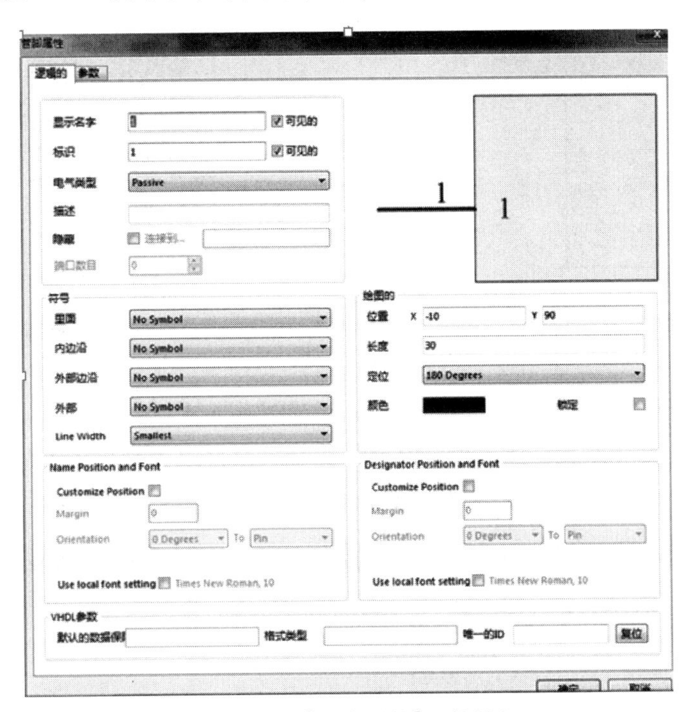

图 3－65　【管脚属性】对话框

【显示名字】：用于设置元器件管脚的名称。

【标识】：用于设置元器件管脚的编号。它应该与实际的元器件管脚编号相对应。

【电气类型】：用于设置元器件管脚的电气特性。单击右边的下三角按钮可以进行设置，如图 3－66 所示。系统默认为【Passive】，表示不设置电气特性。若用户对元器件的各管脚电气特性很熟悉的话，可以不必设置。

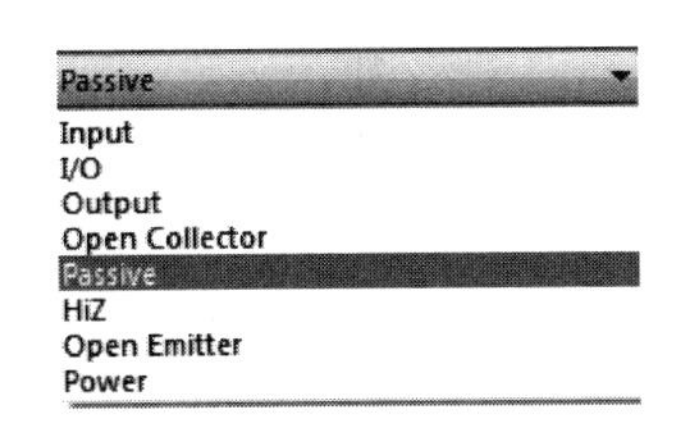

图 3－66　电气特性设置对话框

【描述】：用于输入元器件管脚的特征描述。

【隐藏】：用于设置该管脚是否为隐藏管脚。若选中该复选框，则管脚将不会显示，此时应该在右边的【连接到】文本框中输入该管脚连接的网络名称。

【符号】选项区域：在该选项组中可以选择不同的 IEEE 符号，分别将其放在元器件的里面、内边沿、外部边沿、外部上。

【VHDL 参数】选项区域：用于设置元器件的 VHDL 参数。

【绘图的】选项区域：用于设置该管脚的位置、长度、定位及颜色。

设置完成后，单击【确定】按钮，关闭【管脚属性】对话框。例如要设置 GMS97C2051 的第一个管脚属性，在【显示名字】文本框中输入 RST，在【标识】文本框中输入 1，设置好属性的管脚如图 3 – 67 所示。

用同样的方法放置 GMS97C2051 的其他管脚，并设置相应的属性。放置好所有管脚后的 GMS97C2051 元器件原理图如图 3 – 68 所示。

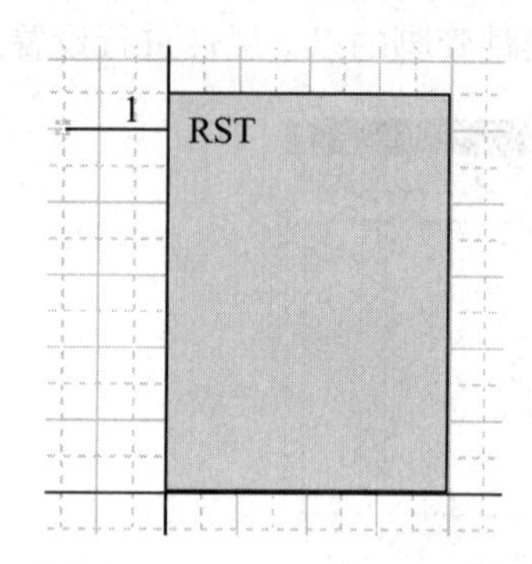

图 3 – 67　设置好属性的管脚

图 3 – 68　放置好所有管脚后的 GMS97C2051 元器件原理图

3. 元器件属性设置

绘制好元器件符号以后，还要设置其属性，双击【SCH Library】面板中的库元器件名 GMS97C2051，弹出元器件属性设置对话框，如图 3 – 69 所示。

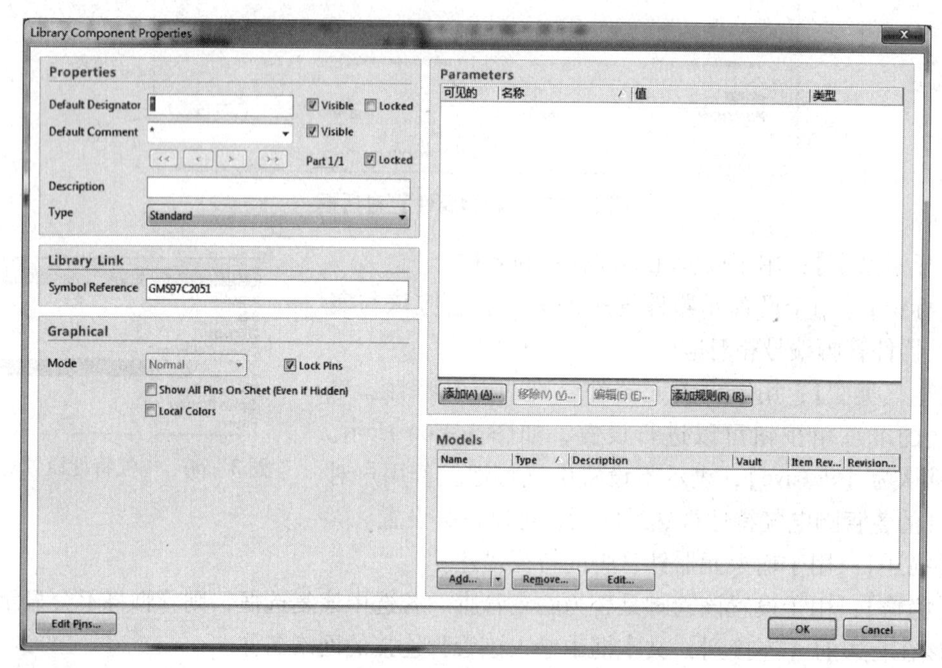

图 3 – 69　元器件属性设置对话框

在该对话框中可以对绘制的库元器件的属性进行以下设置。

（1）【Properties】选项区域。

【Default Designator】：用于设置默认库元器件序号，即把该元器件放置到原理图文件时，系统最初默认显示的元器件序号。这里设置为“U?”，若选中后面的【Visible】（可见的）复选框，则在放置该元器件时，“U?”会显示在原理图图纸上。

【Default Comment】（注释）：用于设置元器件型号，说明元器件的特征。此处设置为GMS97C2051，选中后面的【Visible】（可见的）复选框，则在放置该元器件原理图符号时，GMS97C2051会显示在原理图图纸上。

【Description】（描述）：用于描述库元器件的性能。

【Type】（类型）：用于设置库元器件符号类型，此处采用系统默认值【Standard】（标准）。

（2）【Graphical】（绘图的）选项区域。

【Lock Pins】（锁定管脚）：若选中此复选框，则元器件的所有管脚将和元器件成为一个整体，不能在电路原理图上单独移动管脚。建议选中该复选框。

【Show All Pins On Sheet】：用于设置是否在电路原理图上显示元器件的所有管脚（包含隐藏管脚）。若选中该复选框，则在原理图上会显示元器件的所有管脚。

【Local Colors】（默认颜色）：用于设置元器件符号的颜色。若选中该复选框，则可以对元器件符号的Fills（填充）颜色、Pins（管脚）颜色及Lines（轮廓线）颜色进行设置。

（3）单击对话框左下角的 Edit Pins... 按钮，弹出【元件管脚编辑器】对话框，可以对该元件的所有管脚进行一次性编辑，如图3-70所示。

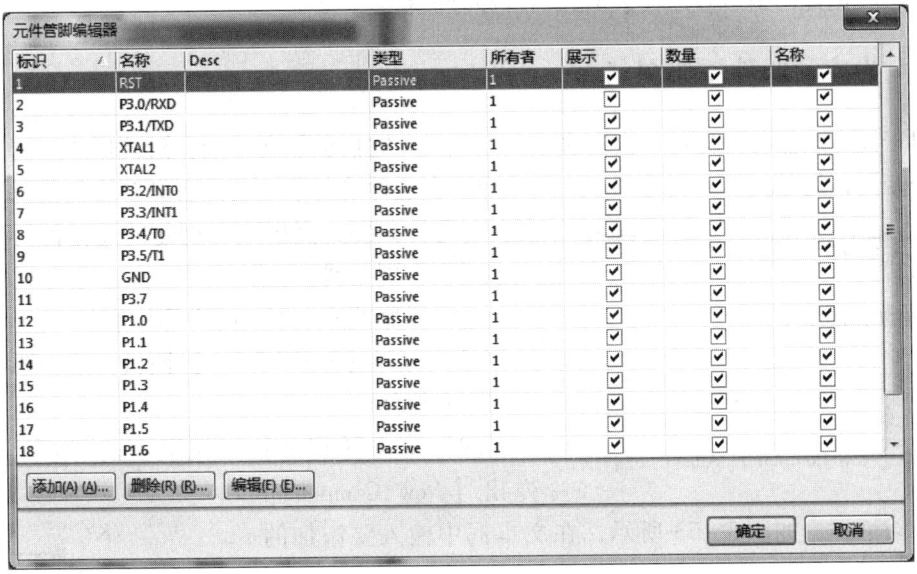

元件管脚编辑器

标识	名称	Desc	类型	所有者	展示	数量	名称
1	RST		Passive	1	✓	✓	✓
2	P3.0/RXD		Passive	1	✓	✓	✓
3	P3.1/TXD		Passive	1	✓	✓	✓
4	XTAL1		Passive	1	✓	✓	✓
5	XTAL2		Passive	1	✓	✓	✓
6	P3.2/INT0		Passive	1	✓	✓	✓
7	P3.3/INT1		Passive	1	✓	✓	✓
8	P3.4/T0		Passive	1	✓	✓	✓
9	P3.5/T1		Passive	1	✓	✓	✓
10	GND		Passive	1	✓	✓	✓
11	P3.7		Passive	1	✓	✓	✓
12	P1.0		Passive	1	✓	✓	✓
13	P1.1		Passive	1	✓	✓	✓
14	P1.2		Passive	1	✓	✓	✓
15	P1.3		Passive	1	✓	✓	✓
16	P1.4		Passive	1	✓	✓	✓
17	P1.5		Passive	1	✓	✓	✓
18	P1.6		Passive	1	✓	✓	✓

添加(A) (A)...　删除(R) (R)...　编辑(E) (E)...

确定　取消

图3-70 【元件管脚编辑器】对话框

（4）在【Models】（模型）选项区域中，单击 Add... 按钮，可在弹出的【添加新模型】对话框中为新元器件添加其他模型，如图3-71所示，如PCB封装模型、仿真模型、PCB3D模型及信号完整性分析模型。

（5）设置完成后在图3-69中单击【OK】按钮，关闭元器件属性设置对话框。在SCH Library面板中单击 放置 按钮，将完成属性设置的GMS97C2051原理图符号放置到电路原理图中，如图3-72所示。

保存绘制完成的GMS97C2051原理图符号，以后在绘制电路原理图时，若需要此元器件，只需打开该元器件所在的库文件，就可以随时调用该元器件了。

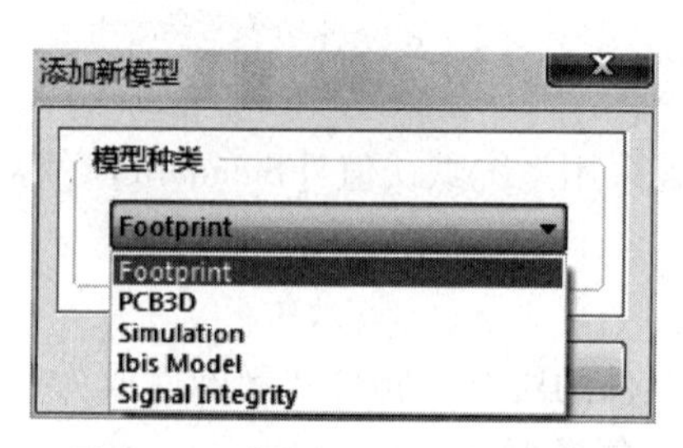

图 3-71 【添加新模型】对话框

图 3-72 在原理图中放置 GMS97C2051

任务 3.4 库元器件管理

用户要建立自己的原理图库文件，一种方法是按照前面讲的方法自己绘制库元器件原理图符号，还有一种方法就是把别的库文件中的相似元器件复制到自己的库文件中，对其编辑修改，创建出适合自己需要的元器件原理图符号。

3.4.1 为库元器件添加别名

对于同样功能的元器件，会有多家厂商生产，它们虽然在功能、封装形式和管脚形式上完全相同，但是元器件型号却不完全一致。在这种情况下，就没有必要去创建每一个元器件符号，只要为其中一个创建的元器件另外添加一个或多个别名就可以了。

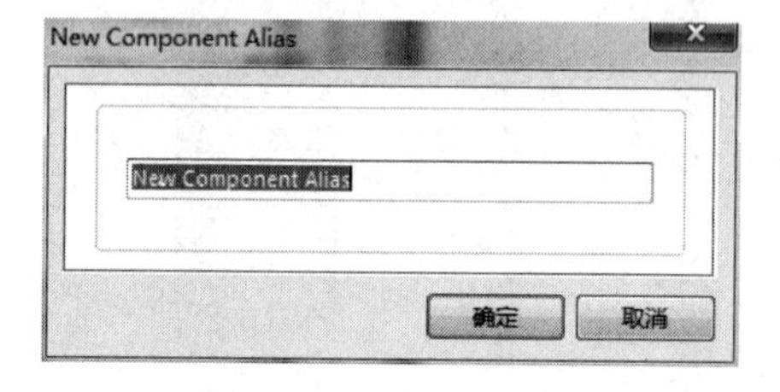

3-73 【New Component Alias】对话框

为库元器件添加别名的步骤如下。

（1）打开【SCH Library】面板，选中要添加别名的库元器件。

（2）单击【别名】区域下面的添加按钮，弹出【New Component Alias】对话框，如图 3-73 所示，在文本框中输入要添加的原理图符号别名。

（3）输入后，单击确定按钮，关闭对话框，则元器件的别名会出现在【别名】区域中。

（4）重复上面的步骤，可以为元器件添加多个别名。

3.4.2 复制库元器件

这里以复制库文件 Miscellaneous Devices. SchLib 中的元器件 Relay-DPDT 为例，如图 3-74 所示，把它复制到前面创建的 MyGMS97C2051. SchLib 库文件中。具体步骤如下。

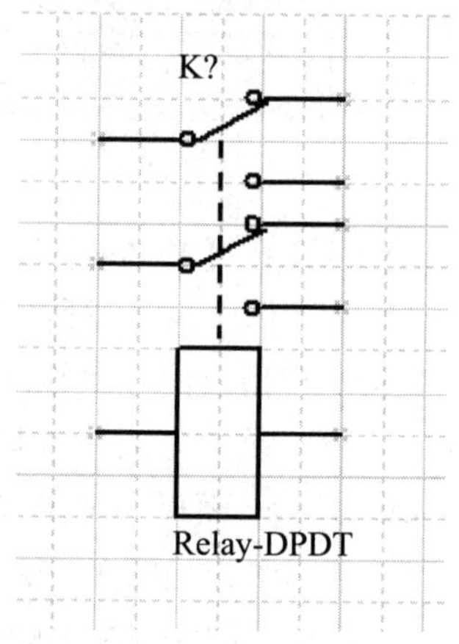

图 3-74 Relay-DPDT

（1）打开原理图库文件 MyGMS97C2051. SchLib，执行菜单命令【文件】|【打开】，找到库文件 Miscellaneous Devices. SchLib，如图 3 - 75 所示。

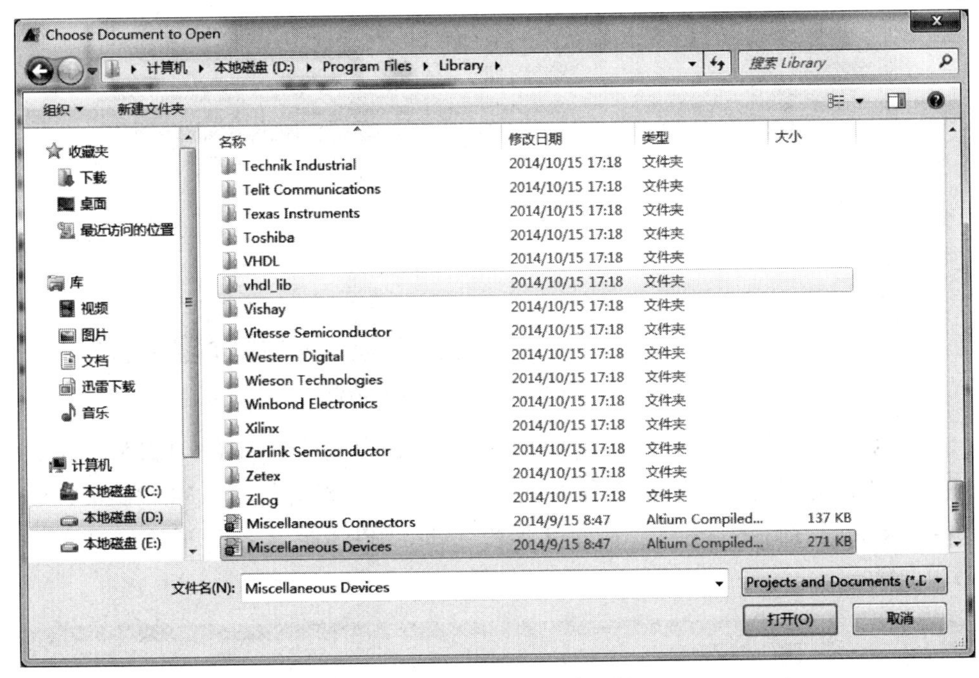

图 3 - 75　打开集成库文件

（2）单击 打开(O) 按钮，弹出【摘录源文件或安装文件】对话框，如图 3 - 76 所示。

（3）单击 摘取源文件(E) 按钮后，在【Projects】面板上将显示该原理图库文件 Miscellaneous Devices. SchtLib，如图 3 - 77 所示。

图 3 - 76　【摘录源文件或安装文件】对话框

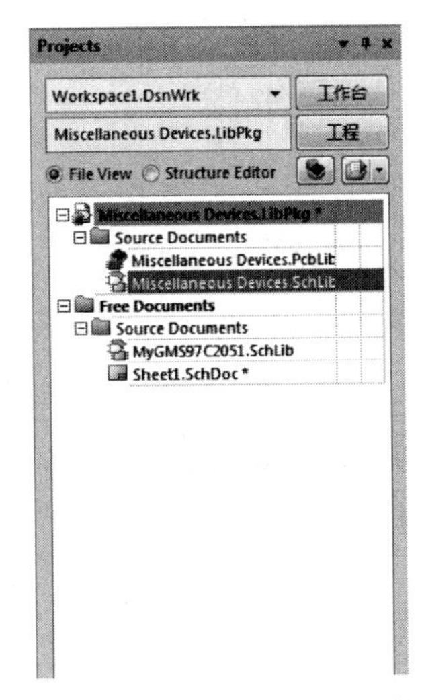

图 3 - 77　打开原理图库文件

（4）双击【Projects】面板上的原理图库文件 Miscellaneous Devices. SchLib，打开该库文件。

（5）打开【SCH Library】面板，在原理图符号名称栏中将显示 Miscellaneous

Devices. SchLib 库文件中的所有元器件。选中库元器件 Relay-DPDT 后，执行菜单命令【工具】|【拷贝器件】，弹出目标库文件选择对话框，如图 3－78 所示。

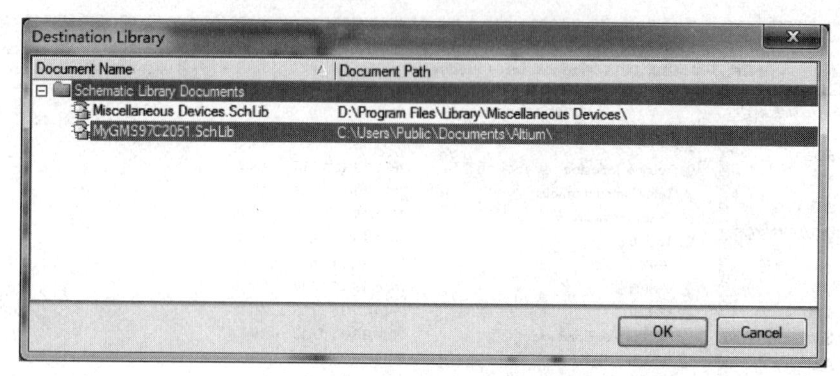

图 3－78 目标库文件选择对话框

（6）在目标库文件选择对话框中选择自己创建的库文件 MyGMS97C2051. SchLib，单击 OK 按钮，关闭目标库文件选择对话框。然后打开库文件 MyGMS97C2051. SchLib，在【SCH Library】面板中可以看到库元器件 Relay-DPDT 被复制到了该库文件中，如图 3－79 所示。

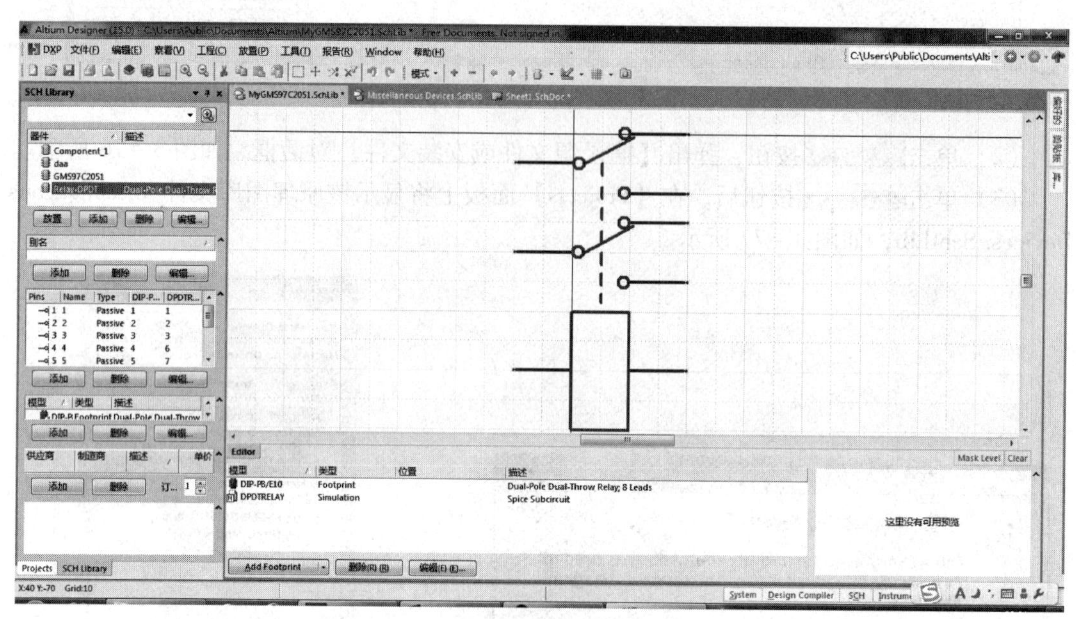

图 3－79 Relay-DPDT 被复制到 MyGMS97C2051. SchLib 库文件中

任务 3.5 库文件报表输出

Altium Designer 15 的原理图库文件编辑器具有生成报表的功能，可以生成 3 种报表：元器件报表、元器件规则检查报表及元器件库报表。用户可以通过各种报表列出的信息，帮助自己进行元器件规则的有关检查，使自己创建的元器件及元器件库更准确。

在此，还是以前面创建的库文件 MyGMS97C2051. SchLib 为例，介绍各种报表的生成方法。

3.5.1　元器件报表

生成元器件报表的步骤如下。

（1）打开库文件 MyGMS97C2051. SchLib。

（2）在【SCH Library】面板原理图符号名称栏中选择需要生成元器件报表的库元器件。

（3）执行菜单命令【报告】|【器件】，系统将自动生成该库元器件的报表，如图 3－80 所示，它是一个后缀名为 . cmp 的文件，用户可以通过该报表文件检查元器件的属性及管脚的配置情况。

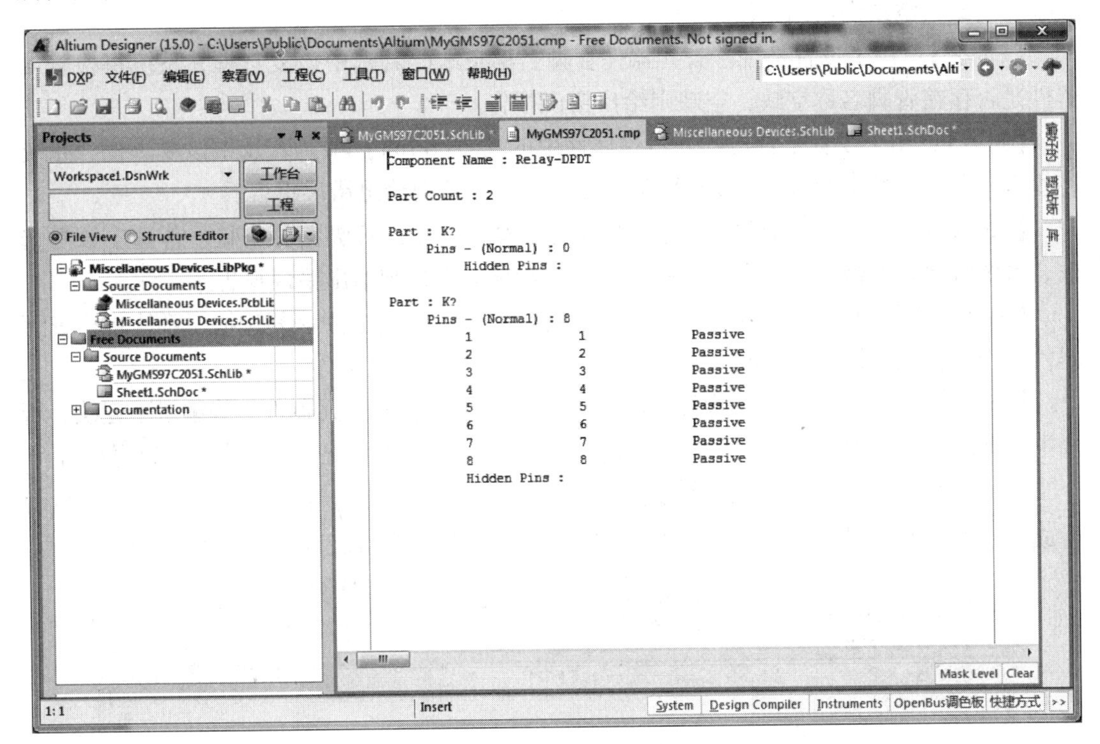

图 3－80　元器件报表

3.5.2　元器件规则检查报表

元器件规则检查报表的功能是检查元器件库中的元器件是否有错，并将有错的元器件列出来，指出错误的原因。生成元器件规则检查报表的步骤如下。

（1）打开库文件 MyGMS97C2051. SchLib。

（2）在【SCH Library】面板原理图符号名称栏中选择需要生成元器件报表的库元器件。

（3）执行菜单命令【报告】|【器件规则检查】，弹出【库元件规则检测】对话框，

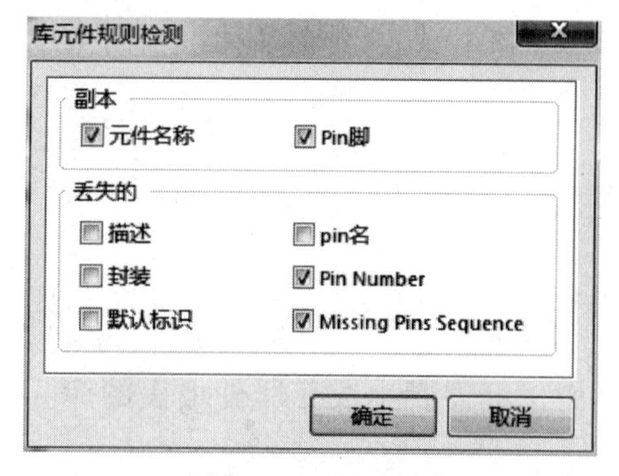

图 3－81 【库元件规则检测】对话框

如图 3－81 所示。

【元件名称】：用于设置是否检查库文件中重复的元器件名。若选中该复选框，则当库文件中存在重复的元器件名称时，系统会提示出错，并显示在错误报表中；否则系统不检查该项。

【Pin 脚】：用于设置是否检查元器件的重复管脚名称。若选中该复选框，系统会检查元器件管脚的同名错误，并给出相应报告；否则系统不检查此项。

【描述】：用于设置是否检查元器件属性中的【Description】项。若选中该复选框，系统将检查元器件属性中的【Description】（描述）项是否空缺，空缺则给出错误报告。

【Pin 名】：用于设置是否检查元器件管脚名称空缺。若选中该复选框，系统将检查元器件是否存在管脚名称空缺，空缺则给出错误报告。

【封装】：用于设置是否检查元器件属性中的【FootPrint】项。若选中该复选框，系统将检查元器件属性中的【FootPrint】项是否空缺，空缺则给出错误报告。

【Pin Number】（管脚数目）：用于设置是否检查元器件管脚编号空缺。若选中该复选框，系统将检查元器件是否存在管脚编号空缺情况，空缺则给出错误报告。

【默认标识】：用于设置是否检查元器件标识符空缺。若选中该复选框，系统将检查元器件是否存在标识符空缺情况，空缺则给出错误报告。

【Missing Pins Sequence】（管脚不连续）：用于设置是否检查元器件管脚编号不连续。若选中该复选框，系统将检查元器件是否存在管脚编号不连续的情况，存在则给出错误报告。

（4）设置完成后，单击 确定 按钮，关闭【库元件规则检测】对话框，系统将自动生成该元器件的规则检查报表，如图 3－82 所示，这是一个后缀名为 . ERR 的文件。

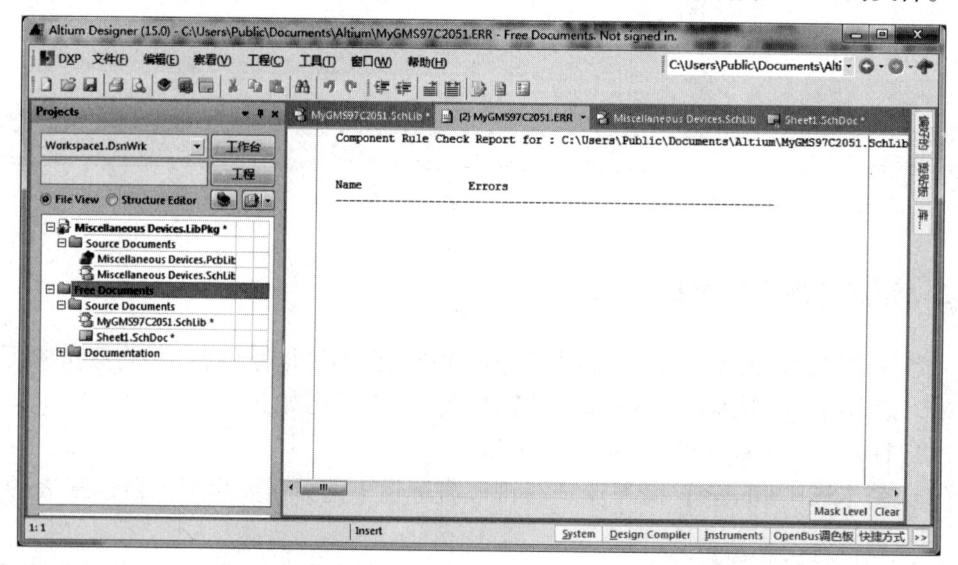

图 3－82 元器件规则检查报表

3.5.3　元器件库报表

元器件库报表中列出了当前元器件库中的所有元器件名称。生成的步骤如下。

（1）打开库文件 MyGMS97C2051. SchLib。

（2）在【SCH Library】面板原理图符号名称栏中选择需要生成元器件报表的库元器件。

（3）执行菜单命令【报告】|【库列表】，系统自动生成该元器件库报表，如图3－83所示。

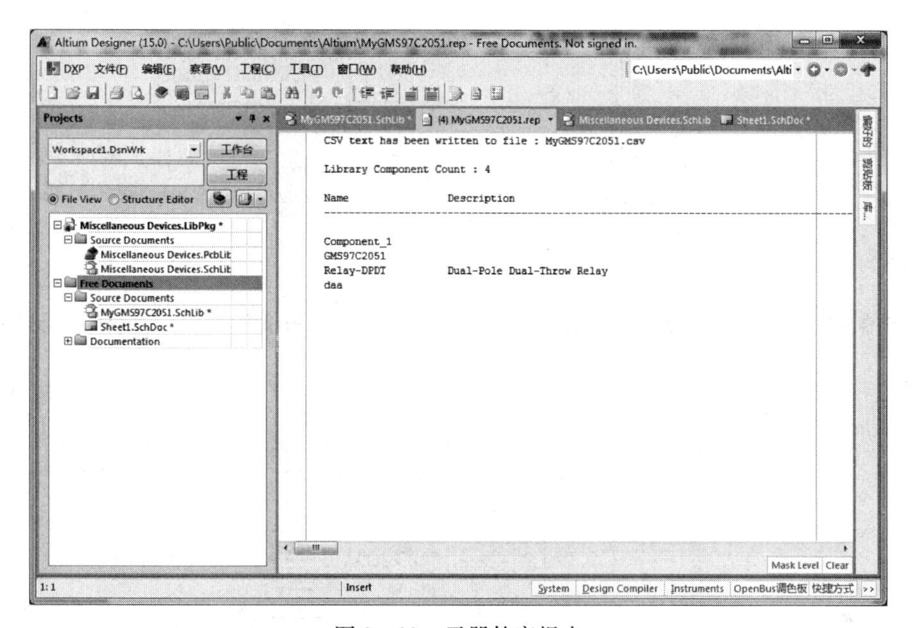

图3－83　元器件库报表

项目小结

本项目主要介绍了以下内容。

（1）Altium Designer 15 中如何利用原理图库文件编辑器制作新元器件和生成有关元器件报表。

（2）Altium Designer 15 原理图库文件编辑器提供了两个绘制元器件的工具栏，即绘制工具栏和IEEE符号工具栏，用工具栏命令来完成元器件的绘制。

（3）通过绘制一个库元器件GMS97C2051，详细介绍了绘制一个新元器件和生成有关元器件报表的全过程。

项目练习

1. 原理图元器件库文件的扩展名与原理图文件的扩展名怎样区别？

2. 简述制作新元器件的一般步骤。

3. 试建立一个元器件库，并画出如图 3-84 所示的新元器件，注意适当调整捕捉栅格（Snap Grid）的大小。

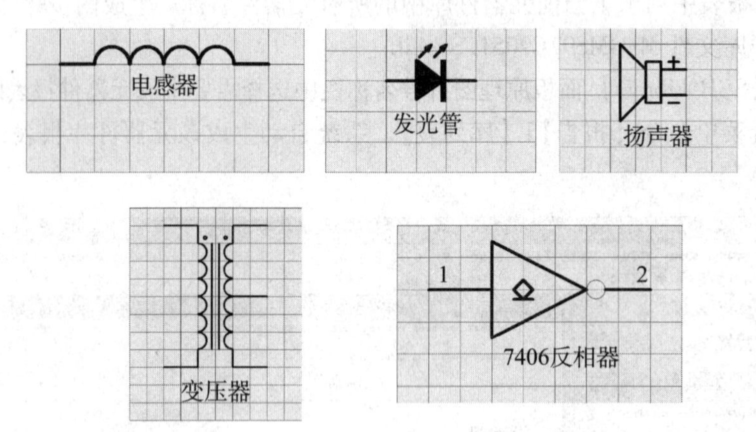

图 3-84　新元器件

4. 绘制图 3-85 所示的集成电路 AT89C52，元器件名为 AT89C52，元器件封装设置为 DIP40。

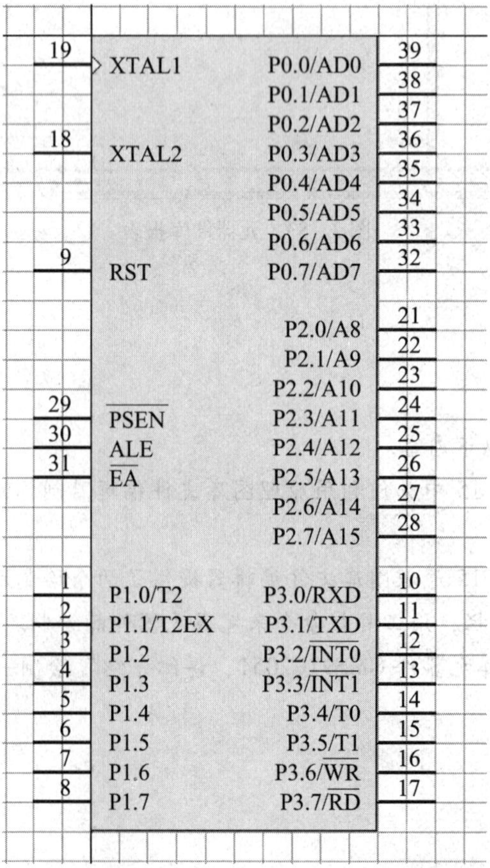

图 3-85　集成电路 AT89C52

5. 绘制图3－86所示的集成电路DS1302，元器件名为DS1302，元器件封装设置为DIP-8。

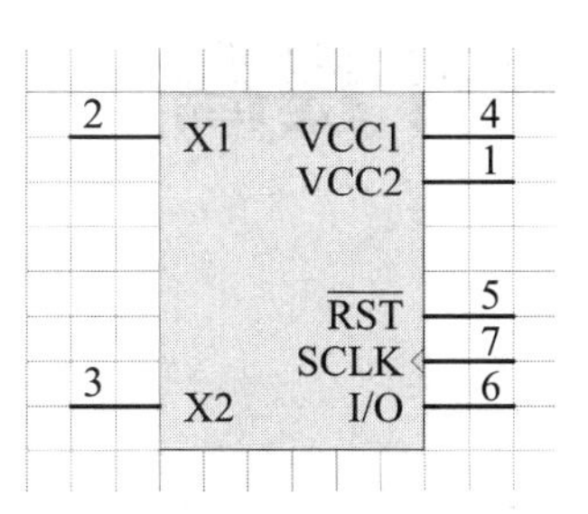

图3－86　集成电路DS1302

6. 绘制图3－87所示的LCD液晶显示屏LM016L，元器件名为LM016L，元器件封装设置为SIP14，图中的液晶显示屏采用插入图片的方法完成。

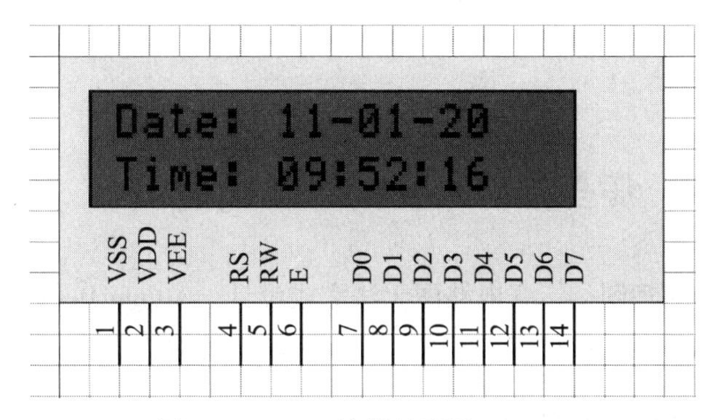

图3－87　LCD液晶显示屏LM016L

7. 绘制图3－88所示的排阻RESPACK，元器件名为RESPACK，元器件封装设置为SIP9。

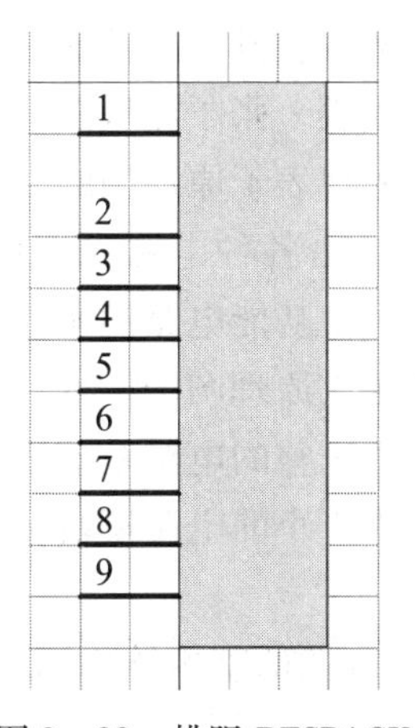

图3－88　排阻RESPACK

项目 4 原理图设计提高

任务目标：

- ❖ 掌握层次原理图的设计方法
- ❖ 掌握原理图项目编译的方法
- ❖ 掌握文件的保存与输出方法
- ❖ 熟悉报表文件的生成方法

任务 4.1 层次原理图的设计

对于比较复杂的原理图，一张电路图无法完成设计。Altium Designer 15 提供了将复杂原理图分解为多张原理图的设计方法，这就是层次原理图设计方法。

4.1.1 层次原理图的基本结构

在 Altium Designer 15 电路设计系统中，原理图编辑器为用户提供了一种强大的层次原理图设计功能。层次原理图是由顶层原理图和子原理图构成的。顶层原理图由方块电路符号、方块电路 I/O 端口符号及导线构成，其主要功能是用来展示子原理图之间的层次连接关系。其中，每一个方块电路符号代表一张子原理图；方块电路 I/O 端口符号代表子原理图之间的端口连接关系；导线用来将代表子原理图的方块电路符号组成一个完整的电路系统原理图。对于子原理图，它是一个由各种电路元器件符号组成的实实在在的电路原理图，通常对应着设计电路系统中的一个功能电路模块。

Altium Designer 15 系统提供的层次原理图的设计功能非常强大，能够实现多层的层次电路原理图的设计。用户可以把一个完整的电路系统按照功能划分为若干个模块，而每一个功能电路模块又可以进一步划分为更小的电路模块，这样依次细分下去，就可以把整个电路系统划分成多层。

图 4-1 所示为一个二级层次原理图的基本结构图。

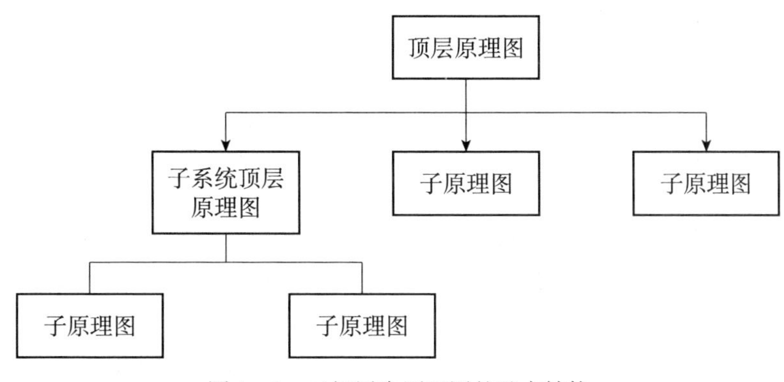

图4－1　二级层次原理图的基本结构

4.1.2　自上向下的层次原理图设计

自上向下的层次原理图设计就是先绘制出顶层原理图，然后将顶层原理图中的各个方块图对应的子原理图分别绘制出来。采用这种方法设计时，首先要根据电路的功能把整个电路划分为若干个功能模块，然后把它们正确地连接起来。

下面以系统提供的锁相环电路图为例，介绍自上向下的层次原理图设计的具体步骤。

1. 绘制顶层原理图

(1) 执行菜单命令【文件】|【New】(新建)|【Project】(工程)|【PCB 工程】，建立新项目文件，保存并输入项目文件名称 PLL. PrjPcb。

(2) 执行菜单命令【文件】|【New】(新建)|【原理图】，在新项目文件中新建原理图文件，保存原理图文件 Top. SchDoc。

(3) 执行菜单命令【放置】|【图纸符号】，或者单击原理图编辑器布线工具栏中的按钮，放置方块电路图。此时光标变成十字形，并带有一个方块电路。

(4) 移动光标到指定位置，单击鼠标确定方块电路的一个顶点，然后拖动鼠标，在合适位置再次单击鼠标确定方块电路的另一个顶点，如图4－2所示。

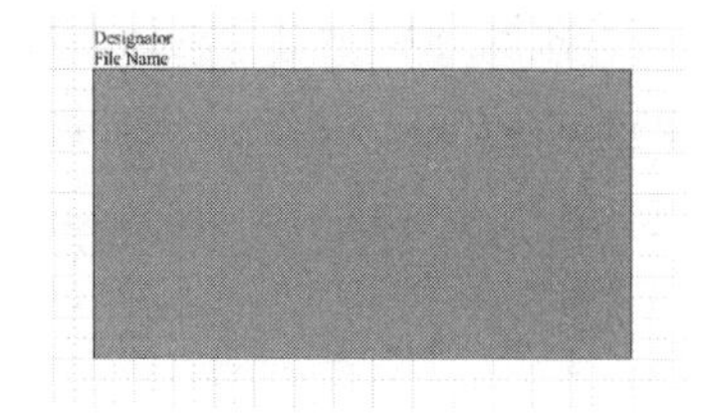

图4－2　放置方块图

(5) 此时系统仍处于绘制方块电路的状态，用同样的方法绘制另一个方块电路。绘制完成后，单击鼠标右键退出绘制状态。

(6) 双击绘制完成的方块电路图，弹出【方块符号】对话框，如图4－3所示，在该对话框中设置方块图属性。

【方块符号】对话框【属性】选项卡的设置结果如图4－4所示。主要进行以下几项设置。

【位置】：用于表示方块电路左上角顶点的位置坐标，用户可以输入设置。

【X-Size，Y-Size】(宽度，高度)：用于设置方块电路的长度和宽度。

【板的颜色】：用于设置方块电路边框的颜色。单击后面的色块，可以在弹出的对话框中设置颜色。

【Draw Solid】（是否填充）：若选中该复选框，则方块电路内部被填充；否则方块电路是透明的。

【填充色】：用于设置方块电路内部的填充颜色。

【板的宽度】：用于设置方块电路边框的宽度，有【Smallest】、【Small】、【Medium】和【Large】4 个选项供选择。

【标识】：用于设置方块电路的名称，这里输入 PD。

【文件名】：用于设置该方块电路所代表的下层原理图的文件名，这里输入 PD. schdoc。

【显示此处隐藏文本文件】：该复选框用于选择是否显示隐藏的文本区域，选中则显示。

【唯一 ID】：由系统自动产生唯一的 ID 号，用户不需设置。

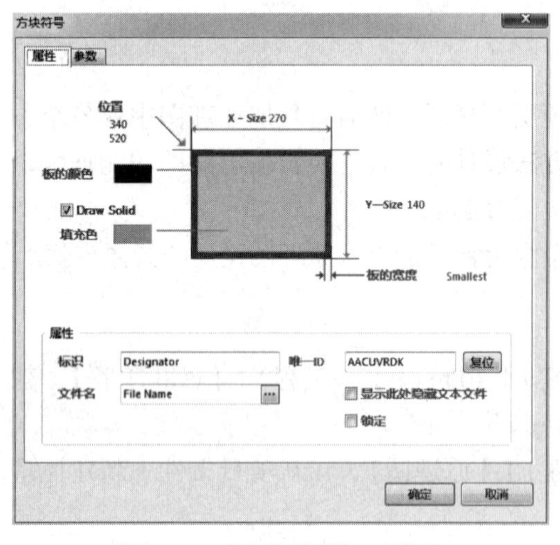

图 4 – 3 【方块符号】对话框

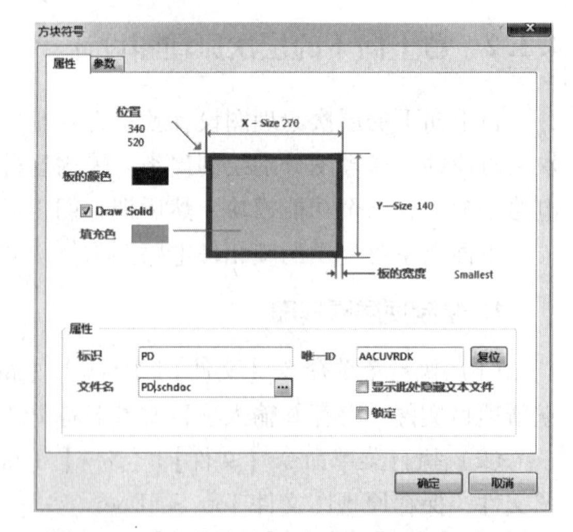

图 4 – 4 【方块符号】对话框【属性】选项卡

单击图 4 – 3 中的【参数】标签，弹出【参数】选项卡，设置结果如图 4 – 5 所示。

在该选项卡中，可以为方块电路的图纸符号添加、删除和编辑标注文字。单击 按钮，系统弹出如图 4 – 6 所示的【参数属性】对话框。

图 4 – 5 【方块符号】对话框【参数】选项卡

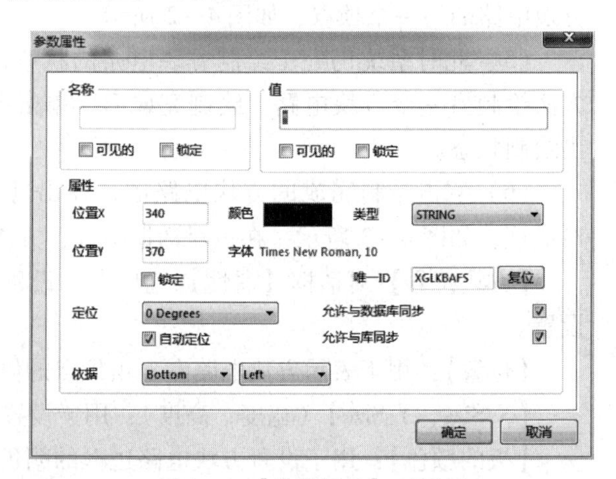

图 4 – 6 【参数属性】对话框

在该对话框中可以设置标注文字的名称、位置坐标、颜色、字体、定位及类型等。设置好属性的方块电路如图 4 -7 所示。

(7) 执行菜单命令【放置】|【添加图纸入口】，或者单击布线工具栏中的 (放置图纸入口) 按钮，放置方块图的图纸入口。此时光标变成十字形，在方块图的内部单击后，光标上出现一个图纸入口符号。移动光标到指定位置，单击放置一个入口，此时系统仍处于放置图纸入口状态，单击继续放置需要的入口。全部放置完成后，单击鼠标右键退出放置状态。

(8) 双击放置的入口，系统弹出【方块入口】对话框，如图 4 -8 所示。在该对话框中可以设置图纸入口的属性。主要选项介绍如下。

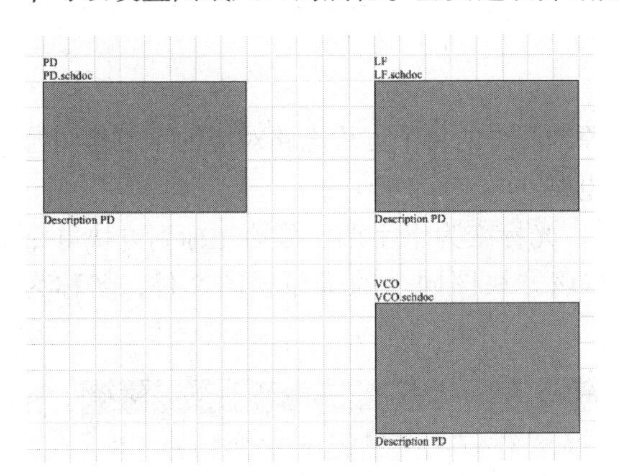

图 4 -7　设置好属性的方块电路

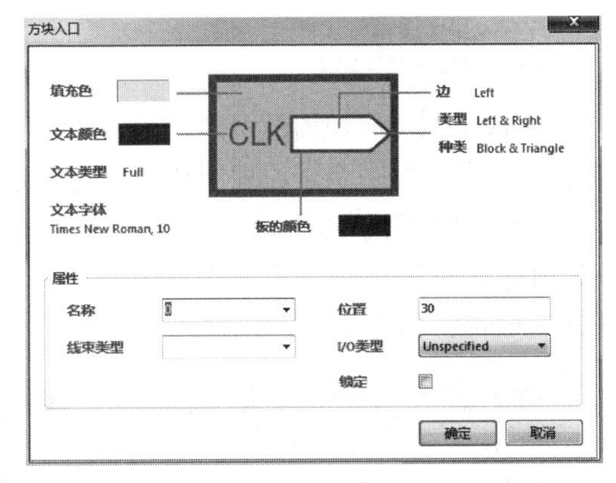

图 4 -8　【方块入口】对话框

【填充色】：用于设置图纸入口内部的填充颜色。单击后面的色块，可以在弹出的对话框中设置颜色。

【文本颜色】：用于设置图纸入口名称文字的颜色。同样，单击后面的色块，可以在弹出的对话框中设置颜色。

【边】：用于设置图纸入口在方块图中的放置位置。单击后面的下三角按钮，有 4 个选项供选择，包括【Left】、【Right】、【Top】 和【Bottom】。

【类型】：用于设置图纸入口的箭头方向。单击后面的下三角按钮，有 8 个选项供选择，如图 4 -9 所示。

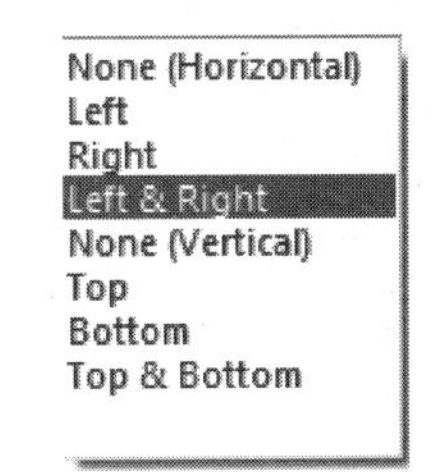

图 4 -9　形状下拉菜单

【板的颜色】：用于设置图纸入口边框的颜色。

【名称】：用于设置图纸入口的名称。

【位置】：用于设置图纸入口距离方块图上边框的距离。

【I/O 类型】：用于设置图纸入口的输入输出类型。单击后面的下三角按钮，有 4 个选项供选择，包括 Unspecified、Input、Output 和 Bidirectional。

完成入口属性设置的原理图如图 4 -10 所示。

(9) 使用导线将各个方块图的图纸连接起来，并绘制图中其他部分原理图。绘制完成的顶层原理图如图 4 -11 所示。

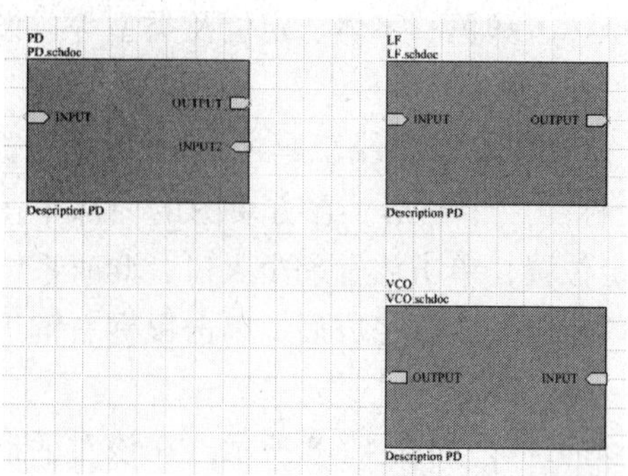

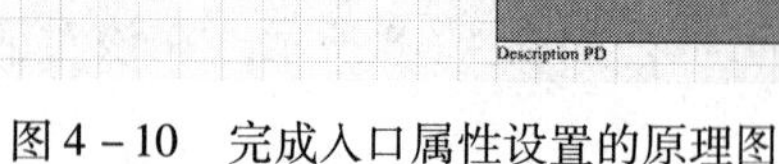

图 4 – 10 完成入口属性设置的原理图

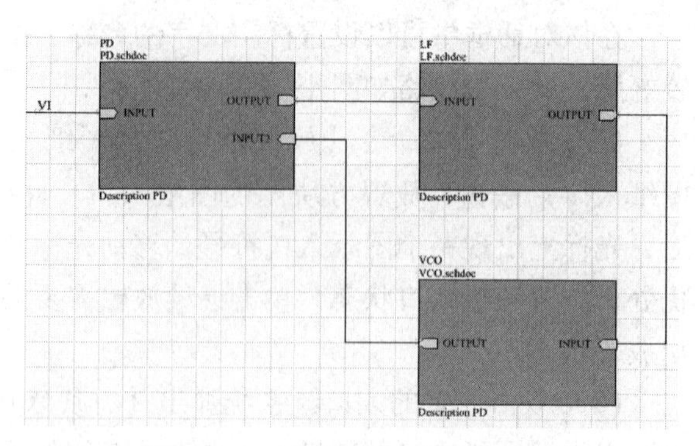

图 4 – 11 绘制完成的顶层原理图

2. 绘制子原理图

完成了顶层原理图的绘制以后，要把顶层原理图中的每个方块电路对应的子原理图绘制出来，其中每一个子原理图还可以包含方块电路。

（1）执行菜单命令【设计】|【产生图纸】，光标变为十字形。移动光标到方块电路 PD 内部空白处单击，系统会自动生成一个与该方块图同名的子原理图文件，名称为 PD. SchDoc，如图 4 – 12 所示。

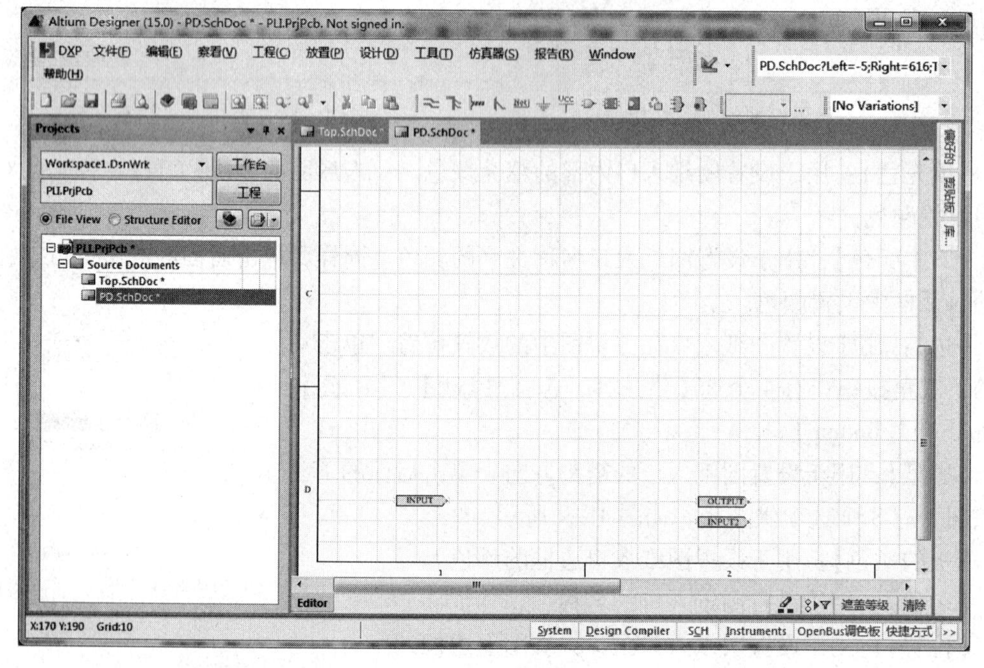

图 4 – 12 子原理图 PD

（2）用同样的方法，为另外两个方块电路创建同名原理图文件，如图 4 – 13 所示。

（3）绘制子原理图，绘制方法与项目 2 中讲过的绘制一般原理图方法相同。绘制完成的子原理图 PD. SchDoc，如图 4 – 14 所示。

（4）采用同样的方法绘制另一张原理图 LF. SchDoc，绘制完成的原理图如图 4 – 15 所示。

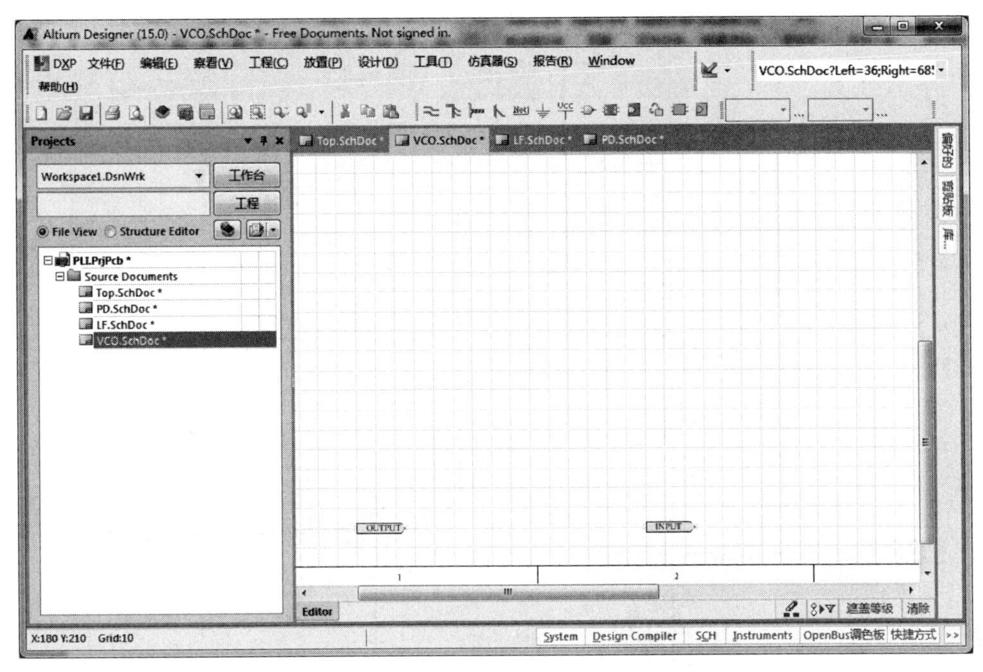

图4－13　自动生成的三个子原理图

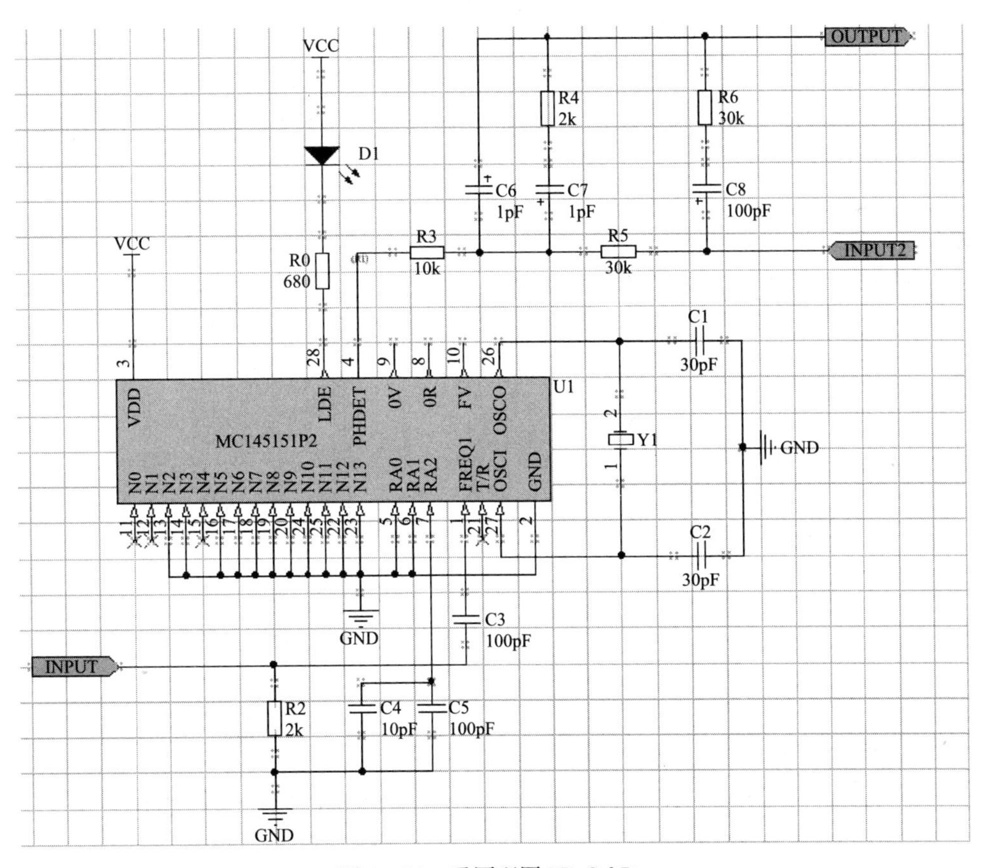

图4－14　子原理图 PD. SchDoc

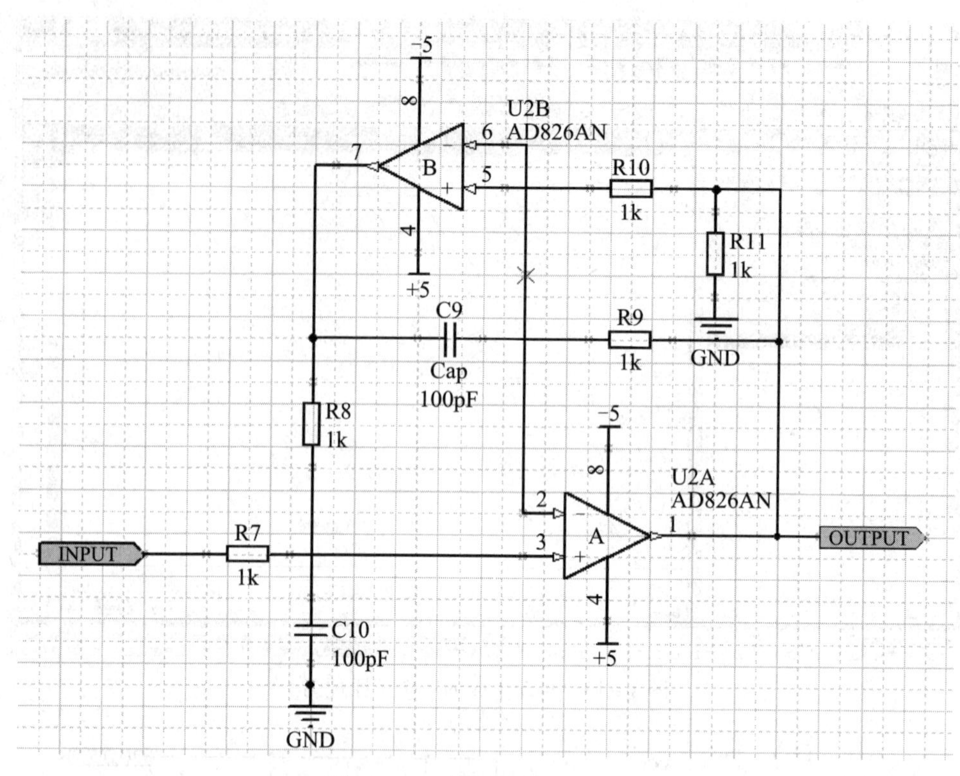

图 4－15　子原理图 LF. SchDoc

（5）采用同样的方法绘制另一张原理图 VCO. SchDoc，绘制完成的原理图如图 4－16 所示。

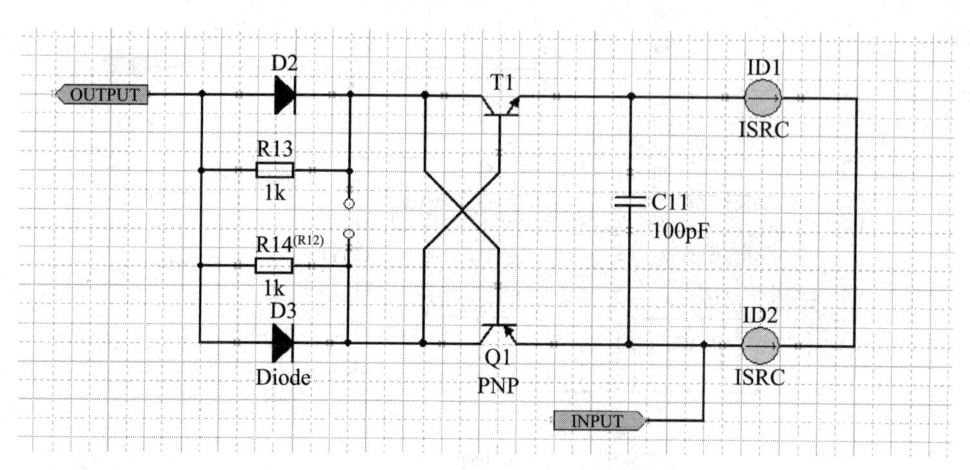

图 4－16　子原理图 VCO. SchDoc

3. 电路编译

执行菜单命令【工程】|【Compile PCB 工程（编译电路板工程）】，编译本设计工程。如果没有错误，屏幕显示如图 4－17 所示，不会弹出 Messages 对话框。

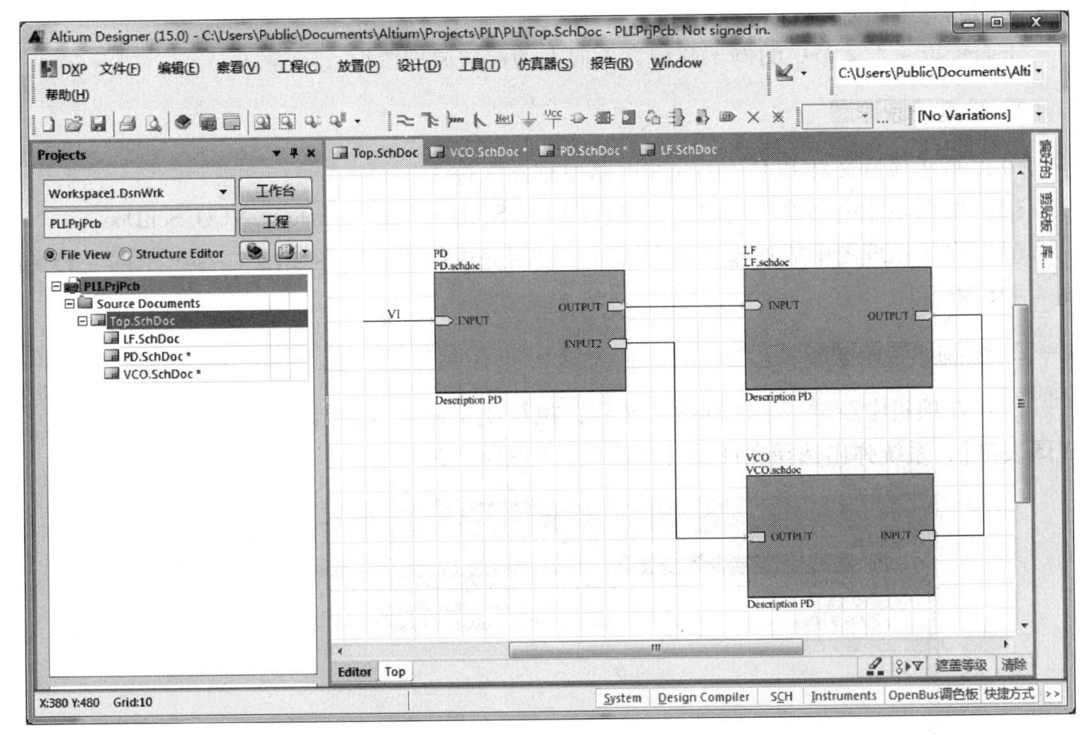

图 4－17　工程编译结果

如果出现错误，弹出如图 4－18 所示的【Messages】面板，可以根据实际情况进行修改，图 4－18 中的错误为 R1 元器件符号名重复，双击重复的元器件可以跳转到错误处进行修改。

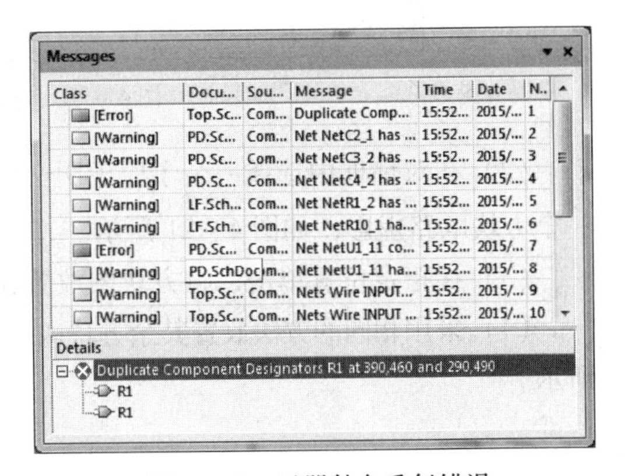

Messages

Class	Docu...	Sou...	Message	Time	Date	N...
[Error]	Top.Sc...	Com...	Duplicate Comp...	15:52...	2015/...	1
[Warning]	PD.Sc...	Com...	Net NetC2_1 has ...	15:52...	2015/...	2
[Warning]	PD.Sc...	Com...	Net NetC3_2 has ...	15:52...	2015/...	3
[Warning]	PD.Sc...	Com...	Net NetC4_2 has ...	15:52...	2015/...	4
[Warning]	LF.Sch...	Com...	Net NetR1_2 has ...	15:52...	2015/...	5
[Warning]	LF.Sch...	Com...	Net NetR10_1 ha...	15:52...	2015/...	6
[Error]	PD.Sc...	Com...	Net NetU1_11 co...	15:52...	2015/...	7
[Warning]	PD.SchDoc	m...	Net NetU1_11 ha...	15:52...	2015/...	8
[Warning]	Top.Sc...	Com...	Nets Wire INPUT...	15:52...	2015/...	9
[Warning]	Top.Sc...	Com...	Nets Wire INPUT ...	15:52...	2015/...	10

Details
Duplicate Component Designators R1 at 390,460 and 290,490
R1
R1

图 4－18　元器件名重复错误

某些元器件的管脚属性为输入，因此没有接输入信号时，在编译过程中会报错，如图 4－19 所示。但是在元器件的实际应用过程中，某些管脚往往是用不到的，可以通过设置让系统对这些管脚跳过电气检查。在项目 2 中讲过，单击【放置】|【指示】|【Generic No ERC】命令，光标变为十字形，并有红色的“×”悬浮，单击要忽略电气检查的管脚就可以了。

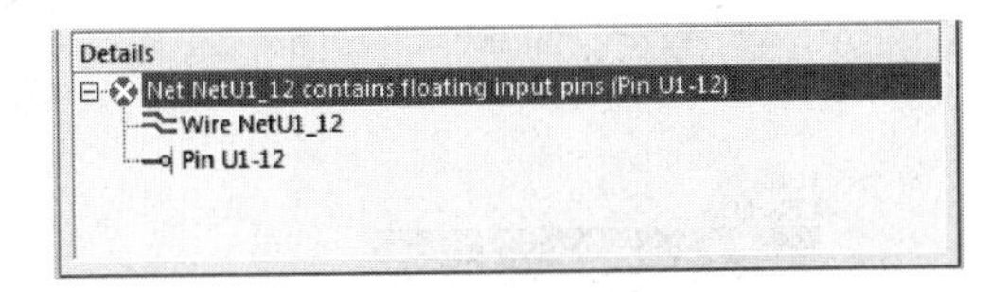

图 4－19　管脚使用错误

4.1.3　自下向上的层次原理图设计

在设计层次原理图的时候，经常会碰到这样的情况，对于不同功能模块的不同组合，会形成功能不同的电路系统，此时就可以采用自下向上的层次原理图设计方法。用户首先根据功能电路模块绘制出子原理图，然后由子图生成方块电路，组合产生一个符合自己设计需要的完整电路系统。

下面仍以 4.1.2 节中的例子介绍自下向上的层次原理图设计步骤。

1. 绘制子原理图

（1）新建项目文件 PLI. PrjPcb 和电路原理图文件 Top1. SchDoc。

（2）根据功能电路模块绘制出子原理图 PD. SchDoc、LF. SchDoc、VCO. SchDoc。

（3）在子原理图中放置输入输出端口。绘制完成的子原理图如图 4 – 14、图 4 – 15 和图 4 – 16 所示。

2. 绘制顶层原理图

（1）在项目中新建一个原理图文件后，执行菜单命令【设计】|【HDL 文件或图纸生成图表符】，系统弹出选择文件放置对话框，如图 4 – 20 所示。

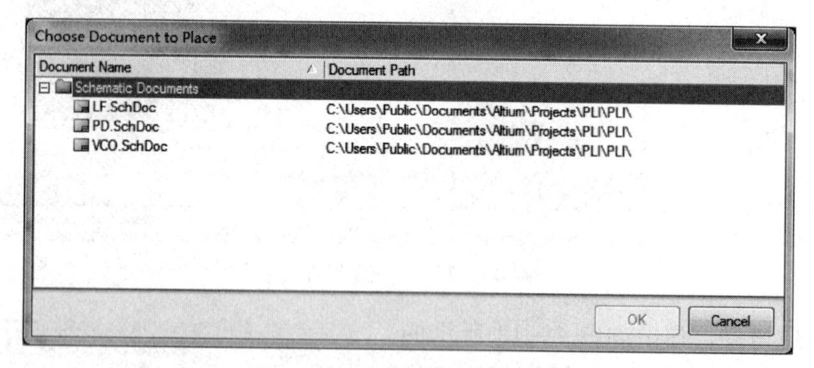

图 4 – 20　选择文件放置对话框

（2）在对话框中选择一个子原理图文件 LF. SchDoc，单击 OK 按钮，光标上出现一个方块电路虚影，如图 4 – 21 所示。

（3）在指定位置单击，将方块图放置在顶层原理图中，然后设置方块图属性。

（4）采用相同的方法放置其余方块电路并设置其属性，放置完成的方块电路如图 4 – 22 所示。

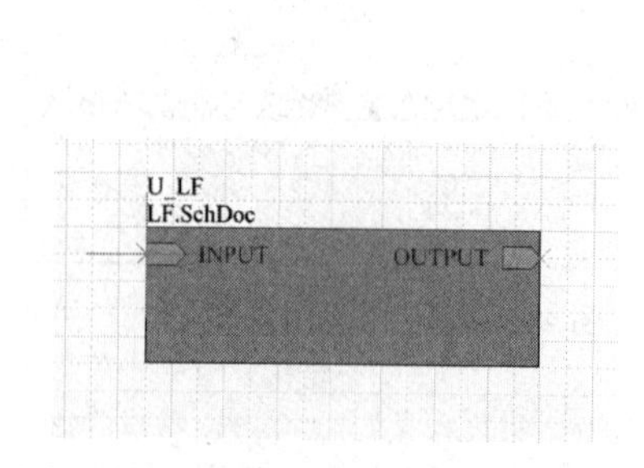

图 4 – 21　光标上出现的方块电路虚影

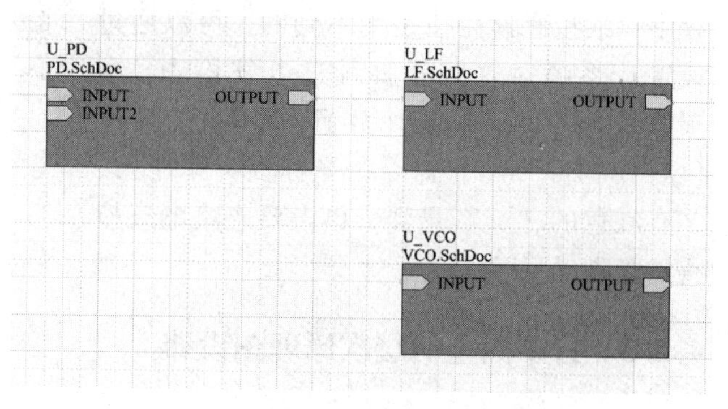

图 4 – 22　放置完成的方块电路

（5）用导线将方块电路连接起来，并绘制剩余部分电路图，按图 4 – 11 绘制完成顶层电路图。

3. 电路编译

执行菜单命令【工程】|【Compile PCB 工程（编译电路板工程）】，编译本设计工程，工程编译结果如图 4－23 所示。

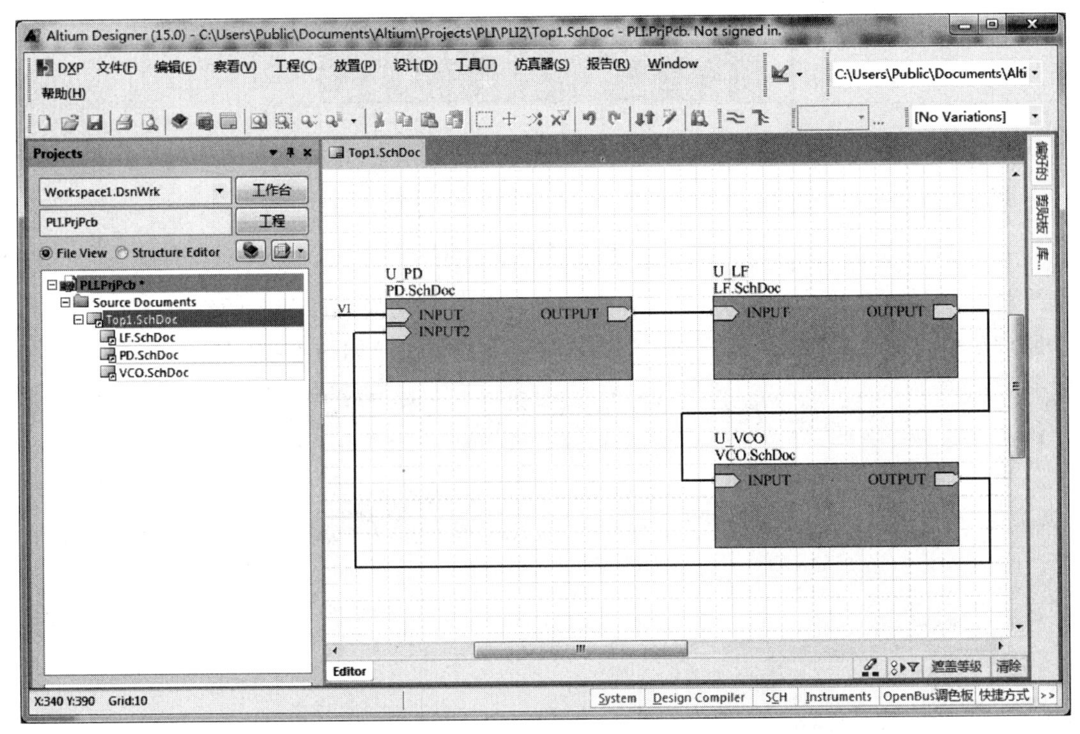

图 4－23　工程编译结果

4.1.4　不同层次原理图的切换

1. 用 Projects 工程面板切换

打开【Projects】（工程）面板，如图 4－24 所示。单击面板中相应的原理图文件名，在原理图编辑区就会显示对应的原理图。

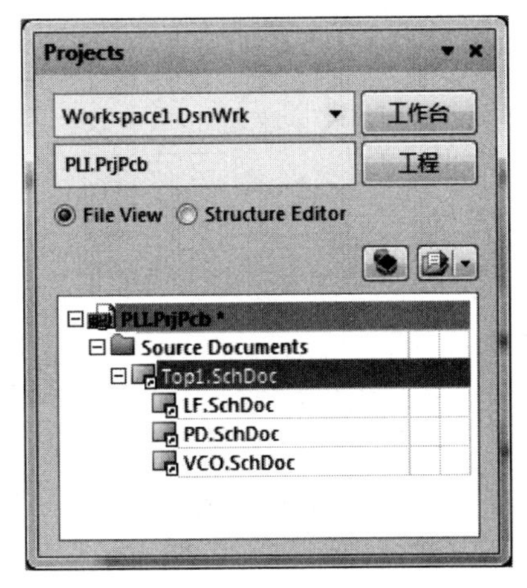

图 4－24　【Projects】（工程）面板

2. 用命令方式切换

1）由顶层原理图切换到子原理图

打开项目文件，执行菜单命令【工程】|【Compile PCB Project PLI. PrjPcb】，编译整个电路系统。

打开顶层原理图，执行菜单命令【工具】|【上/下层次】，或者单击主工具栏中的按钮，光标变为十字形，移动光标至顶层原理图中欲切换的子原理图对应的方块电路上，单击其中一个图纸入口，如图 4－25 所示。

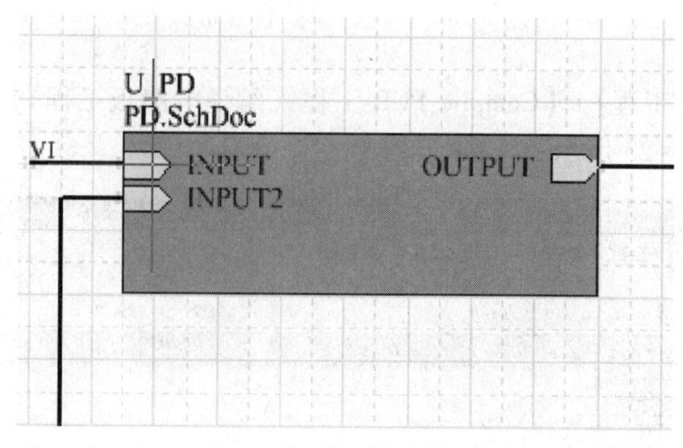

图 4－25　单击图纸入口

单击原理图后，系统自动打开了子原理图，并将其切换到原理图的编辑区内。此时，子原理图与前面单击的图纸入口同名的端口处于高亮状态，如图 4－26 所示。

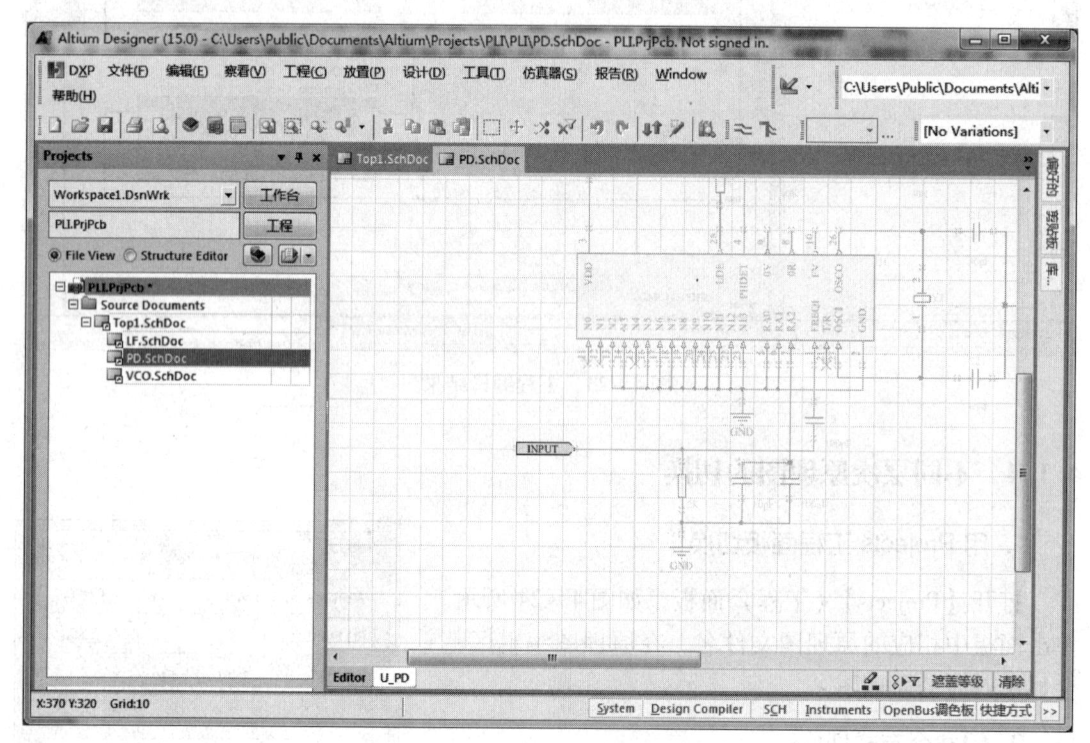

图 4－26　切换到子原理图

2）由子原理图切换到顶层原理图

打开一个子原理图 LF. SchDoc，执行菜单命令【工具】|【上/下层次】，或者单击主工具栏中的按钮，光标变为十字形。

移动光标到子原理图的一个输入输出端口上，如图 4－27 所示。单击该端口，系统自动打开顶层原理图，此时顶层原理图与前面单击的图纸入口同名的端口处于高亮状态，如图 4－28 所示。

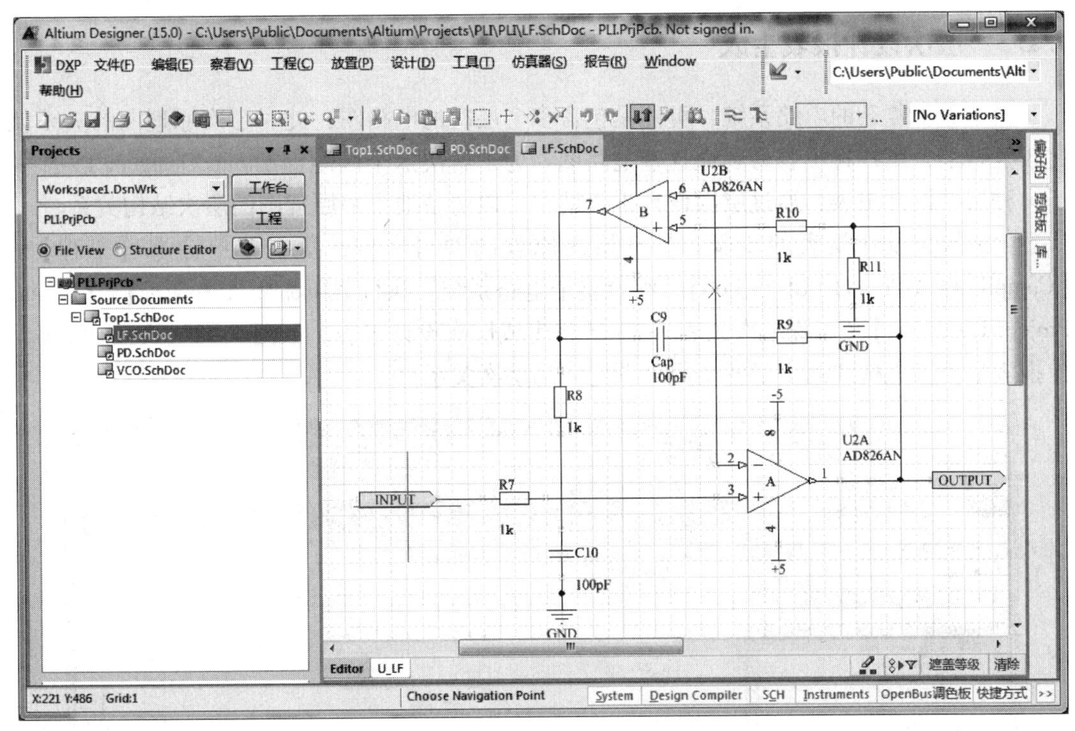

图 4－27　选择子原理图的一个输入输出端口

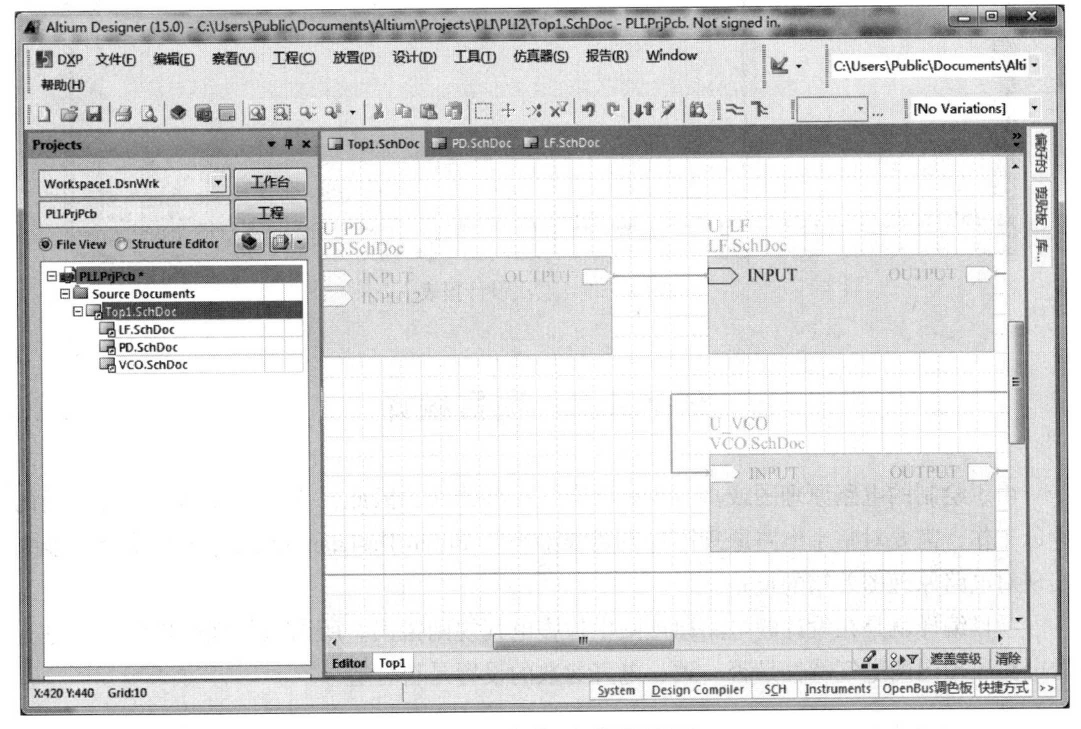

图 4－28　切换到顶层原理图

4.1.5 层次设计报表生成

对于一个复杂的电路系统，可能是包含多个层次的电路图，此时层次原理图的关系就比较复杂了，用户将不容易看懂这些电路图。为了解决这个问题，Altium Designer 15 提供了一种层次设计报表，通过层次设计报表用户可以清楚地了解原理图的层次结构关系。

生成层次设计报表的步骤：打开层次原理图项目文件，执行菜单命令【工程】|【Compile PCB Project PLI. PrjPcb】，编译整个电路系统。执行菜单命令【Reports】|【Report Project Hierarchy】（工程层次报表），系统将生成层次设计报表，如图 4－29 所示。层次设计报表采用缩进格式列出了各个原理图之间的层次关系。

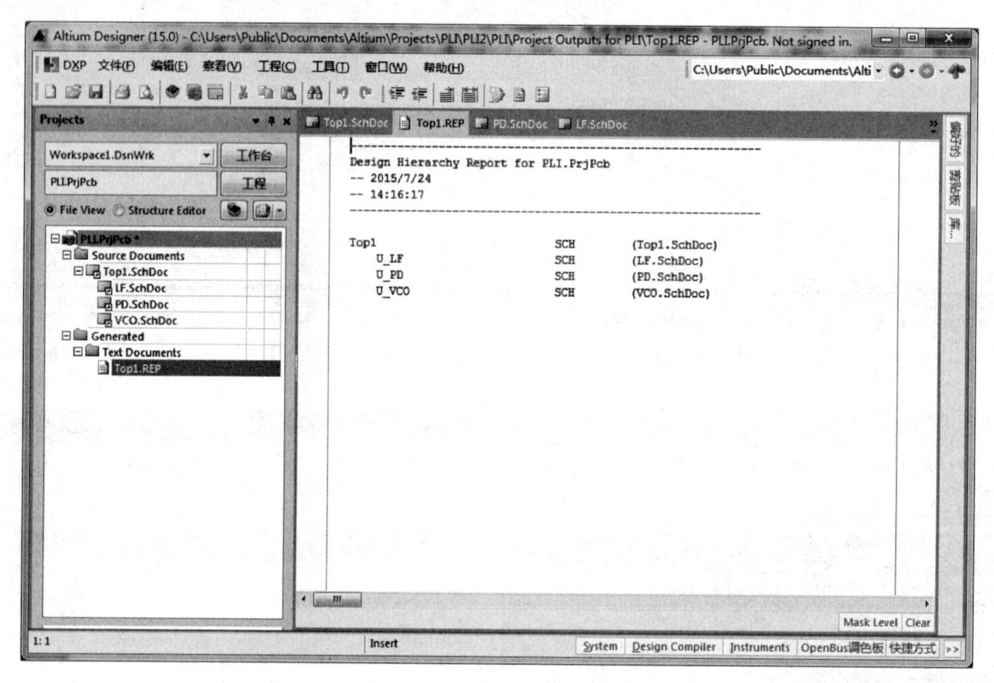

图 4－29 层次设计报表

任务 4.2 项目编译

由于绘制的电路原理图或多或少都会存在一些错误，因此，为了能顺利地进行下面的设计工作，需要对整个电路原理图进行错误检查。Altium Designer 15 通过项目编译功能来实现对电路原理图差错的检查。

项目编译就是在设计的电路原理图中检查电气规则错误。所谓电气规则检查，就是查看电路原理图的电气特性是否一致、电气参数的设置是否合适。

4.2.1 项目编译参数设置

项目编译参数设置包括 Error Reporting（错误报告）、Connection Matrix（连接矩阵）、

Comparator（比较器设置）、ECO Generation（ECO 生成），等等。

任意打开一个 PCB 项目文件，这里以系统提供的【Examples】|【Circuit Simulation】|【Common-Base Amplifier】中的 PCB 项目 Common-Base Amplifier. PRJPCB 为例。

执行菜单命令【工程】|【工程参数】，弹出【Options for PCB Project...】（项目管理选项）对话框，如图 4-30 所示。下面介绍对话框中最常用的 4 个选项卡。

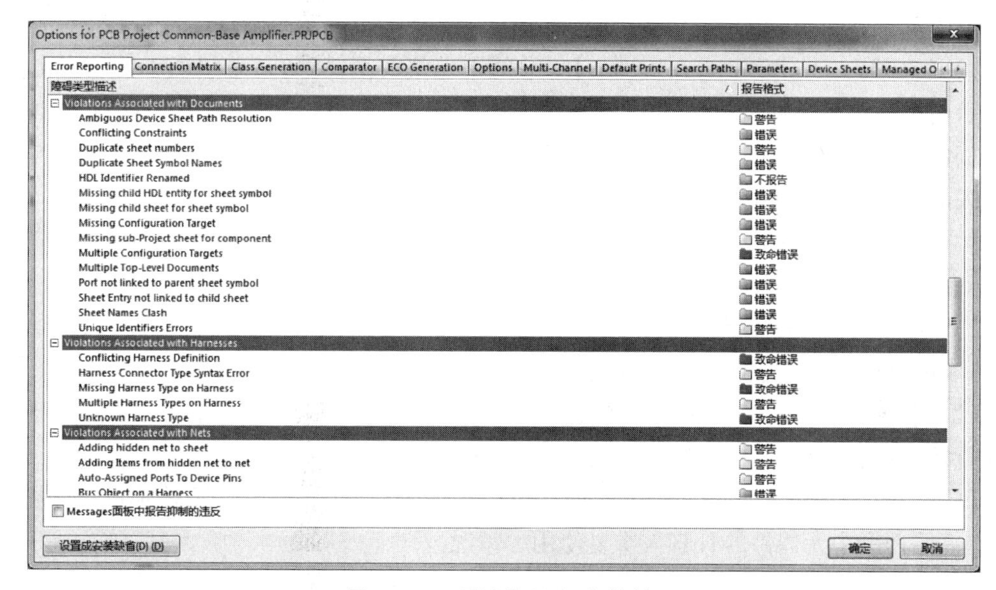

图 4-30　项目管理选项对话框

1. Error Reporting（错误报告）选项卡

Error Reporting（错误报告）用于设置原理图设计的错误，报告类型有错误、警告、致命错误及不报告 4 种，主要涉及以下几个方面。

（1）【Violations Associated with Buses】（总线错误检查报告）：包括总线标号超出范围、总线排列的句法错误、不合法的总线、总线宽度不匹配等。

【Arbiter loop in OpenBus document】（开放总线系统文件中的仲裁文件）：在包含基于开放总线系统的原理图文档中通过仲裁元器件形成 I/O 端口或 MEM 端口的回路错误。

【Bus indices out of range】（超出定义范围的总线编号索引）：总线和总线分支线共同完成电气连接，如果定义总线的网络标号为 D［0，…，7］，则当存在 D8 及 D8 以上的总线分支线时将违反该规则。

【Bus range syntax errors】（总线命名的语法错误）：用户可以通过放置网络标号的方式对总线进行命名。当总线命名存在语法错误时将违反该规则。例如，定义总线的网络标号为 D［0...］时将违反该规则。

【Cascaded Interconnects in OpenBus document】（开放总线文件互联元器件错误）：在包含基于开放总线系统的原理图文件中互联元器件之间的端口级联错误。

【Illegal bus definition】（总线定义违规）：连接到总线的元器件类型不正确。

【Illegal bus range values】（总线范围值违规）：与总线相关的网络标号索引出现负值。

【Mismatched bus label ordering】（总线网络标号不匹配）：同一总线的分支线属于不同

网络时，这些网络对总线分支线的编号顺序不正确，即没有按同一方向递增或递减。

【Mismatched bus widths】（总线编号范围不匹配）：总线编号范围超出界定。

【Mismatched Bus-Section index ordering】（总线分组索引的排序方式错误）：没有按同一方向递增或递减。

【Mismatched Bus/Wire object in Wire/Bus】（总线种类不匹配）：总线上放置了与总线不匹配的对象。

【Mismatched electrical types on bus】（总线上电气类型错误）：总线上不能定义电气类型，否则将违反该规则。

【Mismatched Generics bus （First Index）】（总线范围值的首位错误）：线首位应与总线分支线的首位对应，否则将违反该规则。

【Mismatched Generics bus （Second Index）】（总线范围值的末位错误）：线末位应与总线分支线的末位对应，否则将违反该规则。

【Mixed generic and numeric bus labeling】（与同一总线相连的不同网络标识符类型错误）：有的网络采用数字编号，有的网络采用字符编号。

（2）【Violations Associated with Components】（元器件错误检查报告）：包括元器件管脚的重复使用、管脚的顺序错误、图纸入口重复等。

【Component Implementations with Duplicate Pins Usage】（原理图中元器件的管脚被重复使用）：原理图中元器件的管脚被重复使用的情况。

【Component Implementations with Invalid Pin Mappings】（元器件管脚与对应封装的管脚标识符不一致）：元器件管脚应与管脚的封装一一对应，不匹配时将违反该规则。

【Component Implementations with Missing Pins in Sequence】（元器件丢失管脚）：按序列放置的多个元器件管脚中丢失了某些管脚。

【Components containing Duplicate Sub-parts】（嵌套元器件）：元器件中包含了重复的子元器件。

【Components with Duplicate Implementations】（重复元器件）：重复实现同一个元器件。

【Components with Duplicate Pins】（重复管脚）：元器件中出现了重复管脚。

【Duplicate component Models】（重复元器件模型）：重复定义元器件模型。

【Duplicate Part Designators】（重复组件标识符）：元器件中存在重复的组件标号。

【Errors in Component Model Parameters】（元器件模型参数错误）：在元器件属性中设置。

【Extra Pin Found in Component Display Models】（元器件显示模型多余管脚）：元器件显示模型中出现多余的管脚。

【Mismatched Hidden Pin connections】（隐藏的管脚不匹配）：隐藏管脚的电气连接存在错误。

【Mismatched Pin Visibility】（管脚可视性不匹配）：管脚的可视性与用户的设置不匹配。

【Missing Component Model Parameters】（元器件模型参数丢失）：取消元器件模型参数的显示。

【Missing Component Models】（元器件模型丢失）：无法显示元器件模型。

【Missing Component Models in Model Files】（模型文件丢失元器件模型）：元器件模型在所属库文件中找不到。

【Missing Pin Found in Component Display Models】（元器件显示模型丢失管脚）：元器件的显示模型中缺少某一管脚。

【Models Found in Different Model Locations】（模型对应不同路径）：元器件模型在另一路径（非指定路径）中找到。

【Sheet Symbol with Duplicate Entries】（原理图符号中出现了重复的端口）：为避免违反该规则，建议用户在进行层次原理图设计时，在单张原理图上采用网络标号的形式建立电气连接，而不同的原理图间采用端口建立电气连接。

【Un-Designated Parts Requiring Annotation】（未指定的部件需要标注）：未被标号的元器件需要分开标号。

【Unused sub-Part in Component】（集成元器件的某一部分在原理图中未被使用）：通常对未被使用的部分采用管脚为空的方法。

（3）【Violations Associated with Configuration Constraints】（配置约束错误检查报告）：主要是与配置相关的错误。

【Constraint Board Not Found in Configuration】（约束板在配置文件中找不到）：在配置文件中没有发现配置约束板。

【Constraint Configuration Has Duplicate Board Instance】（约束配置中已存在复制板）：约束配置文件已有复制板的实例。

【Constraint Connector Creation Failed in Configuration】（约束在配置连接器创建失败）：约束在配置连接器创建失败。

【Constraint Port Without Pin in Configuration】（无约束端口引脚配置）：无约束端口引脚配置。

（4）【Violations Associated with Documents】（文件错误检查报告）：主要是与层次原理图有关的错误，包括重复的图纸编号、重复的图纸符号名称、无目标配置等。

【Conflicting Constraints】（规则冲突）：文档创建过程与设定的规则相冲突。

【Duplicate sheet numbers】（复制原理图编号）：电路原理图编号重复。

【Duplicate Sheet Symbol Names】（复制原理图符号名称）：原理图符号命名重复。

【Missing child sheet for sheet symbol】（子原理图丢失原理图符号）：工程中缺少与原理图符号相对应的子原理图文件。

【Missing Configuration Target】（配置目标丢失）：在配置参数文件中设置。

【Missing Sub-Project sheet for component】（元器件的子工程原理图丢失）：有些元器件可以定义子工程，当定义的子工程在固定的路径中找不到时将违反该规则。

【Multiple Configuration Targets】（多重配置目标）：文档配置多元化。

【Multiple Top-Level Documents】（顶层文件多样化）：定义了多个顶层文档。

【Port not linked to parent sheet symbol】（原始原理图符号不与部件连接）：子原理图电路与主原理图电路中端口之间的电气连接错误。

【Sheet Entry not linked to child sheet】（子原理图不与原理图端口连接）：电路端口与子原理图间存在电气连接错误。

（5）【Violations Associated with Nets】（文件错误检查报告）：包括为图纸添加隐藏网络、无名网络参数、无用网络参数等。

【Adding hidden net to sheet】（添加隐藏网络）：原理图中出现隐藏的网络。

【Adding Items from hidden net to net】（隐藏网络添加子项）：从隐藏网络添加子项到已有网络中。

【Auto-Assigned Ports To Device Pins】（器件管脚自动端口）：自动分配端口到器件管脚。

【Duplicate Nets】（复制网络）：原理图中出现了重复的网络。

【Floating Net Labels】（浮动网络标签）：原理图中出现了不固定的网络标号。

【Floating Power Objects】（浮动电源符号）：原理图中出现了不固定的电源符号。

【Global Power-Object Scope Changes】（更改全局电源对象）：与端口元器件相连的全局电源对象已不能连接到全局电源网络，只能更改为局部电源网络。

【Net Parameters with No Name】（无名网络参数）：存在未命名的网络参数。

【Net Parameters with No Value】（无值网络参数）：网络参数没有赋值。

【Nets Containing Floating Input Pins】（浮动输入网络管脚）：网络中包含悬空的输入管脚。

【Nets Containing Multiple Similar Objects】（多样相似网络对象）：网络中包含多个相似对象。

【Nets with Multiple Names】（命名多样化网络）：网络中存在多重命名。

【Nets with No Driving source】（缺少驱动源的网络）：网络中没有驱动源。

【Nets with Only One Pin】（单个管脚网络）：存在只包含单个管脚的网络。

【Nets with Possible Connection Problems】（网络中可能存在连接问题）：文档中常见的网络问题。

【Sheets Containing Duplicate Ports】（多重原理图端口）：原理图包含重复端口。

【Signals with Multiple Drivers】（多驱动源信号）：信号存在多个驱动源。

【Signals with No Driver】（无驱动信号）：原理图中信号没有驱动。

【Signals with No Load】（无负载信号）：原理图中存在无负载的信号。

【Unconnected Objects in Net】（网络断开对象）：原理图中网络中存在未连接的对象。

【Unconnected Wires】（断开线）：原理图中存在未连接的导线。

（6）【Violations Associated with Others】（其他错误检查报告）：包括无错误、原理图中的对象超出了图纸范围、对象偏离网格等。

【Object Not Completely within Sheet Boundaries】（对象超出了原理图的边界）：可以通过改变图纸尺寸来解决。

【Off-Grid Object】（对象偏离格点位置）：使元器件处在格点位置有利于元器件电气连接特性的完成，对象偏离格点位置将违反该规则。

（7）【Violations Associated with Parameters】（参数错误检查报告）。

【Same Parameter Containing Different Types】（参数相同而类型不同）：原理图中元器件

参数设置常见问题。

【Same Parameter Containing Different Values】（参数相同而值不同）：原理图中元器件参数设置常见问题。

对于每一种错误，可以设置相应的报告类型，并采用不同的颜色。单击其后的按钮，弹出错误报告类型的下拉菜单。一般采用默认设置，不需要对错误报告类型进行修改。

单击 设置成安装缺省(D) (D) 按钮，可以恢复系统默认设置。

2.【Connection Matrix】（电路连接矩阵）选项卡

在项目管理选项对话框中，单击【Connection Matrix】（电路连接矩阵）标签，打开【Connection Matrix】（电路连接矩阵）选项卡，如图4－31所示。

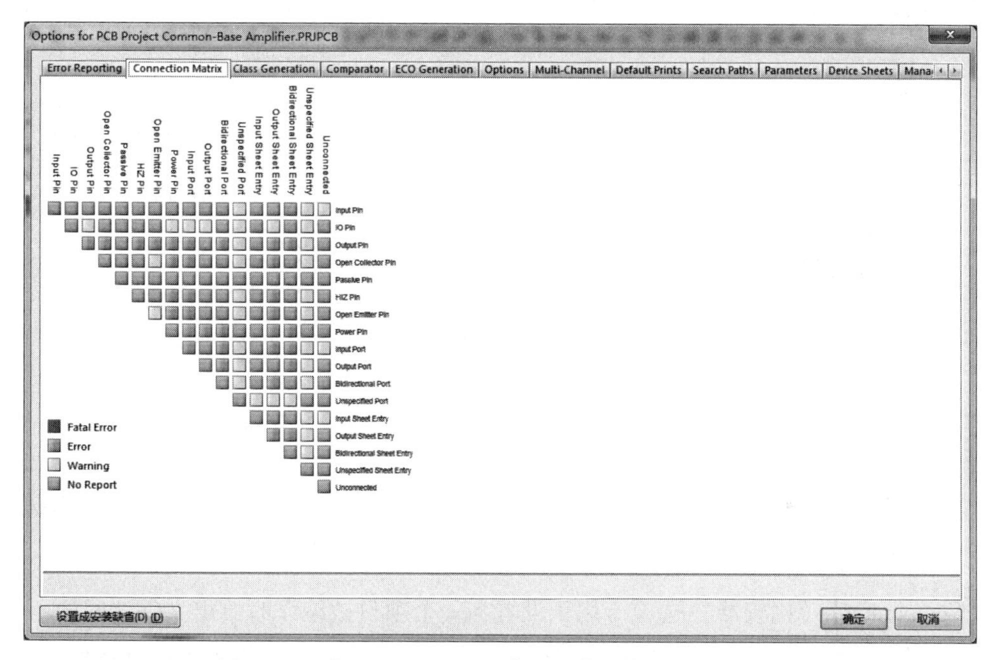

图4－31　【Connection Matrix】（电路连接矩阵）选项卡

电路连接矩阵选项卡显示的是各种管脚、端口、图纸之间入口的连接状态，以及错误类型的严格性。这将在设计中运行电气规则检查电气连接，如管脚间的连接、元器件和图纸的输入。连接矩阵给出了原理图中不同类型的连接点及是否被允许的图标描述。

（1）如果横坐标和纵坐标交叉点为红色，则当横坐标代表的管脚和纵坐标代表的管脚相连接时，将出现 Fatal Error 信息。

（2）如果横坐标和纵坐标交叉点为橙色，则当横坐标代表的管脚和纵坐标代表的管脚相连接时，将出现 Error 信息。

（3）如果横坐标和纵坐标交叉点为黄色，则当横坐标代表的管脚和纵坐标代表的管脚相连接时，将出现 Warning 信息。

（4）如果横坐标和纵坐标交叉点为绿色，则当横坐标代表的管脚和纵坐标代表的管脚相连接时，将出现 No Report 信息。

对于各种连接的错误等级，用户可以自己进行设置，单击相应连接交叉点处的颜色方块，通过颜色方块的设置即可设置错误等级。一般采用默认设置，不需要对错误等级进行设置。

单击 设置成安装缺省(D) (D) 按钮，可以恢复系统默认设置。

3.【Comparator】（比较器）选项卡

在项目管理选项对话框中，单击【Comparator】（比较器）标签，打开【Comparator】（比较器）选项卡，如图 4－32 所示。

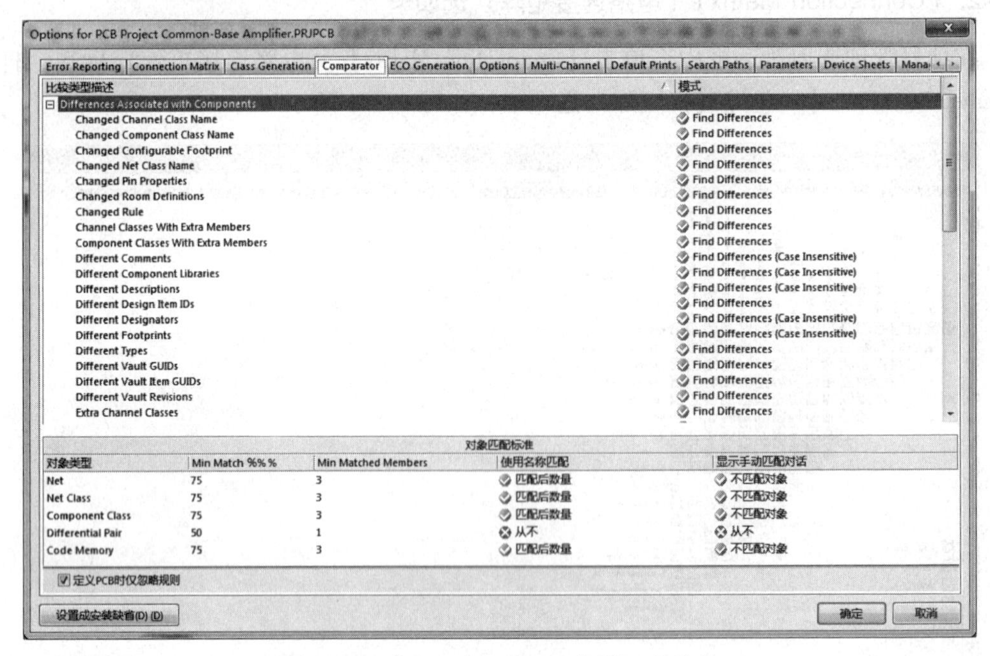

图 4－32 【Comparator】（比较器）选项卡

【Comparator】（比较器）选项卡用于设置当一个项目被编译时给出文件之间的不同和忽略彼此的不同。比较器的对照类型描述中有 5 大类，包括 Differences Associated with Components（与元器件有关的差别）、Differences Associated with Nets（与网络有关的差别）、Differences Associated with Parameters（与参数有关的差别）、Differences Associated with Physical（与物理有关的差别）及 Differences Associated with Structure Classes（与结构类有关的差别）。在每一大类中又分为若干具体的选项，对不同的项目设置可能会有所不同，但是一般采用默认设置。

单击 设置成安装缺省(D) (D) 按钮，可以恢复系统默认设置。

4.【ECO Generation】（生成 ECO 文件）选项卡

在项目管理选项对话框中，单击【ECO Generation】（生成 ECO 文件）标签，打开【ECO Generation】（生成 ECO 文件）选项卡，如图 4－33 所示。

系统在比较器中找到原理图的不同，当执行电气更改命令后，【ECO Generation】（生成 ECO 文件）选项卡显示更改类型详细说明。其主要作用是在原理图更新时显示更新的内容及与以前文件的不同。

【ECO Generation】（生成 ECO 文件）选项卡中更改的类型有 4 大类，主要用于设置 Modifications Associated with Components（与元器件有关的改变）、Modifications Associated with Nets（与网络有关的改变）、Modifications Associated with Parameters（与参数有关的改变）和 Modifications Associated with Structure Classes（与结构类有关的改变）。每一大类又包含若干选项，对于每项都可以在【模式】列表框的下拉列表中选择【产生更改命令】或【忽略不同】选项。

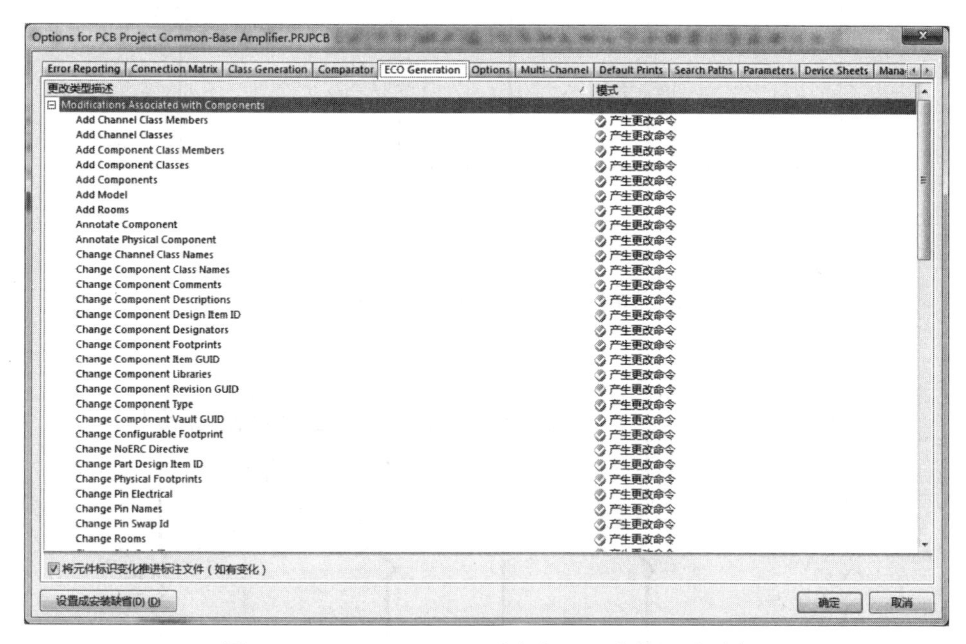

图 4-33　ECO Generation（生成 ECO 文件）选项卡

4.2.2　执行项目编译

将以上参数设置完成后，用户就可以对自己的项目进行编译了，这里还是以 Common-Base Amplifier. PRJPCB 项目为例。

正确的电路原理图如图 4-34 所示。

如果在设计电路原理图时，Q1 与 C1、R1 没有连接，如图 4-35 所示，就可以通过项目编译找出这个错误。

下面介绍执行项目编译的步骤。

（1）执行菜单命令【工程】|【Compile PCB Project Common-Base Amplifier. PRJPCB】（编译项目文件），系统开始对项目进行编译。

（2）编译完成之后，如果原理图绘制错误，系统弹出【Messages】（信息）面板，如图 4-36所示。如果原理图绘制正确，将不弹出【Messages】（信息）面板。单击主界面右下角面板控制中心的【System】|【Messages】选项，弹出【Messages】面板，查看编译结果。

（3）双击错误的信息，在【Messages】面板的【Details】选项区域显示错误的原理图信息，同时在原理图出错的位置出现高亮状态，电路图上的其他元器件和导线处于模糊状态，如图 4-37 所示。

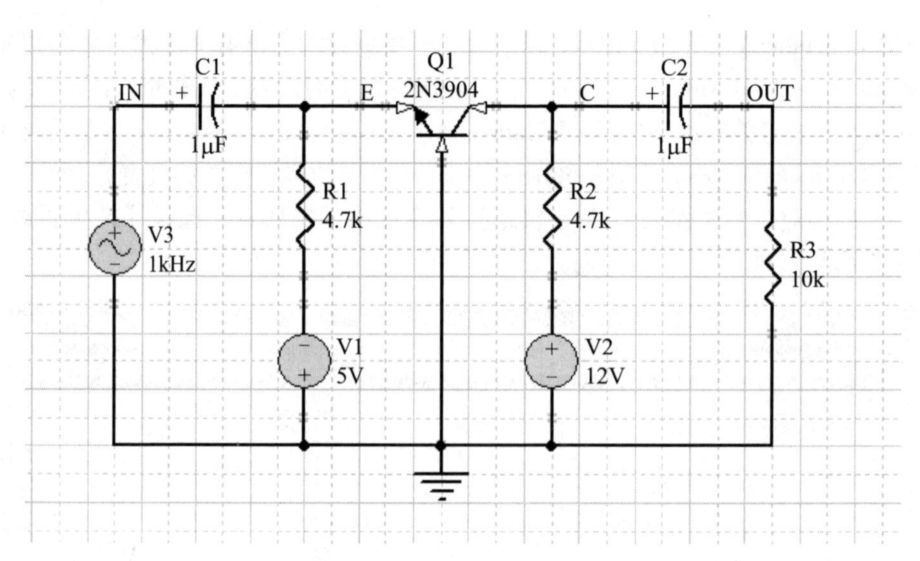

图 4－34　正确的电路原理图

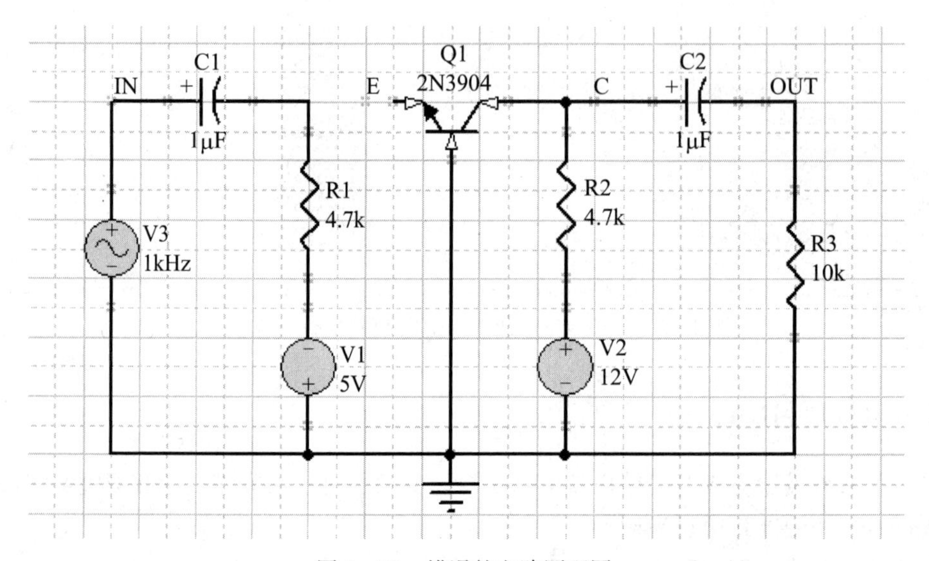

图 4－35　错误的电路原理图

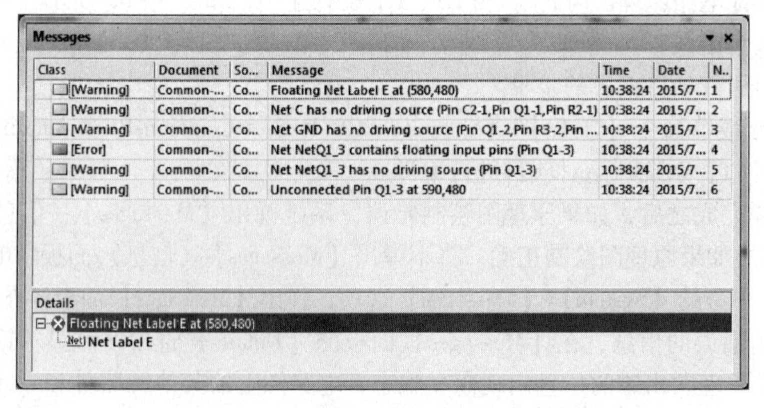

图 4－36　【Messages】（信息）面板

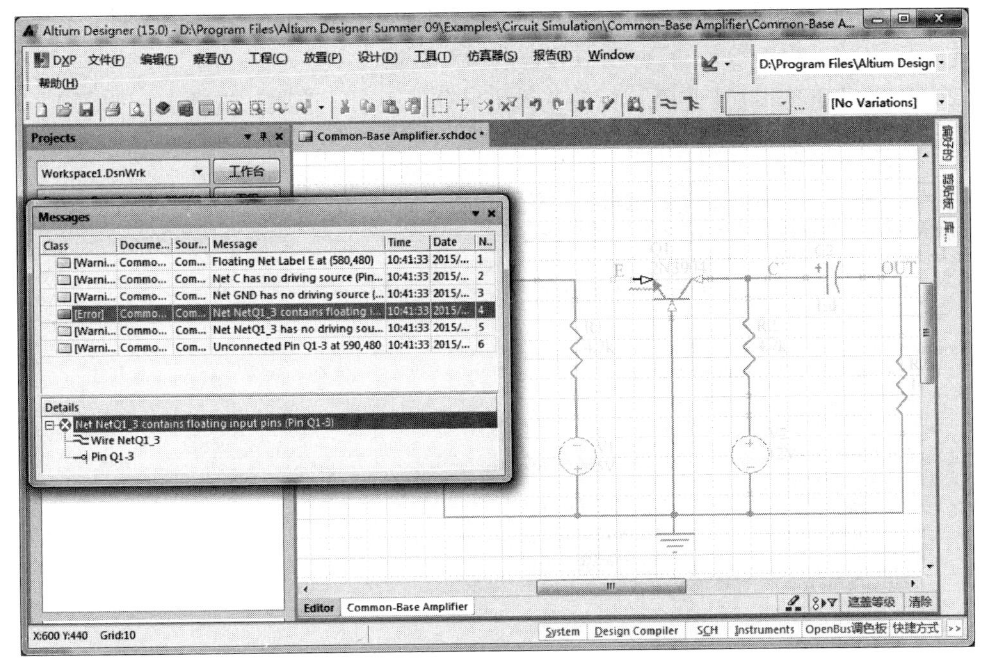

图4－37　显示编译错误

（4）根据错误信息提示对原理图进行修改，修改后再次编译，直到没有错误信息出现为止，即编译时不弹出【Messages】（信息）面板。对于原理图中不需要进行检查的节点，可以放置一个忽略ERC检查测试点。在项目2中讲过，单击【放置】|【指示】|【Generic No ERC】命令，光标变为十字形，并有红色的“×”悬浮，单击要忽略ERC检查的端口即可。

任务4.3　文件与报表的输出

Altium Designer 15具有丰富的报表功能，用户可以方便地生成各种类型的报表。

4.3.1　网络报表

对于电路设计而言，网络报表是电路原理图的精髓，是原理图和PCB板连接的桥梁。所谓网络报表，是指彼此连接在一起的一组元器件管脚，一个电路实际上就是由若干个网络组成。它是电路板自动布线的灵魂，也是电路原理图设计软件与印制电路板设计软件之间的接口，没有网络报表，就没有电路板的自动布线。网络报表包含两部分信息：元器件信息和网络连接信息。

Altium Designer 15中的网络报表有两种：一种是对单个原理图文件的网络报表；另一种是对整个项目的网络报表。下面通过实例介绍网络报表生成的具体步骤。

1. 设置网络报表选项

在生成网络报表之前，用户首先要设置网络报表选项。

（1）打开 PCB 项目 Common-Base Amplifier. PRJPCB 中的电路原理图文件，执行菜单命令【工程】|【工程参数】，打开项目管理选项对话框。

（2）单击【Options】（选项）标签，弹出【Options】（选项）选项卡，如图 4－38 所示。主要设置以下选项。

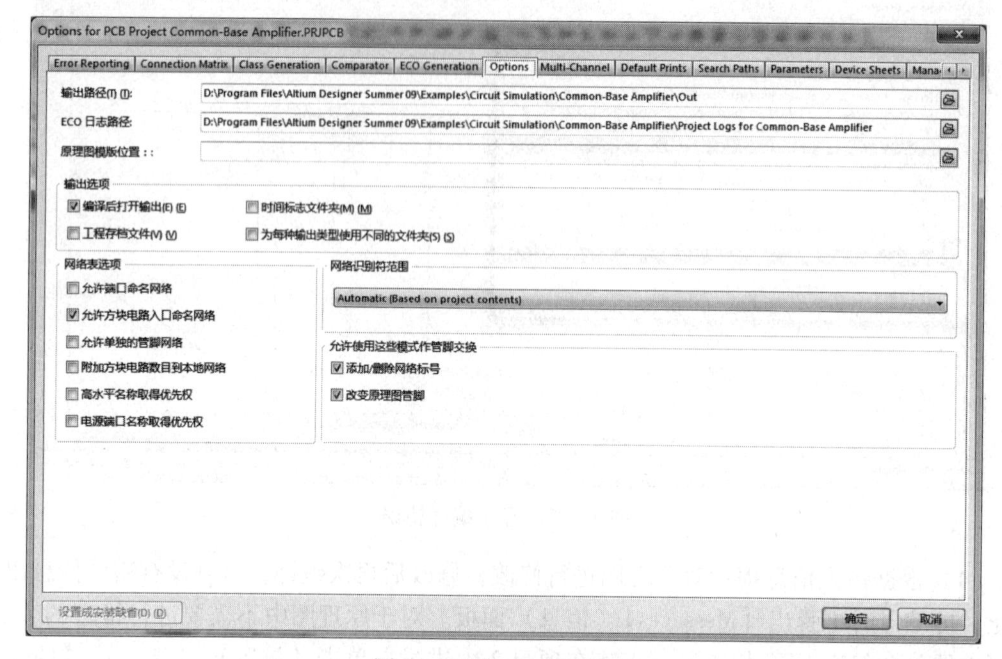

图 4－38 Options 选项卡

【输出路径】：用于设置各种报表的输出路径。系统默认的路径是系统在当前项目文件夹内创建的。单击右边的按钮，用户可以自己设置路径。

【ECO 日志路径】：用于设置 ECO 文件的输出路径。单击右边的按钮，用户可以自己设置路径。

【输出选项】选项区域：包括 4 个复选框，即【编译后打开输出】、【时间标志文件夹】、【工程存档文件】及【为每种输出类型使用不同的文件夹】。

【网络表选项】选项区域：用于设置生成网络报表的条件，包括以下 6 个复选框。

- 【允许端口命名网络】：用于设置是否允许用系统产生的网络名代替与电路输入输出端口相关联的网络名。若设计的项目只是简单的电路原理图文件，不包含层次关系，可选择此复选框。
- 【允许方块电路入口命名网络】：用于设置是否允许用系统产生的网络名代替与子原理图入口相关联的网络名。此复选框系统默认选中。
- 【允许单独的管脚网络】：用于设置生成网络表时，是否允许系统自动将管脚号添加到各个网络名称中。
- 【附加方块电路数目到本地网络】：用于设置产生网络报表时，是否允许系统自动把图纸号添加到各个网络名称中，以识别该网络的位置，当一个工程中包含多个原理图文件时，可选择该复选框。

- 【高水平名称取得优先权】：用于设置产生网络时，以什么样的优先权排序。选中该复选框，系统对电源端口给予更高的优先权。
- 【电源端口名称取得优先权】：功能同上。选中该复选框，系统以命令的等级决定优先权。

【网络识别符范围】选项区域：用来设置网络标识的认定范围。单击右边的下三角按钮有5个选项供选择，如图4-39所示，以下介绍其中的4项。

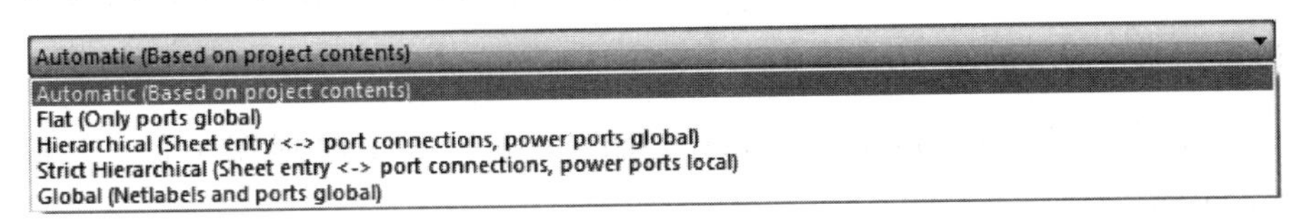

图4-39　网络标识的认定范围菜单

【Automatic（Based on project contents）】：用于设置系统自动在当前项目内认定网络标识，一般情况下采用该默认选项。

【Flat（Only ports global）】：用于设置使工程中的各个图纸之间直接用全局输入输出端口来建立连接关系。

【Hierarchical（Sheet entry < - >port connections，power ports global）】：用于设置在层次原理图中，通过方块电路符号内的输入输出端口与子原理图中的输入输出端口来建立连接关系。

【Global（Netlabels and ports global）】：用于设置工程中各个文档之间用全局网络标号与全局输入输出来建立连接关系。

2. 生成网络报表

在Common-Base Amplifier. PRJPCB项目中，只有一个电路图文件Common-Base Amplifier. SchDoc，此时只需生成单个原理图文件的网络报表即可。

打开原理图文件，设置好网络报表选项后，执行菜单命令【设计】|【文件的网络表】，系统弹出网络报表格式选择菜单，如图4-40所示。针对不同的项目，可以创建多种网络报表格式。这些网络报表文件不但可以在Altium Designer 15中使用，而且可以被其他EDA设计软件使用。

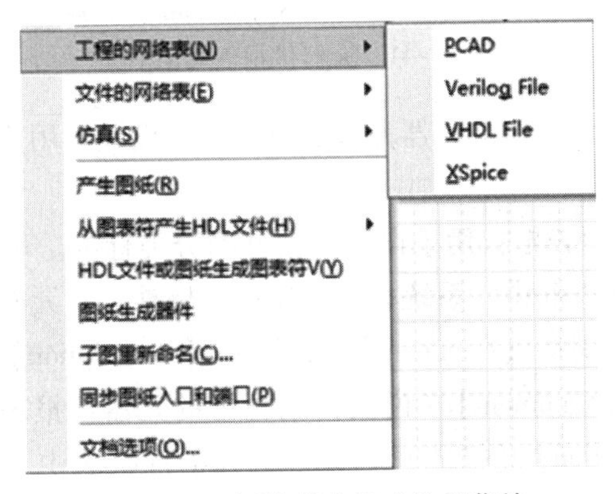

图4-40　网络报表格式选择菜单

4.3.2 元器件报表

元器件报表主要用来列出当前项目中用到的所有元器件的信息，相当于一份元器件采购清单。依照这份清单，用户可以查看项目中用到的元器件的详细信息，同时在制作电路板时可以作为采购元器件的参考。

下面还是以项目 Common-Base Amplifier. PRJPCB 为例，介绍生成元器件报表的步骤。

1. 设置元器件报表选项

（1）打开项目 Common-Base Amplifier. PRJPCB 中的电路原理图文件 Common-Base Amplifier. SchDoc。

（2）执行菜单命令【报告】|【Bill of Materials】（材料清单），系统弹出元器件报表对话框，如图 4-41 所示。

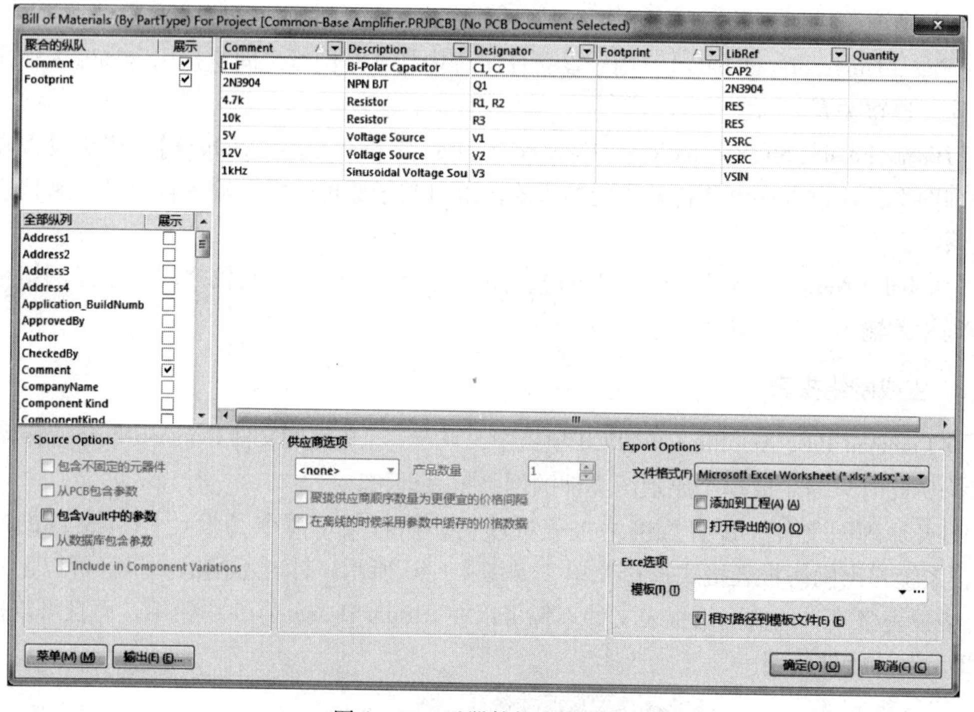

图 4-41　元器件报表对话框

在该对话框中，可以对创建的元器件报表进行选项设置。用户可以通过对话框左边的两个列表框进行设置。

【聚合的纵队】分组列表框：用于设置元器件的分类标准。可以将【全部纵列】列表框中的某一属性拖到该列表框中，系统将以该属性为标准，对元器件进行分类，并显示在元器件报表中。例如，分别将【Comment】（说明）、【Description】（描述）拖到【聚合的纵队】列表框中，在以【Comment】（说明）为标准的元器件报表中，相同的元器件被归为一类；而在以【Description】（描述）为标准的元器件报表中，描述信息相同的元器件被归为一类，如图 4-42 和图 4-43 所示。

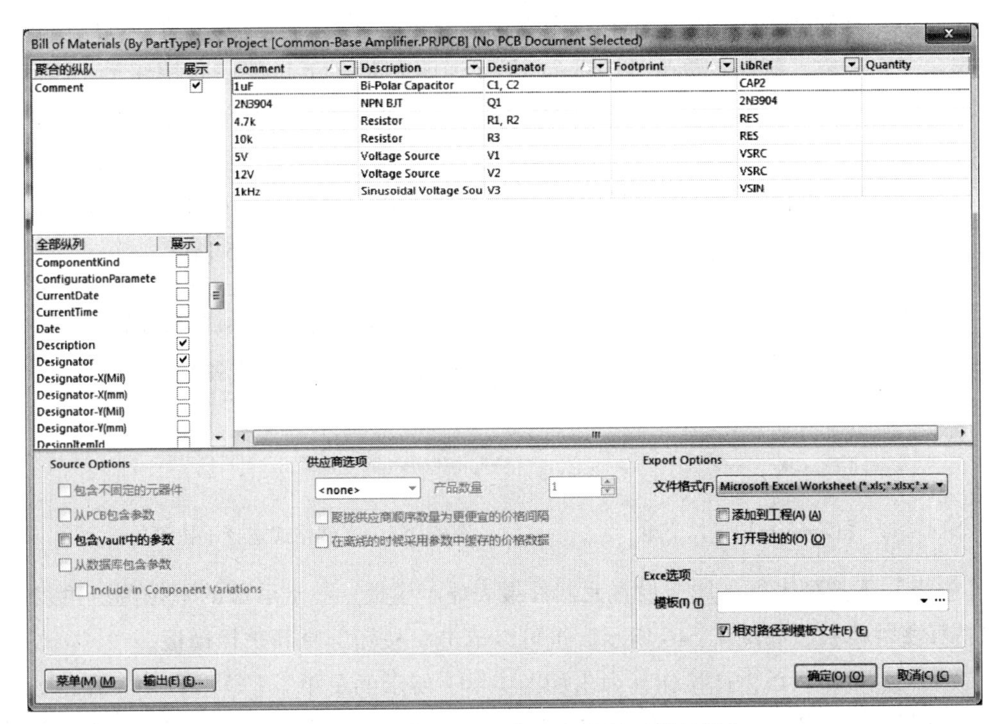

图4－42　以【Comment】为标准的元器件报表

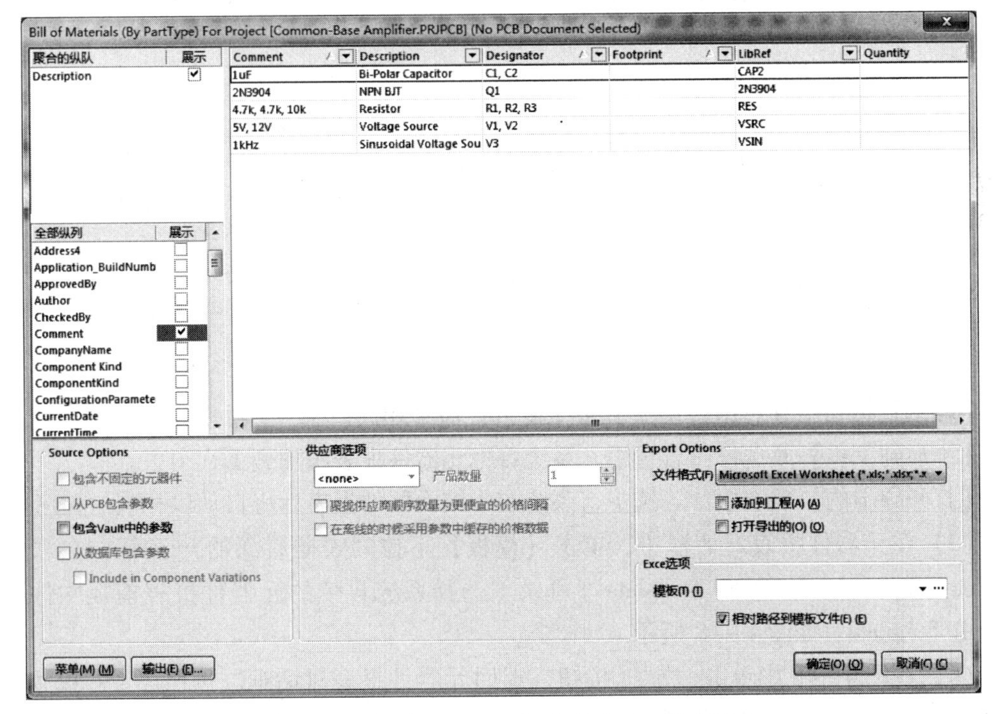

图4－43　以【Description】为标准的元器件报表

【全部纵列】左右列表框：该列表框列出了系统提供的所有元器件属性信息。对于用户需要的元器件信息，选中与之对应的复选框，即可在列表中显示出来。

在右边元器件列表的各栏中都有一个下拉倒三角按钮▼，单击该按钮，可以设置元器件列表的显示内容。例如，单击【Comment】（说明）栏的下拉倒三角按钮▼，将弹出如图4－44所示的下拉菜单。在【元器件报表】对话框的下方还有几个选项和按钮，其意义如下。

【文件格式】下拉列表：用于设置输出文件的格式。单击后面的下拉倒三角按钮▼，将弹出文件格式选择下拉菜单，有6种文件格式供选择，如图4－45所示。

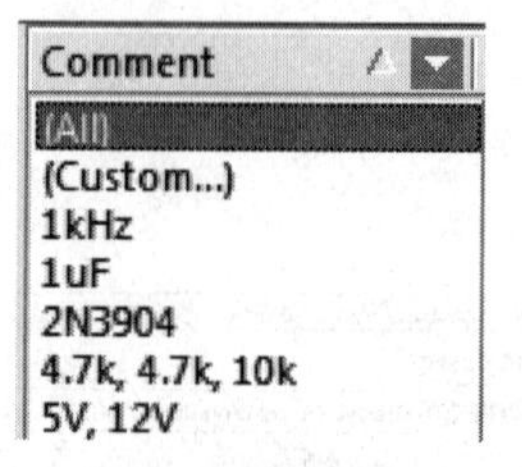

图4－44 【Comment】下拉菜单

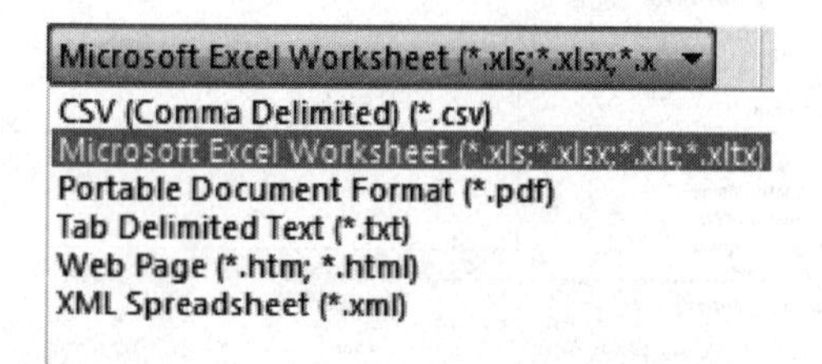

图4－45 文件格式选择下拉菜单

【模板】下拉列表框：用于设置元器件报表显示模板。单击后面的下拉倒三角按钮▼，可以选择文件模板，如图4－46所示。也可以单击…按钮，重新选择模板。

菜单(M) (M)按钮：单击此按钮，弹出如图4－47所示的菜单。【导出】用于输出元器件报表并保存在指定位置。【报告】用于预览元器件报表。【最合适列】用于将上面元器件列表的各栏宽度调整到最合适大小。【强制列查看】用于调整当前元器件列表各栏的宽度，并将所有的项目显示出来。

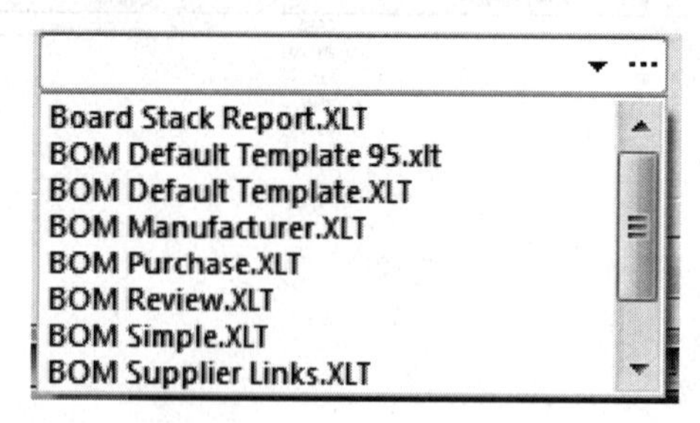

图4－46 模板选择下拉菜单

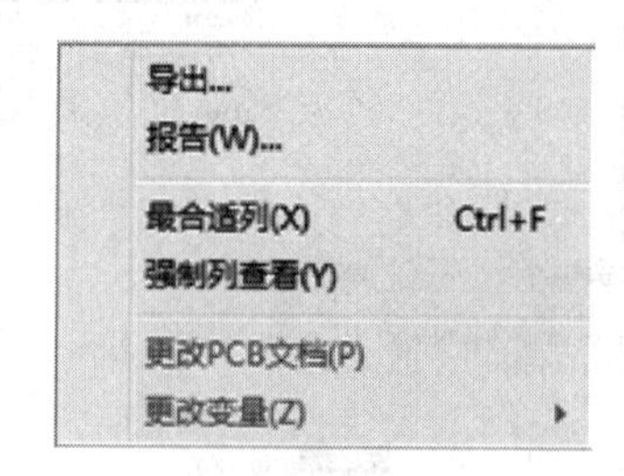

图4－47 菜单

【输出】按钮：其作用与菜单中的【输出】命令相同。

【添加到工程】复选框：若选中，系统将把元器件报表添加到工程中去。

【打开导出的】复选框：若选中，系统在生成元器件报表后将自动以相应的程序打开。

（3）在元器件报表对话框中，单击【模板】下拉列表框后面的…按钮，在"C:\Program Files\Altium\AD15\Template"目录下选择系统自带的元器件报表模板文件BOM Default Template，如图4－48所示。

（4）在图4－48中单击打开(O)按钮，返回元器件报表对话框。按照图4－49所示设置好元器件报表选项，即可生成元器件报表。

2. 生成元器件报表

（1）在元器件报表对话框中单击菜单(M) (M)按钮，并在弹出的菜单中执行【报告】命

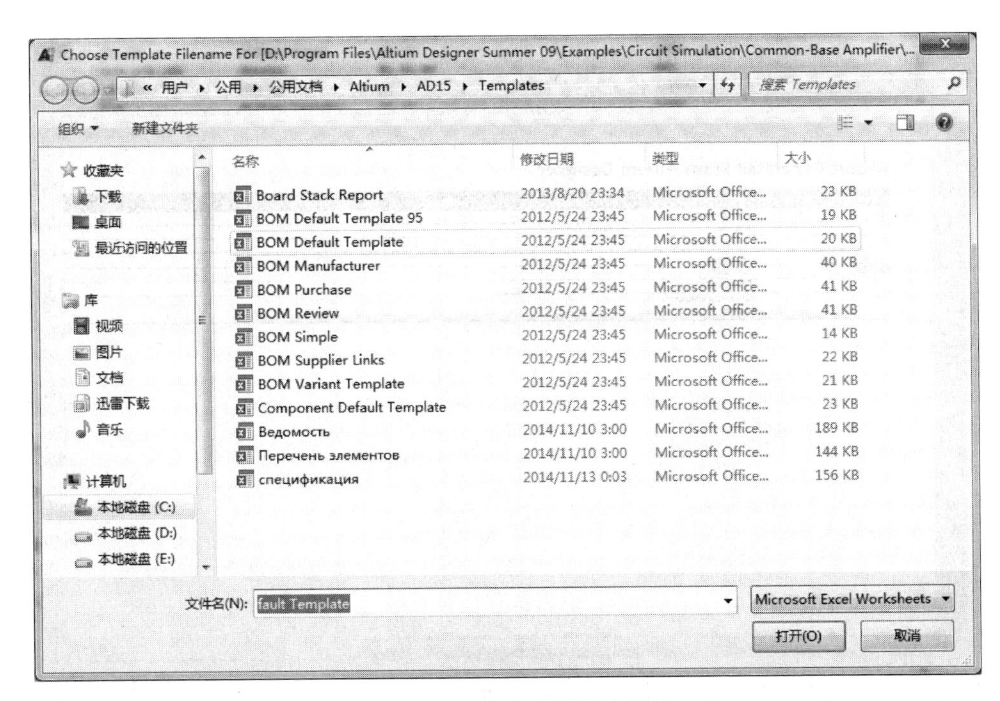

图4－48　选择元器件报表模板

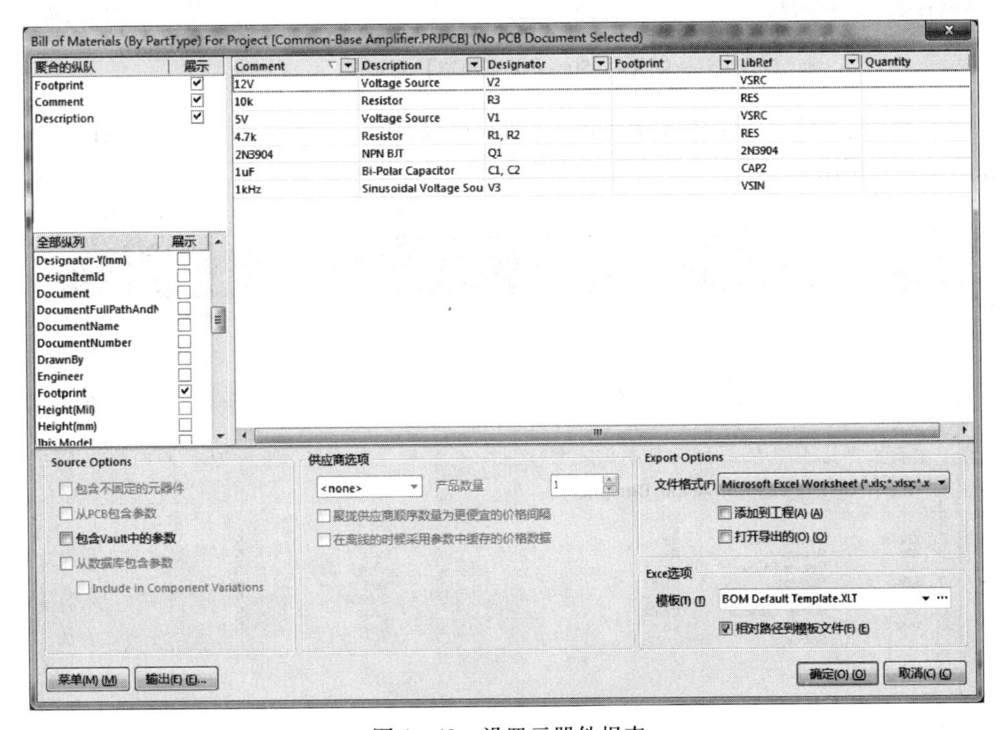

图4－49　设置元器件报表

令，打开【报告预览】对话框，如图4－50所示。

（2）在图4－50中单击 输出(E) (E)... 按钮，可以保存该报表，默认文件名为Common-Base Amplifier. XLS，是一个Excel文件。

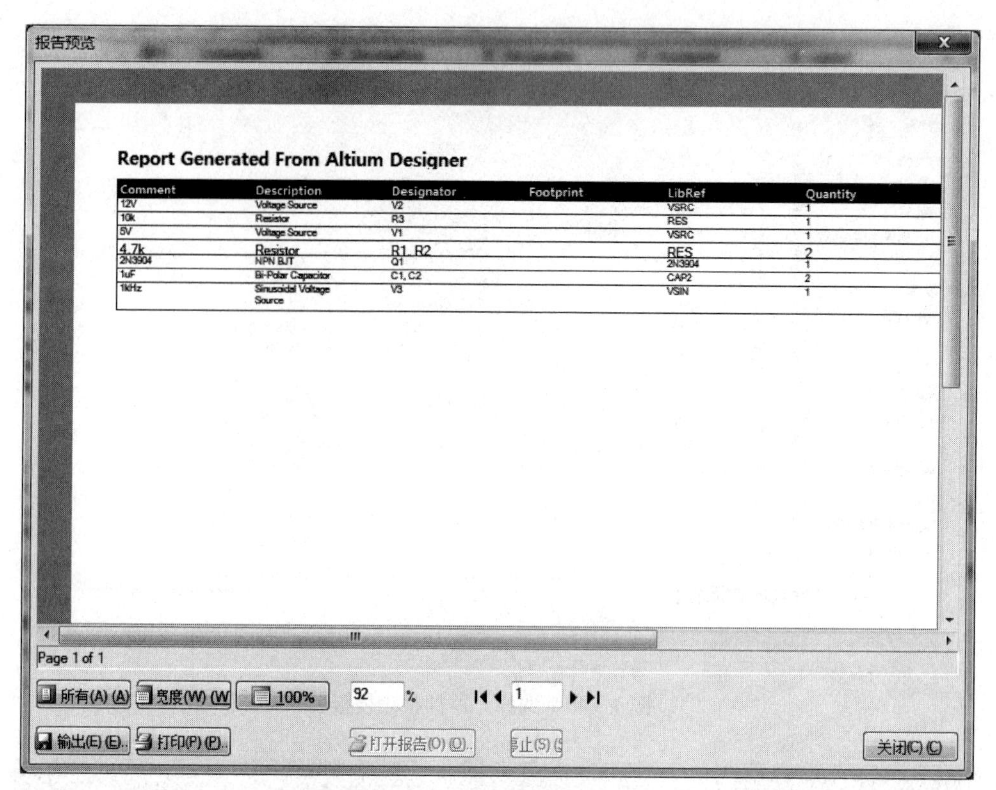

Report Generated From Altium Designer

Comment	Description	Designator	Footprint	LibRef	Quantity
12V	Voltage Source	V2		VSRC	1
10k	Resistor	R3		RES	1
5V	Voltage Source	V1		VSRC	1
4.7k	Resistor	R1, R2		RES	2
2N3904	NPN BJT	Q1		2N3904	1
1uF	Bi-Polar Capacitor	C1, C2		CAP2	2
1kHz	Sinusoidal Voltage Source	V3		VSIN	1

图 4－50 【报表预览】对话框

（3）在图 4－50 中单击打开报告(O) (O)..按钮，可以打开该报告，由 Excel 生成的元器件报表如图 4－51 所示。

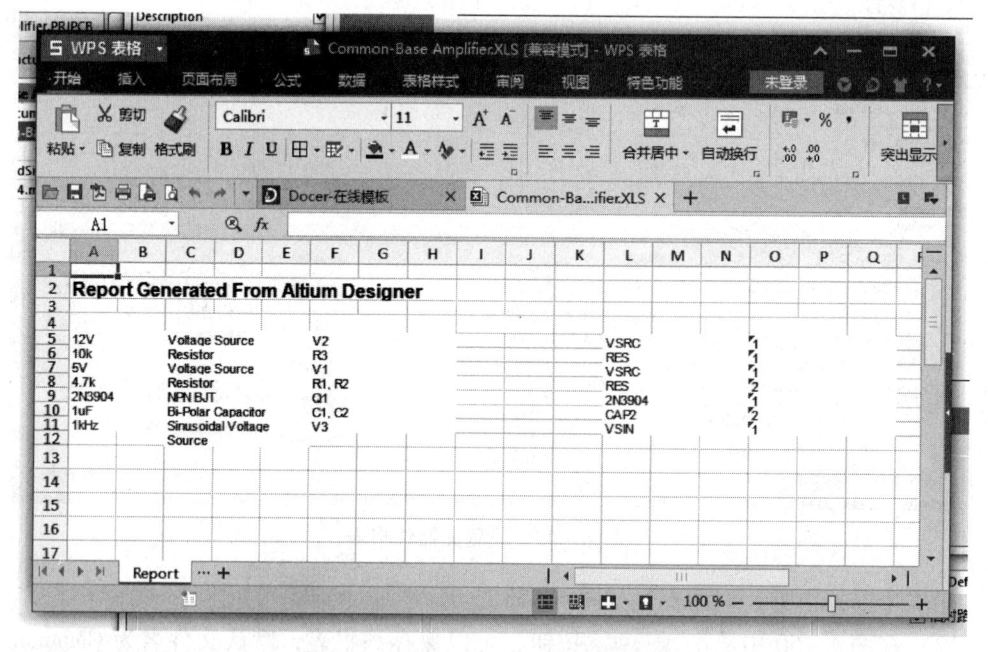

Report Generated From Altium Designer

Comment	Description	Designator	LibRef	Quantity
12V	Voltage Source	V2	VSRC	1
10k	Resistor	R3	RES	1
5V	Voltage Source	V1	VSRC	1
4.7k	Resistor	R1, R2	RES	2
2N3904	NPN BJT	Q1	2N3904	1
1uF	Bi-Polar Capacitor	C1, C2	CAP2	2
1kHz	Sinusoidal Voltage Source	V3	VSIN	1

图 4－51 由 Excel 生成的元器件报表

（4）在图 4－50 中单击打印(P)(P)按钮，可以打印该报表。

用户可以根据自己的需要生成其他格式的文件，只需在元器件报表对话框中设置即可。

4.3.3　元器件交叉引用报表

元器件交叉引用报表用于生成整个工程中各原理图的元器件报表，相当于一份元器件清单报表。生成元器件交叉引用报表的步骤如下。

（1）打开项目文件 Common-Base Amplifier. PRJPCB 中的电路原理图文件 Common-Base Amplifier. SchDoc。

（2）执行菜单命令【报告】|【Component Cross Reference】（元器件交叉引用表），系统弹出元器件交叉引用报表对话框，如图 4－52 所示。它把整个项目中的元器件按照所属的不同电路原理图分组显示出来。

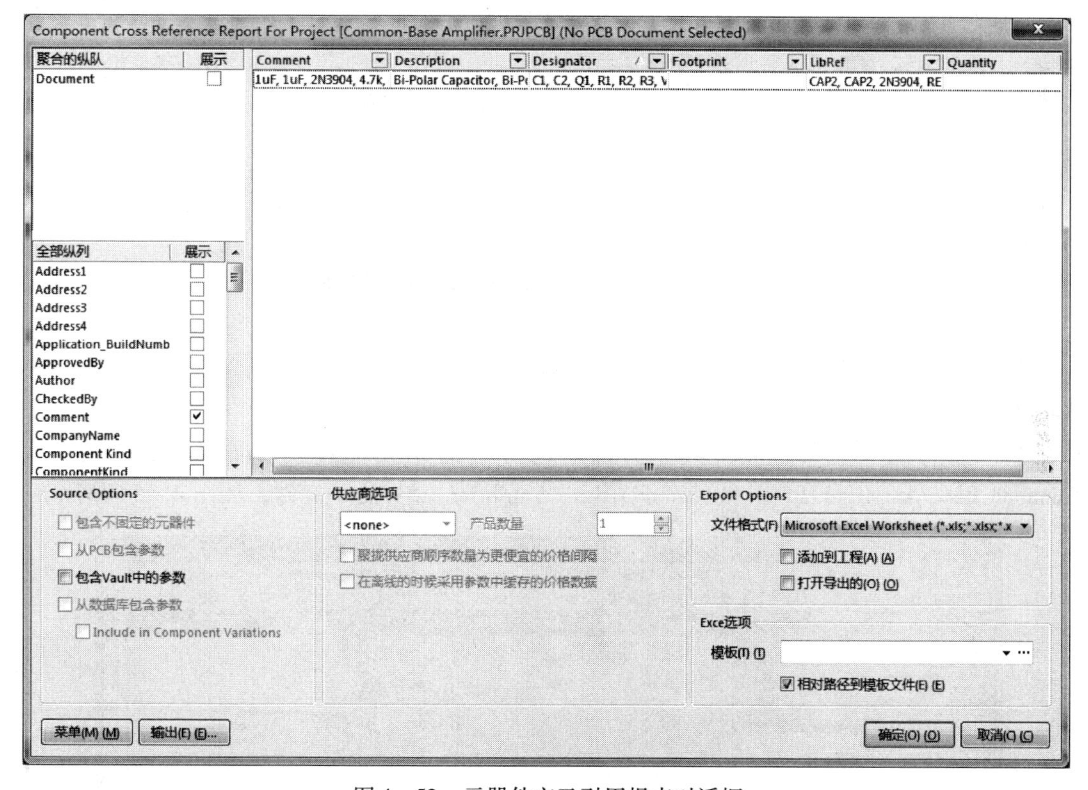

图 4－52　元器件交叉引用报表对话框

其实元器件交叉引用报表就是一张元器件清单，该对话框与元器件报表对话框基本相同。

（3）单击菜单(M)(M)按钮，在打开的菜单中执行【报告】命令，弹出【报告预览】对话框，如图 4－53 所示。

（4）单击输出(E)(E)...按钮或打开报告(O)(O)...按钮，保存该报表。

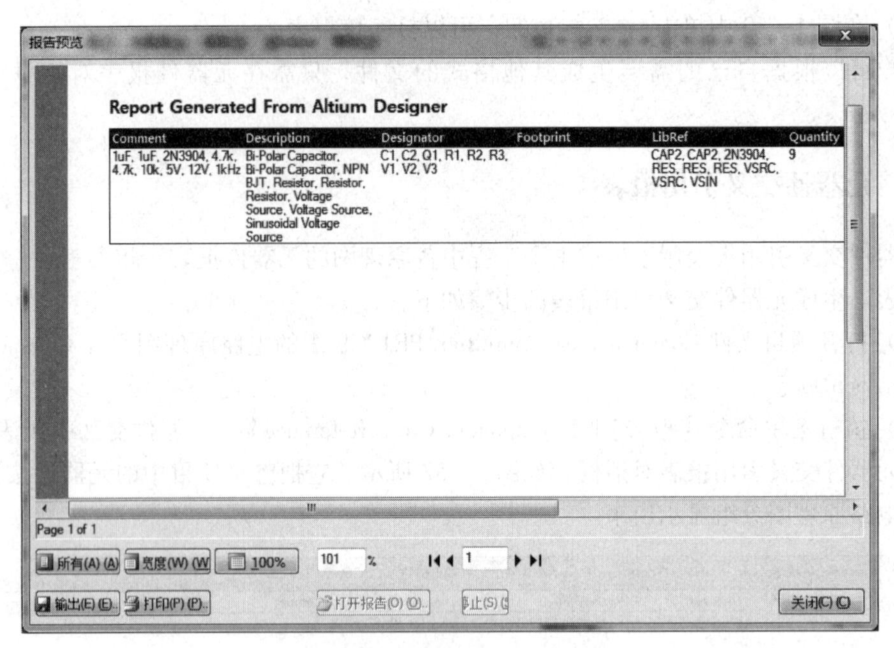

图 4－53 【报告预览】对话框

4.3.4 简单元器件报表

系统还为用户提供了推荐的元器件报表，不需要进行设置就可以产生。生成简单元器件报表的步骤如下。

（1）打开项目文件 Common-Base Amplifier. PRJPCB 中的电路原理图文件 Common-Base Amplifier. SchDoc。

（2）执行菜单命令【报告】| Simple ROM（简单元器件清单报表），系统产生 Common-Base Amplifier. BOM 和 Common-Base Amplifier. CSV 两个文件，如图 4－54 所示。

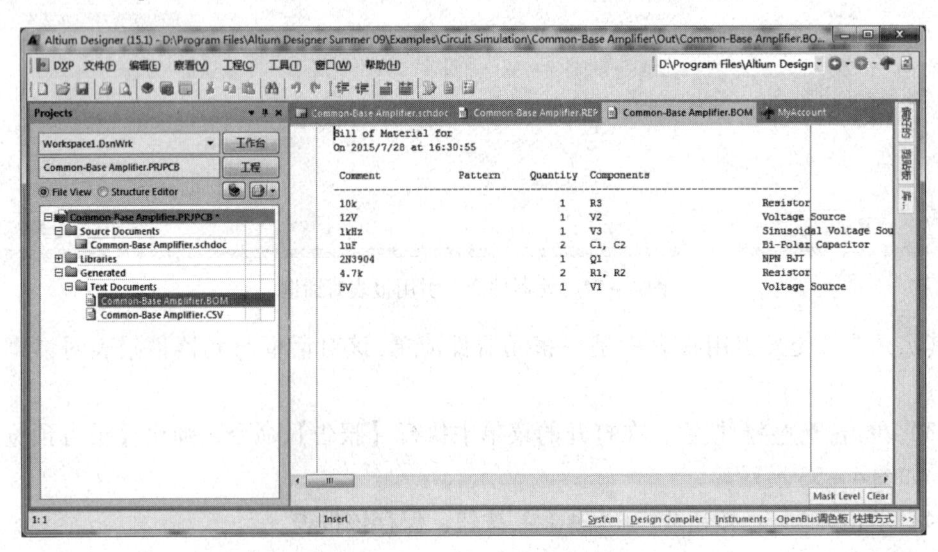

图 4－54 简单元器件报表

4.3.5　元器件管脚网络报表

系统还为用户提供了推荐的管脚网络报表，不需要进行设置就可以产生。生成管脚网络报表的步骤如下。

（1）打开项目文件 Common-Base Amplifier. PRJPCB 中的电路原理图文件 Common-Base Amplifier. SchDoc。

（2）执行菜单命令【报告】|【Report Single Pin Nets】（管脚网络报表），产生 Common-Base Amplifier. REP 文件，如图 4－55 所示。

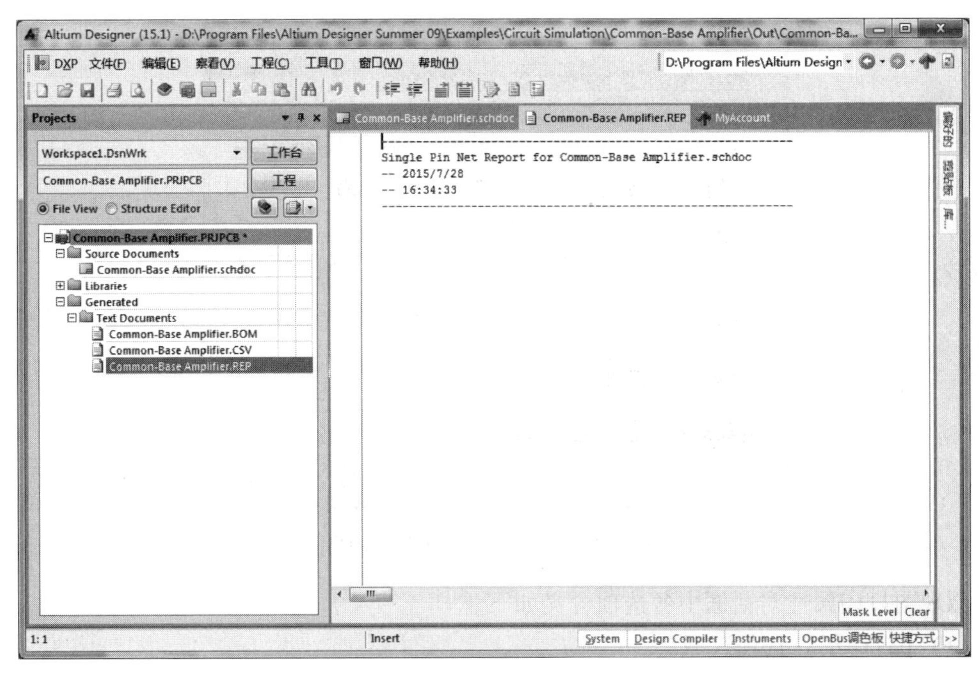

图 4－55　管脚网络报表

4.3.6　端口引用参考表

系统为用户提供了在电路原理图中的输入输出端口添加端口引用参考表的功能。端口引用参考是直接添加在原理图图纸端口上的，用来指出该端口在何处被引用。生成端口引用参考表的步骤如下。

（1）打开项目文件 Common-Base Amplifier. PRJPCB 中的电路原理图文件 Common-Base Amplifier. SchDoc。

（2）对该文件进行项目编译后，执行菜单命令【报告】|【端口交叉参考】，出现如图 4－56 所示的菜单。

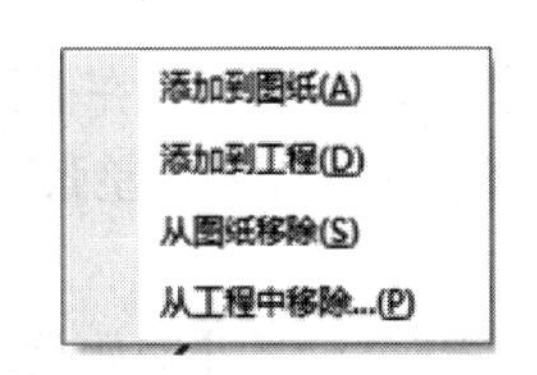

图 4－56　【端口交叉参考】菜单

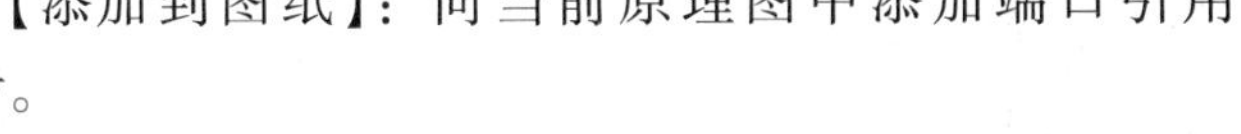

【添加到图纸】：向当前原理图中添加端口引用参考。

【添加到工程】：向整个项目中添加端口引用参考。

【从图纸移除】：从当前原理图中移除端口引用参考。

【从工程中移除】：从整个项目中移除端口引用参考。

（3）选择【添加到图纸】命令，在当前原理图中为所有端口添加引用参考。

若执行菜单命令【报告】|【端口交叉参考】|【从图纸移除】/【从工程中移除】，可以看到，在当前原理图或整个项目中的端口引用参考被移除。

4.3.7 文件的输出

执行菜单命令【文件】|【页面设置】，系统弹出原理图打印属性对话框，如图 4－57 所示。

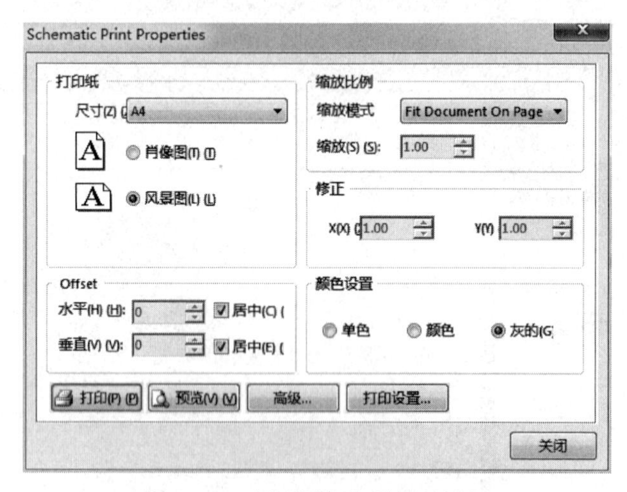

图 4－57　原理图打印属性对话框

原理图打印属性对话框中各选项含义如下。

（1）【打印纸】选项区域。

【尺寸】：可在下拉列表中选择打印纸的尺寸，默认为 A4。

【肖像图】：选中此单选按钮，图纸竖放。

【风景图】：选中此单选按钮，图纸横放。

（2）【Offset】（页边）选项区域。

【水平】：可设置水平页边距。

【垂直】：可设置垂直页边距。

（3）【缩放比例】选项区域。

【缩放模式】：可在下拉列表中选择比例模式。选择【Fit Document On Page】，系统自动调整大小，以便将整张图打印到一张纸上；选择【Scaled Print】，由用户自定义比例的大小。

【缩放】：当【缩放模式】选择【Scaled Print】时，可以在此设置打印比例。

（4）【修正】选项区域：修正打印比例。

（5）【颜色设置】选项区域：设置打印的颜色，有单色、颜色和灰的 3 个单选按钮。

（6）预览(V)按钮：单击此按钮，可以预览打印效果。

（7）打印设置...按钮：单击此按钮，可以设置打印机，如图4－58所示。

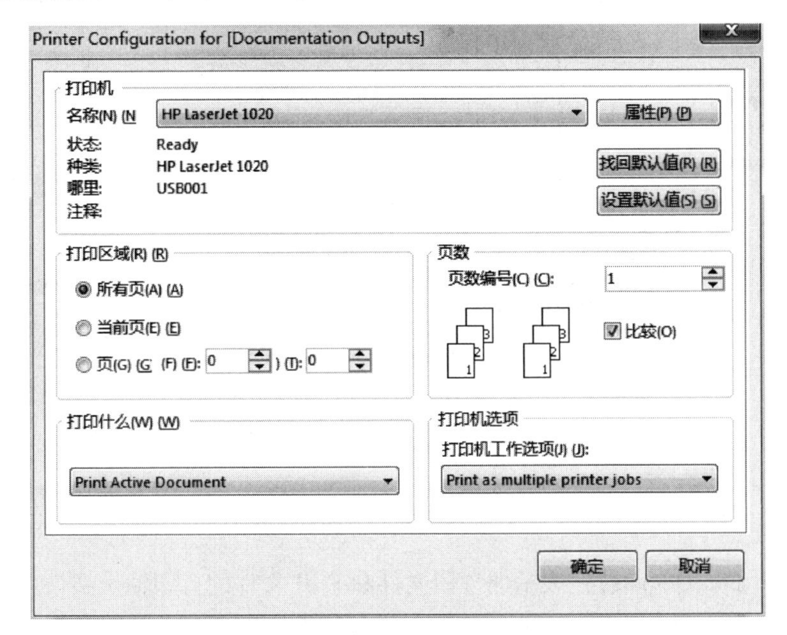

图4－58　打印机设置对话框

（8）打印(P)按钮：设置完成后，单击此按钮即可打印原理图。

此外，执行菜单命令【文件】|【打印】，或者单击工具栏的按钮，也可以实现打印原理图功能。

任务4.4　输出任务配置文件

在Altium Designer 15中，对于各种报表文件可以采用前面介绍的方法逐个产生并输出，也可以直接利用系统提供的输出任务配置文件功能输出，即只需要进行一次配置就可以完成所有报表文件的输出。

利用输出任务配置文件批量生成报表文件之前，必须先创建输出任务配置文件，步骤如下。

（1）打开项目文件Common-Base Amplifier. PRJPCB中的电路原理图文件Common-Base Amplifier. SchDoc。

（2）执行菜单命令【文件】|【新建】|【输出工作文件】，或者在【Projects】（工程）面板上单击【Projects】（工程）按钮，在弹出的菜单中执行【给工程添加新的】|【Output Job File】（输出工作文件）命令，弹出默认名为Job1. OutJob的输出配置文件，然后执行菜单命令【文件】|【保存为】保存该文件，并取名为Common-Base Amplifier. OutJob，如图4－59所示。

在该文件中，按照输出数据类型将输出文件分为七大类。

【Netlist Outputs】：表示网络报表输出文件。

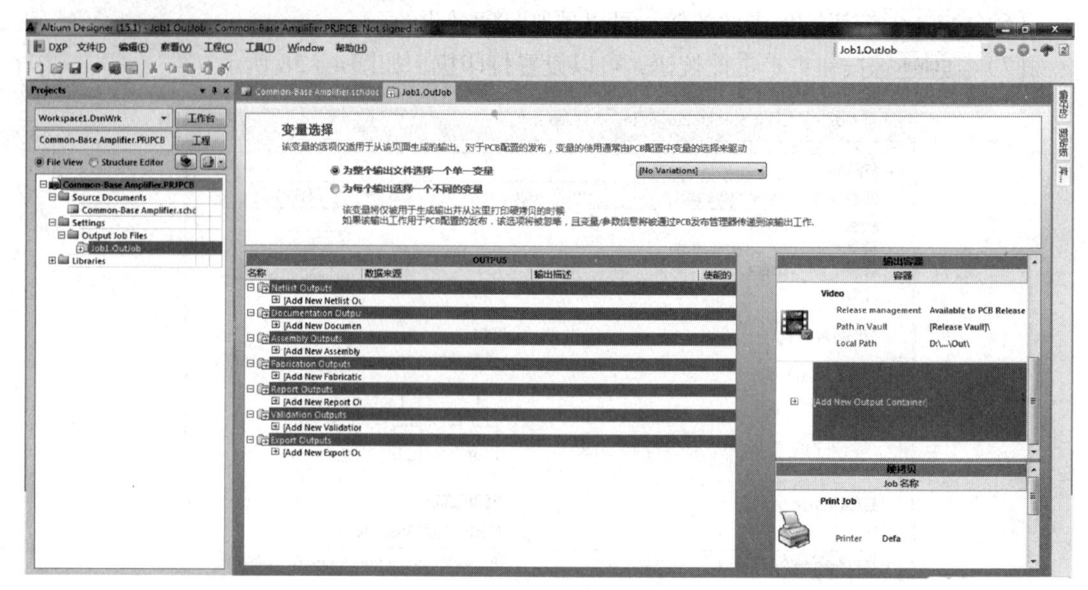

图 4－59　输出任务配置文件

【Documentation Outputs】：表示原理图文件和 PCB 文件的打印输出文件。

【Assembly Outputs】：表示 PCB 汇编输出文件。

【Fabrication Outputs】：表示与 PCB 有关的加工输出文件。

【Report Outputs】：表示各种报表输出文件。

【Validation Outputs】：表示各种生成的输出文件。

【Export Outputs】：表示各种输出文件。

（3）在该对话框中的任一输出配置文件上右击鼠标，弹出需要输出的报表。例如，单击【Report Outputs】（报表输出）的 [Add New Report Output]，弹出如图 4－60 所示的快捷菜单，可选择【Bill of Materials】（材料清单）、【Component Cross Reference】（交叉引用报表）、【Report Project Hierarchy】（工程层次报表）、【Simple BOM】（简单元器件清单报表）、【Report Single Pin Nets】（管脚网络报表）。

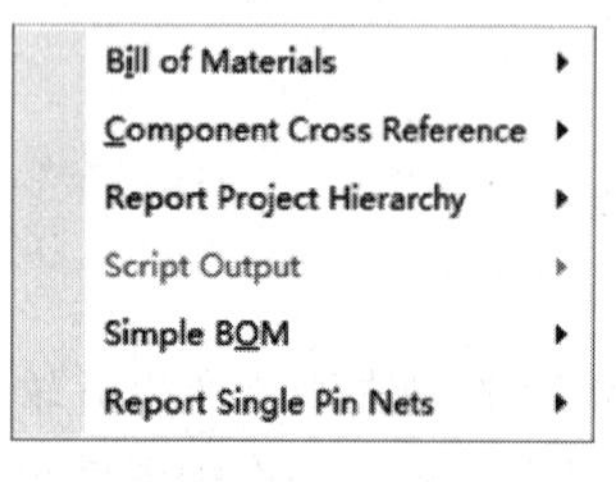

图 4－60　Report OutPuts（报告输出）快捷菜单

任务 4.5　查找与替换操作

在 Altium Designer 15 中，对于原理图绘制，除了用前面介绍的方法逐个查找放置元器件，也可以直接利用查找、替换操作为复杂电路绘制提供便利。

4.5.1　查找文本

【查找文本】命令用于在电路图中查找指定的文本，通过此命令可以迅速找到包含某一文字标识的图元。下面介绍此命令的使用方法。

执行菜单命令【编辑】|【查找文本】，或者按快捷键 Ctrl + F，系统将弹出如图 4 - 61 所示的【发现原文】对话框。

图 4 - 61　【发现原文】对话框

【发现原文】对话框中各选项的功能如下。

【文本被发现】：此文本框用于输入需要查找的文本。

【范围】选项区域：包含【Sheet 范围】（原理图文档范围）、【选择】和【标识符】3 个下拉列表框。

- 【Sheet 范围】下拉列表框：用于设置所要查找的电路图范围，包含【Current Document】（当前文档）、【Project Document】（项目文档）、【Open Document】（已打开的文档）和【Document on Path】（选定路径中的文档）4 个选项。
- 【选择】下拉列表框：用于设置需要查找的文本对象的范围，包含【All Objects】（所有对象）、【Selected Objects】（选择的对象）和【Deselected Objects】（未选择的对象）3 个选项。【All Objects】表示对所有的文本对象进行查找，【Selected Objects】表示对选中的文本对象进行查找，【Deselected Objects】表示对没有选中的文本对象进行查找。
- 【标识符】下拉列表框：用于设置查找的电路图标识符范围，包含【All Identifiers】（所有 ID）、【Net Identifiers Only】（仅网络 ID）和【Designators Only】（仅标号）3 个选项。

【选项】选项区域：用于匹配查找对象所具有的特殊属性，包含【敏感案例】、【仅完全字】和【跳至结果】三个复选框。

- 【敏感案例】：选中该复选框，表示查找时要注意大小写的区别。
- 【仅完全字】：选中该复选框，表示只查找具有整个单词匹配的文本，要查找的网络标识包含的内容有网络标号、电源端口、I/O 端口、方块电路 I/O 端口。
- 【跳至结果】：选中该复选框，表示查找后跳到结果处。

用户按照自己的实际情况设置完对话框的内容后，单击【确定】按钮开始查找。

图 4 - 62　【发现并替代原文】对话框

4.5.2　文本替换

【文本替换】命令用于将电路图中的指定文本用新的文本替换掉，该操作在需要将多处相同文本修改成另一文本时非常有用。执行菜单命令【编辑】|【替代文本】，或按快捷键 Ctrl + H，系统弹出如图 4 - 62 所示的对话框。

可以看到图 4 - 61 与图 4 - 62 非常相似，对于相同的内容，这里不再赘述，下面对上面未提到的一些选项进行解释。

【替代】：该文本框用于输入替换原文本的新

文本。

【替代提示】：该复选框用于设置是否显示确认替换提示对话框。如果选中该复选框，表明在进行替换之前显示确认替换提示对话框；反之不显示。

4.5.3 发现下一个

执行菜单命令【编辑】|【发现下一个】，可查找对话框中指定的文本，也可以用 F3 键来执行该命令。

4.5.4 查找相似对象

在原理图中，提供了查找相似对象的功能。具体步骤如下。

（1）单击鼠标右键，选择【查找相似对象】，光标将变成十字形状出现在工作窗口中。

（2）移动光标到某个对象上单击，系统将弹出如图 4－63 所示的【发现相似目标】对话框，在该对话框中列出了该对象的一系列属性。通过对各项属性进行匹配程度的设置，可决定搜索的结果。这里以搜索三极管相似的元器件为例，此时该对话框给出了以下对象属性。

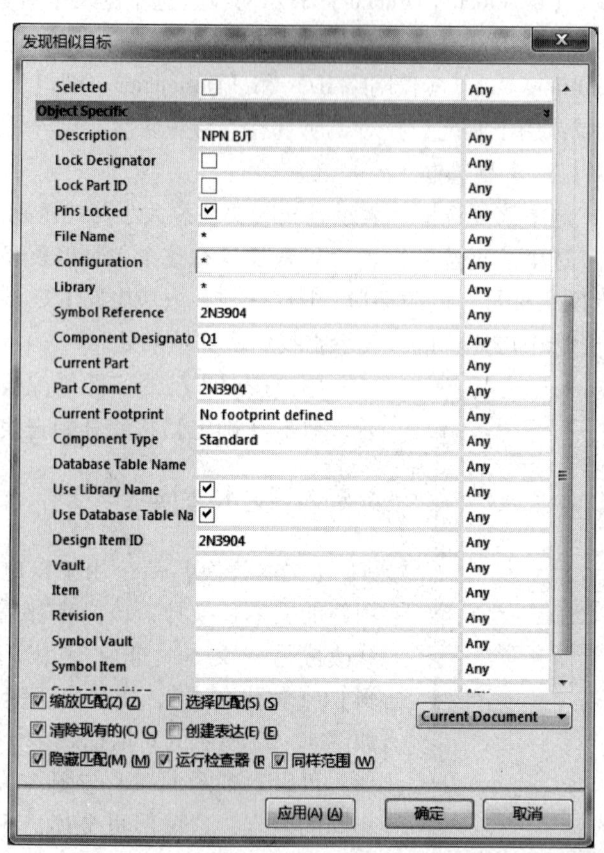

图 4－63 【发现相似目标】对话框

【Kind】（类型）选项区域：显示对象类型。

【Design】（设计）选项区域：显示对象所在的文档。

【Graphical】（图形）选项区域：显示对象图形属性。

- 【X1】：X1 坐标值。
- 【Y1】：Y1 坐标值。
- 【Orientation】（方向）：放置方向。
- 【Locked】（锁定）：确定是否锁定。
- 【Mirrored】（镜像）：确定是否镜像显示。
- 【Show Hidden Pins】（显示隐藏管脚）：确定是否显示隐藏管脚。
- 【Show Designator】（显示标号）：确定是否显示标号。

【Object Specific】（对象特性）选项区域：显示对象特性。

- 【Description】（描述）：对象的基本描述。
- 【Lock Designator】（锁定标号）：确定是否锁定标号。
- 【Lock Part ID】（锁定元器件 ID）：确定是否锁定元器件 ID。
- 【Pins Locked】（管脚锁定）：锁定的管脚。
- 【File Name】（文件名称）：文件名称。
- 【Configuration】（配置）：文件配置。
- 【Library】（元器件库）：库文件。
- 【Symbol Reference】（符号参考）：符号参考说明。
- 【Component Designator】（组件标号）：对象所在的元器件标号。
- 【Current Part】（当前元器件）：对象当前包含的元器件。
- 【Part Comment】（元器件注释）：关于元器件的说明。
- 【Current Footprint】（当前封装）：当前元器件封装。
- 【Component Type】（当前类型）：当前元器件类型。
- 【Database Table Name】（数据库表的名称）：数据库中表的名称。
- 【Use Library Name】（所用元器件库的名称）：所用元器件库的名称。
- 【Use Database Table Name】（所用数据库表的名称）：当前对象所用的数据库表的名称。
- 【Design Item ID】（设计 ID）：元器件设计 ID。

在选中元器件的每一栏属性后都另有一栏，在该栏上单击将弹出下拉列表框，在下拉列表中可以选择搜索的对象和被选择的对象在该项属性上的匹配程度，包含以下 3 个选项。

- 【Same】（相同）：被查找对象的该项属性必须与当前对象相同。
- 【Different】（不同）：被查找对象的该项属性必须与当前对象不同。
- 【Any】（忽略）：查找时忽略该项属性。

例如，这里对三极管搜索类似对象，搜索的目的是找到所有和三极管有相同取值和相同封装的元器件，在设置匹配程度时在【Part Comment】（元器件注释）和【Current Footprint】（当前封装）属性上设置为【Same】（相同），其余保持默认设置即可。

单击【应用】按钮，在工作窗口中将屏蔽所有不符合搜索条件的对象，并跳转到最近的一个符合要求的对象上，此时可以逐个查看这些相似的对象。

项目小结

本项目主要介绍了以下内容。

（1）对于大规模复杂的电路系统，采用层次原理图设计是很好的选择。本项目介绍了层次原理图的相关概念及设计方法、原理图之间的切换等。层次原理图设计方法有两种：一种是自上向下的层次原理图设计，另一种是自下向上的层次原理图设计。

（2）使用项目编译对绘制的原理图进行 ERC 检查，并介绍各种原理图报表的输出方法和步骤，包括网络报表、元器件报表、元器件交叉引用报表、端口引用参考表等。

（3）原理图设计的全部工作完成以后，最后的工作是保存所有文件和打印输出相关文件。

项目练习

1. 绘制如图 4－11 所示的锁相环电路的层次原理图，包括主电路图和 3 个子电路图。

2. 在上述所画的 PD. SchDoc（鉴相器电路）子电路图中，执行菜单命令【文件】|【页面设置】进行打印设置，并打印在 A4 纸上。

3. 完成锁相环电路的绘制并进行项目编译，输出网络报表、元器件报表、元器件交叉引用报表、端口引用参考表。

项目 5 原理图设计实例

任务目标：

- ❖ 掌握 Altium Designer 15 原理图设计流程
- ❖ 熟悉原理图工作环境设置
- ❖ 熟悉新元器件的绘制方法
- ❖ 掌握综合运用原理图设计的技巧
- ❖ 掌握原理图设计实例的操作

任务 5.1 无线窃听器电路的原理图设计实例

本例要设计的是无线窃听器电路，此电路先将音频信号放大，再用振荡器发射出去。无线窃听器电路的原理图如图 5-1 所示。

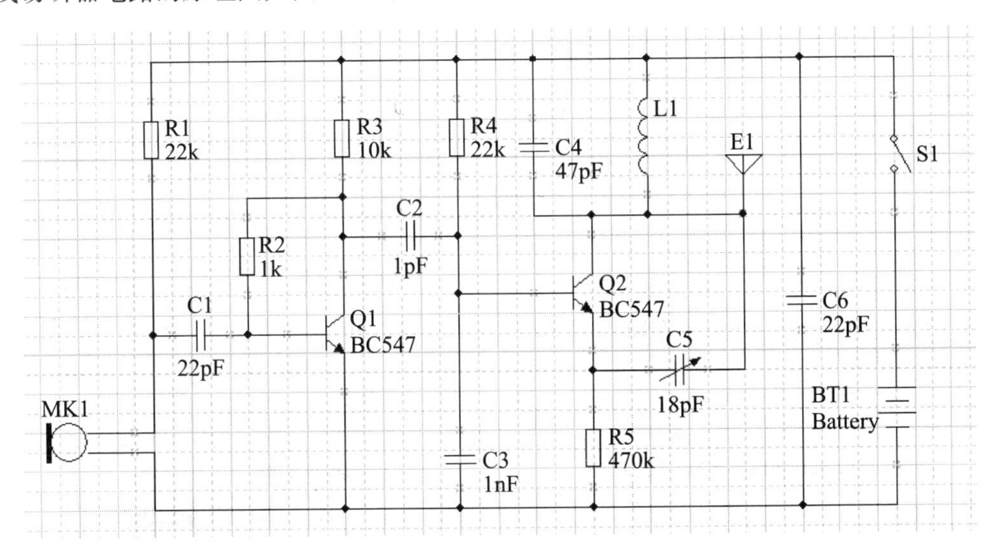

图 5-1 无线窃听器电路的原理图

1. 建立工作环境

（1）执行菜单命令【文件】|【New】（新建）|【Project】（工程），弹出如图 5-2 所示的【New Project】（新建工程）对话框。在【Project Types】（工程类型）列表框中选择【PCB Project】选项，在 Name 文本框中输入工程名“窃听器电路”，并在【Location】文

本框中选择工程保存路径，如图 5－2 所示。单击【OK】按钮，在面板中出现了工程名为“窃听器电路. PrjPcb”的工程文件，如图 5－3 所示。

（2）执行菜单命令【文件】|【新建】|【原理图】，在工程中出现一个默认名为“Sheet1. SchDoc”的电路原理图文件。

（3）执行菜单命令【文件】|【保存】，在弹出的文件保存对话框中输入“窃听器电路”，保存原理图文件。此时工程面板中的原理图名为“窃听器电路 . SchDoc”，如图 5－4 所示。

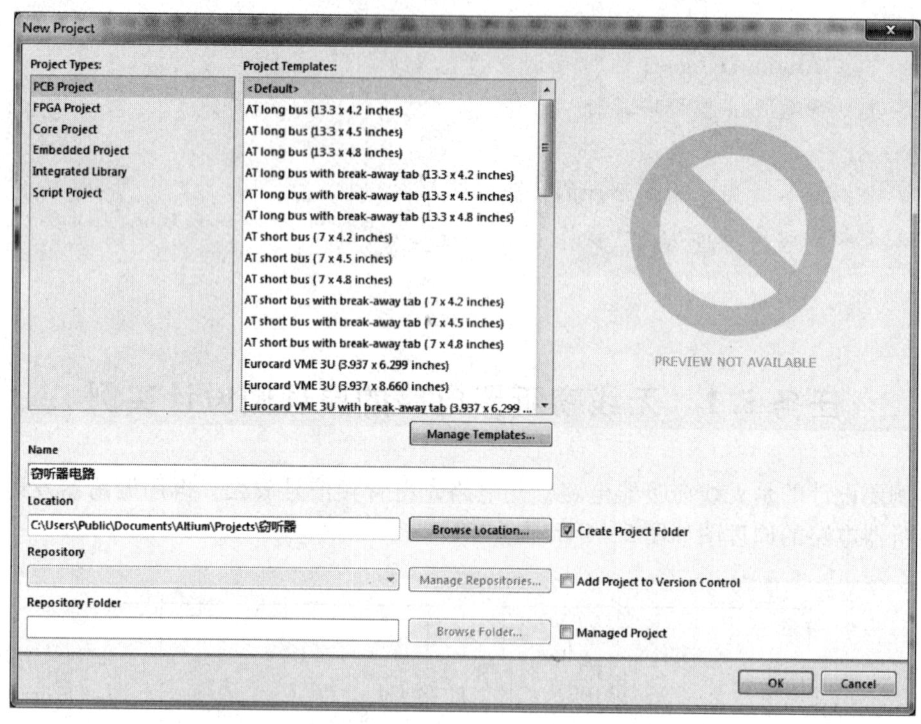

图 5－2 【New Project】（新建工程）对话框

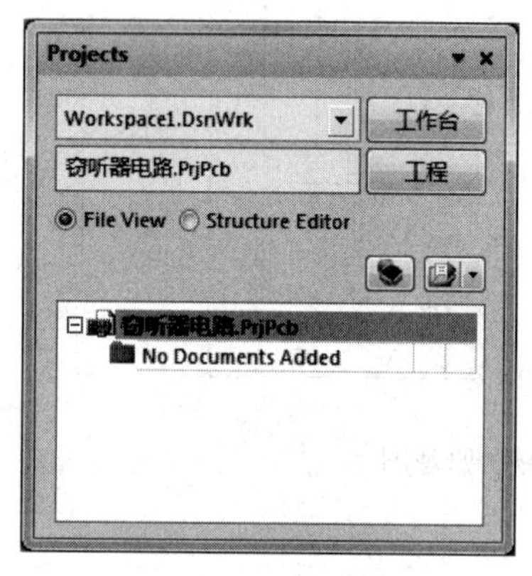

图 5－3 新建工程

图 5－4 保存原理图文件

（4）设置图纸参数。执行菜单命令【设计】|【文档选项】，或者在编辑窗口右击鼠标并在弹出的菜单中选择【选项】|【文档选项】命令，弹出【文档选项】对话框（见图 5－5）。

这里把【标准风格】设置为A4，【定位】设置为Landscape，【标题块】设置为Standard，其他采用默认设置，如图5－5所示。单击 确定 按钮，完成图纸设置。

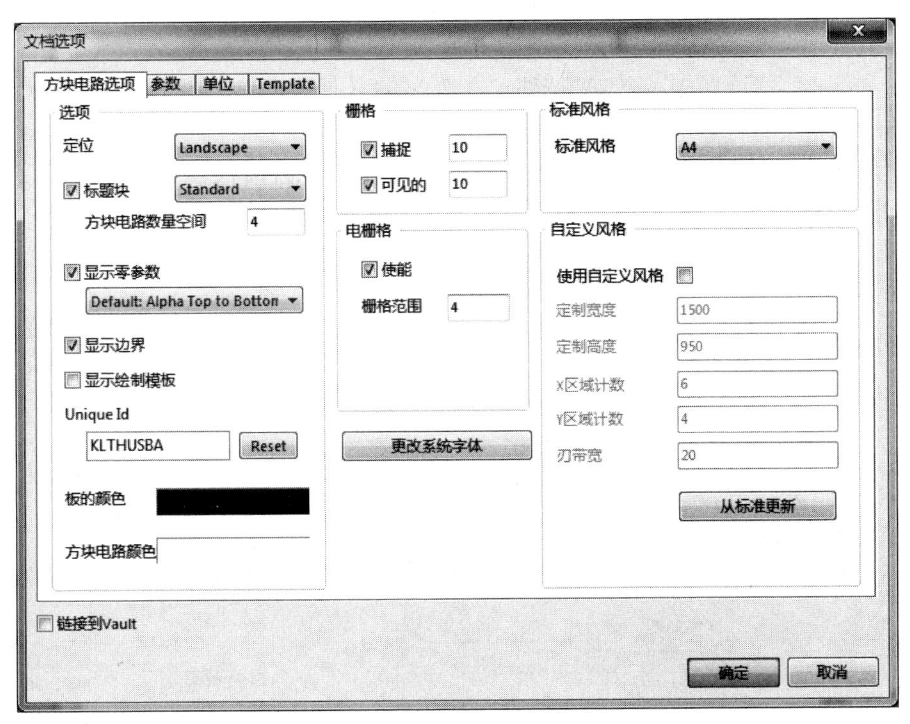

图5－5　【文档选项】对话框

2. 加载元器件库

执行菜单命令【设计】|【添加/移除库】，打开【可用库】对话框，然后在其中加载需要的元器件库。本例中需要的元器件库如图5－6所示。

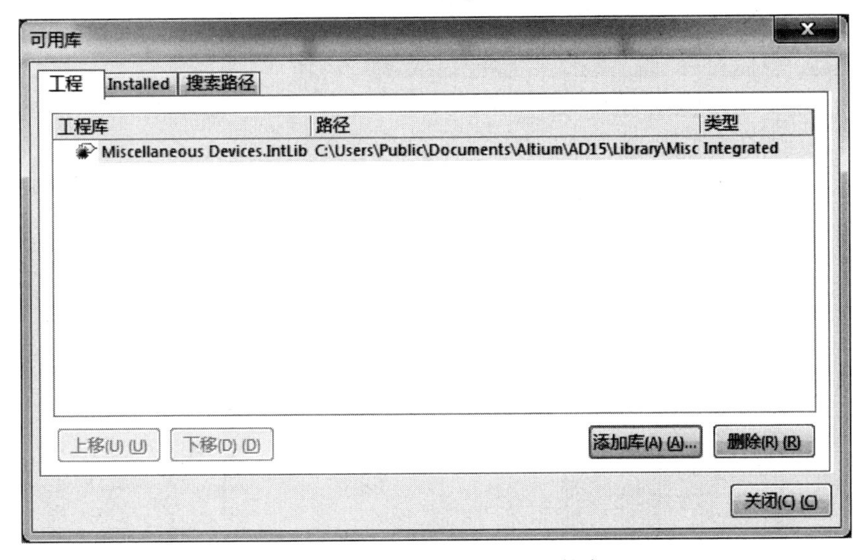

图5－6　本例中需要的元器件库

3. 加载元器件所在的库

这里不知道设计中所用到的三极管元器件 BC547 所在的库位置，因此首先要查找这个元器件，具体操作步骤如下。

（1）打开库面板，单击 查找... 按钮，在弹出的【搜索库】对话框中输入 BC547，在路径中选择相应的库路径，如图 5－7 所示。

（2）单击 查找...(S) 按钮后，系统开始查找。查找到的元器件将显示在【库】面板中，查找结果如图 5－8 所示。右击查找到的元器件，在弹出的快捷菜单中选择【安装当前库】命令，如图 5－9 所示，则可加载 BC547 所在的库，并将其放到原理图中，如图 5－10 所示。

图 5－7　查找元器件 BC547

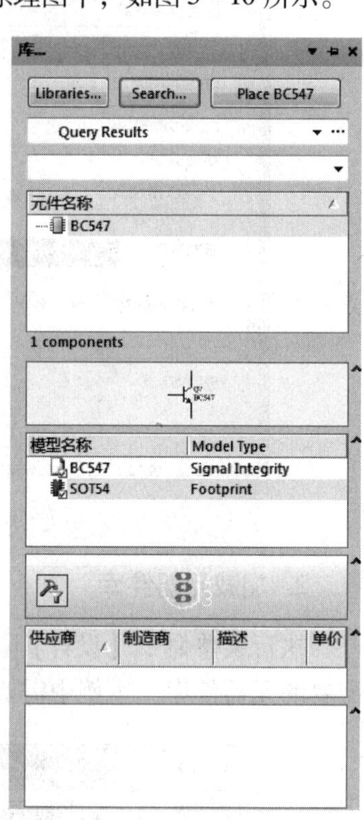

图 5－8　查找结果

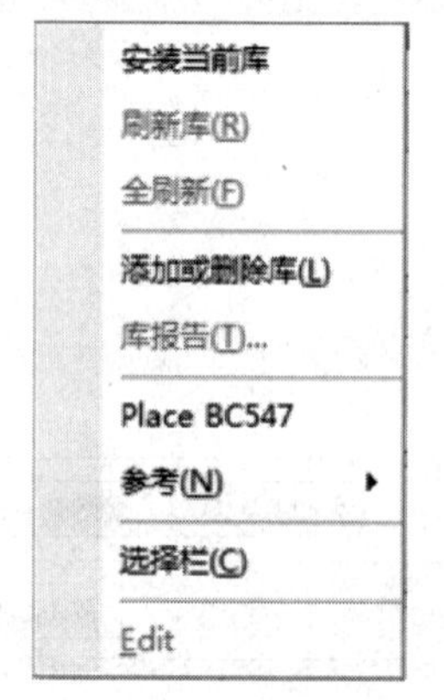

图 5－9　快捷菜单

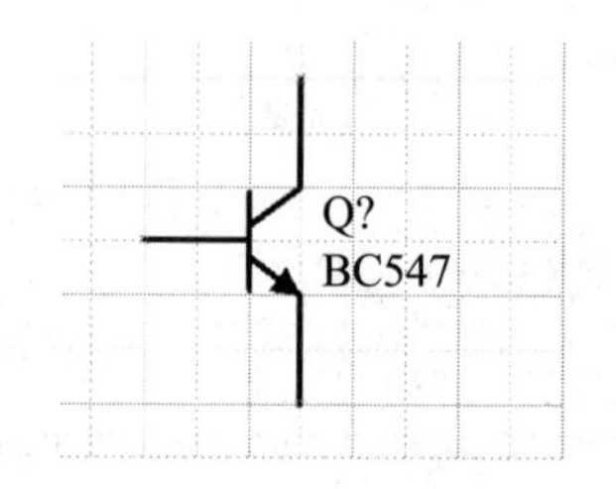

图 5－10　加载的元器件 BC547

4. 放置元器件

（1）首先放置电池。打开库面板，在当前库中选择 Miscellaneous Devices. IntLib，如图 5－11 所示，双击元器件列表中的 Battery 或者单击 Place Battery 按钮，将此元器件放置到原理图的合适位置。

（2）放置天线。在【库】面板的过滤列表中输入 ant，在元器件预览窗口中显示符合条件的元器件，如图 5－12 所示。双击列表中的 Antenna 或者单击 Place Antenna 按钮，将此元器件放置到原理图的合适位置。

（3）放置麦克风。用同样的方法放置 Mic2，如图 5－13 所示。

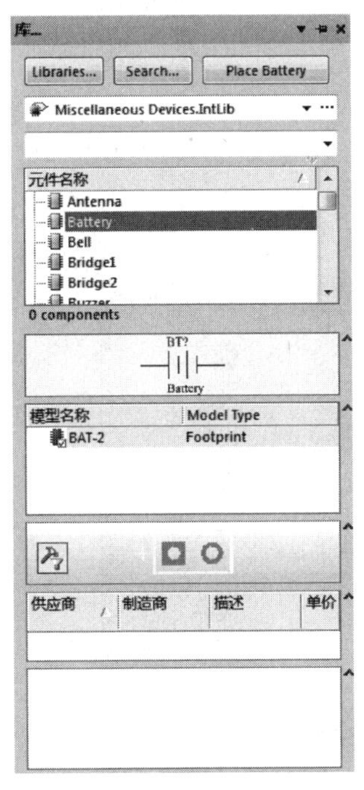

图 5－11　选择元器件 Battery

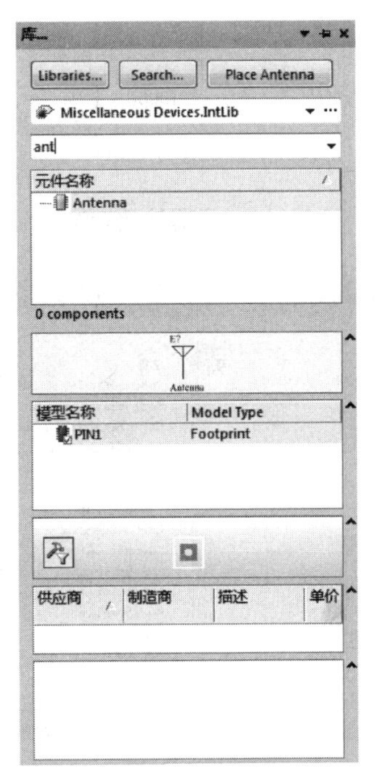

图 5－12　选择元器件 Antenna

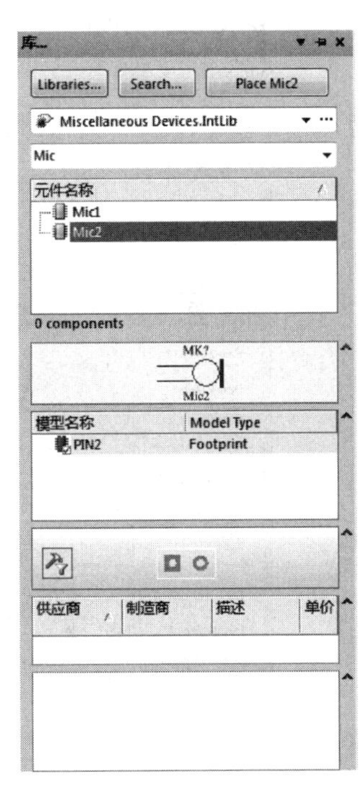

图 5－13　选择元器件 Mic2

（4）放置电感。用同样的方法放置 Inductor。

（5）放置开关。用同样的方法放置 SW-SPST。

（6）放置电阻。用同样的方法放置 Res2。

（7）放置电容。用同样的方法放置 Cap，最终结果如图 5－14 所示。

5. 布局编辑元器件

放置完成元器件后，需要进行适当调整，将它们分别排在适当的位置。

（1）单击选中元器件，按住鼠标进行拖动，可以将元器件移动到合适位置。

（2）按住元器件标注，可以移动元器件标注位置。

（3）在图纸上放置好元器件后，对元器件属性进行设置。双击三极管 BC547，在弹出的【Properties for Schematic Component in Sheet】（元器件属性）对话框中修改元器件属性，将【Designator】（指示符）设为 Q1。元器件属性设置如图 5－15 所示。

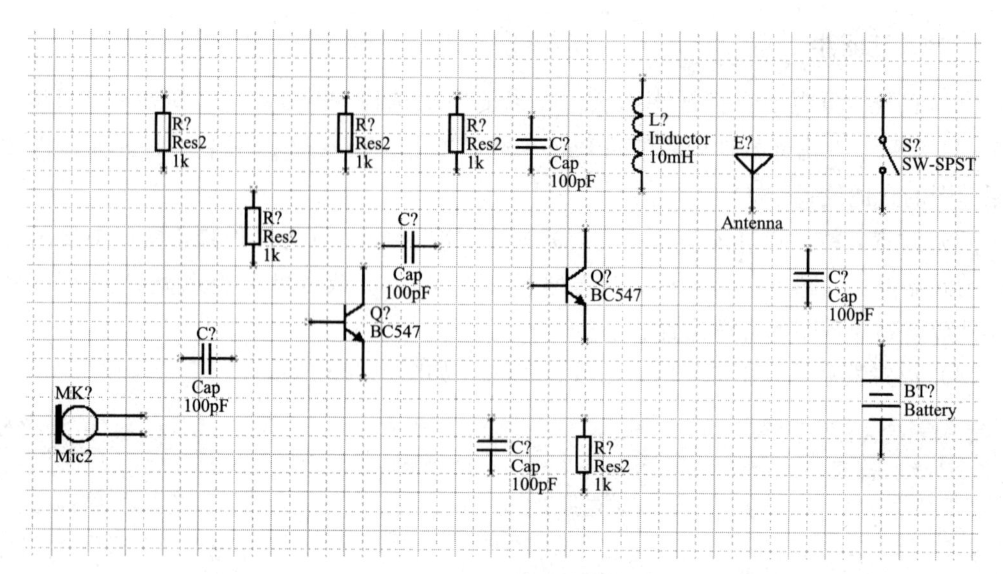

图 5-14 元器件放置结果

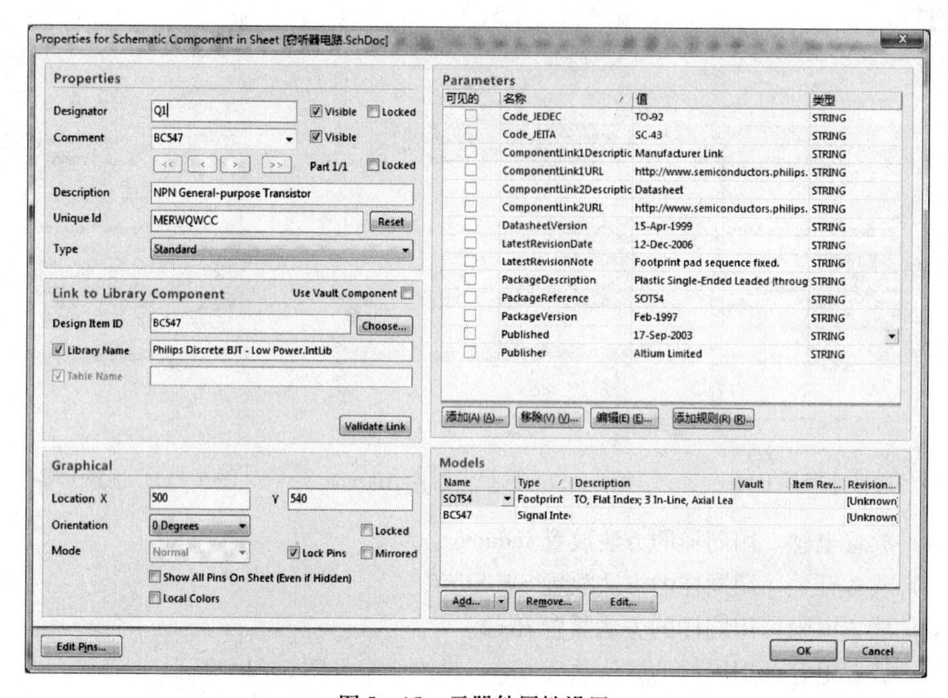

图 5-15 元器件属性设置

（4）按照相同方法设置其余元器件，设置好元器件属性的元器件布局如图 5-16 所示。

6. 连接导线

根据电路需要，将各个元器件用导线连起来。

单击布线工具栏中的绘制导线按钮，完成元器件之间的导线连接。在必要的时候，执行菜单命令【放置】|【手工接点】，放置电气节点。绘制完成的无线窃听器电路如图 5-17 所示。

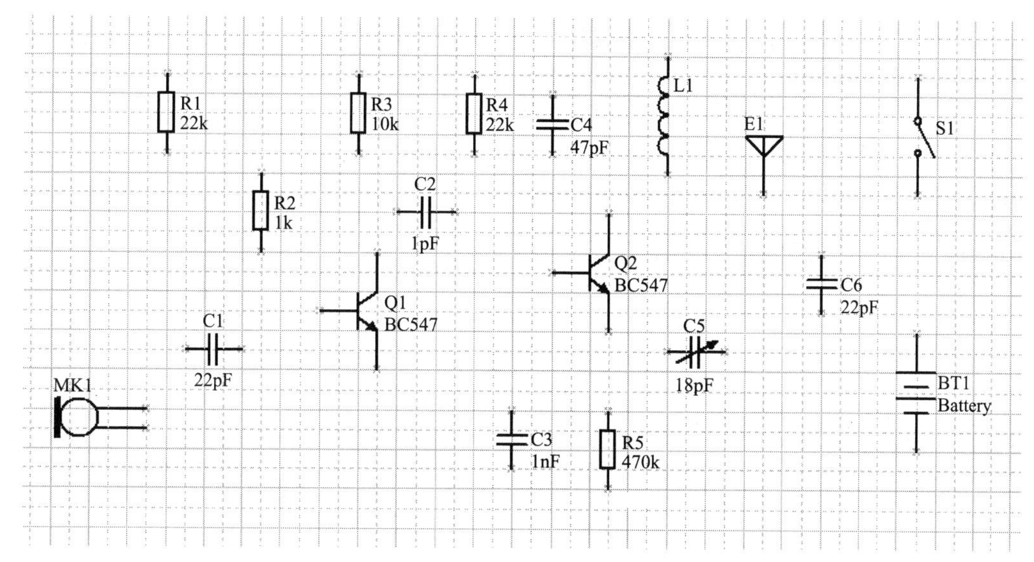

图5－16　设置好元器件属性的元器件布局

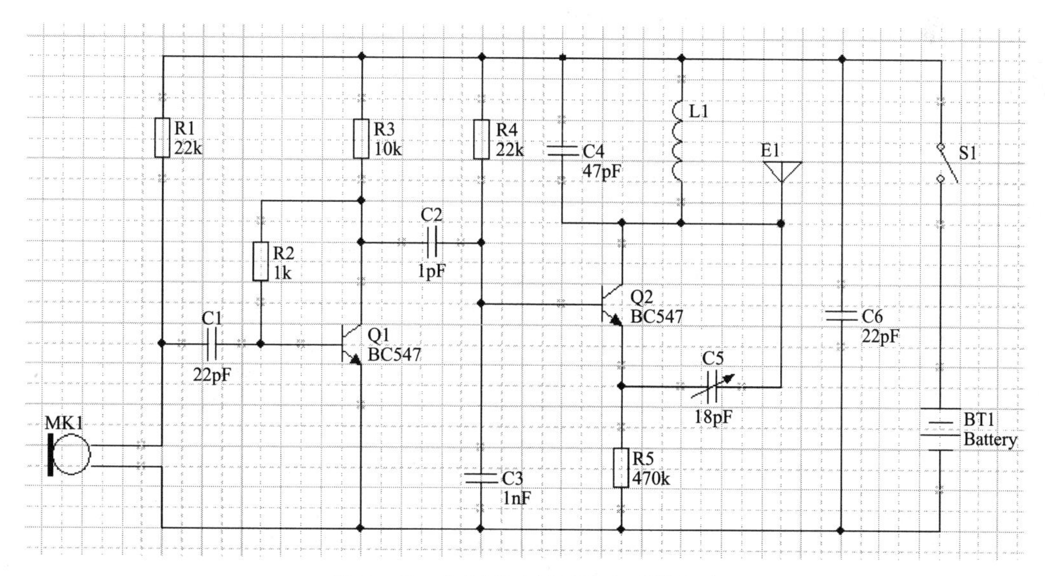

图5－17　绘制完成的无线窃听器电路

7. 项目编译

执行菜单命令【工程】|【Compile PCB Project 窃听器电路. PrjPcb】（编译 PCB Project 窃听器电路. PrjPcb），对工程进行编译，单击主界面右下角面板控制中心的【System】|【Messages】，弹出【Messages】面板（如图5－18所示），查看编译结果。如果有错误，查看错误报告，根据报告信息进行原理图修改，然后重新编译，直到正确为止。

8. 生成元器件清单

（1）打开原理图文件，执行菜单命令【报告】|【Bill of Materials】（材料清单），系统弹出相应的元器件报表对话框，如图5－19所示。

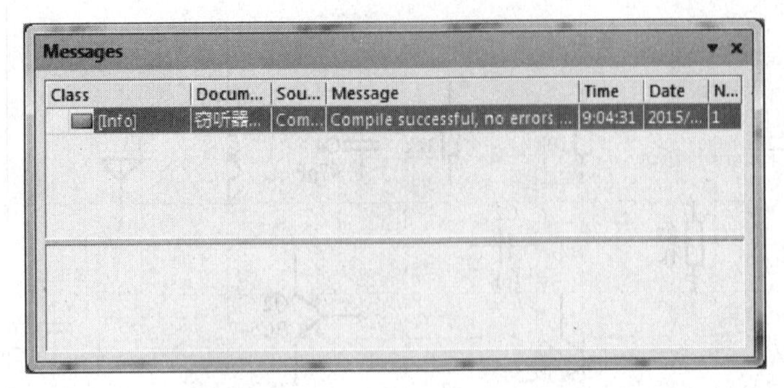

图 5-18 【Messages】面板

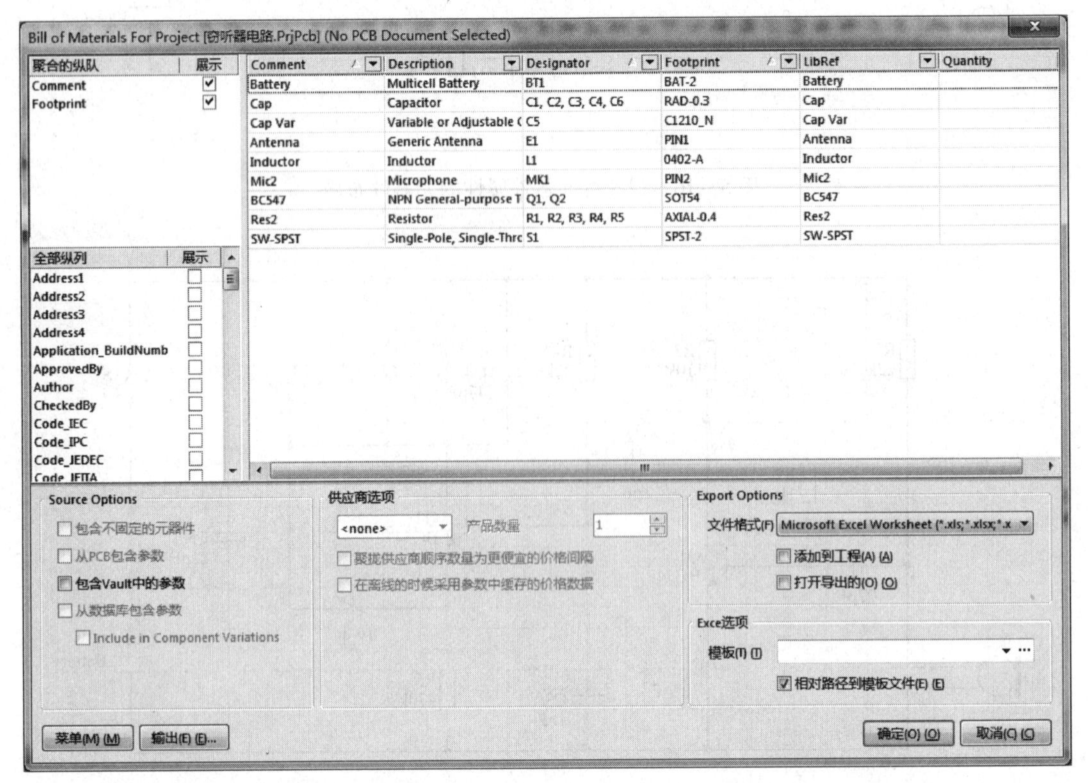

图 5-19 元器件报表对话框

(2) 单击 菜单(M) (M) 按钮，执行【报告】命令，弹出【报告预览】对话框，如图 5-20 所示。

(3) 在图 5-20 中单击 打印(P) (P)... 按钮，可以将报表进行打印输出。

(4) 在图 5-19 所示的元器件报表对话框中，单击【模板】下拉列表框后面的 … 按钮，在“…\AD15\Template”目录下选择系统自带的元器件报表模板 BOM Default Template.XLT，如图 5-21 所示。

(5) 在图 5-21 中单击 打开(O) 按钮，完成模板添加。

(6) 在图 5-19 中单击 输出(E) (E)... 按钮，可以选择保存路径和名称。生成的元器件报表文件如图 5-22 所示，默认文件名为“窃听器电路.xls”，是一个 Excel 文件。

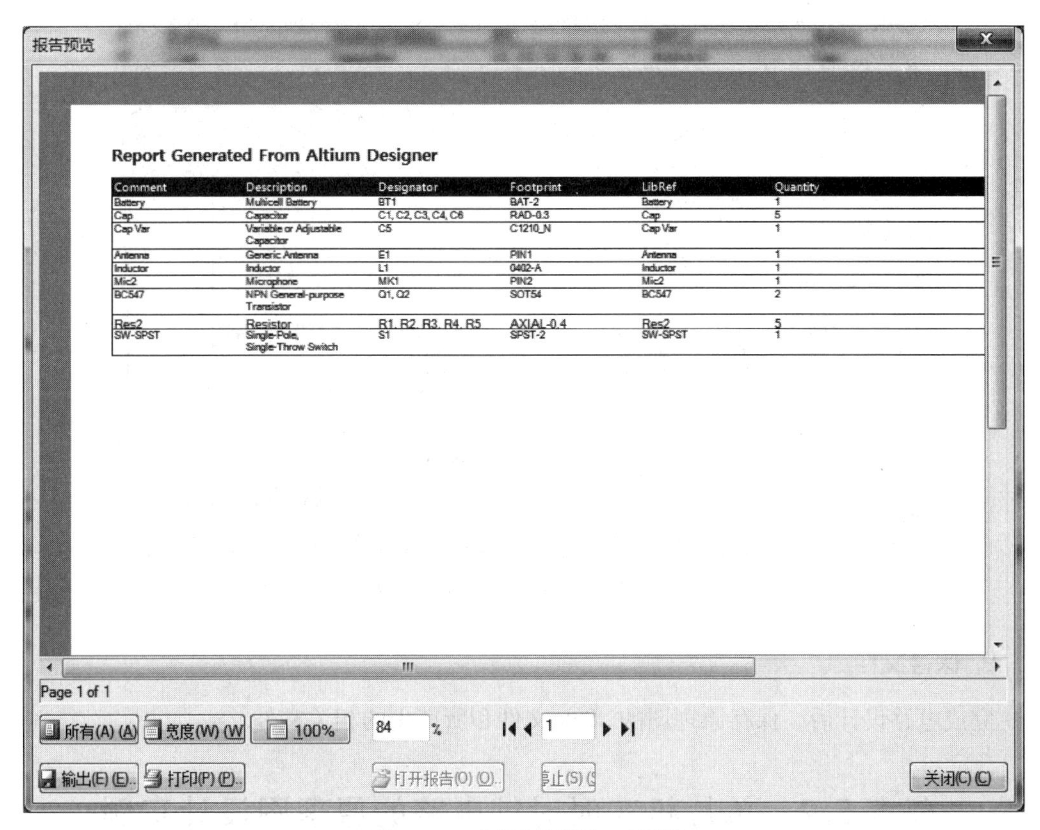

图5－20　【报告预览】对话框

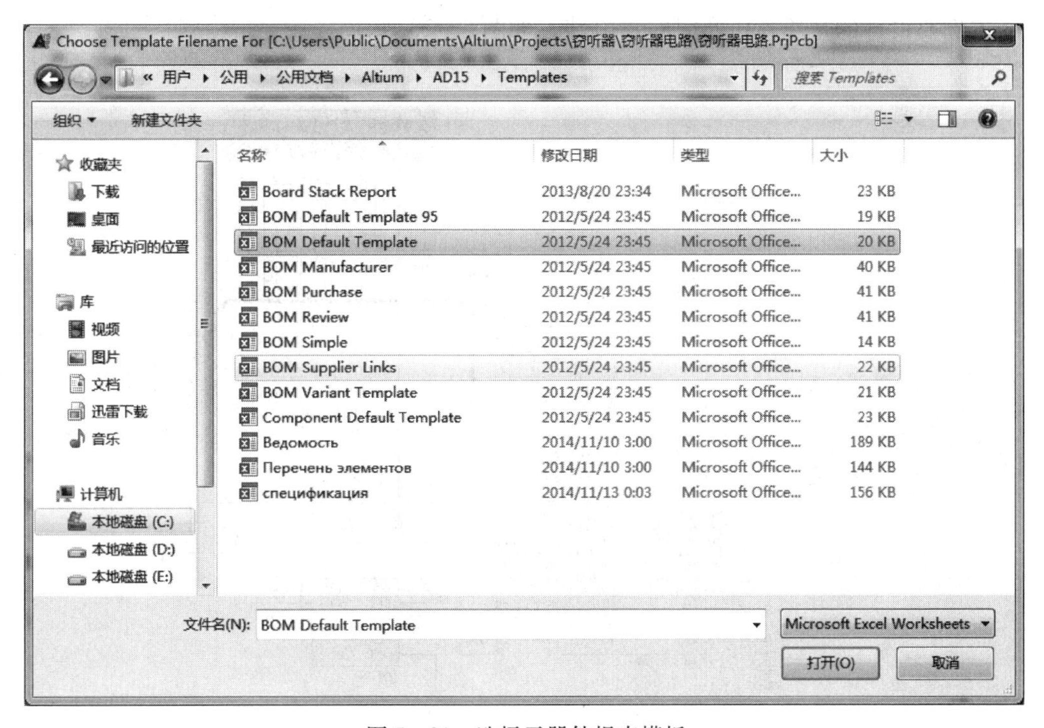

图5－21　选择元器件报表模板

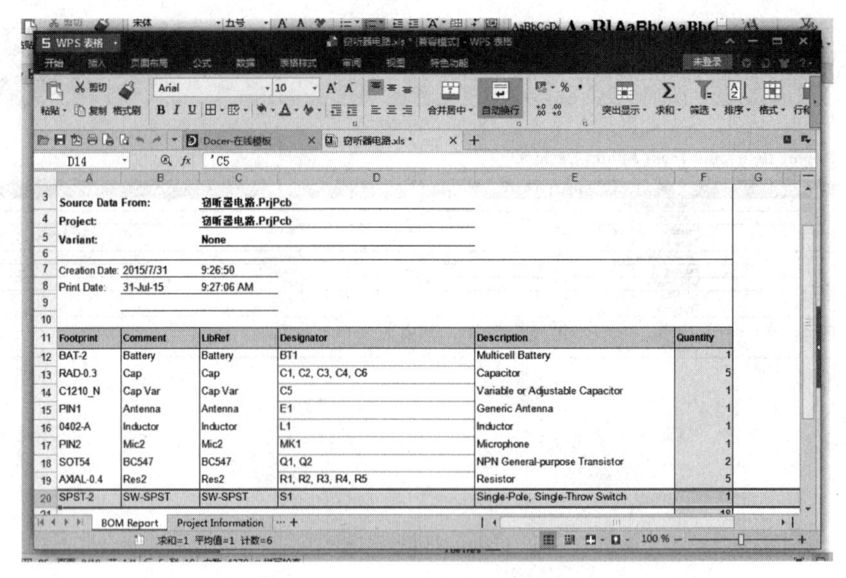

Source Data From:	窃听器电路.PrjPcb
Project:	窃听器电路.PrjPcb
Variant:	None
Creation Date: 2015/7/31	9:26:50
Print Date: 31-Jul-15	9:27:06 AM

Footprint	Comment	LibRef	Designator	Description	Quantity
BAT-2	Battery	Battery	BT1	Multicell Battery	1
RAD-0.3	Cap	Cap	C1, C2, C3, C4, C6	Capacitor	5
C1210_N	Cap Var	Cap Var	C5	Variable or Adjustable Capacitor	1
PIN1	Antenna	Antenna	E1	Generic Antenna	1
0402-A	Inductor	Inductor	L1	Inductor	1
PIN2	Mic2	Mic2	MK1	Microphone	1
SOT54	BC547	BC547	Q1, Q2	NPN General-purpose Transistor	2
AXIAL-0.4	Res2	Res2	R1, R2, R3, R4, R5	Resistor	5
SPST-2	SW-SPST	SW-SPST	S1	Single-Pole, Single-Throw Switch	1

图 5-22　生成的元器件报表文件

9. 保存文件

完成电路设计后，保存原理图的 . Sch 文件和所产生的相关文件。

任务 5.2　单片机实时时钟电路的原理图设计实例

本例要设计的是单片机实时时钟电路，如图 5-23 所示。

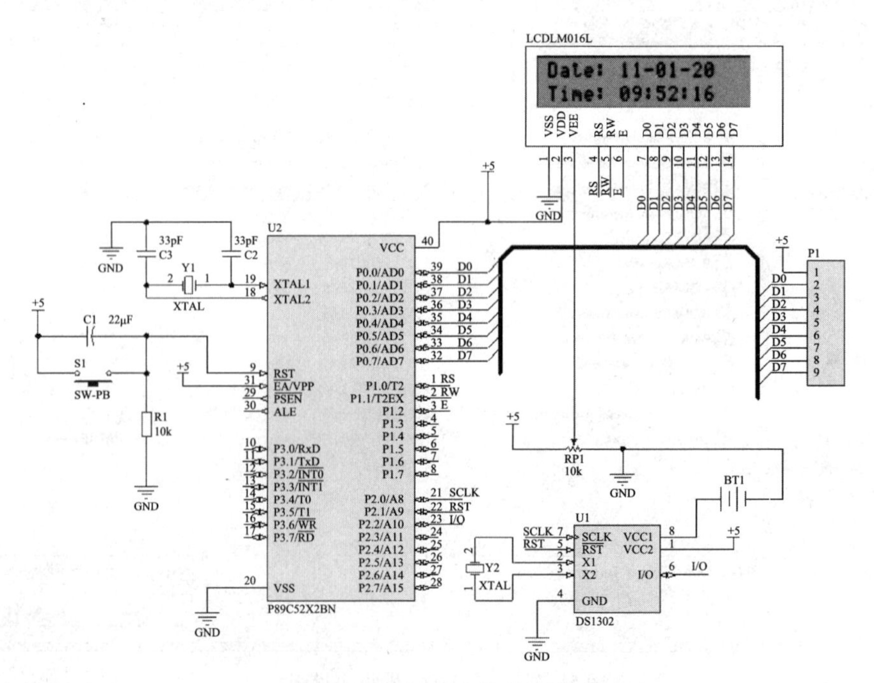

图 5-23　单片机实时时钟电路

1. 建立工作环境

(1) 执行菜单命令【文件】|【New】(新建)|【Project】(工程),新建一个工程名为“单片机实时时钟电路.PrjPcb”的工程文件。

(2) 执行菜单命令【文件】|【新建】|【原理图】,新建一个名为“单片机实时时钟电路.SchDoc”的原理图文件,如图5-24所示。

图5-24 新建单片机实时时钟电路文件

(3) 设置图纸参数。执行菜单命令【设计】|【文档选项】,或者在编辑窗口右击,并在弹出的菜单中选择【选项】|【文档选项】命令,弹出【文档选项】对话框,如图5-25所示。进行相关设置后,单击 确定 按钮,完成图纸设置。

图5-25 【文档选项】对话框

2. 加载元器件库

执行菜单命令【设计】|【添加/移除库】,打开【可用库】对话框,然后在其中加载需要的元器件库。本例中需要加载的元器件库如图5-26所示。

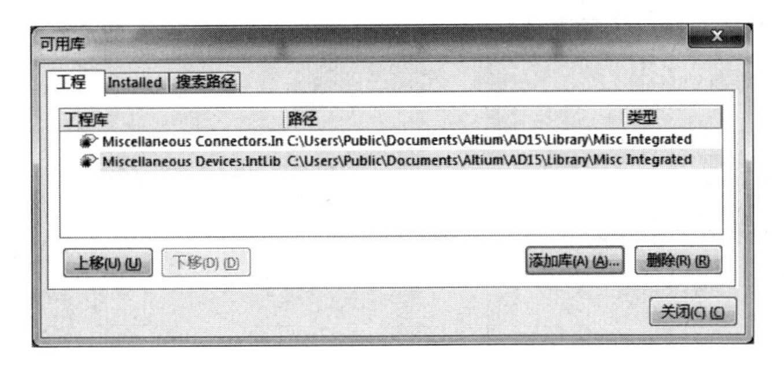

图5-26 本例中需要加载的元器件库

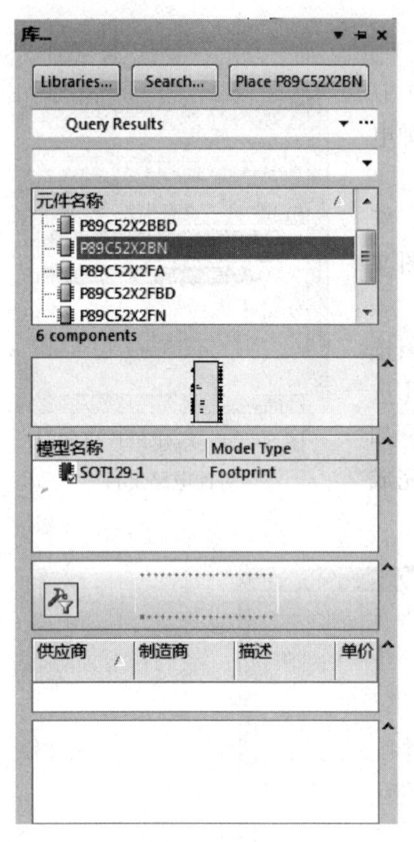

图 5－27　查找元器件 P89C52X2BN

3. 加载元器件所在的库

这里不知道设计中所用到的单片机 P89C52X2BN 所在的库位置，因此首先要查找这个元器件，具体操作如下。

（1）打开【库】面板，查找元器件 P89C52X2BN，如图 5－27 所示。

（2）右击查找到的元器件，在弹出的快捷菜单中选择【安装当前库】命令，加载 P89C52X2BN 所在的库，并将其放到原理图中。

（3）用同样的方法找到元器件 DS1302，右击查找到的元器件并在弹出的快捷菜单中选择【安装当前库】命令。

4. 绘制所需的库元器件

由于液晶显示 LM016L 无法搜索到，因此需要自己绘制库元器件，具体操作如下。

（1）执行菜单命令【文件】|【新建】|【库】|【原理图库】，系统会在【Project】（工程）面板中创建一个默认名为 SchLib1. SchLib 的原理图库文件，同时启动原理图库文件编辑器。

（2）执行菜单命令【文件】|【保存为】，并命名为“单片机实时时钟电路 . SchLib”，如图 5－28 所示。

（3）打开原理图库文件编辑器，执行菜单命令【工具】|【新器件】，在弹出的【New Component Name】对话框中输入要绘制的库元器件名称 LM016L，如图 5－29 所示。单击【确定】按钮，可以在【SCH Library】面板中看到 LM016L 元器件，如图 5－30 所示。

图 5－28　新建原理图库文件

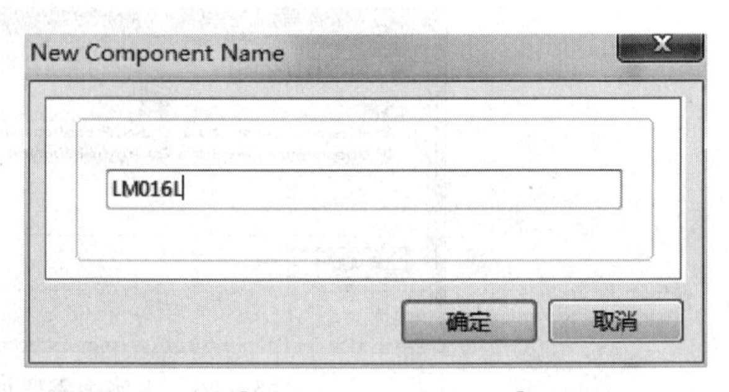

图 5－29　【New Component Name】对话框

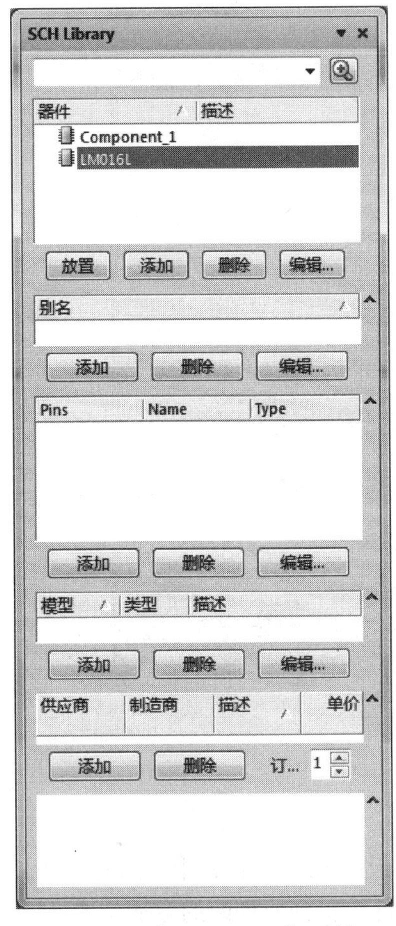

图5-30　【SCH Library】面板

（4）绘制矩形框。单击原理图库文件编辑器中绘制工具栏的按钮，在弹出的菜单中单击【放置矩形框】命令，绘制一个矩形框，如图5-31所示。

（5）放置管脚。单击原理图库文件编辑器中绘制工具栏的按钮，在弹出的菜单中单击【放置管脚】命令，在放置管脚时按Tab键或者在放置完成后双击，弹出【管脚属性】对话框，编辑管脚属性。放置管脚后的元器件如图5-32所示。

图5-31　绘制矩形框

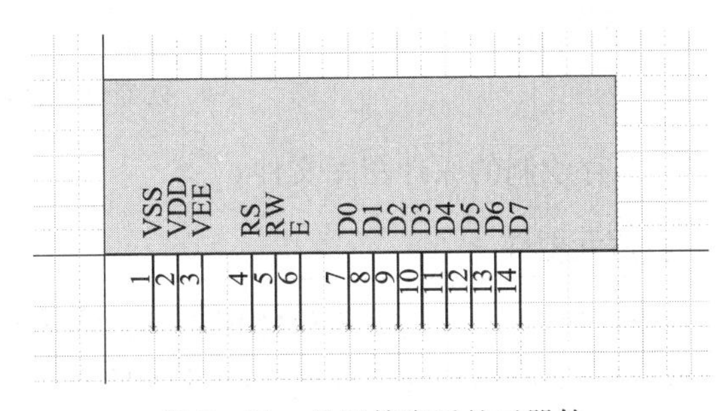

图5-32　放置管脚后的元器件

（6）插入图片。单击原理图库文件编辑器中绘制工具栏的按钮，在弹出的菜单中单击【放置图片】命令，并选择要插入的图片。插入图片后的元器件如图5-33所示。

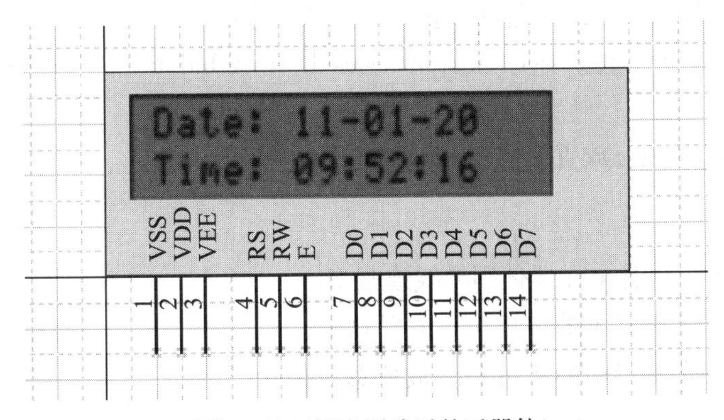

图5-33　插入图片后的元器件

（7）元器件属性设置。绘制完成以后，双击【SCH Library】面板的原理图符号名称栏中的库元器件名称LM016L，在弹出的元器件属性设置对话框中将【Default Designator】（元器件序号）更改为LCD?，将【Default Comment】（元器件注释）更改为LM016L，如

图 5－34 所示。

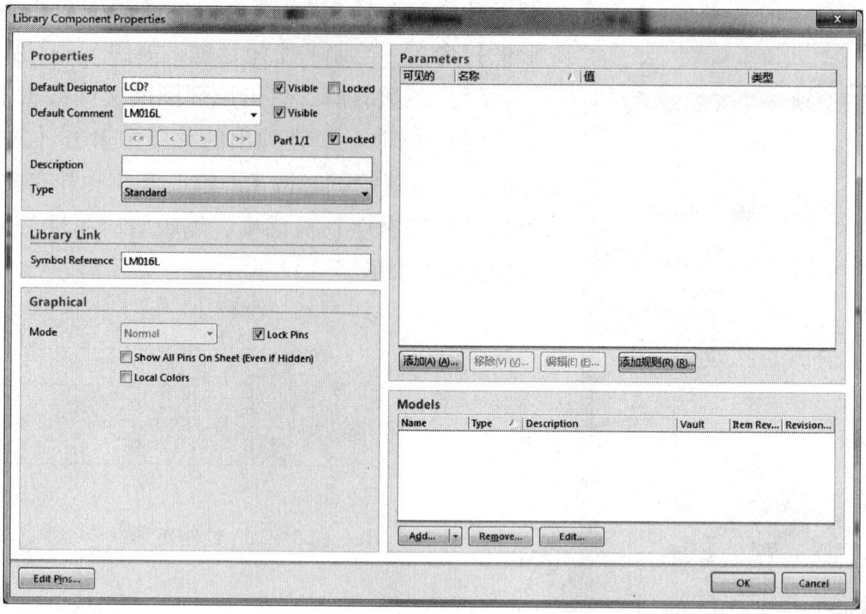

图 5－34　元器件属性设置对话框

（8）保存绘制的原理图库文件。

5. 放置元器件

（1）放置单片机 P89C52X2BN。打开【库】面板，在当前库中选择 Philips Microcontroller 8-Bit. IntLib，找到 P89C52X2BN，将此元器件放置到原理图的合适位置。

（2）放置时钟芯片 DS1302。打开【库】面板，在当前库中选择 Dallas Peripheral Real Time Clock. IntLib，找到 DS1302，将此元器件放置到原理图的合适位置。

（3）放置液晶 LM016L。打开【库】面板，在当前库中选择“单片机实时时钟电路. IntLib”，找到 LM016L，将此元器件放置到原理图的合适位置。

（4）放置其余元器件。在库 Miscellaneous Devices. IntLib 和 Miscellaneous Connectors. IntLib 中寻找。

（5）放置电源和地。放置完成的元器件如图 5－35 所示。

6. 连接导线

根据电路需要，将各个元器件用导线连起来。

（1）单击布线工具栏中的按钮，放置总线。

（2）单击布线工具栏中的按钮，放置总线分支。

（3）单击布线工具栏中的按钮，放置网络标号。

（4）单击布线工具栏中的按钮，完成元器件之间的导线连接。

在必要的时候，执行菜单命令【放置】|【手工接点】，放置电气节点。布线完成的窃听器电路如图 5－36 所示。

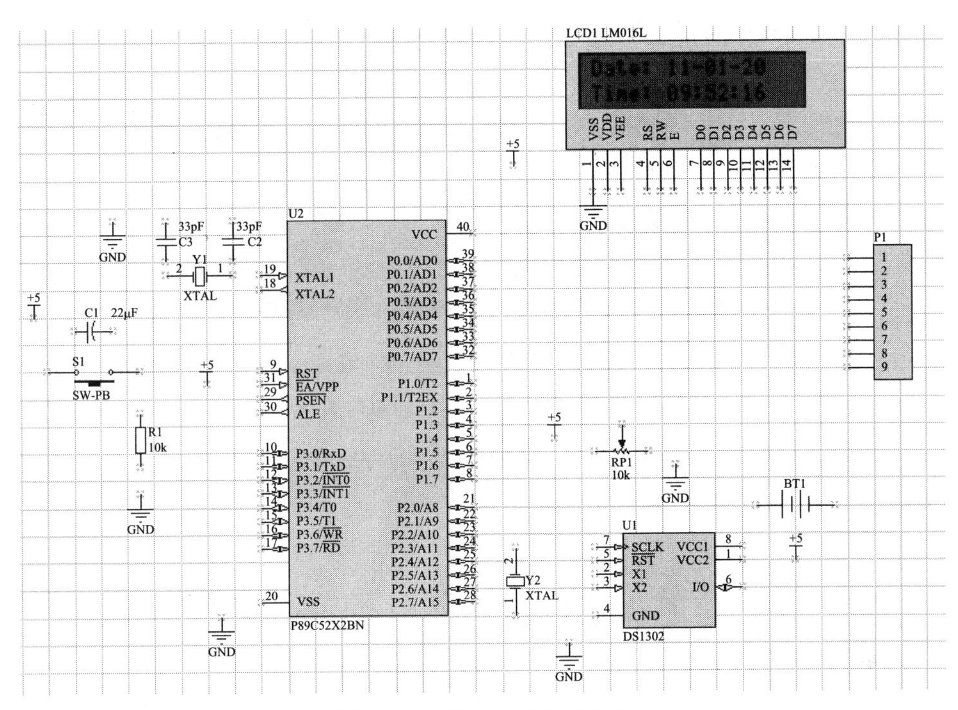

图5-35　放置完成的元器件

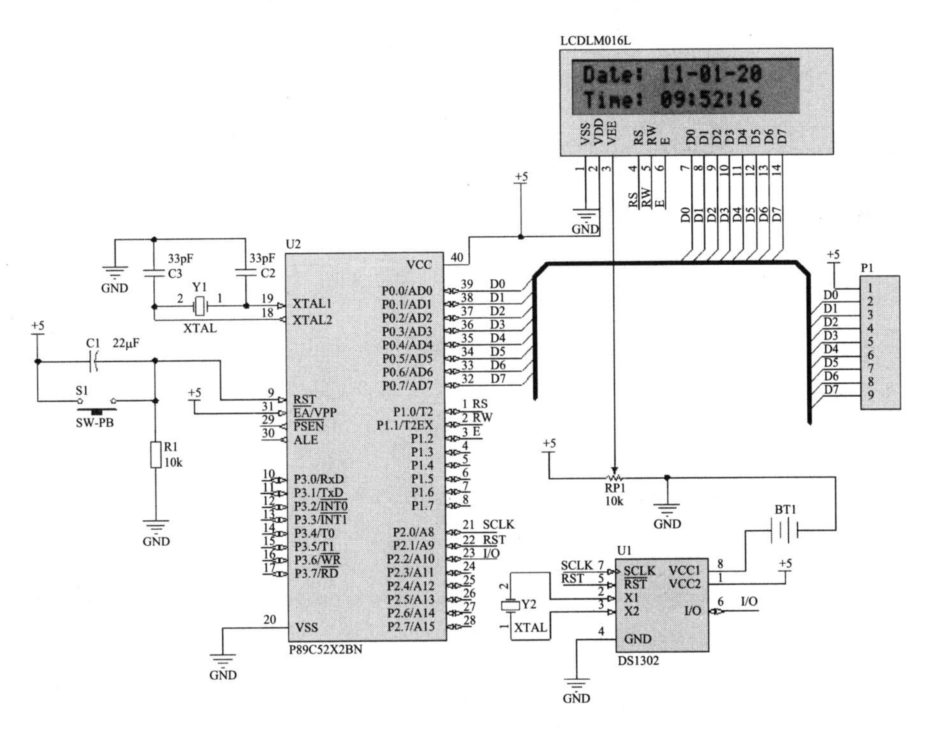

图5-36　布线完成的窃听器电路

7. 项目编译

执行菜单命令【工程】|【Compile PCB Project 单片机实时时钟电路.PrjPcb】（编译 PCB

Project 单片机实时时钟电路 . PrjPcb)，对工程进行编译。单击主界面右下角面板控制中心的【System】|【Messages】，弹出【Messages】面板，查看编译结果，如图 5 – 37 所示。

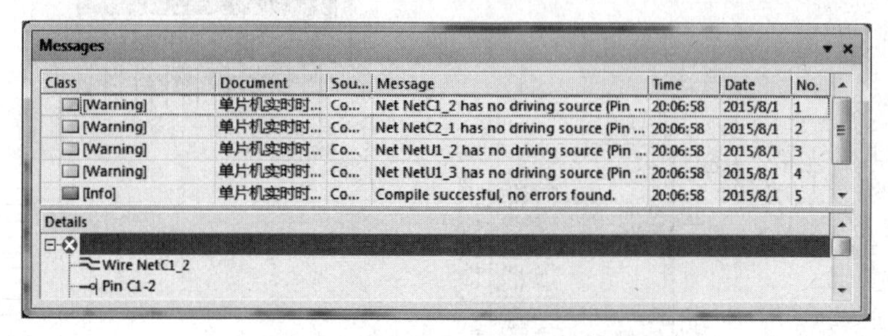

图 5 – 37 【Messages】面板

如果没有错误，有一些警告；如果有错误，查看错误报告，根据报告信息进行原理图修改，然后重新编译，直到正确。

8. 生成元器件清单

（1）打开原理图文件，执行菜单命令【报告】|【Bill of Materials】（材料清单），系统弹出相应的元器件报表对话框，如图 5 – 38 所示。

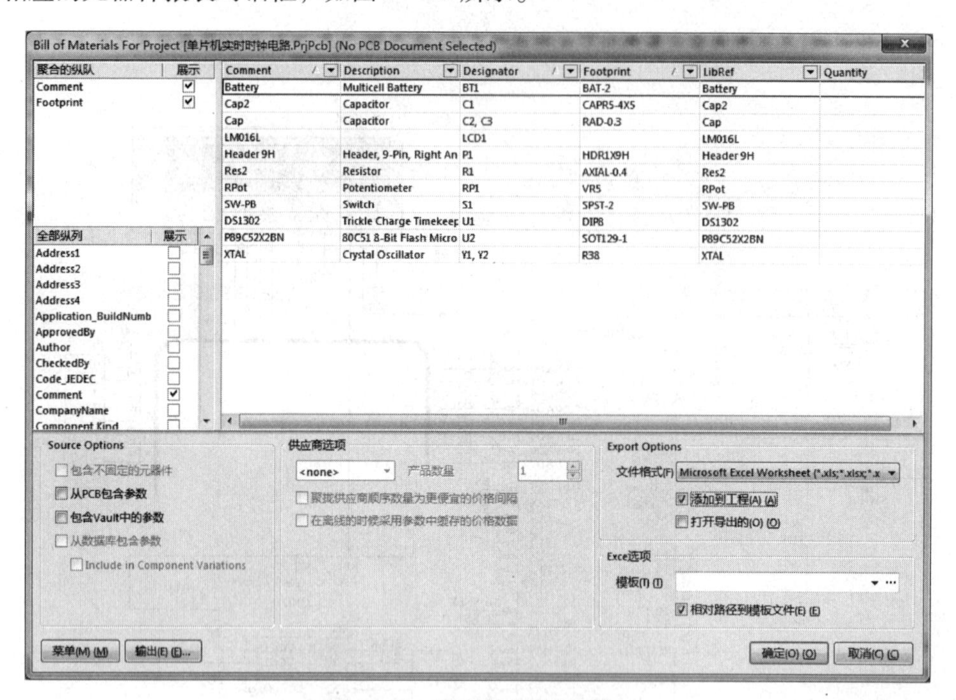

图 5 – 38 元器件报表对话框

（2）单击 菜单(M) (M) 按钮，在打开的菜单中执行【报告】命令，弹出【报告预览】对话框，如图 5 – 39 所示。

（3）单击 打印(P) (P)... 按钮，可以将报表进行打印输出。

（4）在图 5 – 38 所示的元器件报表对话框中，单击【模板】下拉列表框后面的…按钮，在“…\AD15\Template”目录下，选择系统自带的元器件报表模板 BOM Default

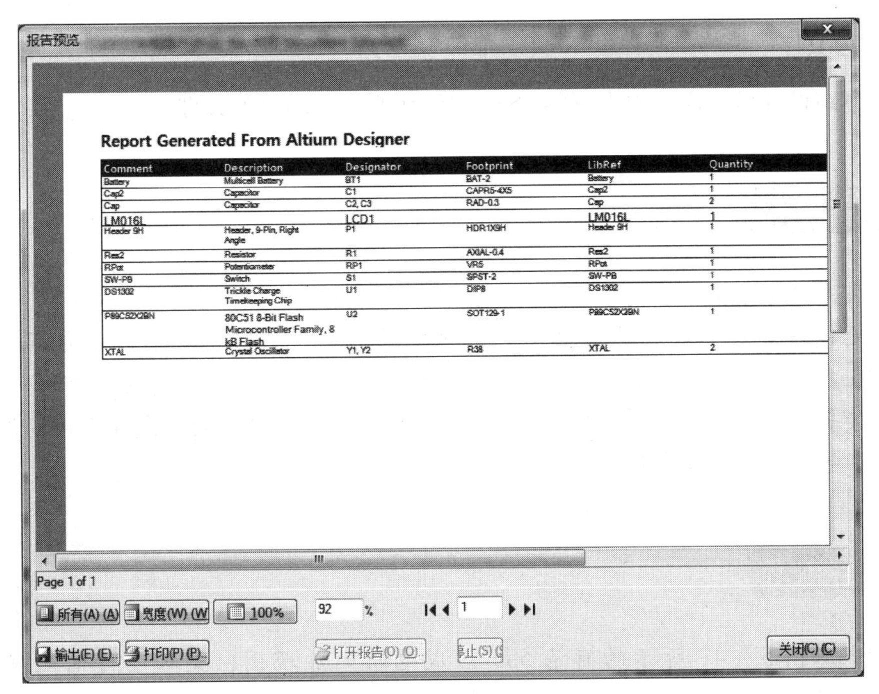

Comment	Description	Designator	Footprint	LibRef	Quantity
Battery	Multicell Battery	BT1	BAT-2	Battery	1
Cap2	Capacitor	C1	CAPR5-4X5	Cap2	1
Cap	Capacitor	C2, C3	RAD-0.3	Cap	2
LM016L		LCD1		LM016L	1
Header 9H	Header, 9-Pin, Right Angle	P1	HDR1X9H	Header 9H	1
Res2	Resistor	R1	AXIAL-0.4	Res2	1
RPot	Potentiometer	RP1	VR5	RPot	1
SW-PB	Switch	S1	SPST-2	SW-PB	1
DS1302	Trickle Charge Timekeeping Chip	U1	DIP8	DS1302	1
P89C52X2BN	80C51 8-Bit Flash Microcontroller Family, 8 kB Flash	U2	SOT129-1	P89C52X2BN	1
XTAL	Crystal Oscillator	Y1, Y2	R38	XTAL	2

图 5－39　【报告预览】对话框

Template. XLT。单击 打开(O) 按钮，完成模板添加。

（5）在图 5－38 所示的元器件报表对话框中单击 输出(E) 按钮，可以选择保存路径和名称。生成的元器件报表文件如图 5－40 所示，默认文件名为“单片机实时时钟电路 . xls”，是一个 Excel 文件。

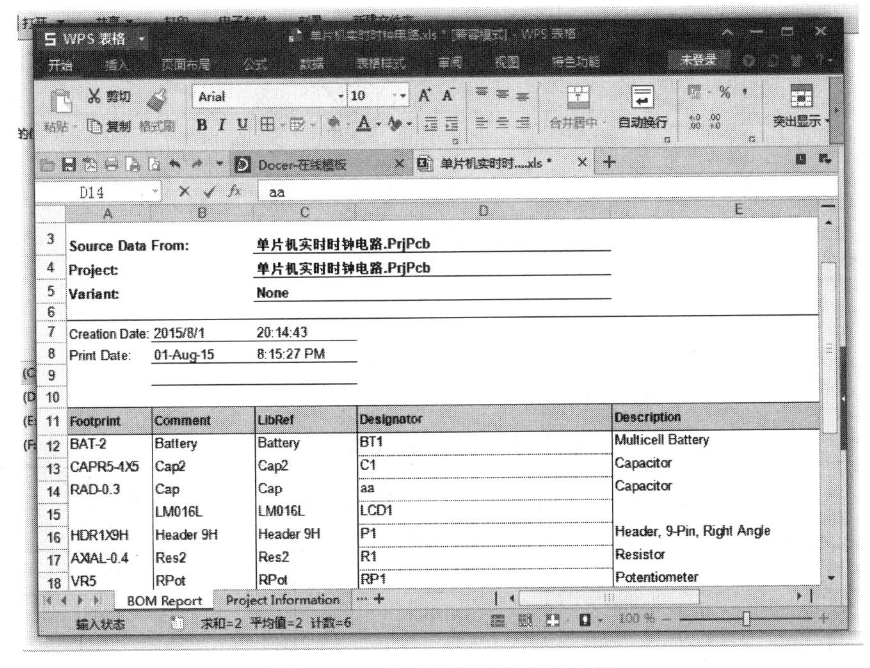

Footprint	Comment	LibRef	Designator	Description
BAT-2	Battery	Battery	BT1	Multicell Battery
CAPR5-4X5	Cap2	Cap2	C1	Capacitor
RAD-0.3	Cap	Cap	aa	Capacitor
	LM016L	LM016L	LCD1	
HDR1X9H	Header 9H	Header 9H	P1	Header, 9-Pin, Right Angle
AXIAL-0.4	Res2	Res2	R1	Resistor
VR5	RPot	RPot	RP1	Potentiometer

图 5－40　生成的元器件报表文件

9. 保存文件

完成电路设计后，保存原理图的 . Sch 文件和所产生的相关文件。

项目小结

本项目主要介绍了以下内容。

通过无线窃听器电路和单片机实时时钟电路的两个设计实例，详细介绍了 Altium Designer 15 原理图设计的功能及应用，并对 Altium Designer 15 原理图设计中的一般流程，包括参数设置、放置元器件、元器件连线、编辑调整、报表文件的生成和文件的保存与输出等步骤，进行了综合分析与运用。

项目练习

1. 绘制如图 5 - 41 所示的时基 555 组成电路的原理图，要求进行电气规则检查（ERC）、生成元器件清单。所需元器件信息见表 5 - 1。

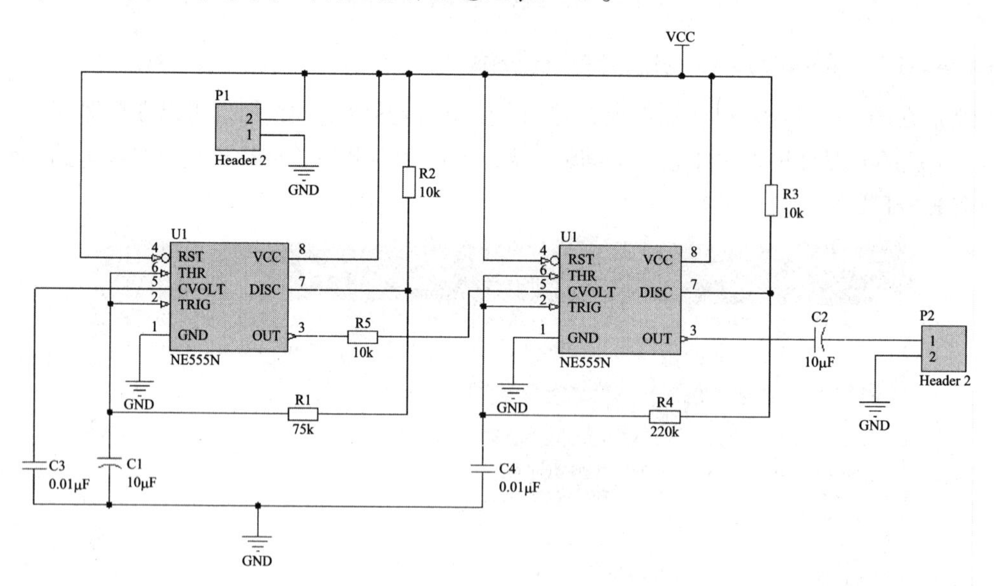

图 5 - 41　时基 555 组成电路

表 5 - 1　练习 1 的元器件表

序号	元器件值	元器件封装	元器件名
R1	75k	AXIAL-0. 4	Res2
R2	10k	AXIAL-0. 4	Res2
R3	10k	AXIAL-0. 4	Res2
R4	220k	AXIAL-0. 4	Res2

续表

序号	元器件值	元器件封装	元器件名
R5	10k	AXIAL-0. 4	Res2
C1	10μF	CAPR5-4X5	Capacitor
C2	10μF	CAPR5-4X5	Capacitor
C3	0. 01	RAD-0. 1	CAP
C4	0. 01	RAD-0. 1	CAP
P1	Header 2	HDR1X2	Header, 2-Pin
P2	Header 2	HDR1X2	Header, 2-Pin
U1	NE555N	DIP-8	NE555N
U2	NE555N	DIP-8	NE555N

2. 绘制如图5－42所示的A/D转换电路的原理图，要求进行电气规则检查（ERC）、生成元器件清单和网络表。所需元器件信息见表5－2。

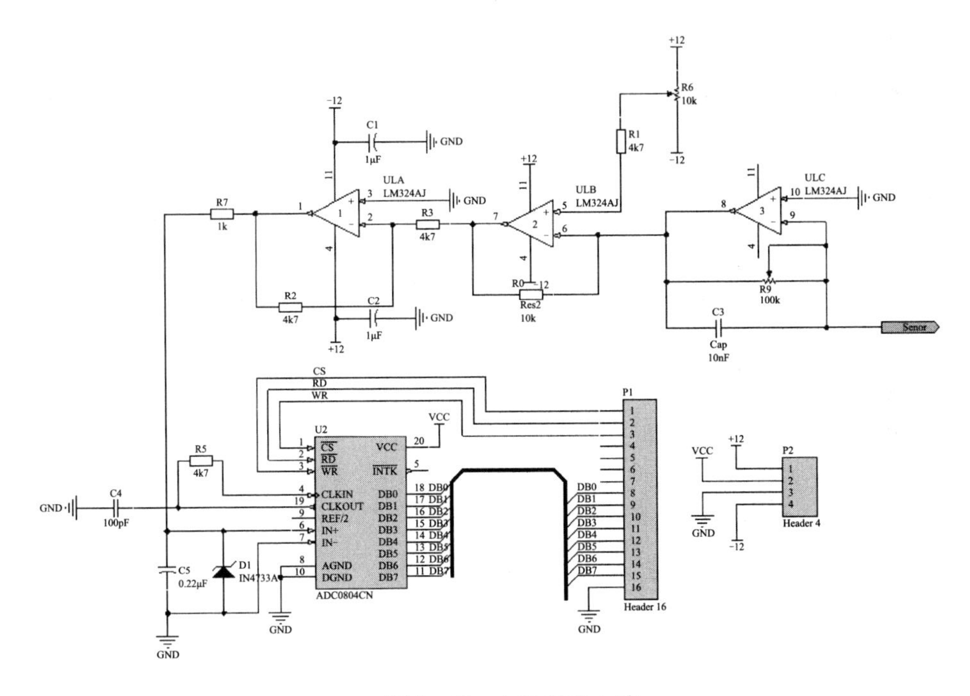

图5－42　A/D转换电路

表5－2　习题2的元器件表

序号	元器件值	元器件封装	元器件名
R1	4k7	AXIAL-0. 4	Res2
R2	4k7	AXIAL-0. 4	Res2
R3	4k7	AXIAL-0. 4	Res2
R4	4k7	AXIAL-0. 4	Res2
R5	4k7	AXIAL-0. 4	Res2

续表

序号	元器件值	元器件封装	元器件名
R6	10k	VR5	RPot
R7	1k	AXIAL-0. 4	Res2
R8	10k	AXIAL-0. 4	Res2
R9	100k	VR5	RPot
C1	1μF	CAPR5-4X5	Cap2
C2	1μF	CAPR5-4X5	Cap2
C3	10nF	RAD-0. 1	Cap
C4	100pF	RAD-0. 1	Cap
C5	0. 22μF	CAPR5-4X5	Cap2
D1	IN4733	59-03	IN4733A
P1	Header 16	HDR1X16	Header 16
P2	Header 4	HDR1X14	Header 4
U1	LM324AJ	DIP14	LM324AJ
U2	ADC0804CN	N020	ADC0804CN

项目 6 印制电路板设计基础

任务目标:

- ❖ 认识印制电路板（PCB）
- ❖ 熟悉 PCB 编辑器的使用
- ❖ 掌握设计环境的设置
- ❖ 熟悉 PCB 的工作层

印制电路板，又称印刷电路板，是电子产品的重要部件之一。在电路设计中，完成了电路原理图设计和电路仿真工作后，还必须设计印制电路板图，最后由制板厂家依据用户所设计的印制电路板图制作出印制电路板。

任务 6.1　了解印制电路板设计

6.1.1　印制电路板的概念

印制电路板（printed circuit board，PCB）是以绝缘敷铜板为材料，经过印制、腐蚀、钻孔及后处理等工序，在敷铜板上刻蚀出 PCB 图上的导线，将电路中的各种元器件固定并实现各元器件之间的电气连接，使其具有某种功能。随着电子设备的飞速发展，PCB 越来越复杂，上面的元器件越来越多，功能也越来越强大。

印制电路板根据导电层数的不同，可以分为单面板、双面板和多层板三种。

单面板：只有一面敷铜，另一面用于放置元器件，因此只能利用敷铜的一面设计电路导线和元器件的焊接。单面板结构简单，价格便宜，适用于相对简单的电路设计。对于复杂的电路，由于只能单面走线，所以布线比较困难。

双面板：双面板是一种双面都覆有铜的电路板，分为顶层（top layer）和底层（bottom layer），双面都可以布线焊接。由于双面都可以走线，因此双面板可以设计比较复杂的电路。它是目前使用最广泛的印制电路板结构。

多层板：如果在双面板的顶层和底层之间加上别的层，如信号层、电源层或者接地层，即构成了多层板。通常的 PCB 板，包括顶层、底层和中间层，层与层之间是绝缘的，用于隔离布线，两层之间的连接是通过过孔实现的。一般的电路系统设计用双面板和四层板即可满足设计需要，只是在较高级电路设计中或者特殊要求时，比如对抗高频干扰要求很高的情况下，使用 6 层或 6 层以上的多层板。多层板制作工艺复杂，层次越多，设计时间越长，成本也越高。但随着电子技术的发展，电子产品越来越小巧精密，电路板的面积也要求越来越小，因此目前多层板的应用也日益广泛。

下面介绍几个印制电路板中常用的概念。

（1）元器件封装。元器件封装是印制电路板设计中非常重要的概念。元器件封装就是元器件焊接到印制电路板时的焊接位置和焊接形状，包括实际元器件的外形尺寸、空间位置、各管脚之间的距离等。元器件封装是一个空间概念，对于不同的元器件可以有相同的封装，同样一种封装可以用到不同的元器件。因此，在制作电路板时必须知道元器件的名称，同时也要知道该元器件的封装形式。

（2）过孔。过孔是用来连接不同板层之间导线的孔。过孔内侧一般有焊锡联通，用于元器件管脚的插入。过孔可以分为三种类型：通孔（through）、盲孔（blind）和隐孔（buried）。从顶层直接通到底层，贯穿整个 PCB 板的过孔称为通孔；只从顶层或底层通到某一层，并没有穿透所有层的过孔称为盲孔；只在中间层相互连接，没有穿透底层或顶层的过孔称为隐孔。

图 6－1　焊盘

（3）焊盘。焊盘主要用于将元器件管脚固定在印制板上并将管脚与 PCB 上的铜膜导线连接起来，以实现电气连接。通常焊盘有三种形状：圆形（round）、矩形（rectangle）和正八边形（octagonal），如图 6－1 所示。

（4）铜膜导线和飞线。铜膜导线是印制电路板上的实际走线，用于连接各个元器件的焊盘。它不同于印制电路板布线工程中的飞线。所谓飞线，又叫预拉线，是系统在装入网络报表以后，自动生成的不同元器件之间错综交叉的线。铜膜导线和飞线的本质区别在于铜膜导线具有电气连接的特性，而飞线不具有。飞线只是形式上的连接，只是在形式上表示出各个焊盘之间的连接关系，没有实际电气连接意义。

6.1.2　印制电路板设计的基本原则

印制电路板中元器件的布局、走线的质量，对印制电路板的抗干扰能力和稳定性有很大的影响，所以在设计印制电路板时应遵循以下基本原则。

1. 元器件布局

元器件布局的质量不仅影响电路板的美观，而且影响电路的性能。在元器件布局时，应注意以下基本原则。

（1）按照关键元器件布局，即首先布置关键元器件，如单片机、DSP、存储器等，然后按照地址线和数据线的走向布置其他元器件。

（2）高频元器件管脚引出的导线应尽量短些，以减少对其他元器件及电路的影响。

（3）模拟电路模块与数字电路模块分开布置，不要混乱地放置在一起。

（4）带强电的元器件与其他元器件的距离尽量远一些，并布置在调试时不易接触到的地方。

（5）对于重量较大的元器件，安装到电路板上时要加一个支架固定，防止元器件脱落。

（6）对于一些发热严重的元器件，可以安装散热片。

（7）电位器、可变电容等元器件应放置在便于调试的地方。

2. 布线

在布线时，应遵循以下基本规则。

（1）输入端与输出端导线应尽量避免平行布线，以避免发生反馈耦合。

（2）对于导线的宽度，应尽量宽些，最好取 15 mil 以上，不能小于 10 mil。

（3）导线间的最小间距是由线间绝缘电阻和击穿电压决定的，在条件允许的范围内尽量大一些，一般不能小于 12 mil。

（4）微处理器芯片的数据线和地址线尽量平行布线。

（5）布线时走线尽量少拐弯，若需要拐弯，一般取 45°走向或圆弧，在高频电路中拐弯时不能取直角或锐角，以防止高频信号在导线拐弯时发生信号反射现象。

（6）在条件允许范围内，尽量使电源线和接地线粗一些。

任务 6.2　PCB 编辑环境

6.2.1　启动 PCB 编辑环境

在 Altium Designer 15 中，打开一个 PCB 文件，即可进入 PCB 编辑环境中。

执行菜单命令【文件】|【打开】，在弹出的对话框中选择一个 PCB 文件。单击【打开】按钮，系统打开一个 PCB 文件，进入 PCB 编辑环境，如图 6－2 所示。

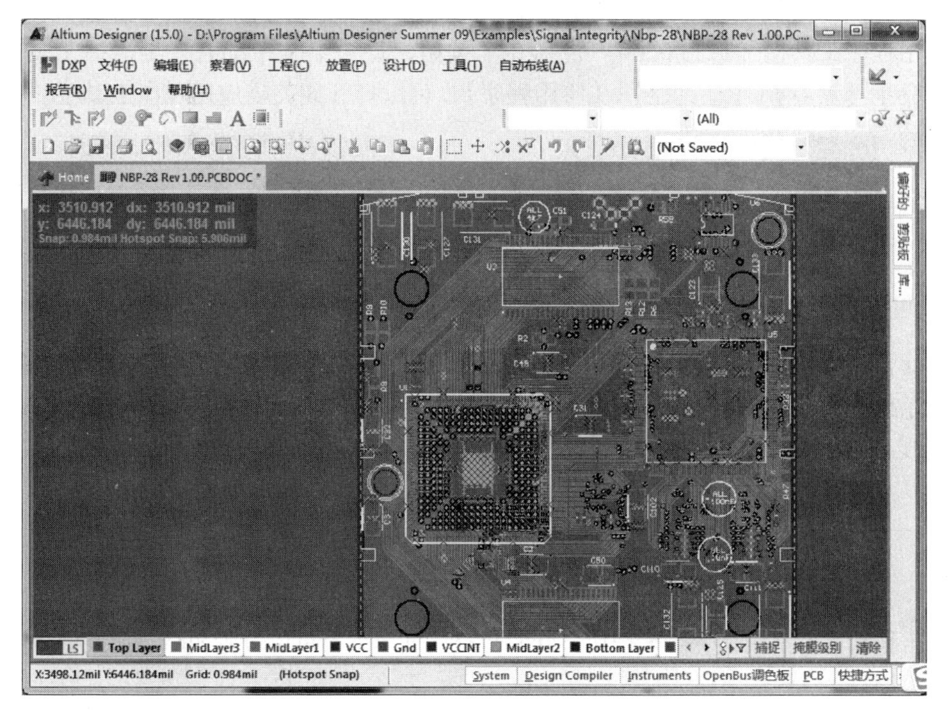

图 6－2　PCB 编辑环境

6.2.2 PCB 编辑环境界面介绍

1. 主菜单

PCB 编辑环境的主菜单（见图 6－3）与电路原理图编辑环境的主菜单风格类似，不同的是提供了许多用于 PCB 编辑操作的功能选项。在 PCB 设计过程中，各项操作都可以通过主菜单中的相应命令来完成。

DXP 文件(F) 编辑(E) 察看(V) 工程(C) 放置(P) 设计(D) 工具(T) 自动布线(A) 报告(R) Window 帮助(H)

图 6－3 PCB 编辑环境的主菜单

2. 标准工具栏

PCB 编辑环境的标准工具栏（见图 6－4）为用户提供了一些常用文件操作的快捷方式。

Altium Standard 2D

图 6－4 PCB 编辑环境的标准工具栏

3. 布线工具栏

布线工具栏（见图 6－5）主要用于在 PCB 布线时放置各种图元。执行菜单命令【察看】|【工具栏】|【布线】，可以打开或者关闭布线工具栏。

4. 应用程序工具栏

应用程序工具栏（见图 6－6）包括 6 个按钮，每一个按钮都有一个下拉工具栏。执行菜单命令【察看】|【工具栏】|【应用程序】，可以打开或关闭应用程序工具栏。

图 6－5 布线工具栏

图 6－6 应用程序工具栏

5. 过滤器工具栏

过滤器工具栏（见图 6－7）可以根据网络、元器件号或者元器件属性等过滤参数，使符合条件的图元在编辑区内高亮显示，不符合条件的部分则变暗。执行菜单命令【察看】|【工具栏】|【过滤器】，可以打开或关闭过滤器工具栏。

图 6－7 过滤器工具栏

单击编辑区右下角的 掩膜级别 按钮打开明暗对比度菜单，可以设置明暗对比度，如图 6－8 所示。

6. 导航工具栏

导航工具栏（见图6－9）主要用于实现不同界面之间的快速切换。执行菜单命令【察看】|【工具栏】|【导航】，可以打开或关闭导航工具栏。

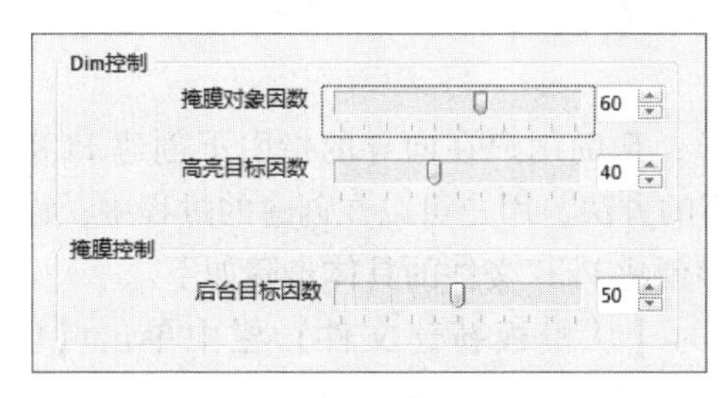

图6－8　明暗对比度菜单

图6－9　导航工具栏

7. 层次工具栏

层次工具栏（见图6－10）位于PCB编辑环境的底部，单击层次标签，可以显示不同的层次图纸。每层的元器件和走线都用不同颜色加以区分，便于对多层次电路板进行设计。

LS　Top Layer　Bottom Layer　Mechanical 1　Top Overlay　Bottom Overlay　Top Paste　Bottom Paste　Top Solder　Bottom Solder

图6－10　层次工具栏

6.2.3　PCB面板

单击编辑区右下角面板控制中心的 PCB 按钮，在弹出的菜单中选择【PCB命令】选项，系统弹出【PCB】面板，如图6－11所示。

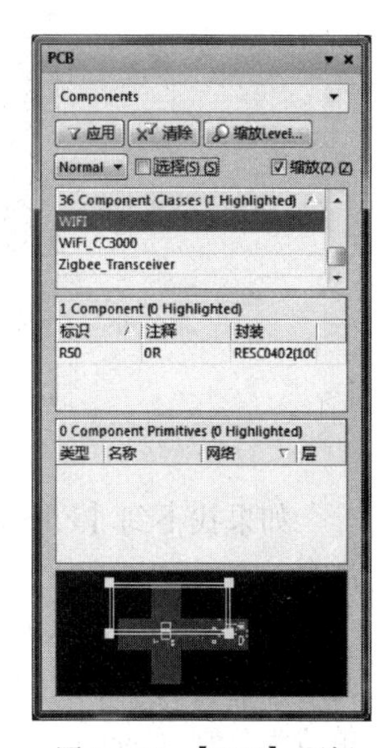

图6－11　【PCB】面板

【Components】：单击【Components】下拉列表的下三角按钮，弹出面板模式选择参数菜单（如图6－12所示）。若选择前3个选项则进入浏览模式，若选择第4、5、6个选项则进入响应的编辑器中。

【选择】：若选中该复选框，则图元在高亮的同时被选中。

【缩放】：该复选框主要用于决定编辑区内的取景是否随着选中的图元区域的大小进行缩放，从而使选中的图元充满整个编辑区。

【缩放Level】：若单击该按钮，则每次选取新图元时，上次选中的图元将退出高亮状态。否则上一次的图元仍然保持高亮。

【应用】：该按钮用于在更改参数或者复选框后刷新显示。

【清除】：该按钮用于清除选中图元，使其退出高亮状态。

下面的【Component Classes】（元器件分类列表）栏、【Component】（元器件封装列表）栏、【Component Primitives】（封装图元列表）栏显示的是与面板模式相符合的内容。

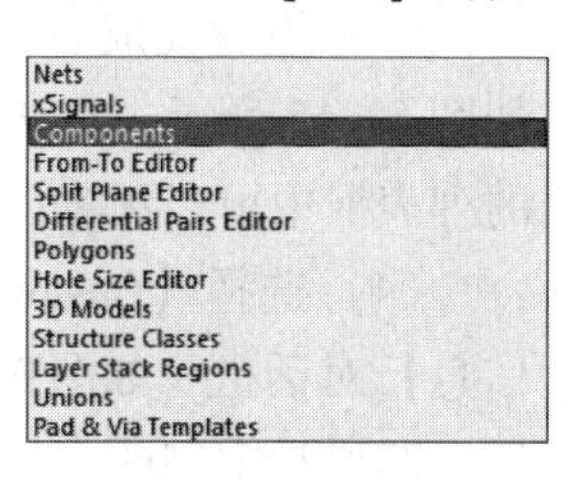

图6－12　面板模式选择参数菜单

最后一栏为取景栏，取景栏中的取景框可以任意移动，也可以放大或缩小。它显示了当前编辑区内的图形在 PCB 板上所处的位置。

任务 6.3 利用 PCB 板向导创建 PCB 文件

Altium Designer 15 为用户提供了 PCB 板向导，帮助用户在向导的指引下创建 PCB 文件。通过向导创建 PCB 文件是最简单也是最常用的方法，用户可以在创建的过程中，设置 PCB 外形、板层、接口等参数。通过 PCB 板向导创建 PCB 文件的具体步骤如下。

（1）打开【Files】（文件）面板，在面板的【从模板新建文件】栏中单击【PCB Board Ward】（PCB 板向导），打开【PCB 板向导】对话框，如图 6－13 所示。若【Files】（文件）面板中没有显示【从模板新建文件】栏，单击面板中的⊗按钮，将上面的栏关闭后，就会显示【从模板新建文件】栏。

图 6－13 【PCB 板向导】对话框

如果找不到【Files】（文件）面板，可以选择面板控制中心的【System】|【Files】命令。

（2）单击对话框的【下一步】按钮，进入【选择板单位】对话框，如图 6－14 所示。此对话框有两个单选按钮，【英制的】表示尺寸单位为英制（mil），【公制的】表示尺寸单位为公制（mm）。这里选择【英制的】单选按钮。

（3）设置完成后，单击对话框中的【下一步】按钮，进入【选择板剖面】对话框，如图 6－15 所示。在该对话框中可以选择系统提供的标准模板。单击一个模板后，在右侧的列表框中可以预览该模板。这里选择【Custom】，自定义 PCB 规格。

（4）选择【Custom】模板后，单击对话框中的【下一步】按钮，进入【选择板详细信息】对话框，如图 6－16 所示。在该对话框中设置参数包括：PCB 板的外形形状（有矩形、圆形和定制的三个选项），板尺寸，尺寸层，边界线宽，尺寸线宽，与板边缘保持距离等。

图 6－16 中各个复选框的作用如下。

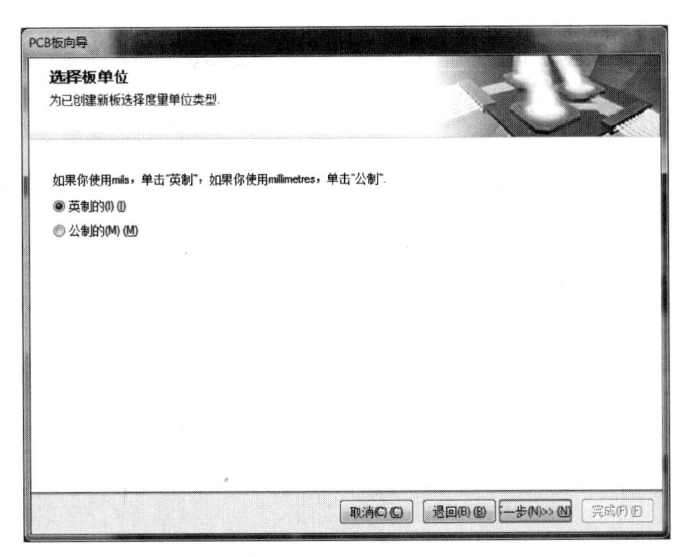

图6－14　【选择板单位】对话框

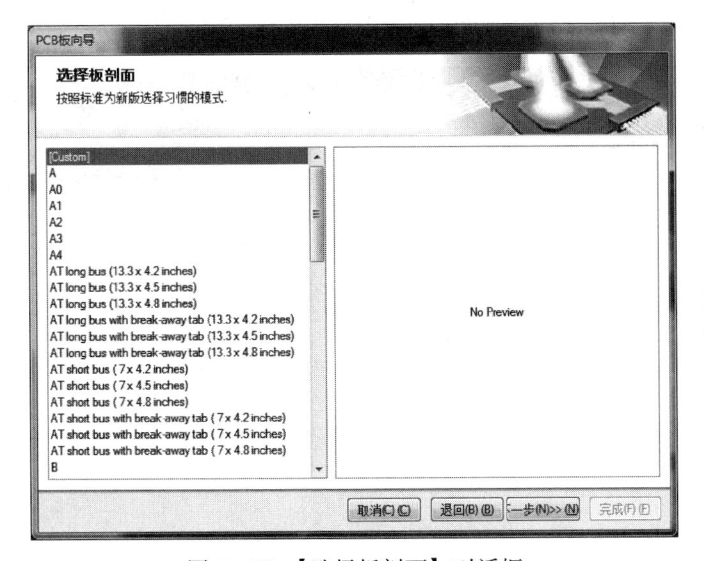

图6－15　【选择板剖面】对话框

【标题块和比例】：若选中，则在PCB图纸上添加标题栏和刻度栏。

【图例串】：若选中，则在PCB板上添加Legend特殊字符串。Legend特殊字符串放置在钻孔视图内，在PCB文件输出时自动转换成钻孔列表信息。

【尺寸线】：若选中，则在PCB编辑区内将显示PCB板的尺寸线。

【切掉拐角】：若选中，单击对话框中的【下一步】按钮，则进入【选择板切角加工】对话框，如图6－17所示。在该对话框中，可以设置在PCB板角切除指定尺寸的板块。

【切除内角】：若选中，单击对话框中的【下一步】按钮，则进入【选择板内角加工】对话框，如图6－18所示。在该对话框中，可以设置在PCB板内部切除指定尺寸的板块。

（5）设置完成后，单击对话框中的【下一步】按钮，进入【选择板层】对话框，如

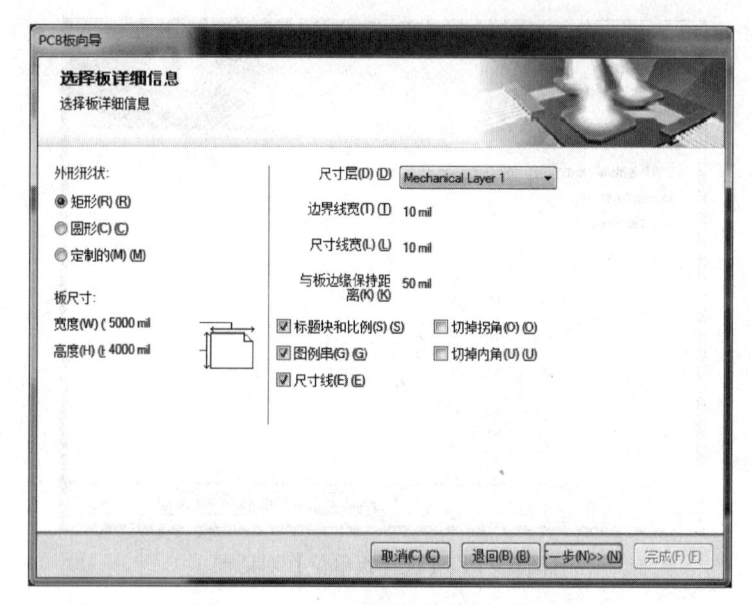

图 6－16 【选择板详细信息】对话框

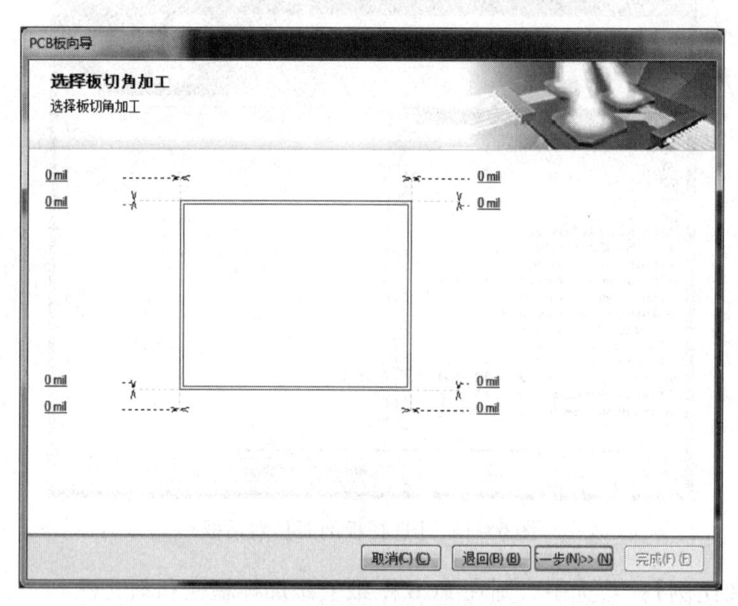

图 6－17 【选择板切角加工】对话框

图 6－19 所示。在该对话框中，用户需要设置信号层和电源平面。一般情况下，若设计的 PCB 板为双面板，应将信号层的层数设置为 2，将电源平面的层数设置为 0。

（6）设置完成后，单击对话框中的【下一步】按钮，进入【选择过孔类型】对话框，如图 6－20 所示。在该对话框中，若选择【仅通过的过孔】单选按钮，则表示设置的过孔风格为通孔；若选择【仅盲孔和埋孔】单选按钮，则表示设置的过孔风格为盲孔或隐孔。在选择的时候，对话框右侧会显示过孔风格预览。

（7）设置完成后，单击对话框中的【下一步】按钮，进入【选择元件和布线工艺】对话框，如图 6－21 所示。选择【通孔元件】单选按钮，则表示设置的元件为通孔插式元

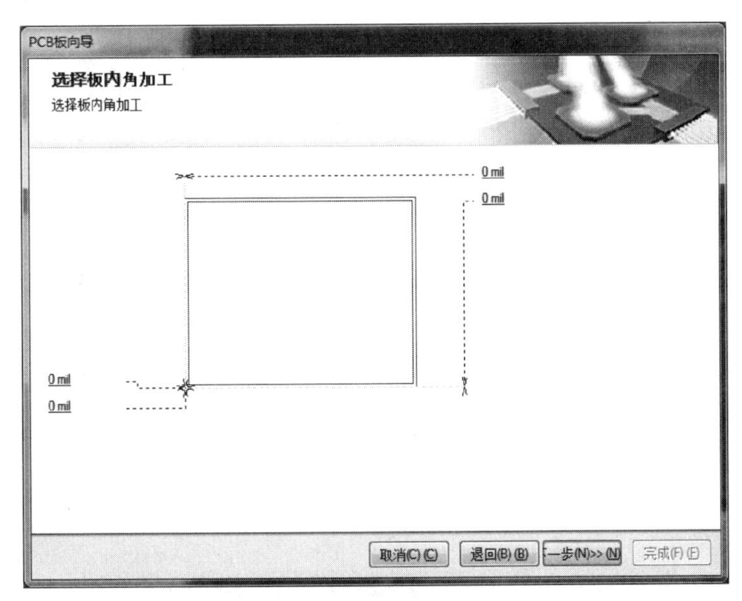

图 6－18 【选择板内角加工】对话框

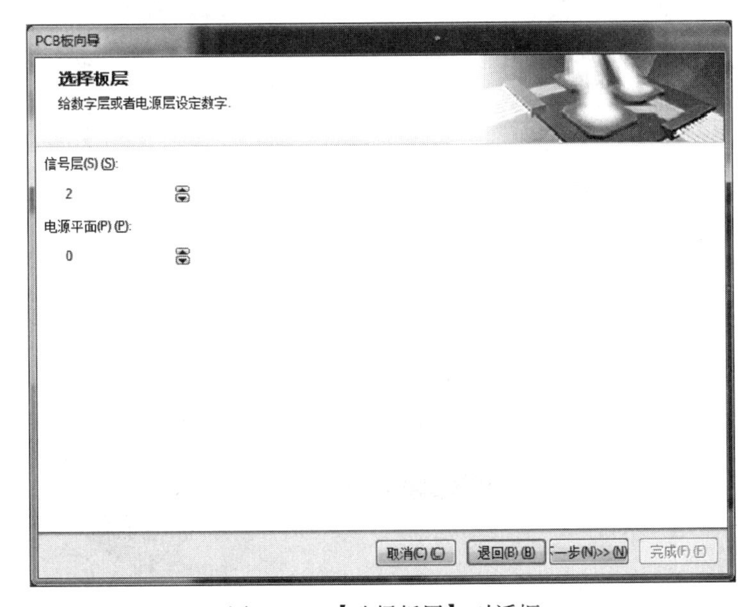

图 6－19 【选择板层】对话框

件。同时还可以设置是否将元件放置在 PCB 板的两面。

（8）设置完成后，单击对话框中的【下一步】按钮，进入【选择默认线和过孔尺寸】对话框，如图 6－22 所示。在该对话框中，可以设置新 PCB 板的最小轨迹尺寸、最小过孔宽度、最小过孔孔径大小及最小间距。这里采用默认值。

（9）设置完成后，单击对话框中的【下一步】按钮，进入【板向导完成】对话框，如图 6－23 所示。在该对话框中，单击【完成】按钮，完成 PCB 文件的创建。

（10）此时系统根据当前设置自动生成默认名为 PCB1. PcbDoc 的文件，同时进入 PCB 编辑环境中。保存并重命名该 PCB 文件，输入名称 MY. PcbDoc，如图 6－24 所示。

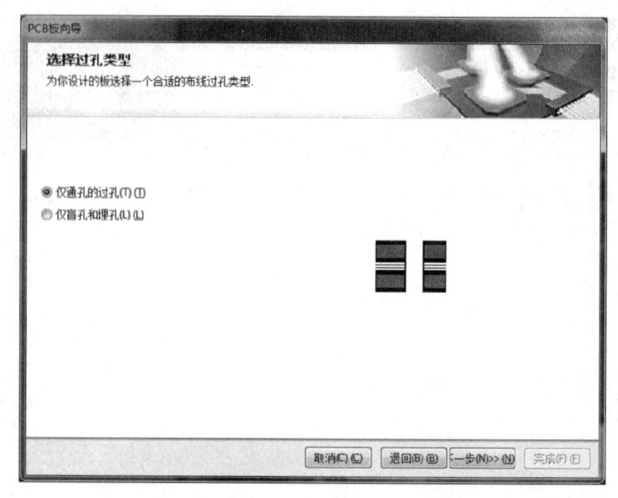

图 6-20 【选择过孔类型】对话框

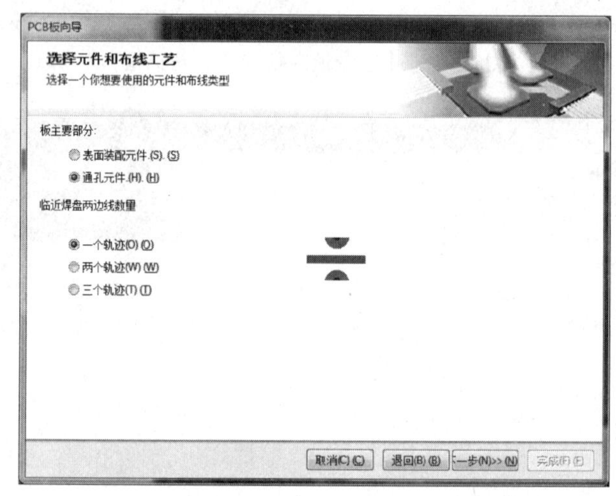

图 6-21 【选择元件和布线工艺】对话框

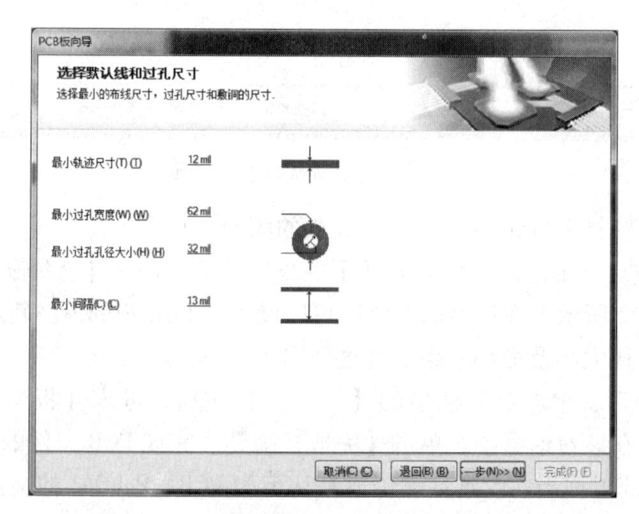

图 6-22 【选择默认线和过孔尺寸】对话框

图6－23　【板向导完成】对话框

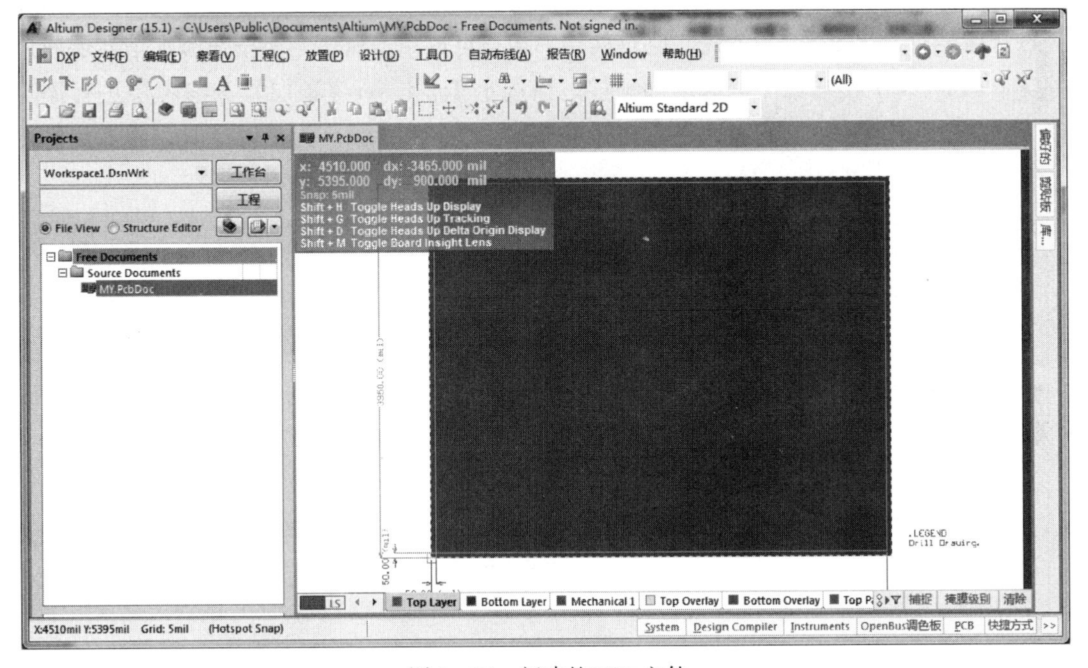

图6－24　新建的PCB文件

任务6.4　使用菜单命令创建PCB文件

除了通过PCB向导创建PCB文件以外，用户还可以使用菜单命令创建PCB文件。

首先创建一个空白的PCB文件，然后设置PCB板的各项参数。

执行菜单命令【文件】|【New】（新建）|【PCB】（印制电路板文件），或者在【Files】（文件）面板的【新的】栏中单击【PCB File】选项，即可进入PCB编辑环境中。此时PCB文件没有设置参数，用户需要对该文件的各项参数进行设置。

6.4.1 PCB 板层设置

Altium Designer 15 提供了图层堆栈管理器，可对各种板层进行设置和管理。在图层堆栈管理器中，可以添加、删除、移动工作层面等。

1. 启动图层堆栈管理器

启动图层堆栈管理器的方法有两种。

（1）执行主菜单命令【设计】|【层叠管理】，打开图层堆栈管理器，如图 6－25 所示。

（2）在 PCB 图纸编辑区内右击，在弹出的快捷菜单中执行【选项】|【层叠管理】命令，打开图层堆栈管理器，如图 6－25 所示。

2. 图层堆栈管理器的设置

图层堆栈管理器可以增加层、删除层、移动层所处的位置并对各层的属性进行编辑。

（1）图 6－25 的中心显示了当前 PCB 图的层结构。默认设置为双层板，即只包括 Top Layer（顶层）和 Bottom Layer（底层）两层，用户可以单击 Add Layer 按钮添加信号层或单击 Add Internal Plane 按钮添加电源层和地层。当选定 Top Layer（顶层）为参考层进行添加时，添加层将出现在顶层的下面；当选择 Bottom Layer（底层）为参考层时，添加层则出现在底层的上面。

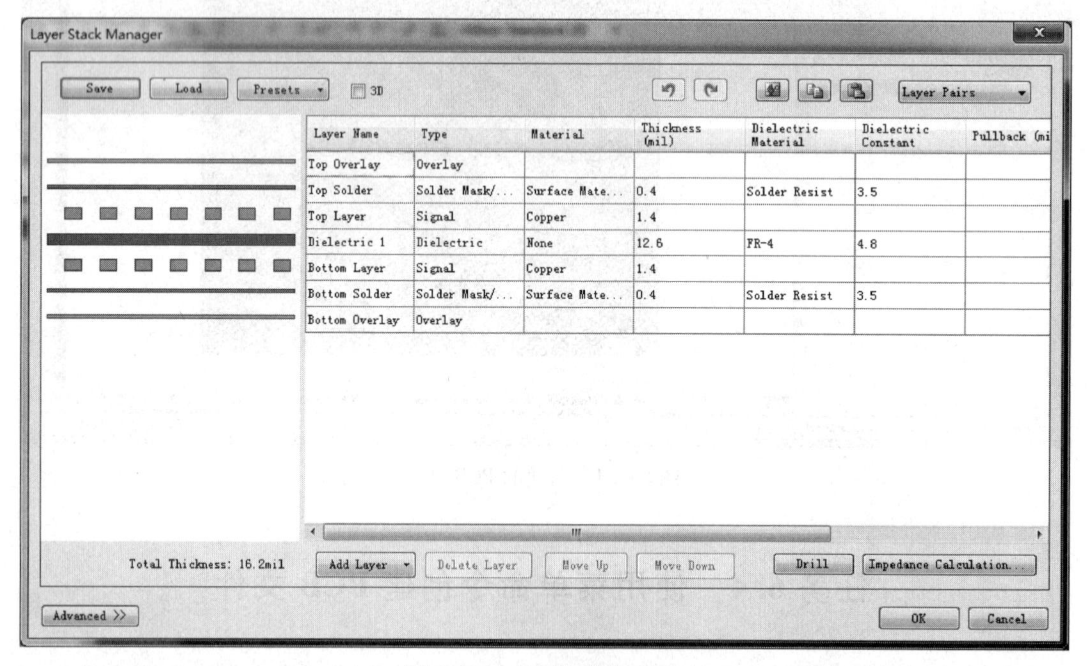

图 6－25　图层堆栈管理器

（2）双击某一层的名称可以直接修改该层的属性，对该层的名称及厚度进行设置。

（3）添加层后，单击 Move Up 按钮或 Move Down 按钮可以改变该层在所有层中的位置。在设计过程的任何时间都可进行添加层的操作。

（4）选中某一层后单击 Delete Layer 按钮即可删除该层。

（5）选中 3D 复选框，对话框中的板层示意图变化如图 6－26 所示。

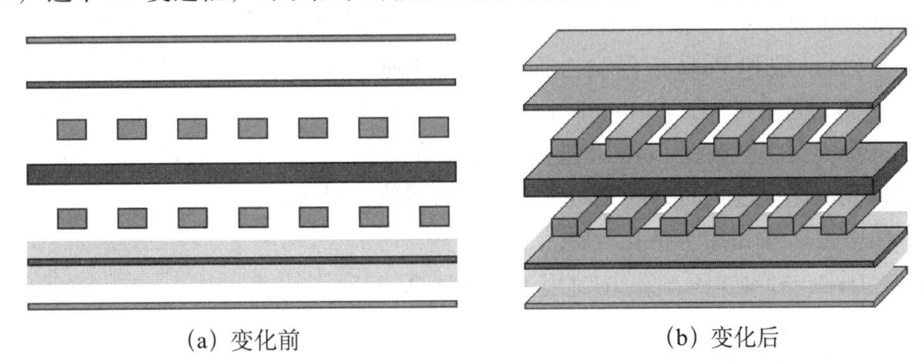

（a）变化前　　（b）变化后

图 6－26　板层示意图变化

（6）在该对话框的任意空白处右击即可弹出一个功能菜单，如图 6－27 所示。此菜单项中的大部分选项也可以通过对话框下方的按钮进行操作。

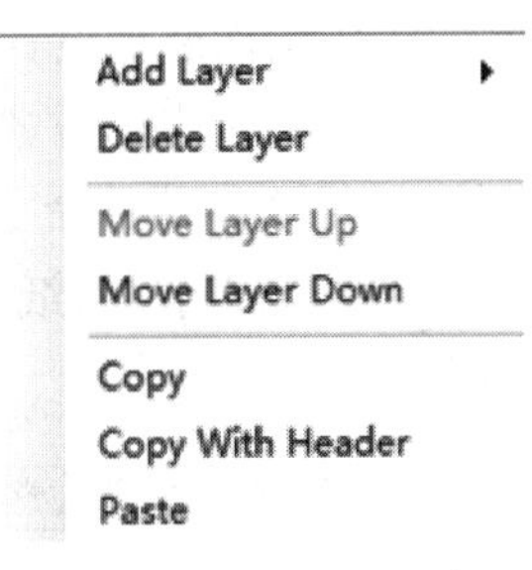

图 6－27　功能菜单

（7）Presets 下拉列表框提供了常用不同层数的电路板层数设置，可以直接选择进行快速板层设置。PCB 设计中最多可添加 32 个信号层、26 个电源层和地线层。各层的显示与否可在【试图配置】对话框中进行设置，选中各层中的【显示】复选框即可。

（8）单击 Advanced >> 按钮，对话框发生变化，增加了电路板堆叠特性的设置，如图 6－28 所示。

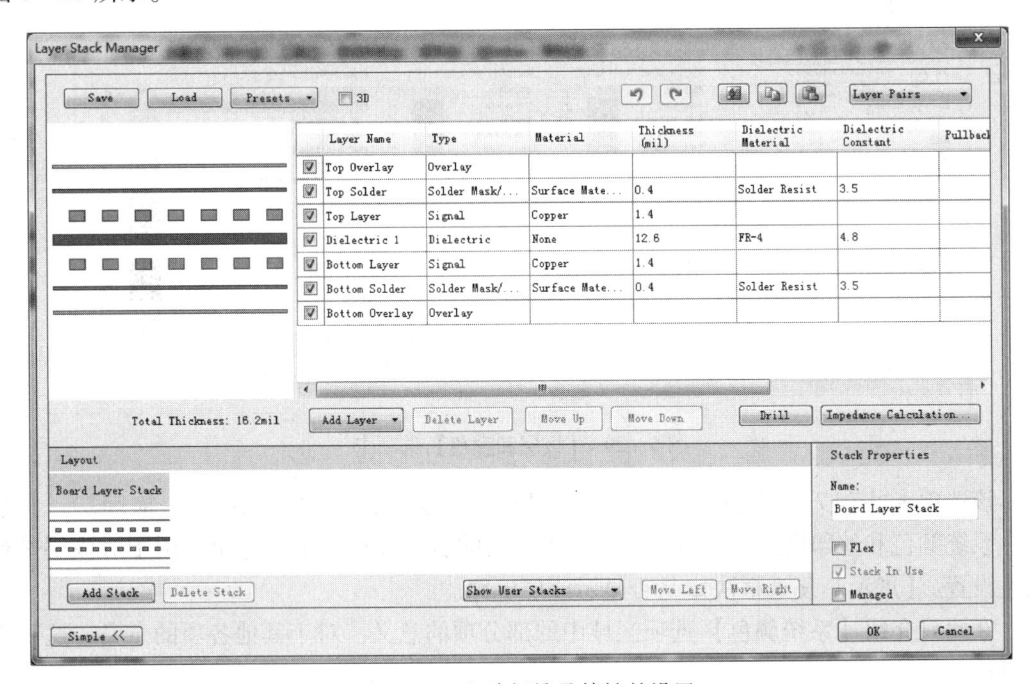

图 6－28　电路板堆叠特性的设置

电路板的层叠结构中不仅包括拥有电气特性的信号层，还包括无电气特性的绝缘层。两种典型的绝缘层主要是指 Core（填充）层和 Prepreg（熟料）层。

层的堆叠类型主要是指绝缘层在电路板中的排列顺序，默认的三种堆叠类型包括 Layer Pairs（Core 层和 Prepreg 层自上而下间隔排列）、Internal Layer Pairs（Prepreg 层和 Core 层自上而下间隔排列）和 Build-up（顶层和底层为 Core 层，中间全部为 Prepreg 层）。改变层的堆叠类型将会改变 Core 层和 Prepreg 层在层栈中的分布，只有在信号完整性分析需要用到盲孔或深埋过孔的时候才需要进行层的堆叠类型的设置。

（9）Drill 按钮用于钻孔设置。

（10）Impedance Calculation... 按钮用于阻抗计算。

6.4.2 工作层面颜色设置

工作层面颜色设置可在【板层和颜色】选项卡中完成，如图 6－29 所示。打开【板层和颜色】选项卡的方式如下。

（1）执行菜单命令【设计】|【板层颜色】。

（2）在 PCB 图纸编辑区内右击，在弹出的快捷菜单中选择【选项】|【板层颜色】命令。

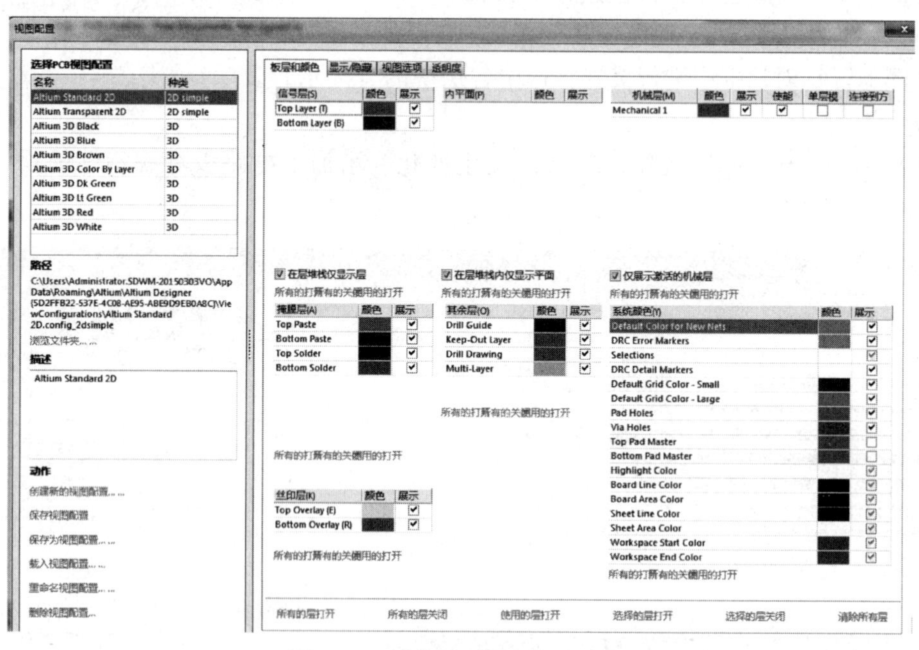

图 6－29 【板层和颜色】选项卡

该选项卡共有 7 个选项区域，分别可以对信号层、内平面、机械层、掩膜层、其余层、系统颜色和丝印层进行颜色设置。在每一层的右边都有一个颜色块，用于对该层进行颜色设置。【展示】复选框决定是否显示该层电路。

在此只介绍【系统颜色】选项区域中的部分项的意义。对于其他各项的意义，这里不再讲述。

【DRC Error Markers】：用于设置 DRC 检查时错误标志的颜色。

【Selections】：用于设置图元被选中时的颜色。

【Pad Holes】：用于设置焊盘内孔的颜色。

【Via Holes】：用于设置过孔的颜色。

6.4.3　环境参数和栅格设置

1. 环境参数设定

在设计 PCB 板之前，除了要设置电路板的板层参数外，还需要设置环境参数。

执行菜单命令【设计】|【板参数选项】，或者在 PCB 图纸编辑区内右击，在弹出的快捷菜单中选择【选项】|【板参数选项】命令，打开【板选项】对话框，如图 6－30 所示。

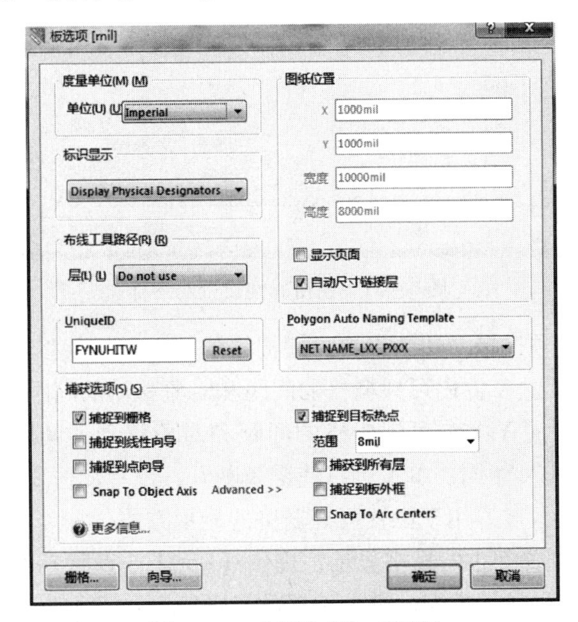

图 6－30　【板选项】对话框

在该对话框中有 7 个选项区域，用于设置电路板设计的一些基本环境参数。其主要设置及功能如下。

【度量单位】：用于选择设计中使用的测量单位。单击下拉列表按钮，可选择英制测量单位（Imperial）或公制测量单位（Metric）。

【图纸位置】：X 文本框和 Y 文本框用于设置从图纸左下角到 PCB 板左下角的 X 坐标和 Y 坐标的值；【宽度】文本框用于设置 PCB 板的宽度；【高度】文本框用于设置 PCB 板的高度。用户创建好 PCB 板后，若不需要调整 PCB 板的大小，这些值可以不必更改。

【标识显示】：用于选择元器件标识符的显示方式，有【Display Physical Designators】（按物理方式显示）和【Display Logical Designators】（按逻辑方式显示）两个选项。

【捕获选项】：用于设置图纸捕获网格的距离，即工作区的分辨率，也就是鼠标移动时的最小距离。用于系统在给定的范围内进行电气节点的搜索和定位，系统默认值为 8 mil。

【布线工具路径】：用于设置布线层，一般选择采用系统默认值【Do not use】。

2. 栅格设置

在 PCB 板空白处右击，在弹出的快捷菜单中选择【跳转栅格】|【栅格属性】命令，出现如图 6-31 所示的对话框。其主要设置及功能如下。

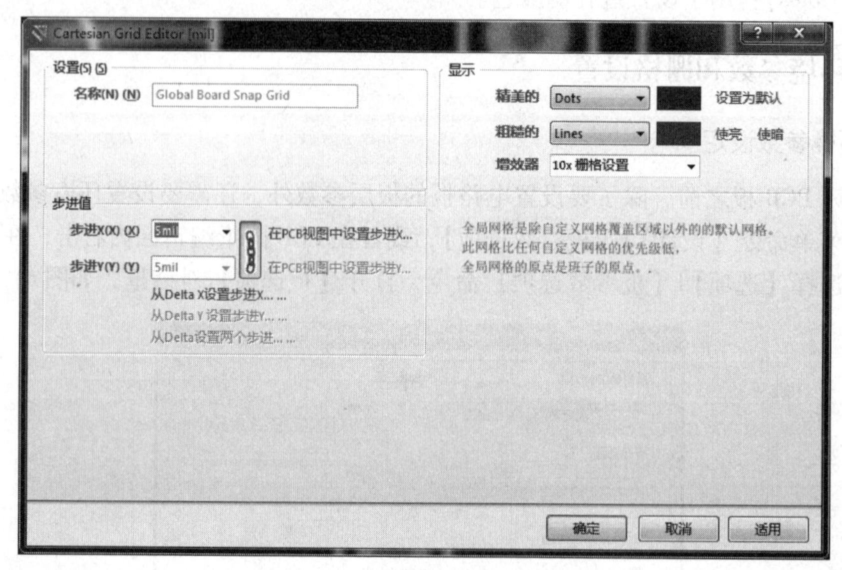

图 6-31　栅格属性设置对话框

（1）【步进值】选项区域。用于设置可视栅格的间距和对象移动的最小间距。

【步进 X】：用于设置 X 方向可视栅格的间距和对象移动的间距，默认为 5 mil。

【步进 Y】：用于设置 Y 方向可视栅格的间距和对象移动的间距。当后面的链条连接时，步进 Y 默认与步进 X 相同；单击可以使链条断开，设置步进 Y 的值。

（2）【显示】选项区域。用于设置可视栅格的显示方式。

【精美的】：用于设置细小的栅格显示，提供【Dots】（点状）和【Lines】（线状）两种显示类型。其与设置的步进值一致。

【粗糙的】：用于设置大的栅格显示，提供【Dots】（点状）和【Lines】（线状）两种显示类型。

【增效器】：即大栅格和小栅格之间的比例。

例如，设置【步进值】为 10 mil，【精美的】为 Dots，【粗糙的】为 Lines，【增效器】为 10 x 栅格设置，栅格显示如图 6-32 所示。线状大栅格为 100 mil，点状小栅格为 10 mil。

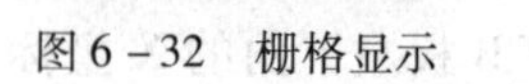

图 6-32　栅格显示

6.4.4　PCB 板边界设定

PCB 板边界设定包括 PCB 板物理边界设定和电气边界设定两个方面。物理边界用来界定 PCB 板的外部形状，而电气边界用来界定元器件放置和布线的区域范围。

1. 电气边界设定

Altium Designer 15 中重新定义物理边界，需要在 Keep Out Layer 层绘制好板子的边界，

并选中所有的边界线，再使用【设计】|【板子形状】|【按照选择对象定义】命令。

单击板层标签的 Keep Out Layer（禁止布线层），将其设定为当前层。执行菜单命令【放置】|【禁止布线】|【线径】，绘制出一个封闭多边形，这里默认为 1 000 mil * 1 000 mil，如图 6－33 所示。绘制完成后，单击鼠标右键退出。

2. 物理边界设定

（1）选中所定义的电气边界线，如图 6－34 所示。

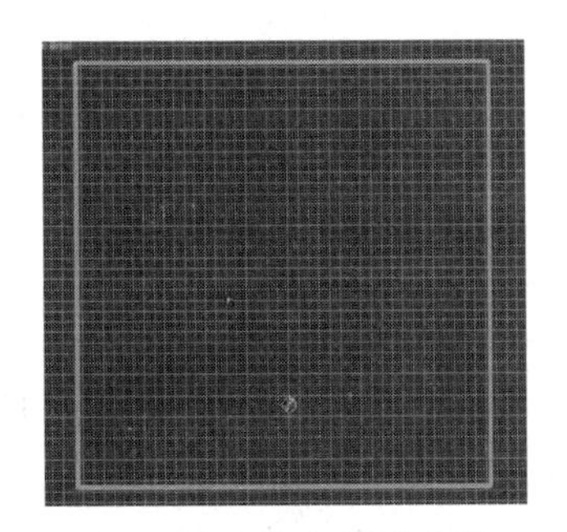

图 6－33　定义板子边界

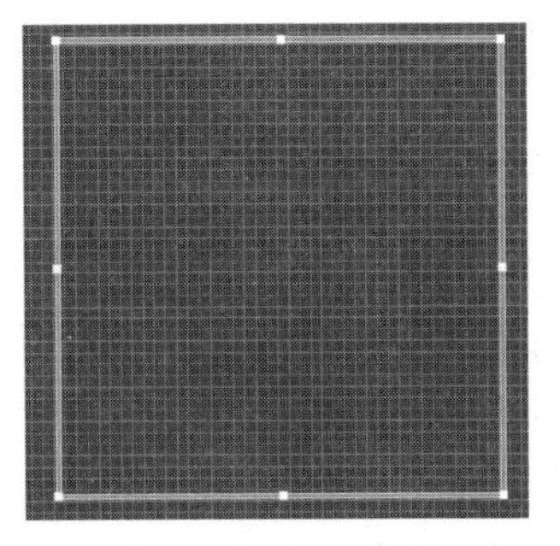

图 6－34　选中所定义的电气边界线

（2）执行菜单命令【设计】|【板子形状】|【按照选择对象定义】，定义完成的 PCB 板边界如图 6－35 所示。

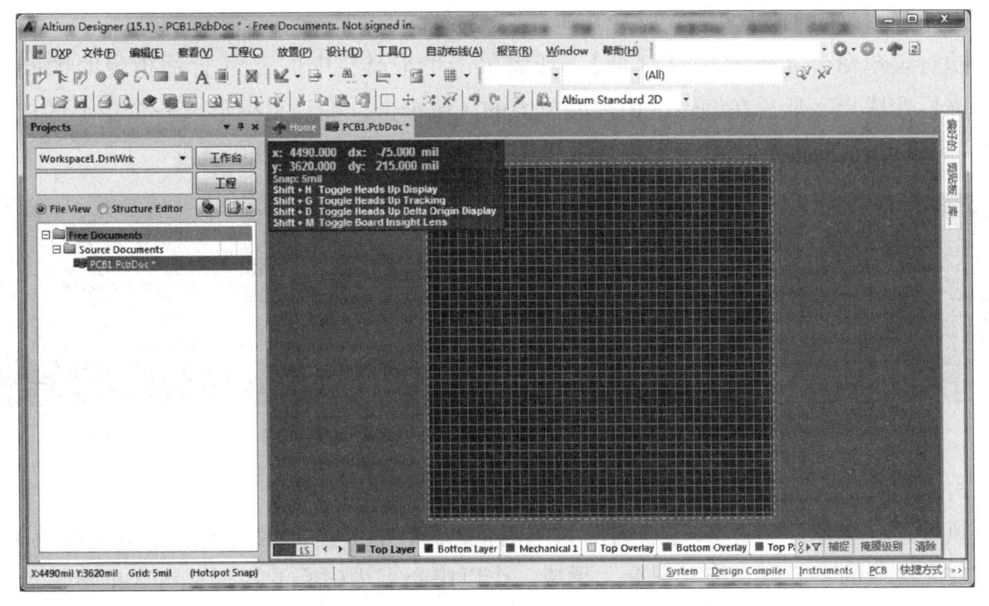

图 6－35　定义完成的 PCB 板边界

任务 6.5　PCB 视图操作管理

为了使 PCB 设计能够快速顺利地进行下去，就需要对 PCB 视图进行移动、缩放等基本操作。

6.5.1 视图移动

（1）使用鼠标拖动编辑区边缘的水平滚动条或竖直滚动条。

（2）使用鼠标滚轮，上下滚动鼠标滚轮，视图将上下移动；若按住 Shift 键后，上下滚动鼠标滚轮，视图将左右移动。

（3）在编辑区内，单击鼠标右键并按住不放，光标变成手形后，可以任意拖动视图。

6.5.2 视图的放大或缩小

1. 整张图纸的缩放

在编辑区内，对整张图纸的缩放有以下几种方式。

（1）使用菜单命令【放大】或【缩小】，对整张图纸进行缩放操作。

（2）使用快捷键 PgUp（放大）和 PgDn（缩小）。利用快捷键进行缩放时，放大和缩小是以鼠标箭头为中心的，因此最好将鼠标放在合适位置。

（3）使用鼠标滚轮，若要放大视图，则按住 Ctrl 键上滚滚轮；若要缩小视图，则按住 Ctrl 键下滚滚轮。

2. 区域放大

1）设定区域的放大

执行菜单命令【察看】|【区域】，或者单击主工具栏中的 （合适指定的区域）按钮，光标变成十字形。在编辑区内需要放大的区域单击，拖动鼠标形成一个矩形区域，如图 6－36 所示。然后再次单击，则该区域被放大，如图 6－37 所示。

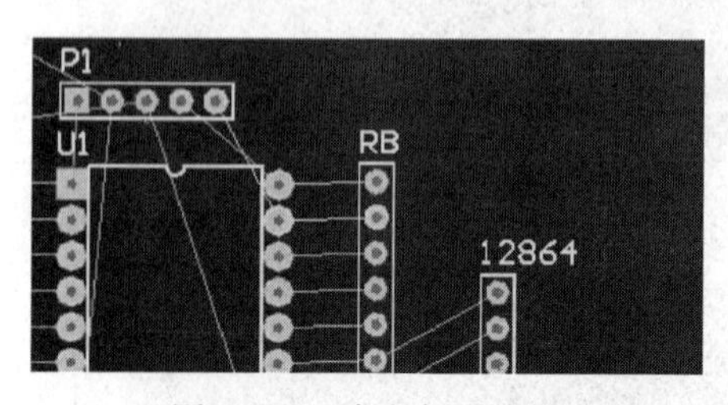

图 6－36　定义板子边界

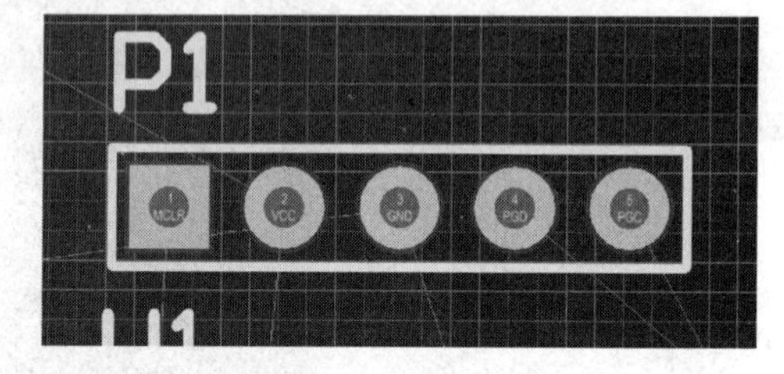

图 6－37　设定区域被放大

2）以鼠标为中心的区域放大

执行菜单命令【察看】|【点周围】，光标变成十字形。在编辑区内的指定区域单击，确定放大区域的中心点，拖动鼠标，形成一个以中心点为中心的矩形；再次单击，选定的区域将被放大。

3. 区域放大

对象放大分两种：一种是选定对象的放大，另一种是过滤对象的放大。

1）选定对象的放大

在 PCB 板上选中需要放大的对象后，执行菜单命令【察看】|【被选中的对象】，或者单击主工具栏中的 （合适选择的对象）按钮，则所选对象被放大，如图 6－38 所示。

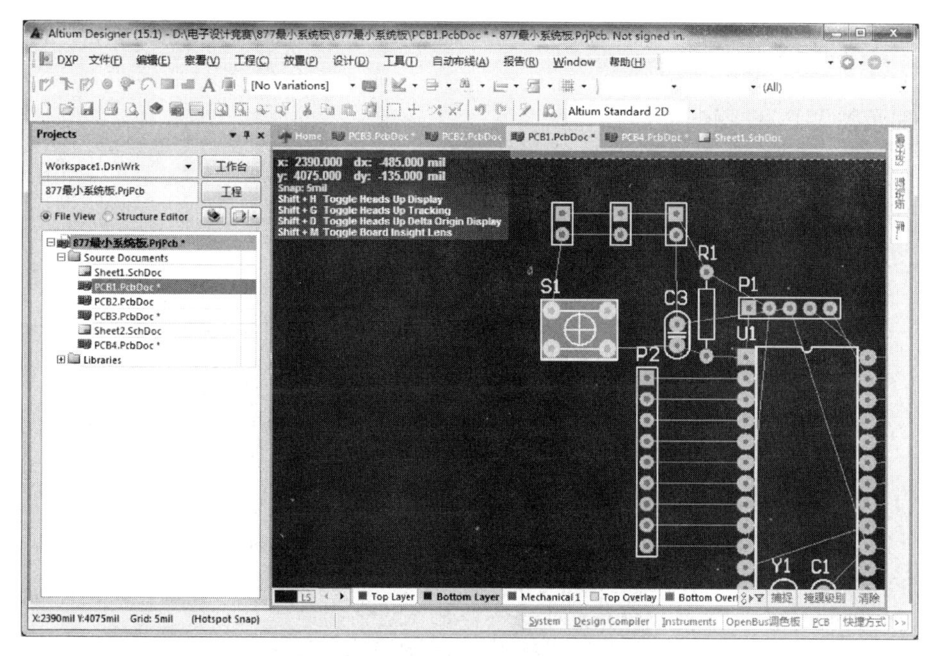

图6－38　所选对象被放大

2）过滤对象的放大

在过滤器工具栏中选择一个对象后，执行菜单命令【察看】|【过滤的对象】，或者单击主工具栏中的（适合过滤的对象）按钮，则过滤对象被放大，且该对象处于高亮状态，如图6－39所示。

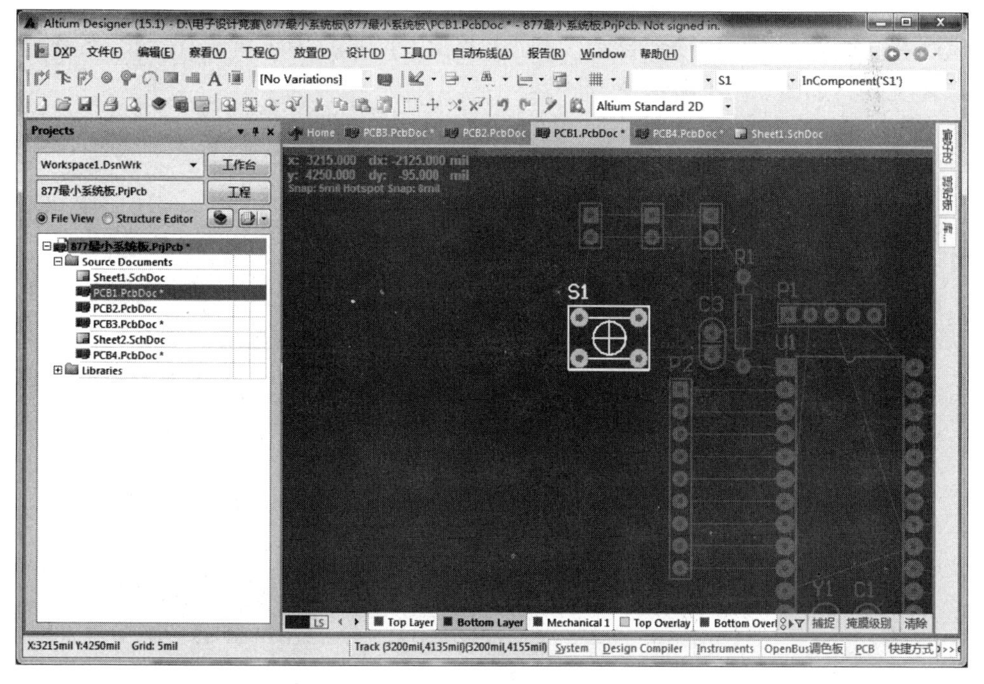

图6－39　过滤对象被放大

6.5.3 整体显示

1. 显示整个 PCB 图纸

执行菜单命令【察看】|【合适图纸】，系统显示整个 PCB 图纸，如图 6－40 所示。

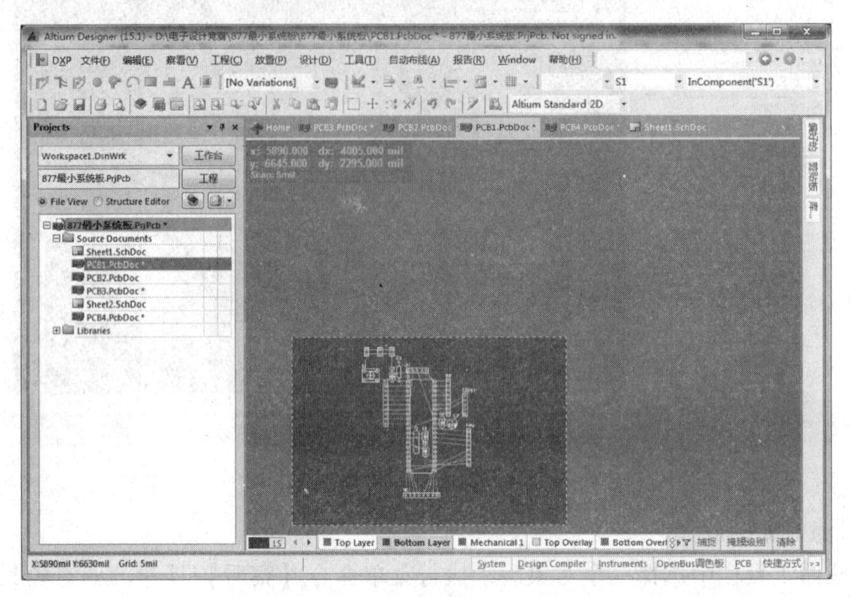

图 6－40 系统显示整个 PCB 图纸

2. 显示整个 PCB 图文件

执行菜单命令【察看】|【适合文件】，或者在主工具栏中单击按钮，系统显示整个 PCB 图文件，如图 6－41 所示。

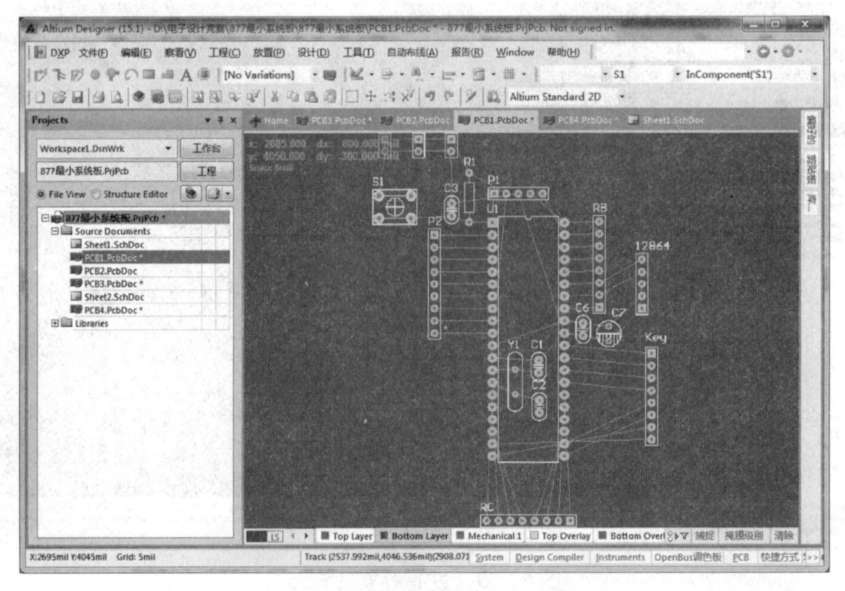

图 6－41 系统显示整个 PCB 图文件

3. 显示整个 PCB 板

执行菜单命令【察看】|【合适板子】，系统显示整个 PCB 板，如图 6-42 所示。

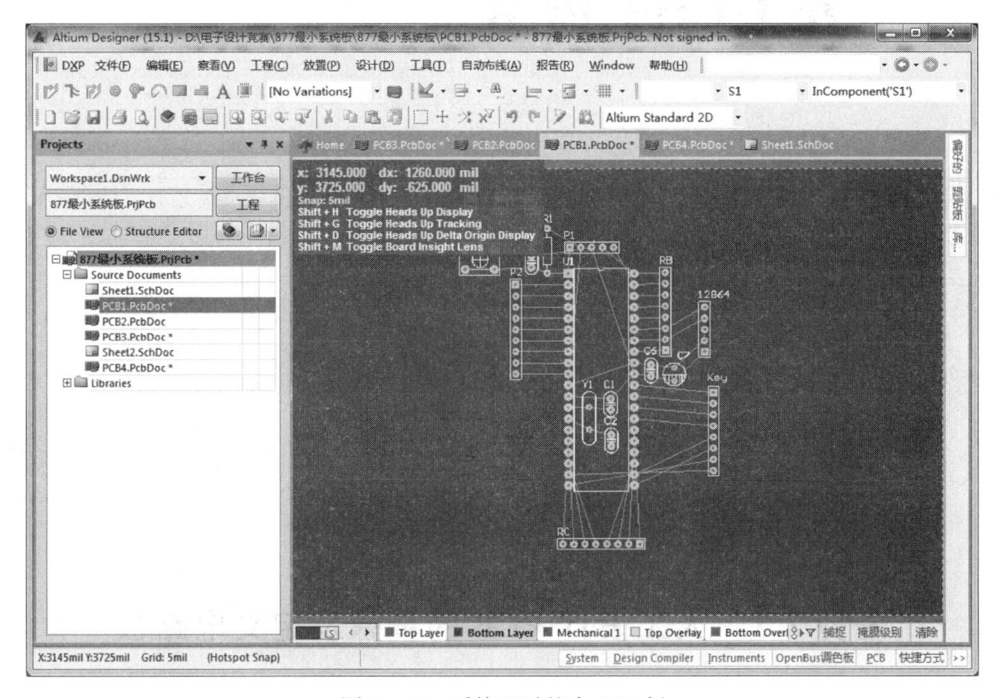

图 6-42　系统显示整个 PCB 板

项目小结

本项目主要介绍了以下内容：

（1）印制电路板的作用及分类；

（2）绘制印制电路板图有关的元器件封装、过孔、焊盘、铜膜导线、飞线和安全间距等基本概念；

（3）PCB 编辑器的使用，新建 PCB 文件的方法，PCB 视图操作管理。

项目练习

1. 什么是印制电路板？它在电子设备中有何作用？
2. 简述 PCB 板的设计流程。
3. 如何创建 PCB 文件，有几种方法，怎么建立？
4. 焊盘和过孔有何区别？
5. 在 Altium Designer 15 中如何设置单位制？
6. 在 Altium Designer 15 中如何设置印制电路板的工作层面？

项目 7
人工设计 PCB

任务目标：

- ❖ 熟悉人工设计 PCB 的步骤
- ❖ 熟悉电路板的定义
- ❖ 掌握加载 PCB 封装库的方法
- ❖ 掌握放置设计对象
- ❖ 熟悉人工布局
- ❖ 掌握电路板图的打印

任务 7.1　人工设计 PCB 的步骤及定义电路板

7.1.1　人工设计 PCB 的步骤

人工设计 PCB 就是指设计者根据电路原理图进行人工放置元器件、焊盘、过孔等设计对象，并进行线路连接的操作过程。人工设计 PCB 是耗时且费力的，但是掌握人工设计 PCB 的技术还是非常必要的，它是 PCB 设计的基础。人工设计 PCB 一般遵循以下步骤。

（1）启动 Altium Designer 15，建立工程和 PCB 文件。

（2）定义电路板。

（3）加载 PCB 封装库。

（4）放置设计对象。

（5）人工布局。

（6）电路调整。

（7）打印电路板。

7.1.2　物理边界和电气边界

在 PCB 设计中，首先要定义电路板，即定义印制电路板的工作层和电路板的大小。定义电路板有直接定义电路板和使用向导定义电路板两种方法。定义电路板的大小需要定义电路板的物理边界和电气边界。

1. 物理边界

物理边界是指电路板的机械外形和尺寸。比较合理的定义方法是在一个机械层上绘制电路板的物理边界，而在其他机械层上放置物理尺寸、队列标记和标题信息等。一般在机械层1（Mechanical 1）来绘制电路板的物理边界。

2. 电气边界

电路板的电气边界是指在电路板上设置的元器件布局和布线的范围。电气边界一般定义在禁止布线层（Keep Out Layer）上。禁止布线层是一个对于电路板的自动布局、自动布线非常有用的层，它用于限制布局、布线的范围。为了防止元器件的位置和布线过于靠近电路板的边框，电路板的电气边界要小于物理边界，如电气边界距离物理边界50 mil。

一般情况下，也可以不确定物理边界，而用电路板的电气边界来替代物理边界。

7.1.3　定义电路板

1. 设置电路板工作层

启动Altium Designer 15，建立工程，新建PCB文件。PCB文件电路板是双层板（具有两个信号层），具有以下工作层。

（1）顶层（Top Layer）：放置元器件并布线。

（2）底层（Bottom Layer）：布线并进行焊接。

（3）机械层1（Mechanical 1）：用于确定电路板的物理边界，也就是电路板的边框。

（4）顶层丝印层（Top Overlay）：放置元器件的轮廓、标注及一些说明文字。

（5）禁止布线层（Keep Out Layer）：用于确定电路板的电气边界。

（6）多层（Multi Layer）：用于显示焊盘和过孔。

2. 设置电路板边缘尺寸

Altium Designer 15中重新定义物理边界，需要在Keep Out Layer层绘制好板子的边界，并选中所有的边界线，再使用【设计】|【板子形状】|【按照选择对象定义】命令。具体可以查看6.4.4节。

3. 使用向导定义电路板

对于初学者，使用系统提供的电路板生成向导来定义电路板会带来许多方便，同时也可以根据向导指导的步骤来学习定义电路板。具体可以查看任务6.3。

任务7.2　PCB封装库

7.2.1　加载PCB封装库

执行菜单命令【Design】（设计）|【Browser Library】（搜索库），或在电路原理图编辑环境的右下角单击【System】（系统）按钮，在弹出的菜单中选择【Library】（库）选项，即可打开【库】面板，如图7－1所示。

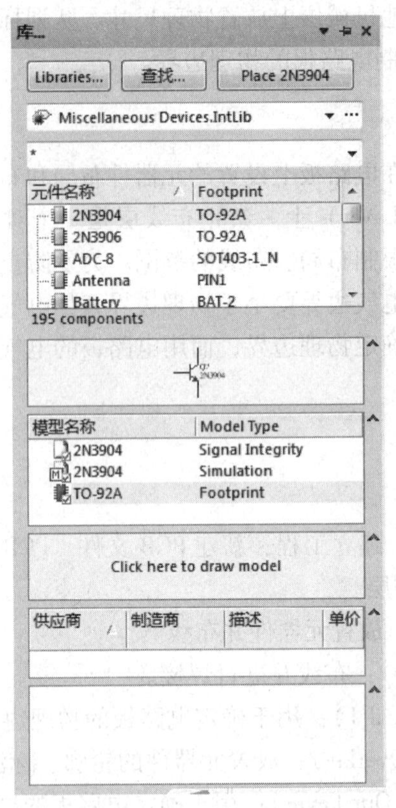

图 7－1　【库】面板

7.2.2　浏览元器件封装

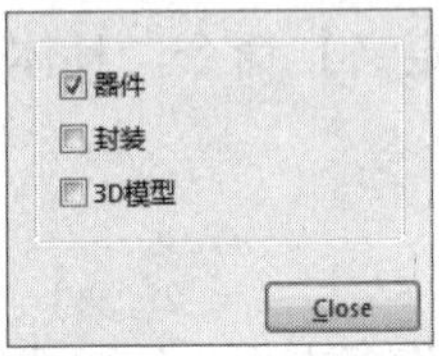

图 7－2　选择菜单

单击【库】面板右上角的…按钮，出现如图 7－2 所示的选择菜单，可选择想要浏览的库类型。

【器件】：原理图库。

【封装】：PCB 封装库。

【3D 模型】：3D 模型库。

这里使用的是 PCB 封装库，因此选中【封装】复选框，此时的【库】面板如图 7－3所示。

利用【库】面板可以完成元器件 PCB 库的加载和卸载等功能。

加载、移除与浏览 PCB 封装库的操作方法和原理图元器件库基本一致，可参考 2.3.3 节加载原理图元器件库的内容。

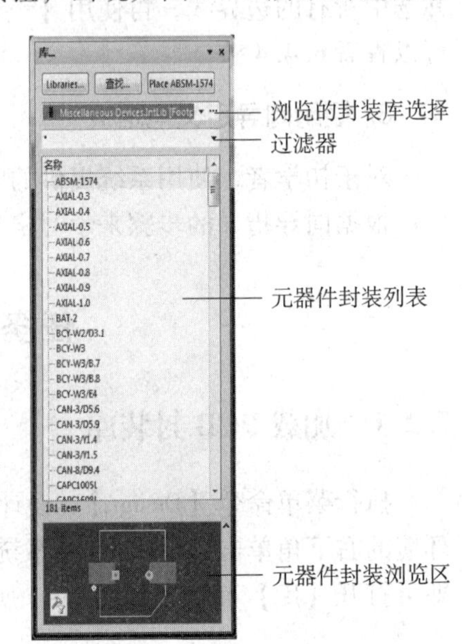

图 7－3　浏览元器件封装

任务 7.3　放置 PCB 设计对象

图 7-4　【布线】工具栏

人工设计 PCB 时，先要在电路板上放置元器件、焊盘、过孔等设计对象，然后根据电路原理图中的电气连接关系进行布线并放置一些标注文字等。这些操作可以通过执行主菜单【Place】中的各命令来实现，还可以通过【布线】工具栏来进行。【布线】工具栏使用起来非常方便，执行菜单命令【察看】|【Toolbars】|【布线】，即可打开如图 7-4 所示的【布线】工具栏。

7.3.1　放置元器件

1. 通过【布线】工具栏或菜单放置

图 7-5　【放置元件】对话框

单击【布线】工具栏的按钮，或执行菜单命令【放置】|【器件】，来放置元器件的封装形式。屏幕弹出【放置元件】对话框，如图 7-5 所示。在【封装】文本框中输入元器件封装的名称，在【位号】文本框中输入元器件的标号；在【注释】文本框中输入元器件的型号或标称值。单击【确定】按钮放置元器件。如果不知道元器件封装的名称，可单击【封装】文本框后面的按钮，弹出如图 7-6 所示的【浏览库】对话框，在元器件封装库中浏览。

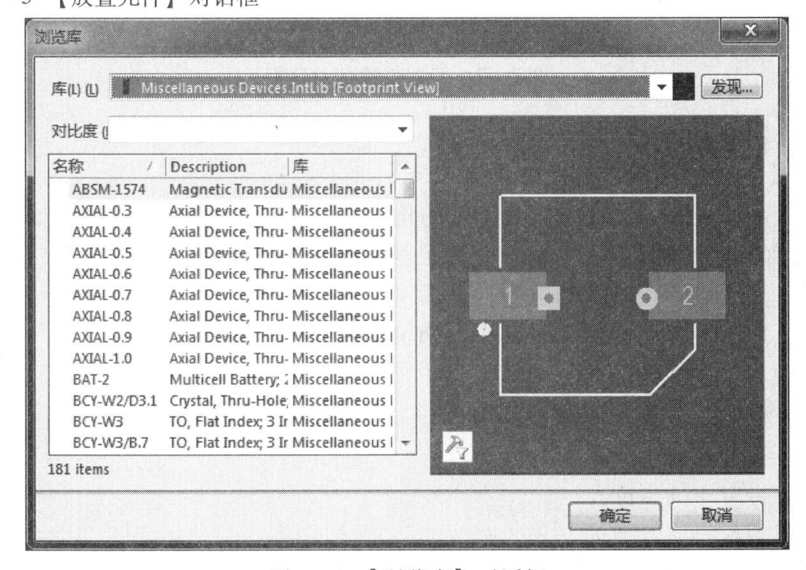

图 7-6　【浏览库】对话框

2. 通过元器件库直接放置

在浏览库中选中元器件后，单击【Place】按钮，光标便会跳到工作区中。将光标移到该元器件封装图的合适位置后单击鼠标左键，即可放置该元器件。这种方法较为常用，但必须知道所要放置的元器件在哪一个元器件库中。

在放置元器件的命令状态下，按下 Tab 键，或双击已放置的元器件，弹出如图 7－7 所示的元器件属性对话框，可以设置元器件属性。该对话框中主要参数的意义如下。

图 7－7 元器件属性对话框

1）【元件属性】选项区域

【层】：用于设置元器件放置的层面。

【旋转】：用于设置元器件放置时旋转的角度。

【X 轴位置】、【Y 轴位置】：用于设置元器件的位置坐标。

【类型】：用于设置元器件的类型。

【高度】：用于设置元器件高度，作为 PCB3D 仿真时的参考。

2）【标识】选项区域

【文本】：用于设置元器件标号。

【高度】：设置标号中字体的高度。

【宽度】：设置字体宽度。

【层】：设置标号所在层面。

【旋转】：设置字体旋转角度。

【X 轴位置】、【Y 轴位置】：设置标号的位置坐标。

【正片】：设置标号的位置，单击后面的下三角按钮可以进行选择。

3）【注释】选项区域

该区域设置项与【标识】选项区域相同。

4)【封装】选项区域

显示当前的封装名称、库文件名等信息。

5)【原理图涉及信息】选项区域

显示原理图涉及的信息，如唯一 ID、标识等。

7.3.2　放置焊盘和过孔

1. 放置焊盘

1）启动放置焊盘命令

启动放置焊盘命令有以下几种方法。

（1）执行菜单命令【放置】|【焊盘】。

（2）单击工具栏中的◎（放置焊盘）按钮。

（3）使用快捷键：P，P。

2）焊盘的放置

启动命令后，光标变为十字形并带有一个焊盘图形，移动光标到合适位置，单击即可在图纸上放置焊盘。此时系统仍处于放置焊盘状态，可以继续放置。放置完成后，单击鼠标右键退出。

3）设置焊盘属性

在放置焊盘状态下按 Tab 键，或者双击放置完成的焊盘，打开焊盘对话框，如图 7－8 所示。在该对话框中，可以设置关于焊盘的属性，主要设置如下。

（1）【位置】选项区域：设置焊盘中心点的位置坐标。

【X】：设置焊盘中心点的 X 坐标。

【Y】：设置焊盘中心点的 Y 坐标。

【旋转】：设置焊盘旋转角度。

（2）【孔洞信息】选项区域：设置焊盘孔的尺寸大小。

【通孔尺寸】：设置焊盘中心通孔尺寸。

【圆形】：通孔形状设置为圆形，如图 7－9 所示。

【Rect】：通孔形状设置为正方形，如图 7－10 所示。同时添加参数属性设置“旋转”，设置正方向旋转角度，默认为 0°。

【槽】：通孔形状设置为槽，如图 7－11 所示。同时添加参数属性设置“长度”与“旋转”，设置槽大小。在图 7－11 中，“长度”设为 50，“旋转”角度设为 0°。

【镀金的】：若选中该复选框，则焊盘孔内涂上铜，上下焊盘导通。

（3）【属性】选项区域。

【标识】：设置焊盘标号。

【层】：设置焊盘所在层面。对于插式焊盘，应选择 Multi-Layer；对于贴片式焊盘，应根据焊盘所在层选择 Top Layer 或 Bottom Layer。

【网络】：设置焊盘所处网络。

【电气类型】：设置电气类型，有 3 个选项可选，包括 Load（负载点）、Terminator（终止点）和 Source（源点）。

【锁定】：设置是否锁定焊盘。

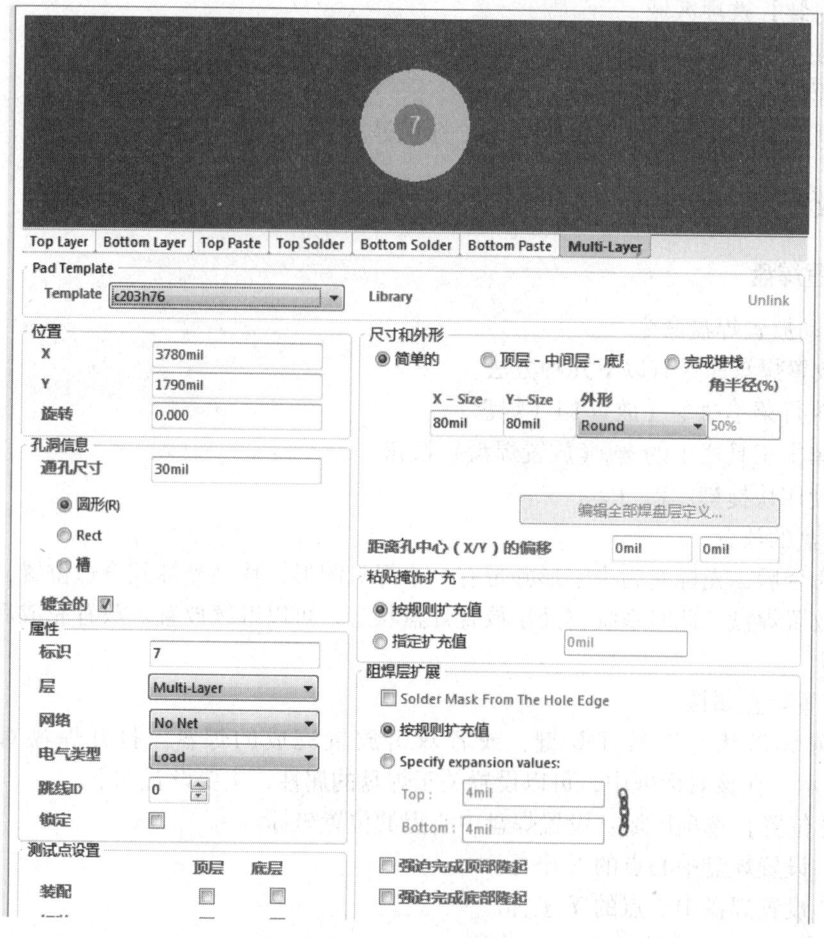

图 7－8　焊盘对话框

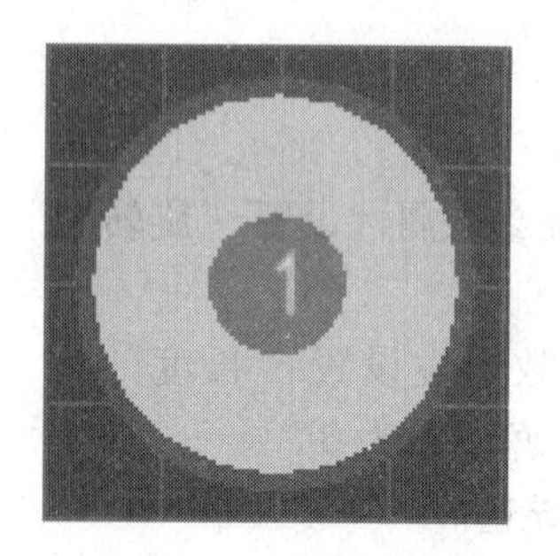

图 7－9　圆形通孔

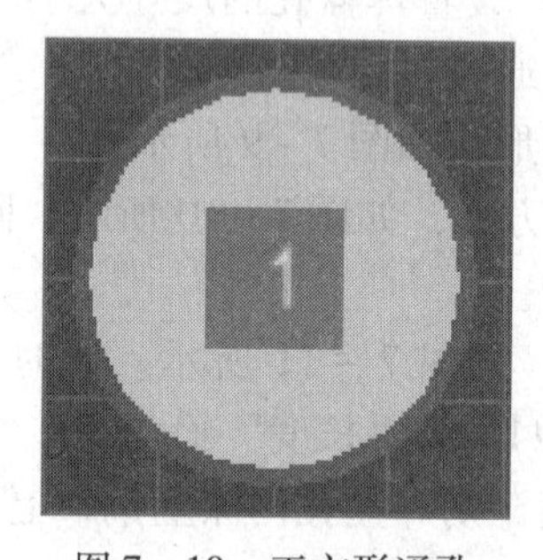

图 7－10　正方形通孔

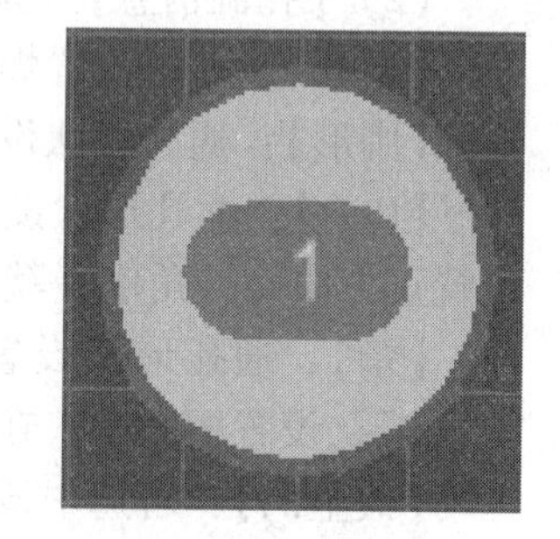

图 7－11　槽形通孔

（4）【测试点设置】选项区域：设置是否添加测试点并添加到哪一层，有两个复选框【装配】、【组装】在“顶层”或“底层”，供选择。

（5）【尺寸和外形】选项区域

【简单的】：若选中该单选按钮，则 PCB 图中所有层面的焊盘都采用同样的形状。焊盘有 4 种形状供选择，包括 Round（圆形）、Rectangle（长方形）、Octangle（八角形）和 Rounded Rectangle（圆角矩形），如图 7－12 所示。

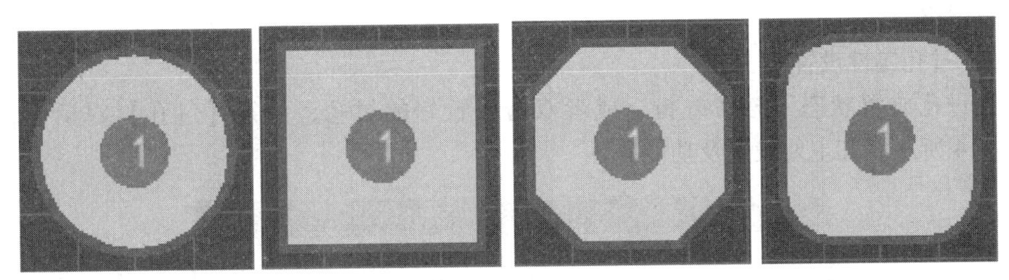

图 7 – 12　焊盘形状

【顶层 – 中间层 – 底层】：若选中该单选按钮，则顶层、中间层和底层使用不同形状的焊盘。

【完成堆栈】：若选中该单选按钮，单击 编辑全部焊盘层定义... 按钮，则进入【焊盘层编辑器】对话框，如图 7 – 13 所示。

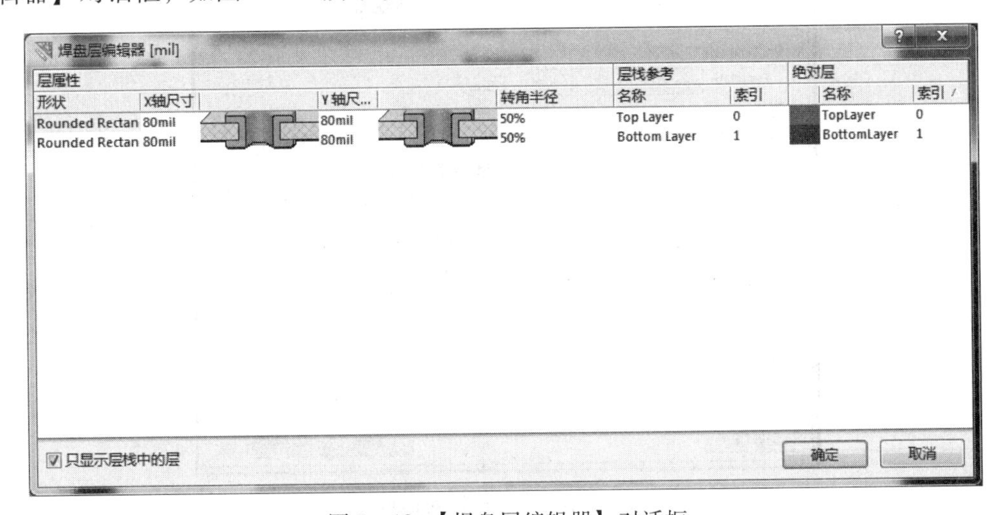

图 7 – 13　【焊盘层编辑器】对话框

在该对话框中，可以对焊盘的形状、尺寸逐层设置。其他各选项，一般采用默认设置即可。

2. 放置过孔

过孔主要用来连接不同板层之间的布线。一般情况下，在布线过程中，换层时系统会自动放置过孔，用户也可以自己放置。

1）启动放置过孔命令

启动放置过孔命令有以下几种方式。

（1）执行菜单命令【放置】|【过孔】。

（2）单击工具栏中的 （放置过孔）按钮。

（3）使用快捷键：P，V。

2）过孔的放置

启动命令后，光标变成十字形并带有一个过孔图形。移动光标到合适位置，单击即可在图纸上放置过孔。此时系统仍处于放置过孔状态，可以继续放置。放置完成后，单击鼠标右键退出。

3）过孔属性设置

在过孔放置状态下按 Tab 键，或者双击放置好的过孔，打开【过孔】对话框，如图 7－14 所示。其主要设置及功能如下

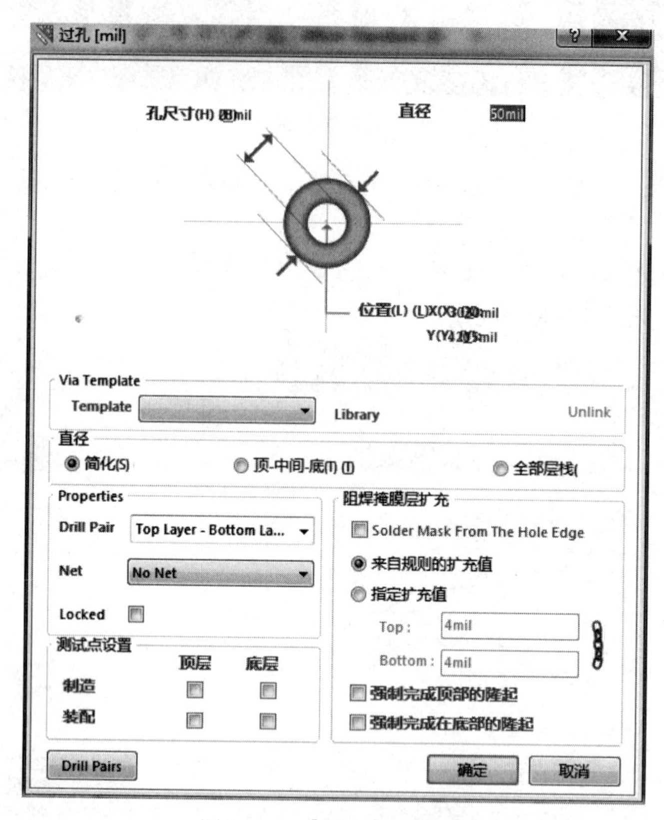

图 7－14 【过孔】对话框

（1）【直径】选项区域：设置过孔直径外形参数。有三种类型可供选择：简化、顶－中间－底、全部层栈。选择不同的类型则显示不同的参数。

【孔尺寸】：设置过孔孔径的尺寸大小。

【直径】：设置过孔外直径尺寸。

【位置 X、Y】：设置过孔中心点的位置坐标。

（2）【Properties】（属性）选项区域。

【Drill Pair】：设置过孔的起始板层和终止板层。

【Net】（网络）：设置过孔所属网络。

【Locked】（锁定）：设置是否锁定过孔。

（3）【测试点设置】选项区域。设置是否添加测试点并添加到哪一层，【制造】与【装配】都有两个复选框供选择。

7.3.3 绘制铜膜导线

在绘制导线之前，单击板层标签，选定导线要放置的层面，将其设置为当前层。

1. 启动绘制铜膜导线命令

启动绘制铜膜导线命令有 4 种方法。

（1）执行菜单命令【放置】|【交互式布线】。

（2）单击布线工具栏中的 （交互式布线连接）按钮。

（3）在 PCB 编辑区内单击鼠标右键，在弹出的快捷菜单中选择【交互式布线】命令。

（4）使用快捷键：P，T。

2. 铜膜导线的绘制

（1）启动绘制命令后，光标变成十字形，在指定位置单击，确定导线起点。

（2）移动光标绘制导线，在导线拐弯处单击，然后继续绘制导线，在导线终点处再次单击，结束该导线的绘制。

（3）此时，光标仍处于十字形，可以继续绘制导线。绘制完成后，单击鼠标右键或按 Esc 键，退出绘制状态。

3. 导线属性设置

（1）在绘制导线过程中，按 Tab 键将弹出交互式布线对话框，如图 7 - 15 所示。在该对话框中，可以设置导线宽度、所在层面、过孔直径及过孔孔径。同时还可以通过按钮重新设置布线宽度规则和过孔布线规则等，并将作为绘制下一段导线的默认值。

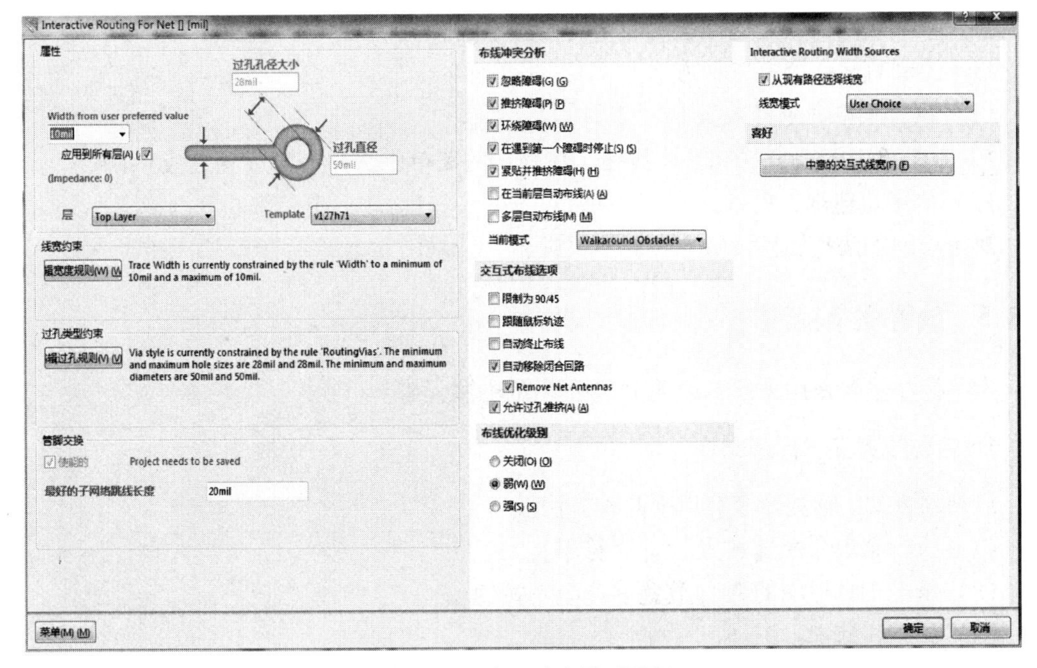

图 7 - 15　交互式布线对话框

（2）绘制完成后，双击需要修改属性的导线，弹出【轨迹】对话框，如图 7 - 16 所示。在此对话框中，可以设置导线的起始和终止坐标、宽度、层面、网络等属性，还可以设置是否锁定、是否具有禁止布线区属性。

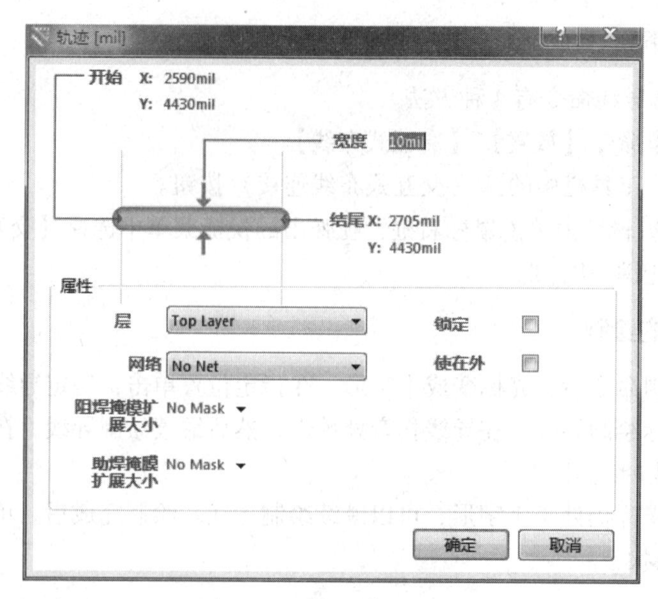

图 7－16 【轨迹】对话框

7.3.4 绘制直线

这里绘制的直线多指与电气属性无关的线，它的绘制方法和属性设置与前面讲的对导线的操作基本相同，只是启动绘制命令的方法不同。

启动绘制直线命令有三种方法。

（1）执行菜单命令【放置】|【走线】。

（2）单击实用工具栏中的 按钮，在弹出的菜单中选择 （放置走线）命令。

（3）使用快捷键：P，L。

对于绘制方法与属性设置，在此不再讲述。

7.3.5 放置文字标注

文字标注主要是用来解释说明 PCB 图中的一些元素。

1. 启动放置文字标注命令

启动放置文字标注命令有以下几种方法。

（1）执行菜单命令【放置】|【字符串】。

（2）单击工具栏中的 A （放置字符串）按钮。

（3）使用快捷键：P，S。

2. 放置文字

启动命令后，光标变成十字形并带有一个字符串虚影，移动光标到图纸中需要文字标注的位置，单击放置字符串。此时系统仍处于放置状态，可以继续放置字符串。放置完成后，单击鼠标右键退出。

3. 字符串属性设置

在放置状态下按 Tab 键，或者双击放置完成的字符串，系统弹出【串】对话框，如图 7－17 所示。其主要设置与功能如下。

图 7－17　【串】对话框

【宽度】：设置字符串的宽度。

【Height】（高度）：设置字符串高度。

【旋转】：设置字符串的旋转角度。

【位置 X、Y】：设置字符串的位置坐标。

【文本】：设置文字标注的内容。可以自定义输入，也可以单击后面的下三角按钮进行选择。

【层】：设置文字标注所在的层面。

【字体】：设置字体，有 3 个单选按钮可供选择，选择后【选择字体】一栏中会显示出与之对应的设置内容。

7.3.6　放置坐标原点和位置坐标

在 PCB 编辑环境中，系统提供了一个坐标系，它是以图纸的左下角为坐标原点的，用户可以根据需要建立自己的坐标系。

1. 放置坐标原点

1）启动放置坐标原点命令

（1）执行菜单命令【编辑】|【原点】|【设置】。

（2）单击实用工具栏中的按钮，在弹出的菜单中选择命令。

（3）使用快捷键：E，O，S。

2）坐标原点的放置

启动命令后，光标变成十字形。将光标移到要设置成原点的点处，单击即可。若要恢复到原来的坐标系，执行菜单命令【编辑】|【原点】|【复位】。

2. 放置位置坐标

1）启动放置位置坐标命令

（1）执行菜单命令【放置】|【坐标】。

（2）单击实用工具栏中的按钮，在弹出的菜单中选择命令。

（3）使用快捷键：P，O。

2）位置坐标的放置

启动命令后，光标变成十字形并带有一个坐标值。移动光标到合适位置，单击即可将坐标值放置到图纸上。此时仍可继续放置，右击即可退出。

3）位置坐标属性设置

在放置状态下按 Tab 键，或者双击放置完成的位置坐标，系统弹出【调整】对话框，如图 7－18 所示。

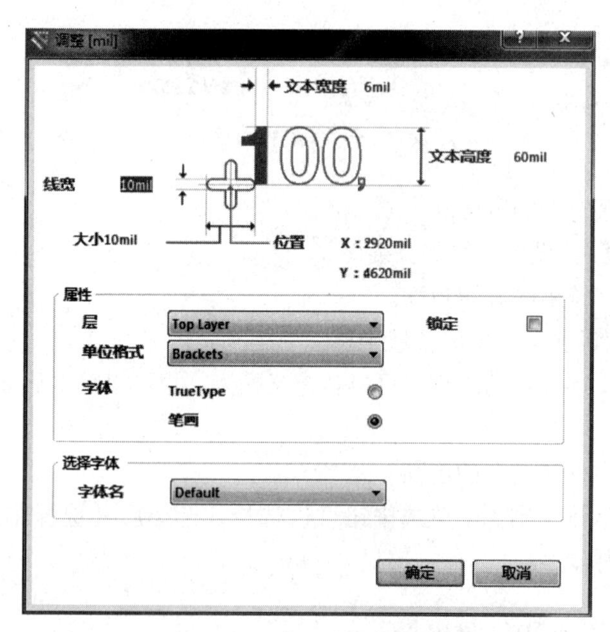

图 7－18 【调整】对话框

在该对话框中，单击【单位格式】下拉列表框的下三角按钮，可以选择位置坐标的单位标注样式，包括 None（不标注单位）、Normal（一般标注）和 Brackets（单位放在小括号中）三种。对于其他各项设置，与前面基本相同，在此不再讲述。

7.3.7　放置尺寸标注

在 PCB 设计过程中，系统提供了多种标注命令，用户可以使用这些命令，在电路板上进行一些尺寸标注。

1. 启动尺寸标注命令

（1）执行菜单命令【放置】|【尺寸】，系统弹出尺寸标注菜单，如图 7－19 所示。选择执行菜单中的一个命令。

（2）单击实用工具栏中的（放置尺寸）按钮，打开尺寸标注菜单并选择执行菜单中的一个命令。

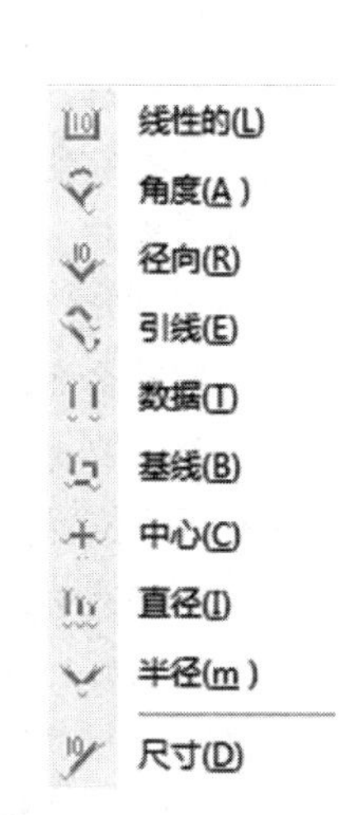

图 7－19　尺寸标注菜单

2. 尺寸标注的放置

1）放置直线尺寸标注

（1）启动命令后，移动光标到指定位置，单击确定标注的起始点。

（2）移动光标到另一位置，再次单击确定标注的终止点。

（3）继续移动光标，可以调整标注的放置位置，在合适位置单击完成一次标注。

（4）此时仍可以继续放置尺寸标注，也可以右击退出。

2）放置角度尺寸标注

（1）启动命令后，移动光标到要标注的角的顶点或一条边上，单击确定标注的第一点。

（2）移动光标，在同一条边上距离第一点稍远处，再次单击确定标注的第二点。

（3）移动光标到另一条边上，单击确定第三点。

（4）移动光标，在第二条边上距第三点稍远处，再次单击。

（5）此时标注的角度尺寸确定，移动光标可以调整放置位置，在合适位置单击完成一次标注。

（6）可以继续放置尺寸标注，也可以右击退出。

3）放置半径尺寸标注

（1）启动命令后，移动光标到圆或圆弧的圆周上，单击则半径尺寸被确定。

（2）移动光标，调整放置位置，在合适位置单击完成一次标注。

（3）可以继续放置尺寸标注，也可以右击退出。

4）放置前导标注

（1）前导标注主要用于提供对某些对象的提示信息。

（2）启动命令后，移动光标至需要标注的对象附近，单击确定前导标注箭头的位置。

（3）移动光标调整标注线的长度，单击确定标注线的转折点，继续移动鼠标并单击，完成放置。

（4）右击退出放置状态。

5）放置数据标注

（1）数据标注用来标注多个对象间的线性距离，使用该命令可以实现对两个或两个以上对象的距离标注。

（2）启动该命令后，移动光标到需要标注的第一个对象上，单击确定基准点位置，此位置的标注值为0。

（3）移动光标到第二个对象上，单击确定第二个参考点。

（4）继续移动光标到下一个对象，单击确定对象的参考点，依次下去。

（5）选择完所有对象后，右击以停止选择对象。通过移动光标调整标注放置的位置，在合适位置单击，放置完成。

6）放置基线尺寸标注

（1）启动命令后，移动光标到基线位置，单击确定标注基准点。

（2）移动光标到下一个位置，单击确定第二个参考点。该点的标注被确定，移动光标可以调整标注位置，在合适位置单击以确定标注位置。

（3）移动光标到下一个位置，按照上面的方法继续标注，标注完所有的参考点后，右击退出。

7）放置中心尺寸标注

（1）中心尺寸标注用来标注圆或圆弧的中心位置，标注后，在中心位置上会出现一个十字标记。

（2）启动命令后，移动光标到需要标注的圆或圆弧的圆周上单击，光标将自动跳到圆或圆弧的圆心位置，并出现一个十字标记。

（3）移动光标调整十字标记的大小，在合适大小时单击确定。

（4）可以继续选择标注其他圆或圆弧，也可以右击退出。

8）放置直线式直径尺寸标注

（1）启动命令后，移动光标到圆的圆周上，单击确定直径标注的尺寸。

（2）移动光标调整标注放置位置，在合适位置再次单击，完成标注。

（3）此时，系统仍处于标注状态，可以继续标注，也可以右击退出。

9）放置射线式直径尺寸标注

标注方法与前面所讲的放置直线式直径尺寸标注方法基本相同。

10）放置尺寸标注

（1）启动命令后，移动光标到指定位置，单击确定标注的起始点。

（2）移动光标可到另一个位置，再次单击确定标注的终止点。

（3）继续移动光标，可以调整标注的放置位置，可360°旋转，在合适位置单击完成一次标注。

（4）此时仍可以继续放置尺寸标注，也可以右击退出。

3. 放置尺寸标注属性

对于上面所讲的各种尺寸标注，它们的属性设置大体相同，这里只介绍其中一种。双击放置的线性尺寸标注，系统弹出【线尺寸】对话框，如图7－20所示。

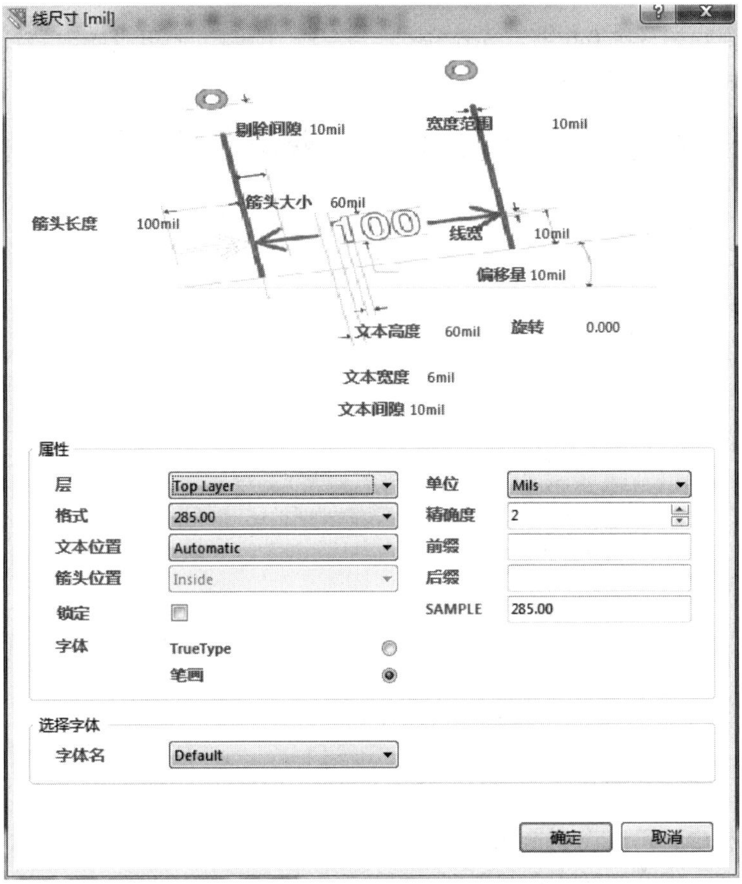

图7－20　【线尺寸】对话框

7.3.8　绘制圆弧

1. 中心法绘制圆弧

1）启动中心法绘制圆弧命令

（1）执行菜单命令【放置】|【圆弧（中心)】。

（2）单击实用工具栏中的 按钮，在弹出的菜单中选择 （从中心放置圆弧）命令。

（3）使用快捷键：P，A。

2）绘制圆弧

（1）启动命令后，光标变成十字形。移动光标，在合适位置单击，确定圆弧中心。

（2）移动光标，调整圆弧的半径大小，在合适大小时单击确定。

（3）继续移动光标，在合适位置单击确定圆弧起点位置。

（4）此时，光标自动跳到圆弧的另一个端点处，移动光标，调整端点位置，单击确定。

（5）可以继续绘制下一个圆弧，也可单击右键退出。

3）设置圆弧属性

在绘制圆弧状态下按 Tab 键，或者单击绘制完成的圆弧，打开【Arc】对话框，如图 7－21 所示，可对圆弧属性进行设置。

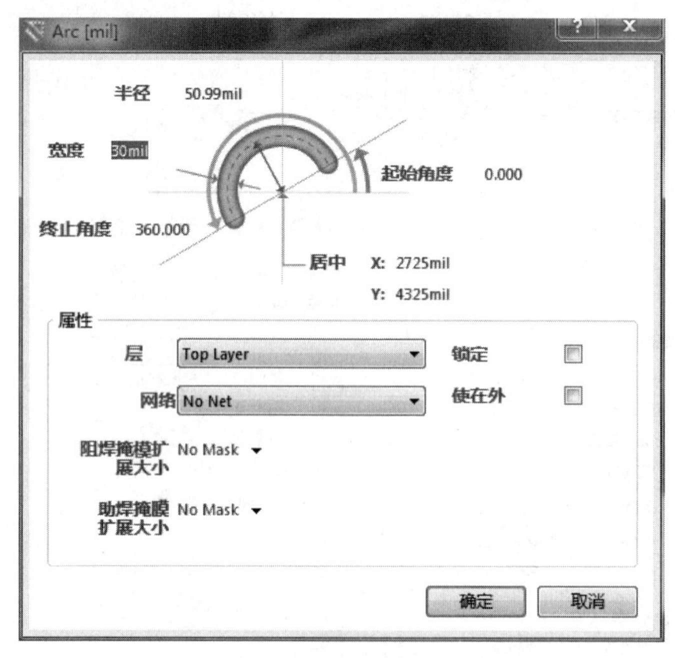

图 7－21 【Arc】对话框

在该对话框中，可以设置圆弧的【居中 X、Y】中心位置坐标、起始角度、终止角度、宽度、半径，以及圆弧所在的层面、所属的网络等参数。

2. 边缘法绘制圆弧

1）启动边缘法绘制圆弧命令

（1）执行菜单命令【放置】|【圆弧（边沿）】。

（2）使用快捷键：P，E。

2）绘制圆弧

启动命令后，光标变成十字形。移动光标到合适位置，单击确定圆弧的起点。移动光标，再次单击确定圆弧的终点，一段圆弧绘制完成后，可以继续绘制圆弧，也可以右击退出。采用此方法绘制出的圆弧都是 90°圆弧，用户可以通过设置属性来改变其弧度值。

3）圆弧属性设置

其设置方法同上。

3. 绘制任何角度的圆弧

1）启动绘制命令

（1）执行菜单命令【放置】|【圆弧（任意角度）】。

（2）单击实用工具栏中的 按钮，在弹出的菜单中选择 （通过边沿任意角度放置圆弧）命令。

（3）使用快捷键：P，N。

2）绘制圆弧

（1）启动命令后，光标变成十字形。移动光标到合适位置，单击确定圆弧起点。

（2）拖动光标，调整圆弧半径大小，在合适大小时再次单击确定。

（3）此时，光标会自动跳到圆弧的另一端点处，移动光标，在合适位置单击确定圆弧的终止点。

（4）可以继续绘制下一个圆弧，也可右击退出。

3）圆弧属性设置

其设置方法同上。

7.3.9　绘制圆

1. 启动绘制圆命令

（1）执行菜单命令【放置】|【圆环】。

（2）单击实用工具栏中的 按钮，在弹出的菜单中选择 （放置圆环）命令。

（3）使用快捷键：P，U。

2. 圆的绘制

启动绘制命令后，光标变成十字形。移动光标到合适位置，单击确定圆的圆心位置。此时光标自动跳到圆周上，移动光标可以改变半径大小，再次单击确定半径大小，则一个圆绘制完成。可以继续绘制，也可右击退出。

3. 设置圆属性

在绘制圆状态下按 Tab 键，或者单击绘制完成的圆，打开圆属性设置对话框，其设置内容与以上所讲的圆弧的属性设置相同。

7.3.10　放置填充区域

1. 放置矩形填充

1）启动放置矩形填充命令

（1）执行菜单命令【放置】|【填充】。

（2）单击工具栏中的 按钮。

（3）使用快捷键：P，F。

2）矩形填充的放置

启动命令后，光标变成十字形。移动光标到合适位置，单击确定矩形填充的一角。移动鼠标，调整矩形的大小，在合适大小时，再次单击确定矩形填充的对角，则一个矩形填充完成。可以继续放置，也可以右击退出。

3）矩形填充属性设置

在放置状态下按 Tab 键，或者双击放置完成的矩形填充，打开【填充】对话框，如图 7－22 所示。

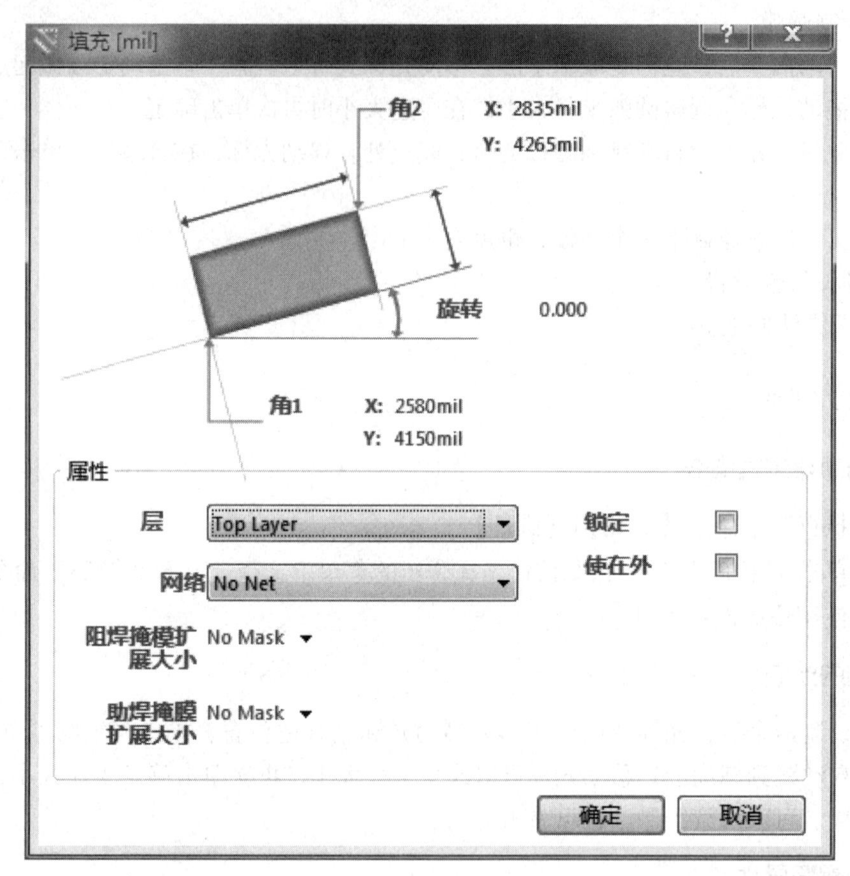

图 7－22 【填充】对话框

在该对话框中，可以设置矩形填充的旋转角度、角 1 X、Y 的坐标、角 2 X、Y 的坐标及填充所在层面、所属网络等参数。

2. 放置多边形填充

1）启动放置多边形填充命令

（1）执行菜单命令【放置】|【实心区域】。

（2）使用快捷键：P，R。

2）多边形填充的放置

启动命令后，光标变成十字形。移动光标到合适位置，单击确定多边形的第一条边上的起点。移动光标，单击确定多边形第一条边的终点，同时也作为第二条边的起点。依次下去，直到最后一条边，单击退出该多边形的设置。此时可以继续绘制，也可以右击退出。

3）矩形多边形属性设置

在放置状态下按 Tab 键，或者双击放置完成的多边形填充，打开【区域】对话框，如

图 7－23 所示。在该对话框中，可以设置多边形填充所在层面和所属网络等参数。

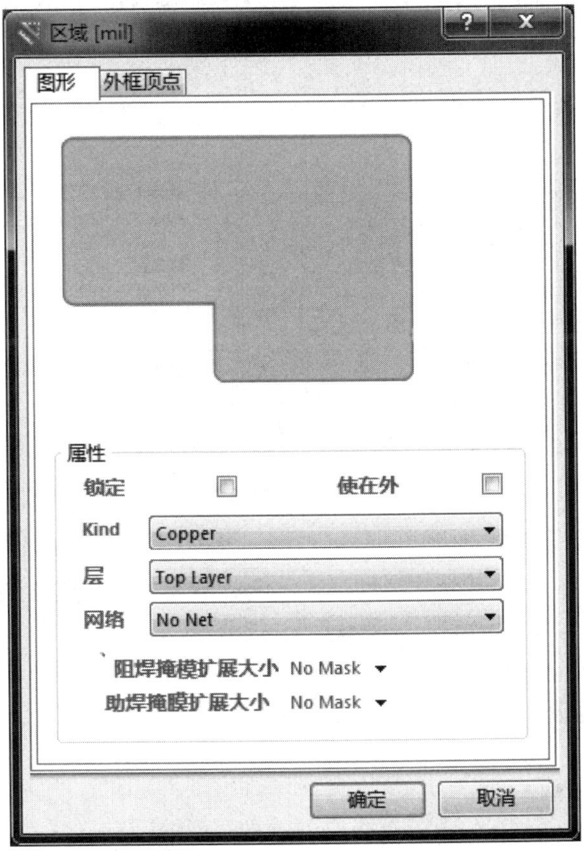

图 7－23 【区域】对话框

7.3.11 敷铜

1. 启动建立敷铜命令

（1）执行菜单命令【放置】|【多边形敷铜】。

（2）单击工具栏中的按钮。

（3）使用快捷键：P，G。

2. 建立敷铜

启动命令后，系统弹出【多边形敷铜】对话框，如图 7－24 所示。在该对话框中，主要参数意义如下。

1）【填充模式】选项区域

该区域有三个用于选择敷铜的填充模式单选按钮。

【Solid（Copper Regions）】：实心填充，即敷铜区域内为全部铜填充。该模式需要设置的参数如图 7－24 所示。需要设置的参数有“孤岛小于… 移除”“弧近似”“当铜… 移除颈部”。

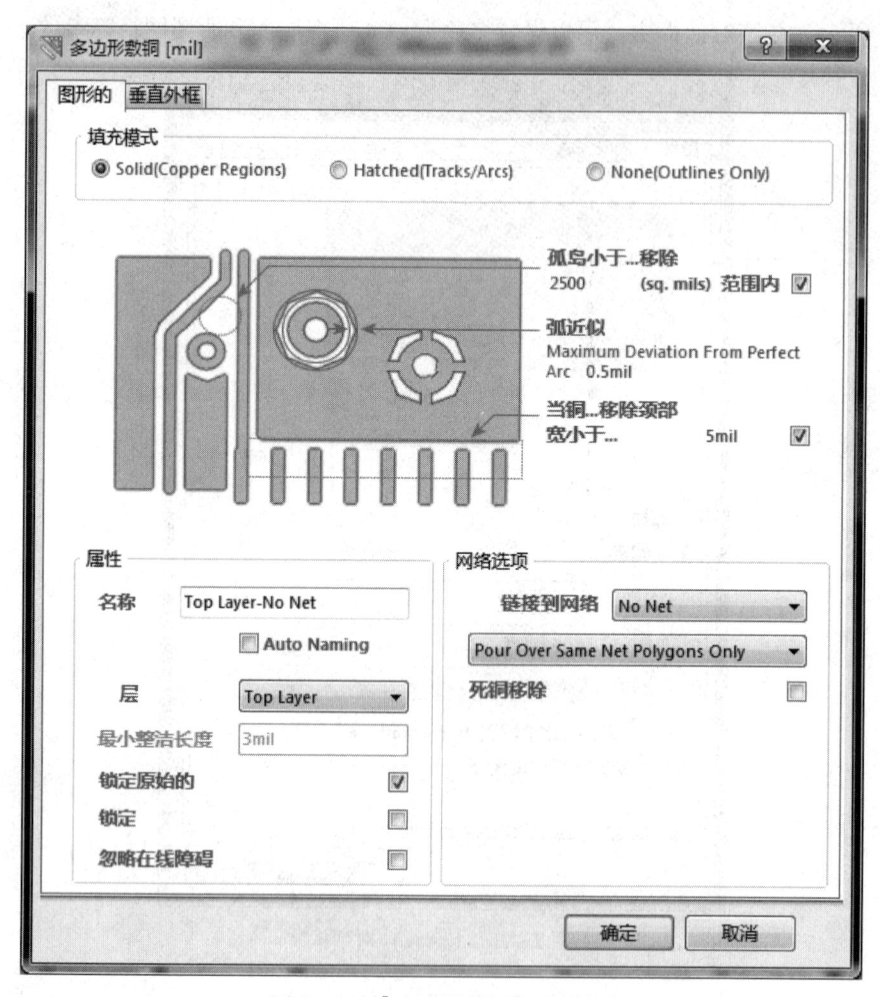

图 7－24 【多边形敷铜】对话框

【Hatched（Tracks/Arcs）】：影线化填充，即向敷铜区域填充网格状的攫铜。该模式需要设置的参数如图 7－25 所示，主要有轨迹宽度、栅格尺寸、包围焊盘宽度及孵化模式等。

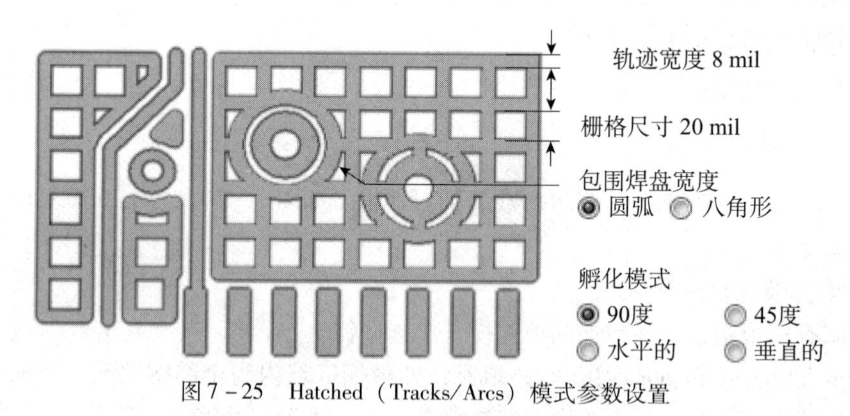

图 7－25 Hatched（Tracks/Arcs）模式参数设置

【None（Outlines Only）】：无填充，即只保留敷铜边界，内部无填充。该模式需要设置的参数如图 7－26 所示，有轨迹宽度、栅格尺寸、包围焊盘宽度及孵化模式等。

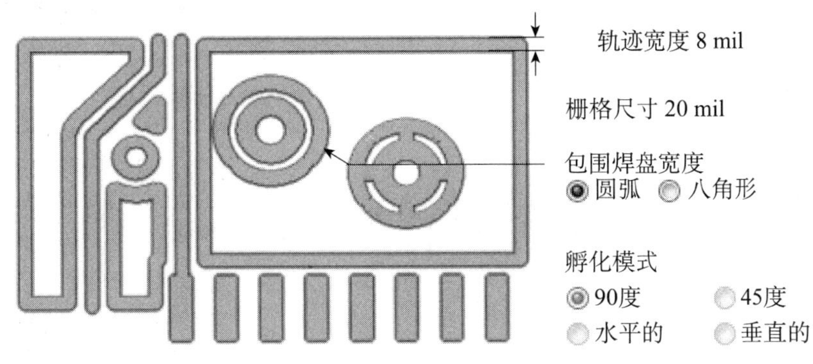

图 7－26　None（Outlines Only）模式参数设置

2）【属性】选项区域

该区域用于设置敷铜所在的【层】下拉列表框、【最小整洁长度】文本框和【锁定】复选框等。

3）【网络选项】选项区域

【链接到网络】：用于设置敷铜所要连接到的网络，有以下选项。

【Not Net（不连接网络）】：不连接到任何网络。

【Don't Pour Over Same Net Object】（敷铜不与同网络的图元相连）：用于设置敷铜的内部填充不与同网络的对象相连。

【Pour Over Same Net Polygons Only】（敷铜只与同网络的边界相连）：用于设置敷铜的内部填充只与敷铜边界线及同网络的焊盘相连。

【Pour Over All Same Net Objects】（敷铜与同网络的任何图元相连）：用于设置敷铜的内部填充与同网络的所有对象相连。

【死铜移除】：若选中该复选框，则可以删除没有连接到指定网络对象上的封闭区域内的敷铜。

3. 设置敷铜的边界线

设置好对话框的参数后，单击 确定 按钮，光标变为十字形，即可放置敷铜的边界线。其放置方法与放置多边形填充的方法相同。在放置敷铜边界线时，可以通过按空格键切换拐角模式，有直角模式、45°模式、90°模式和任意模式 4 种选择。

下面对完成的“单片机最小系统电路”建立敷铜。在【多边形敷铜】对话框中，选择影线化填充，45°填充模式，链接到网络 GND，【层】设置为 Bottom Layer，且选中【死铜移除】复选框，其设置如图 7－27 所示。

设置完成后，单击 确定 按钮，光标变为十字形。用光标在 PCB 板的电气边界线绘制出一个封闭的矩形，系统将在矩形框中自动建立底层的敷铜。采用同样的方式，为 PCB 板的 Top Layer（顶层）建立敷铜。敷铜后的 PCB 板如图 7－28 所示。

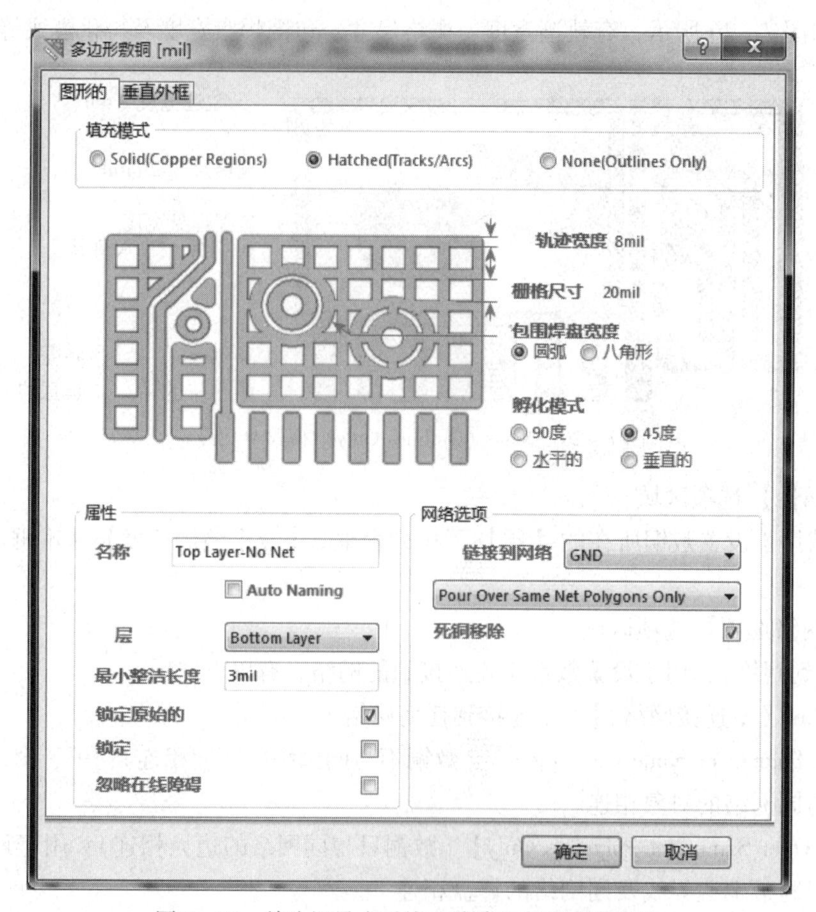

图 7－27　单片机最小系统电路建立敷铜参数设置

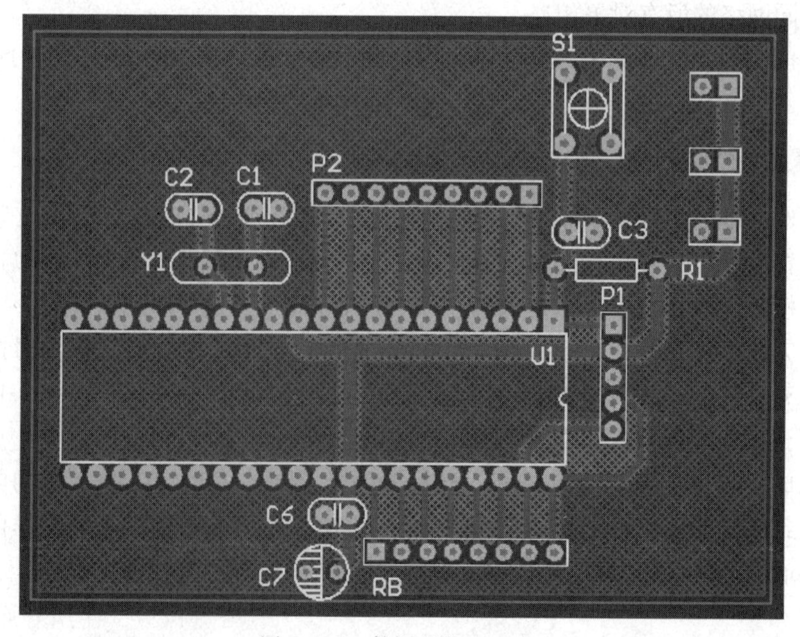

图 7－28　敷铜后的 PCB 板

7.3.12 补泪滴

泪滴就是导线和焊盘连接处的过渡段。在PCB板制作过程中，为了加固导线和焊盘之间连接的牢固性，通常需要补泪滴，以加大连接面积。

执行菜单命令【工具】|【泪滴】，系统弹出【Teardrops】（泪滴）对话框，如图7－29所示。

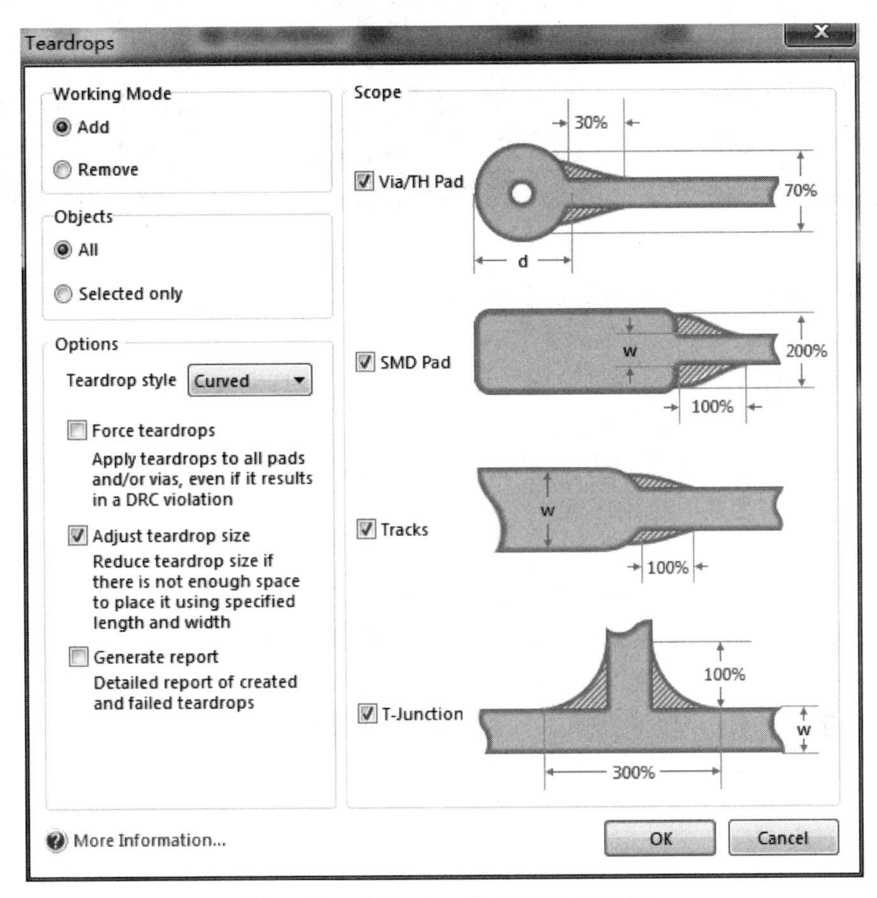

图7－29 【Teardrops】（泪滴）对话框

1）【Working Mode】（工作模式）选项区域

【Add】（添加）：选中表示添加泪滴。

【Remove】（删除）：选中表示删除泪滴。

2）【Objects】（对象）选项区域

【All】（所有）：选中表示对所有的焊盘进行补泪滴操作。

【Selected only】（选中的）：对选中的焊盘进行补泪滴操作。

3）【Options】（选项）选项区域

【Teardrop style】（泪滴类型）：用于设置泪滴的类型。有【Arc】（圆弧）和【Curved】（线）2种类型。补泪滴前如图7－30所示，圆弧状泪滴如图7－31所示，线状泪滴如图7－32所示。

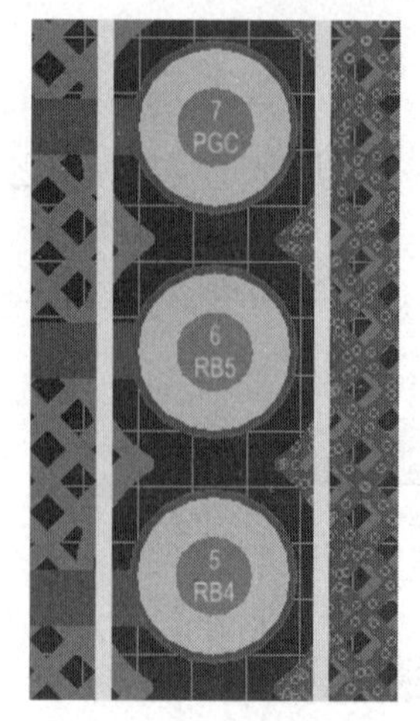

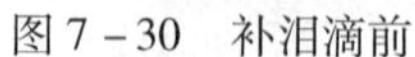

图 7-30　补泪滴前

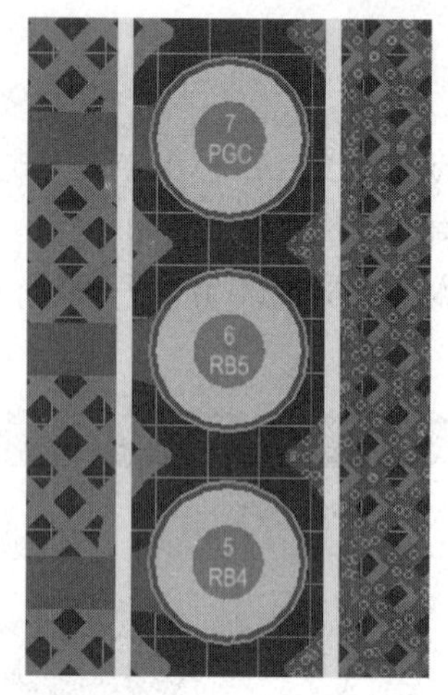

图 7-31　圆弧状泪滴

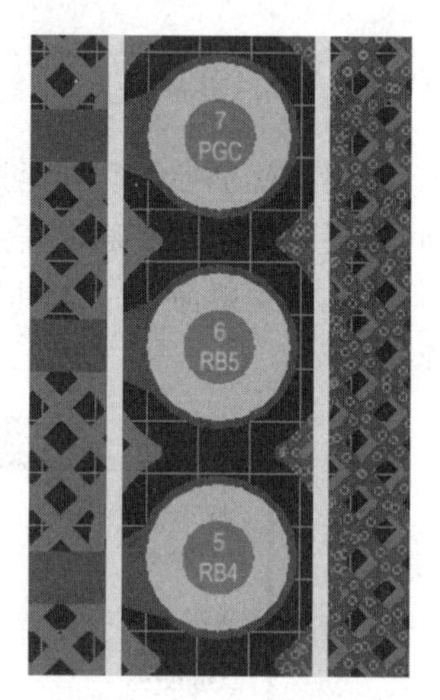

图 7-32　线状泪滴

【Force teardrops】（强迫泪滴）：若选中该复选框，则表示忽略规则约束，强制为焊盘或过孔放置泪滴。

【Adjuct teardrop size】（调整泪滴大小）：若选中该复选框，则表示没有足够空间放置泪滴时，系统自动调整泪滴大小。

【Generate report】（创建报告）：若选中该复选框，则表示建立报告。

4）【Scope】（范围）选项区域

用于设置补泪滴的范围。

【Via/TH Pad】：若选中该复选框，则表示对过孔/焊盘补泪滴。

【SMD Pad】：若选中该复选框，则表示对贴片焊盘补泪滴。

【Tracks】：若选中该复选框，则表示对导线走线补泪滴。

【T-junction】：若选中该复选框，则表示对 T 型结构补泪滴。

设置完成后，单击 确定 按钮，可以完成设置。

7.3.13　包地

所谓包地就是用接地的导线将一些导线包起来。在 PCB 设计过程中，为了增强板的抗干扰能力经常采用这种方式，具体步骤如下。

（1）执行菜单命令【编辑】|【选中】|【网络】，光标变成十字形。移动光标到 PCB 图中，单击需要包地的网络中的一根导线，即可将整个网络选中。

（2）执行菜单命令【工具】|【描画选择对象的外形】，系统自动为选中网络进行包地。在包地时，有时会由于包地线与其他导线之间的距离小于设计规则中设定的值，影响到其他导线，被影响的导线会变成绿色，需要手工调整。

任务 7.4　人工布局

布局实际上就是如何在一块印制电路板上放置元器件，布局是否合理，直接关系到布线的效果。系统提供了自动布局功能，对于比较复杂的电路，虽然自动布局快捷高效，但对于不合理的地方，仍然采用人工方式对布局进行调整。掌握人工布局是设计 PCB 的基础，元器件放置完毕，应当从机械结构、散热、电磁干扰及布线的方便性等方面综合考虑元器件布局，可以通过移动、旋转等方式调整元器件的位置。在布局时除了要考虑元器件的位置外，还必须调整好丝网层上文字符号的位置。

7.4.1　选取和取消选取对象

1. 对象的选取

1）用鼠标直接选取单个或者多个元器件

对于单个元器件，将光标移动到要选取的元器件上单击即可。这时该元器件周围会出现一个绿框，表明该元器件已经被选取，如图 7－33 所示。

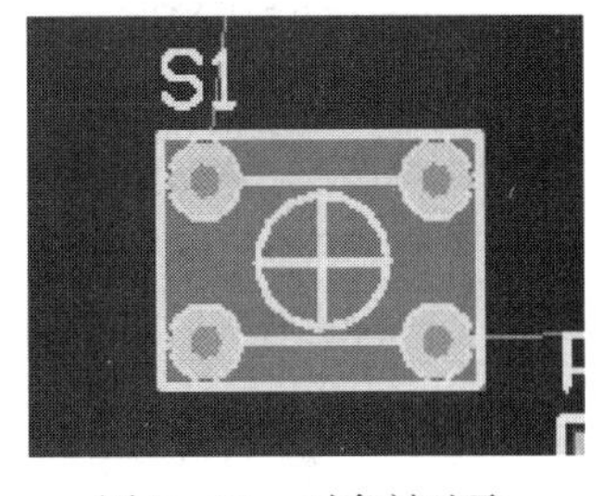

图 7－33　对象被选取

对于多个元器件，单击并拖动鼠标，拖出一个矩形框，将要选取的元器件包含在该矩形框内，释放鼠标后即可选取多个元器件；或者按住 Shift 键，用鼠标逐一单击要选取的元器件，也可以选取多个元器件。

2）利用菜单命令选取。

执行菜单命令【Edit】（编辑）|【Select】（选中），弹出如图 7－34 所示的菜单。主要命令含义介绍如下。

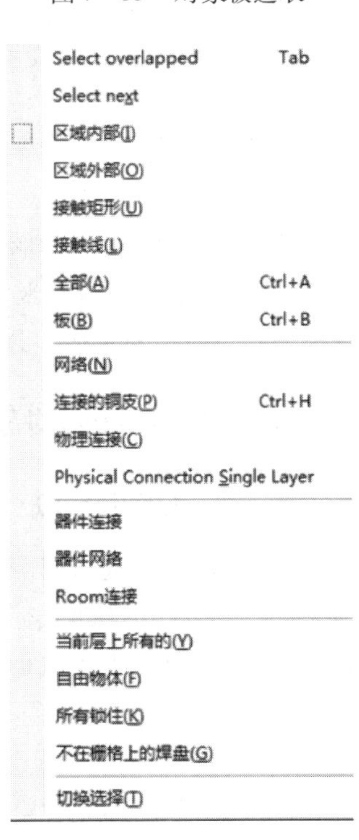

图 7－34　【选中】菜单

【区域内部】：执行此命令后，光标变成十字形，用鼠标选取一个区域，则区域内的对象被选取。

【区域外部】：用于选取区域外的对象。

【全部】：执行此命令后，PCB 图纸上的所有对象都被选取。

【板】：用于选取整个 PCB 板，包括板边界上的对象，而 PCB 板外的对象不会被选取。

【网络】：用于选取指定网络中的所有对象。执行该命令后，光标变成十字形，单击指定网络的对象可选中整个网络。

【连接的铜皮】：用于选取与指定对象具有铜连接关系的所有对象。

【物理连接】：用于选取指定的物理连接。

【器件连接】：用于选取与指定元器件的焊盘相连接的所有导线、过孔等。

【器件网络】：用于选取当前文件中与指定元器件相连的所有网络。

【Room 连接】：用于选取处于指定 Room 空间中的所有连接导线。

【当前层上所有的】：用于选取当前层面上的所有对象。

【自由物体】：用于选取当前文件中除元器件外的所有自由对象，如导线、焊盘、过孔等。

【所有锁住】：用于选中所有锁定的对象。

【不在栅格上的焊盘】：用于选中所有不对准网络的焊盘。

【切换选择】：执行该命令后，对象的选取状态被切换，即若该对象原来处于未选取状态，则被选取；若原来处于选取状态，则取消选取。

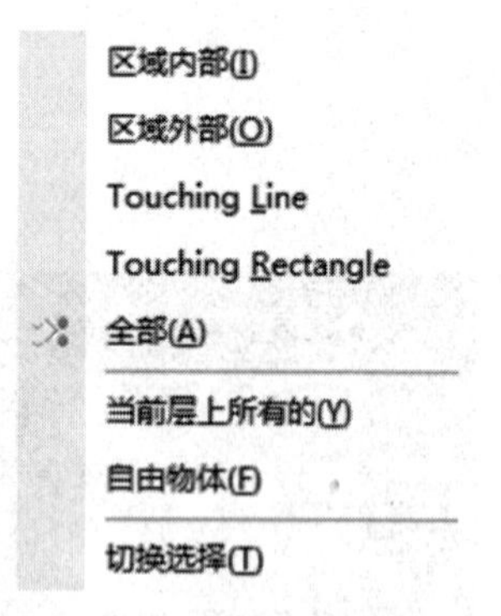

图 7－35 【取消选中】菜单

2. 取消选取

取消选取也有多种方法，这里介绍几种常用的方法。

（1）直接用鼠标单击 PCB 图纸的空白区域，即可取消选取。

（2）单击工具栏的 按钮就可以将选取的元器件取消。

（3）执行菜单【Edit】（编辑）|【Deselect】（取消选中）命令，弹出如图 7－35 所示的菜单。

【区域内部】：用于取消区域内对象的选取。

【区域外部】：用于取消区域外对象的选取。

【全部】：用于取消当前 PCB 图中所有处于选取状态对象的选取。

【当前层上所有的】：用于取消当前层面上所有对象的选取。

【自由物体】：用于取消当前文件中除元器件外的所有自由对象的选取，如导线、焊盘、过孔等。

【切换选择】：执行该命令后，对象的选取状态将被切换，即若该对象原来处于未选取状态，则被选取；若原来处于选取状态，则取消选取。

（4）按住 Shift 键，逐一单击已被选取的对象，可以取消其选取状态。

7.4.2 移动和删除对象

1. 单个对象的移动

（1）单个未选取对象的移动。将光标移到需要移动的对象上（不需要选取），按下鼠标左键不放，拖动鼠标，对象将会随光标一起移动，到达指定位置后松开鼠标左键，即可完成移动；或者执行菜单命令【编辑】|【移动】|【移动选择】，光标变成十字形，单击需要移动的对象后，对象将随光标一起移动，到达指定位置后再次单击，完成移动。

（2）单个已选取对象的移动。将光标移到需要移动的对象上（该对象已被选取），同样按下鼠标左键不放，拖动至指定位置后松开；或者执行菜单命令【编辑】|【移动】|【移动选择】，将对象移动到指定位置；或者单击工具栏中的 （移动选择）按钮，光标变成十字形，单击需要移动的对象后，对象将随光标一起移动，到达指定位置后再次单击，完成移动。

2. 多个对象的移动

需要同时移动多个对象时，首先要将所有要移动的对象选中。然后在其中任意一个对象上按下鼠标左键不放，拖动鼠标，所有选中的对象将随光标整体移动，到达指定位置后松开鼠标左键；或者执行菜单命令【编辑】|【移动】|【移动选择】，将所有对象整体移动到指定位置；或者单击主工具栏中的 ✛ 按钮，将所有对象整体移动到指定位置，完成移动。

3. 菜单命令的移动

除了上面介绍的两种菜单移动命令外，系统还提供了其他一些菜单移动命令。执行菜单命令【编辑】|【移动】，弹出如图7-36所示的菜单命令。主要命令含义如下。

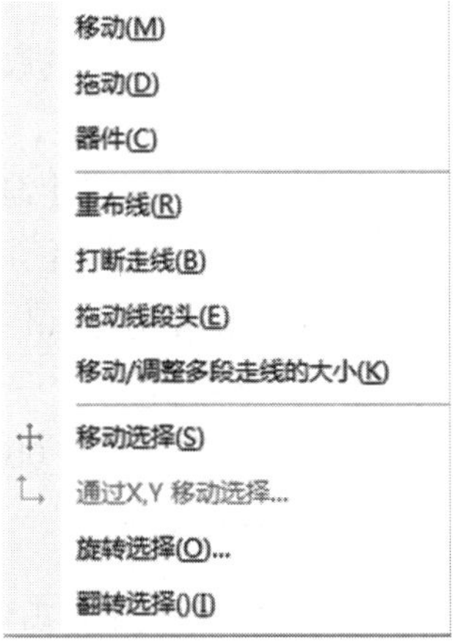

移动(M)
拖动(D)
器件(C)
重布线(R)
打断走线(B)
拖动线段头(E)
移动/调整多段走线的大小(K)
移动选择(S)
通过X,Y 移动选择...
旋转选择(O)...
翻转选择()(I)

图7-36 移动菜单

【移动】：用于移动未选取的对象。

【拖动】：使用该命令移动对象时，与该对象连接的导线也随之移动或拉长，不断开该对象与其他对象的电气连接关系。

【器件】：执行该命令后，光标变成十字形，单击需要移动的元器件后，元器件将随光标一起移动，再次单击即可完成移动。或者在PCB编辑区空白区域内单击，将弹出元器件选择对话框，在对话框中可以选择移动的元器件。

【重布线】：执行该命令后，光标变成十字形，单击选取要移动的导线，可以在不改变其两端端点位置的情况下改变布线路径。

【旋转选择】：用于将选取的对象按照设定角度旋转。

【翻转选择】：用于镜像翻转已选取的对象。

4. 对象的删除

（1）执行菜单命令【编辑】|【选择】，鼠标光标变成十字形。将十字形光标移到要删除的对象上，单击即可将其删除。

（2）此时，光标仍处于十字形状态，可以继续单击删除其他对象。若不再需要删除对象，右击或按Esc键退出。

（3）也可以单击选取要删除的对象，然后按Delete键将其删除。

（4）若需要一次性删除多个对象，用鼠标选取要删除的多个对象后，执行菜单命令【编辑】|【清除】或按Delete键，可以将选取的多个对象删除。

7.4.3 对象的复制、剪切和粘贴

1. 对象的复制

对象的复制是指将对象复制到剪贴板中，具体步骤如下。

（1）在PCB图上选取需要复制的对象。

（2）执行复制命令，有以下 3 种方法。

① 执行菜单命令【编辑】|【复制】。

② 单击工具栏的（复制）按钮。

③ 使用快捷键：Ctrl + C。

（3）执行复制命令后，光标变为十字形，单击已被选取的复制对象，即可将对象复制到剪贴板中完成复制操作。

2. 对象的剪切

具体步骤如下。

（1）在 PCB 图上选取需要剪切的对象。

（2）执行复制命令，有以下 3 种方法。

① 执行菜单命令【编辑】|【剪切】。

② 单击工具栏的（剪切）按钮。

③ 使用快捷键：Ctrl + X。

（3）执行复制命令后，光标变为十字形，单击已被选取的剪切对象，对象在 PCB 上消失，即可将对象复制到剪贴板中完成剪切操作。

3. 对象的粘贴

对象的粘贴就是把剪贴板中的对象放置到编辑区里，有以下 3 种方法。

① 执行菜单命令【编辑】|【粘贴】。

② 单击工具栏的（粘贴）按钮。

③ 使用快捷键：Ctrl + V。

执行粘贴命令后，光标变为十字形，并带有要粘贴对象的虚影，在指定位置上单击即可完成粘贴操作。

4. 对象的橡皮图章粘贴

使用橡皮图章粘贴时，执行一次操作命令，可以进行多次粘贴，具体操作如下。

（1）选取需要橡皮图章粘贴的对象。

（2）执行命令，有以下 3 种方法。

① 执行菜单命令【编辑】|【橡皮图章】。

② 单击工具栏的（橡皮图章）按钮。

③ 使用快捷键：Ctrl + R。

（3）执行该命令后，光标变为十字形，单击被选中的对象后，该对象被复制并随光标移动。在图纸指定位置单击，放置被复制对象，此时仍处于放置状态，可连续放置。

（4）放置完成后，右击或按 Esc 键退出。

5. 对象的特殊粘贴

前面所讲的粘贴命令，对象仍保持其原有的层属性，若要将对象放置到其他层面上，就要使用特殊粘贴命令。

（1）将对象欲放置的层面设置为当前层。

（2）执行命令，有以下两种方法。

① 执行菜单命令【编辑】|【特殊粘贴】。

② 使用快捷键：E，A。

（3）执行命令后，系统弹出如图7－37所示的【选择性粘贴】对话框。

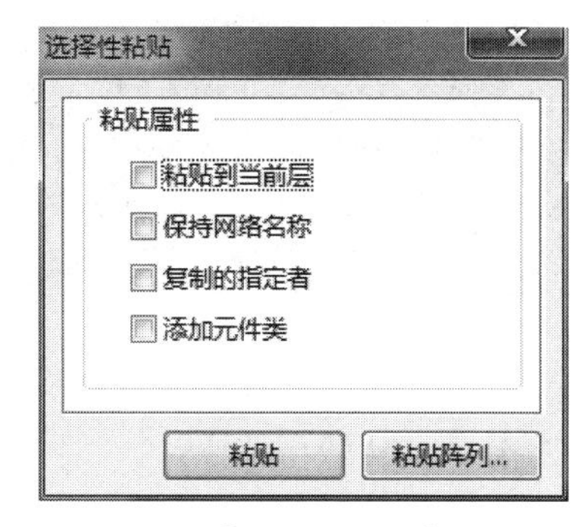

图7－37　【选择性粘贴】对话框

用户根据需要选择合适的复选框，以实现不同的功能，各复选框的意义如下。

【粘贴到当前层】：若选中该复选框，则表示将剪贴板中的对象粘贴到当前的工作层中。

【保持网络名称】：若选中该复选框，则表示保持网络名称。

【复制的指定者】：若选中该复选框，则复制对象的元器件序列号将与原始元器件的序列号相同。

【添加元件类】：若选中该复选框，则将所粘贴的元器件纳入同一类元器件。

（4）设置完成后，单击 粘贴 按钮进行粘贴操作，或者单击 粘贴阵列... 按钮进行阵列粘贴。

6. 对象的阵列粘贴

具体步骤如下。

（1）将对象复制到剪贴板中。

（2）执行菜单命令【编辑】|【特殊粘贴】，在弹出的对话框中单击 粘贴阵列... 按钮，或者单击实用工具栏的（应用工具）按钮，在弹出的菜单中选择（阵列式粘贴）选项，系统弹出【设置粘贴阵列】对话框，如图7－38所示。

图7－38　【设置粘贴阵列】对话框

在该对话框中，各项设置的意义如下。

【条款计数】：用于输入需要粘贴的对象的个数。

【文本增量】：用于输入粘贴对象序列号的递增数值。

【圆形】：若选中该单选按钮，则阵列式粘贴是圆形布局。

【线性的】：若选中该单选按钮，则阵列式粘贴是直线布局。

① 若选中【圆形】单选按钮，则【循环阵列】选项区域被激活。

【旋转项目到适合】：若选中该复选框，则粘贴对象随角度旋转。

【间距】：用于输入旋转的角度。

② 若选中【线性的】单选按钮，则【线性阵列】选项区域被激活。

【X-Spacing】：用于输入每个对象的水平间距。

【Y-Spacing】：用于输入每个对象的垂直间距。

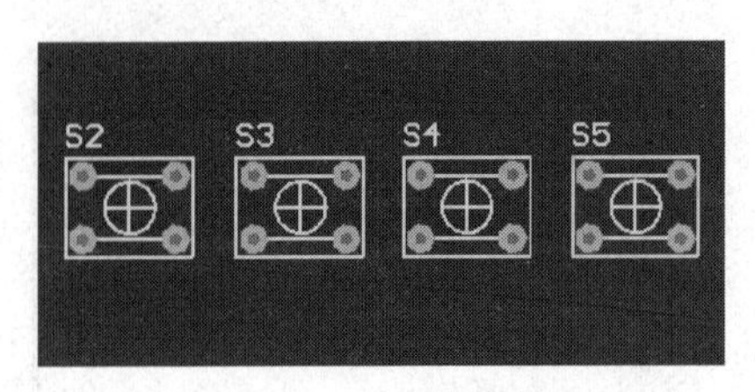

图 7－39 阵列式粘贴

（3）设置完成后，单击【确定】按钮，光标变成十字形。在图纸的指定位置单击，即可完成阵列式粘贴，如图 7－39 所示，设置条款计数为 4；文本增量为 1；线性陈列：【X-Spacing】为 500 mil，【Y-Spacing】为 0 mil。

7.4.4 对象的翻转

在 PCB 设计过程中，为了方便布局，往往要对对象进行翻转操作。下面介绍几种常用的翻转方法。

1. 利用空格键

单击需要翻转的对象并按住不放，等到光标变成十字形后，按空格键可以进行翻转。每按一次空格键，对象逆时针旋转 90°。

2. 利用 X 键实现元器件左右对调

单击需要对调的对象并按住不放，等到光标变成十字形后，按 X 键可以对对象进行左右对调操作。

3. 利用 Y 键实现元器件上下对调

单击需要对调的对象并按住不放，等到光标变成十字形后，按 Y 键可以对对象进行上下对调操作。

7.4.5 对象的对齐

执行菜单命令【编辑】|【对齐】，弹出排列和对齐菜单命令，如图 7－40 所示。

对齐(A)...
定位器件文本(P)...
左对齐(L) Shift+Ctrl+L
右对齐(R) Shift+Ctrl+R
向左排列（保持间距）(E) Shift+Alt+L
向右排列（保持间距）(G) Shift+Alt+R
水平中心对齐(C)
水平分布(D) Shift+Ctrl+H
增加水平间距
减少水平间距
顶对齐(T) Shift+Ctrl+T
底对齐(B) Shift+Ctrl+B
向上排列（保持间距）(I) Shift+Alt+I
向下排列（保持间距）(N) Shift+Alt+N
垂直中心对齐(V)
垂直分布(I) Shift+Ctrl+V
增加垂直间距
减少垂直间距
对齐到栅格上(G) Shift+Ctrl+D
移动所有器件原点到栅格上(O)

图 7－40 排列和对齐菜单命令

其主要命令的功能如下。

【左对齐】：将选取的对象向最左端的对象对齐。

【右对齐】：将选取的对象向最右端的对象对齐。

【水平中心对齐】：将选取的对象向最左端对象和最右端对象的中间位置对齐。

【水平分布】：将选取的对象在最左端对象和最右端组对象之间等距离排列。

【增加水平间距】：将选取的对象水平等距离排列并加大对象组内各对象之间的水平距离。

【减少水平间距】：将选取的对象水平等距离排列并缩小对象组内各对象之间的水平距离。

【顶对齐】：将选取的对象向最上端的对象对齐。

【底对齐】：将选取的对象向最下端的对象对齐。

【向上排列】：将选取的对象向最上端对象和最下端对象的中间位置对齐。

【向下排列】：将选取的对象在最上端对象和最下端对象之间等距离排列。

【增加垂直间距】：将选取的对象垂直等距离排列并加大对象组内各对象之间的垂直距离。

【减少垂直间距】：将选取的对象垂直等距离排列并缩小对象组内各对象之间的垂直距离。

7.4.6 PCB 图纸上的快速跳转

在 PCB 设计过程中，经常需要将光标快速跳转到某个位置或某个元器件上。在这种情况下，可以使用系统提供的快速跳转命令。

执行菜单命令【编辑】|【跳转】，弹出跳转菜单，如图 7－41 所示。

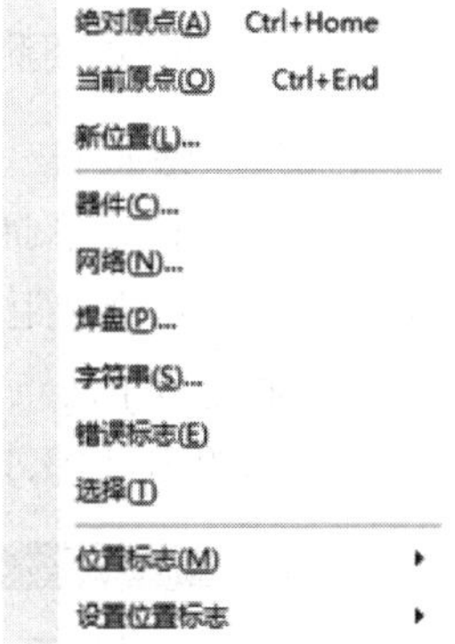

图 7－41 跳转菜单

【绝对原点】：用于将光标快速跳转到 PCB 的绝对原点。

【当前原点】：用于将光标快速跳转到 PCB 的当前原点。

【新位置】：执行该命令后，弹出如图 7－42 所示的对话框。在该对话框中输入坐标后，单击【确定】按钮，光标跳转到指定位置。

【器件】：执行该命令后，系统弹出如图 7－43 所示的对话框。在该对话框中输入元器件标识符后，单击【确定】按钮，光标跳转到该元器件处。

图 7－42 Jump To Location 对话框

图 7－43 Component Designator 对话框

【网络】：用于将光标跳转到指定网络处。

【焊盘】：用于将光标跳转到指定焊盘上。

【字符串】：用于将光标跳转到指定字符串处。

【错误标志】：用于将光标跳转到错误标志处。

【选择】：用于将光标跳转到选取的对象处。

【位置标志】：用于将光标跳转到指定位置标志处。

【设置位置标志】：用于设置位置标志。

7.4.7 测量距离

在 PCB 设计过程中，经常需要进行距离的测量，如两点之间的距离、两个元素之间的距离等。

1. 两元素间距离测量

两个元素之间的测量，例如两个焊盘之间的距离，测量步骤如下。

（1）执行菜单命令【报告】|【测量】，光标变成十字形，分别单击需要测量距离的两个焊盘，系统弹出一个两元素间距离信息对话框，如图 7-44 所示。该对话框显示了两个焊盘之间的距离。

（2）单击【OK】按钮后，系统仍处于测量状态，可继续进行测量，也可右击退出。

2. 两点间距离测量

测量步骤如下。

（1）执行菜单命令【报告】|【测量距离】，或者使用快捷键 Ctrl + M，光标变成十字形，单击需要测量距离的两点，系统弹出一个两点间距离信息对话框，如图 7-45 所示。该对话框显示了两点之间的距离。

（2）单击【OK】按钮后，系统仍处于测量状态，可继续进行测量，也可右击退出。

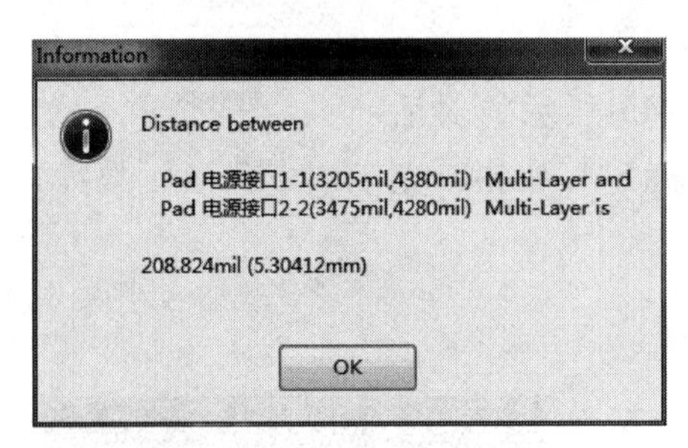

图 7-44 两元素间距离信息对话框

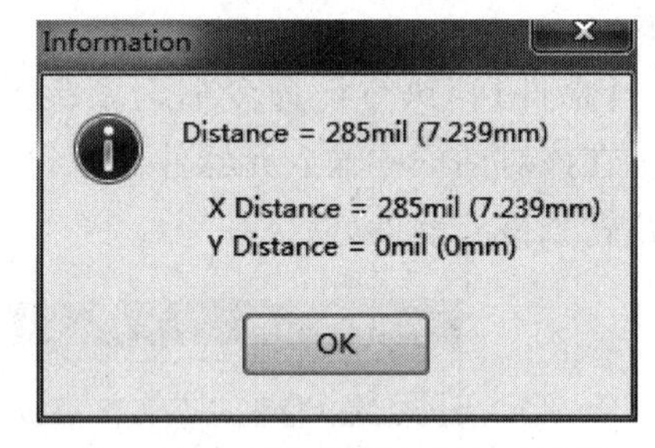

图 7-45 两点间距离信息对话框

3. 导线长度测量

导线长度测量步骤如下。

选取测量长度的导线，执行菜单命令【报告】|【测量选择对象】，系统弹出长度信息对话框，如图 7-46 所示。该对话框显示了所选导线的长度。

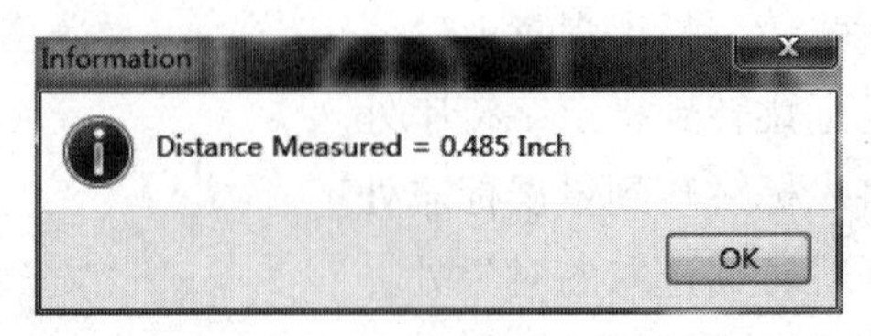

图 7-46 长度信息对话框

任务7.5　打印电路板图

PCB设计完毕，就可以将其源文件、制作文件和各种报表文件按需要进行存档、打印、输出等。例如，将PCB文件打印作为焊接装配指导，送交加工单位进行PCB加工，当然也可直接将元器件报表打印作为采购清单，生成胶片文件交给加工单位用以加工PCB。

7.5.1　打印PCB文件

利用PCB编辑器的文件打印功能，可以将PCB文件不同层面上的图元按一定比例打印输出。

1. 页面设置

打开PCB文件，执行菜单命令【文件】|【页面设置】，弹出【Composite Properties】对话框，可进行打印页面设置，如图7-47所示。

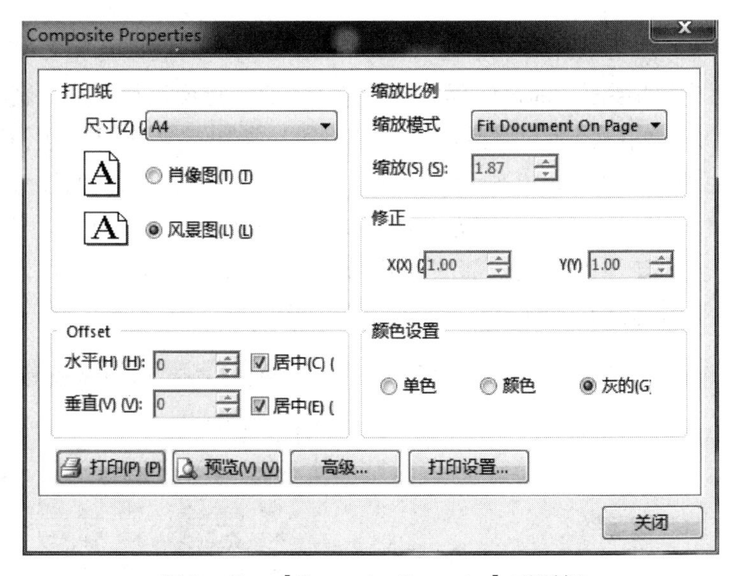

图7-47　【Composite Properties】对话框

主要设置内容如下。

1)【打印纸】选项区域

【尺寸】：设置打印页面的尺寸大小。

【肖像图】：若选中该单选按钮，则打印方向为纵向。

【风景图】：若选中该单选按钮，则打印方向为横向。

2)【缩放比例】选项区域

【缩放模式】：可以选择【Scaled Print】（缩放打印）和【Fit Document On Page】（适合页面）选项。

【缩放】：当缩放模式选择为【Scaled Print】（缩放打印）时，可以选择缩放比例。

3）【修正】选项区域

【X】微调按钮：当缩放模式选择为【Scaled Print】（缩放打印）时，可以选择横向的缩放比例。

【Y】微调按钮：当缩放模式选择为【Scaled Print】（缩放打印）时，可以选择纵向的缩放比例。

4）【Offset】选项区域

【水平】：可以设置在水平的偏移量，若选择【居中】复选框，则居中打印。

【垂直】：可以设置在垂直的偏移量，若选择【居中】复选框，则居中打印。

5）【颜色设置】选项区域

【单色】表示黑白两色，【颜色】表示彩色，【灰的】表示灰白两色。

6）【高级】按钮

单击该按钮，系统将弹出如图 7－48 所示的【打印输出特性】对话框，在该对话框中设置要打印的工作层及其打印方式。

2. 打印输出属性设置

（1）在如图 7－48 所示的对话框内【层】列表中列出的层即为将要打印的层面，系统默认列出所有图元的层面。通过底部的几个按钮对打印层面进行添加、删除操作。

（2）单击【打印输出特性】对话框中的【添加】按钮或【编辑】按钮，系统将弹出【板层属性】对话框，如图 7－49 所示。在该对话框中进行板层属性的设置。在各个图元的选择框内，提供了 3 种类型的打印方案：【Full】（全部）、【Drag】（草图）和【Hide】（隐藏）。【Full】：打印该类图元全部图形画面。【Draft】：只打印该类图元的外形轮廓。【Hide】：隐藏该类图元，不打印。

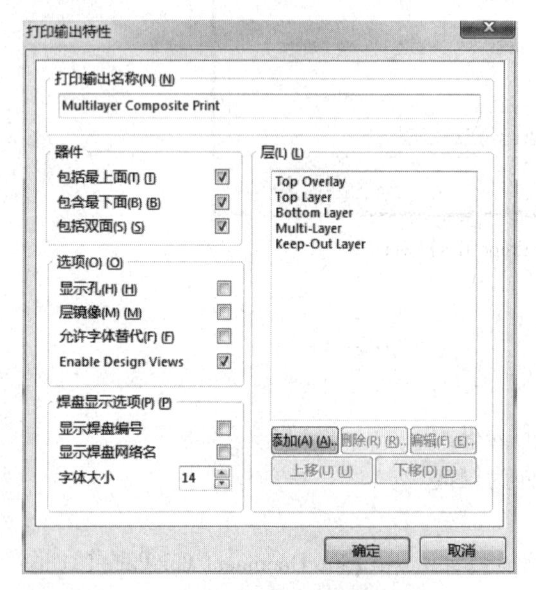

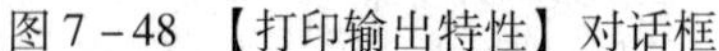
图 7－48 【打印输出特性】对话框

图 7－49 【板层属性】对话框

(3) 设置好【打印输出特性】和【板层属性】对话框的内容后，单击【确定】按钮，回到【PCB Printout Properties】(PCB图层打印输出属性) 对话框。单击 Preferences... 按钮，进入【PCB打印设置】对话框，如图7-50所示。在这里，用户可以分别设定黑白打印和彩色打印时各个图层的打印灰度和色彩。单击图层列表中各个图层的灰度条或彩色条，即可调整灰度和色彩。

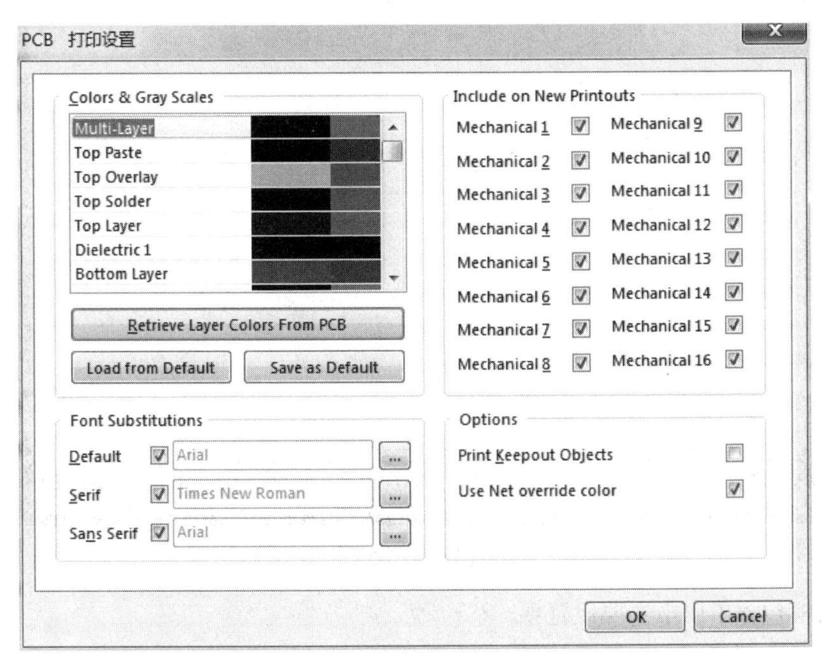

图7-50 【PCB打印设置】对话框

(4) 设置好【PCB打印设置】对话框内容，PCB打印的页面就设置好了。单击 OK 按钮，回到PCB工作区域。

3. 打印

单击工具栏上的 (打印) 按钮，或者执行菜单命令【文件】|【打印】，即可打印设置好的PCB文件。

7.5.2 生成Gerber文件

Gerber文件是一种符合EIA标准，用来把PCB电路板图中的布线数据转换为胶片的光绘数据，可以被光绘图机处理的文件格式。PCB生产厂商用这种文件来进行PCB制作。各种PCB设计软件都支持生成Gerber文件的功能，一般可以把PCB文件直接交给PCB生产厂商，厂商会将其转换成Gerber格式。而有经验的PCB设计者通常会将PCB文件按自己的要求生成Gerber文件，交给PCB厂商制作，确保PCB制作出来的效果符合个人定制的设计需要。

在PCB编辑器的主菜单中执行【文件】|【制造输出】|【Gerber Files】(Gerber文件) 命令，系统弹出【Gerber设置】对话框，如图7-51所示。

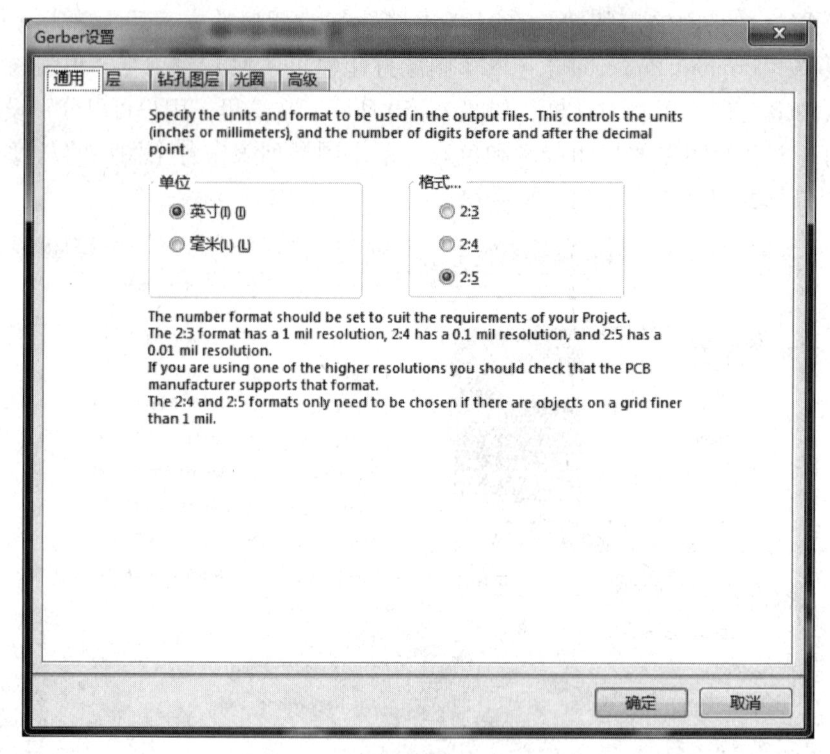

图 7－51 【Gerber 设置】对话框

该对话框包含了以下主要设置项。

1）【通用】选项卡

用于指定在输出 Gerber 文件中使用的单位和格式。如图 7－51 所示，【格式】选项区域中的 3 个单选按钮代表了文件中使用的不同数据精度，其中 2：3 表示数据含 2 位整数、3 位小数。相应的，另外两个分别表示数据中含有 2 位整数、4 位小数和 2 位整数、5 位小数。设计者根据自己在设计中用到的单位精度进行选择。精度越高，对 PCB 制造设备的要求也就越高。

2）【层】选项卡

用于设定需要生成 Gerber 文件的层面，如图 7－52 所示。在左侧列表内选择要生成 Gerber 文件的层面，如果要对某一层进行镜像，选中相应的【反射】复选框，在右侧列表中选择要加载到各个 Gerber 层的机械层尺寸信息。当【包括未连接的中间层焊盘】复选框被选中时，则在 Gerber 中绘出未连接的中间层的焊盘。

3）【钻孔图层】选项卡

该选项卡对钻孔绘制图和钻孔栅格图绘制的层进行设置，并选择是否进行【反射区】设置，选择采用的钻孔绘制图标注符号的类型，如图 7－53 所示。

4）【光圈】选项卡

该选项卡用于设置生成 Gerber 文件时建立光圈的选项，如图 7－54 所示。系统默认选中【嵌入的孔径（RS274X）】复选框，即生成 Gerber 文件时自动建立光圈。如果禁止该选项，则右侧的光圈表将可以使用，设计者可以自行加载合适的光圈表。

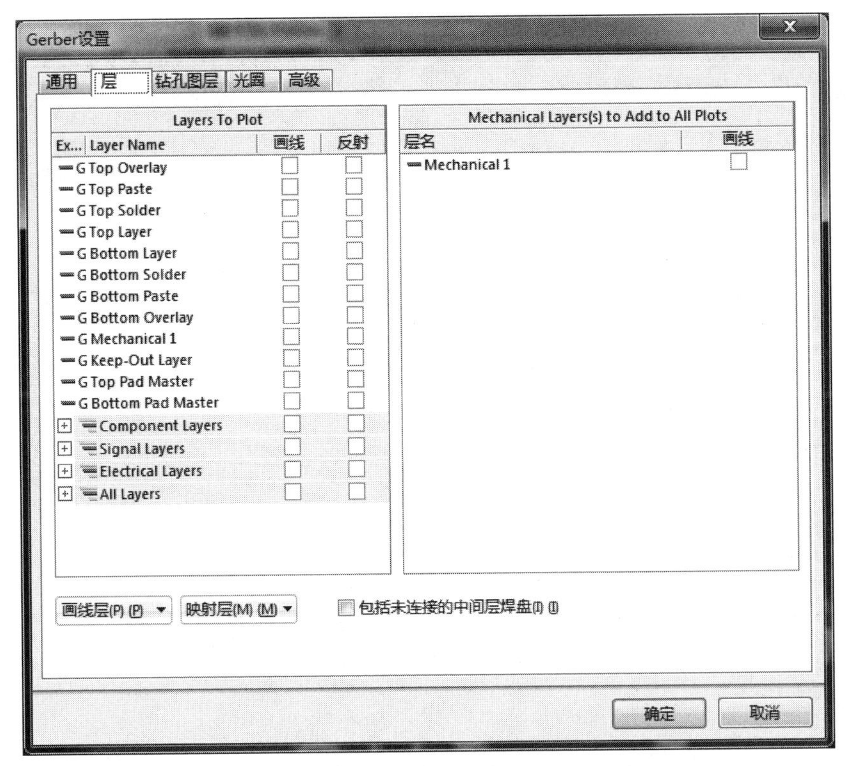

图 7－52　【层】选项卡

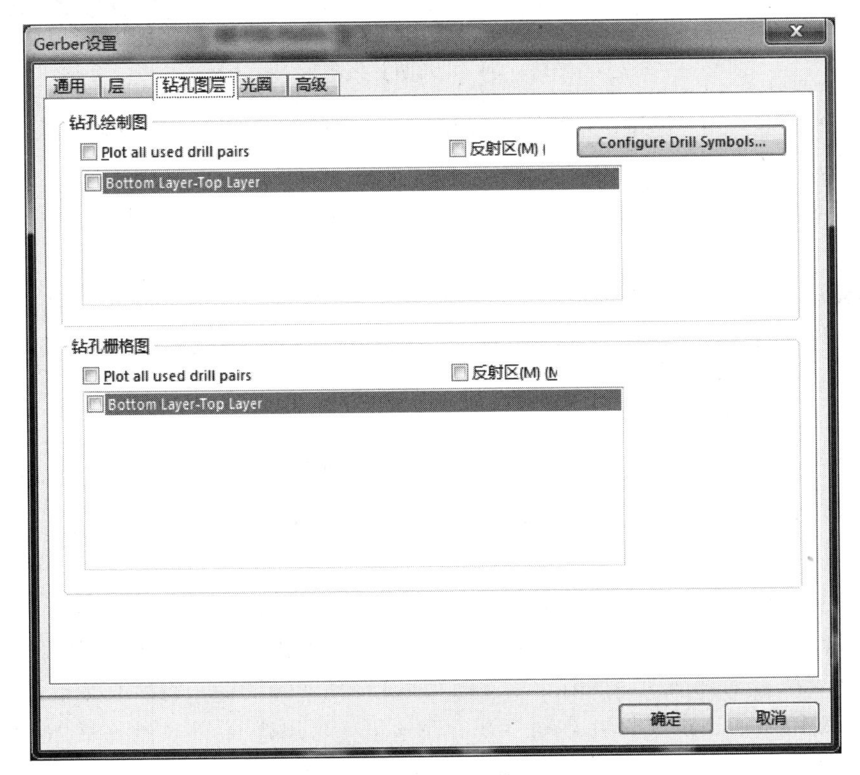

图 7－53　【钻孔图层】选项卡

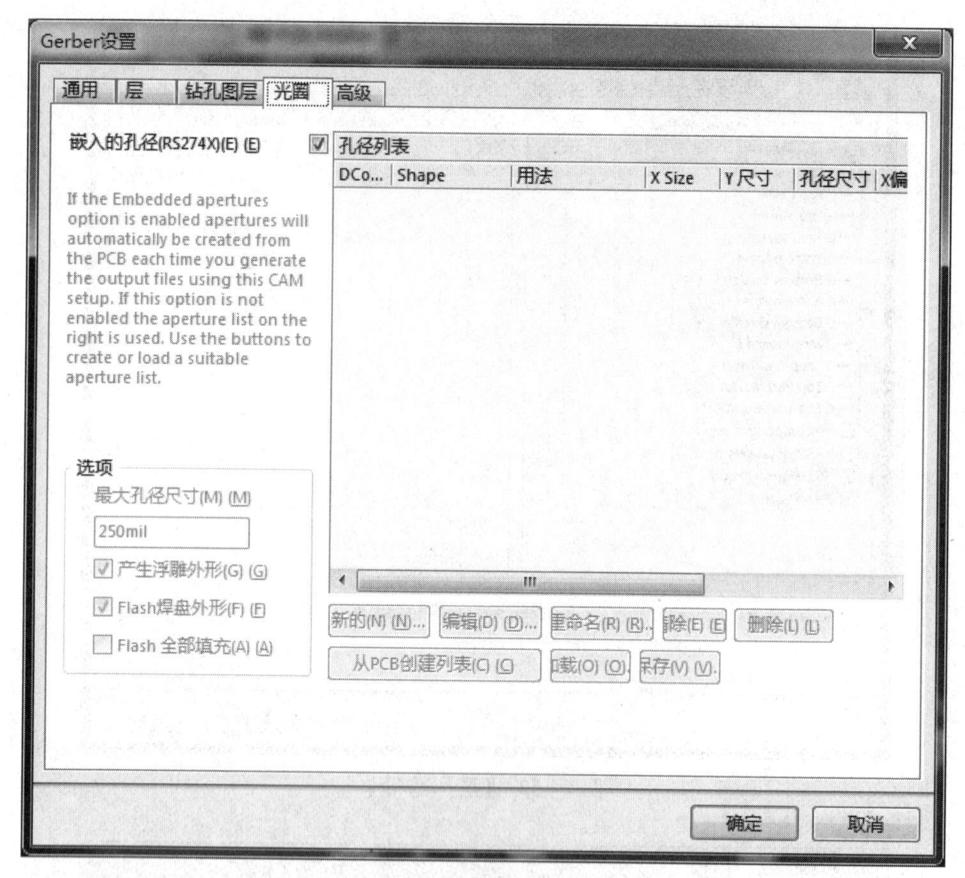

图 7－54 【光圈】选项卡

光圈的设定决定了 Gerber 文件的不同格式，一般有两种：RS274D 和 RX274X。其主要区别在于：

- RS274D 包含 X、Y 坐标数据，但不包含 D 码文件，需要用户给出相应的 D 码文件。
- RS274X 包含 X、Y 坐标数据，也包含 D 码文件，不需要用户给出 D 码文件。

D 码文件为 ASCII 文本格式文件，文件的内容包含了 D 码的尺寸、形状和曝光方式。建议用户选择使用 RS274X 格式，除非有特殊的要求。

5）【高级】选项卡

该选项卡用于设置与光绘胶片相关的各个选项，如图 7－55 所示。在该选项卡中设置胶片尺寸及边界大小、孔径匹配公差、批量模式、零字符格式、板层在胶片上的位置、计划者类型等。

在【Gerber 设置】对话框中设置好各参数后，单击【确定】按钮，系统将按照设置自动生成各个图层的 Gerber 文件，并加入到【Projects】（项目）面板中该项目的 Generated（生成）文件夹中。同时，系统启动 CAMtastic 编辑器，将所有生成的 Gerber 文件集成为 CAMtasticl. Cam 文件并自动打开。在这里，可以进行 PCB 制作板图的校验、修正和编辑等工作。

Altium Designer 15 系统针对不同PCB层生成的Gerber文件对应着不同的扩展名。

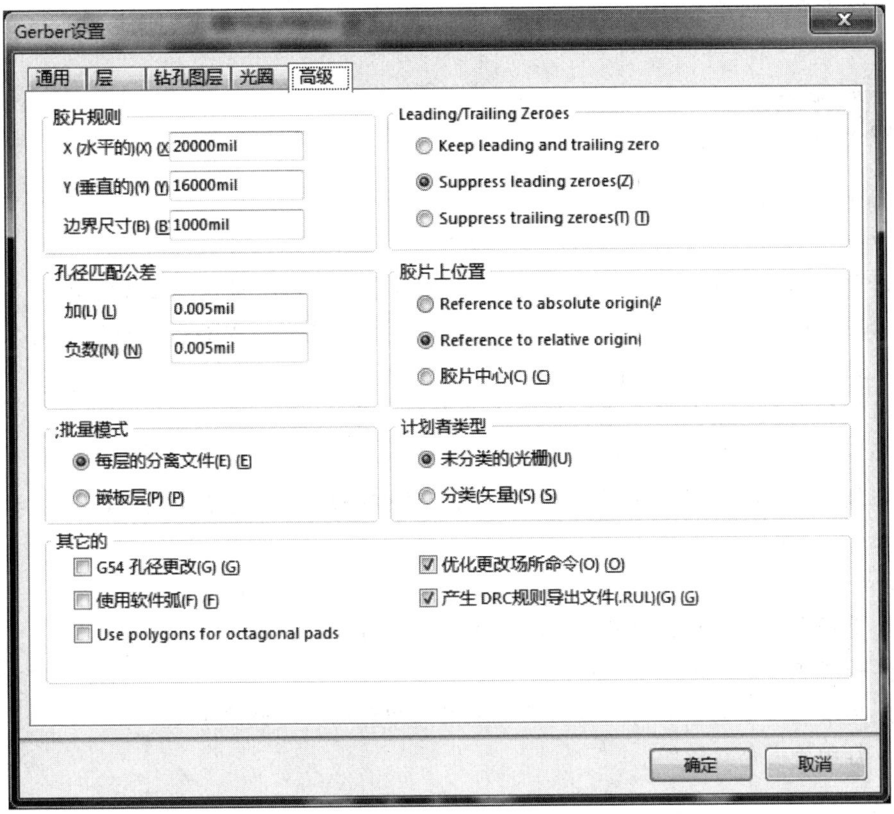

图7－55 【高级】选项卡

项目小结

本项目主要介绍了以下内容。

（1）人工设计PCB一般要经过建立PCB文件、定义电路板、加载PCB封装库、放置设计对象、人工布局、电路调整和打印电路板等几个步骤。

（2）在PCB设计中，首先要定义电路板，即定义印制电路板的工作层和电路板的大小。定义电路板有直接定义电路板和使用向导定义电路板两种方法。定义电路板的大小需要定义电路板的物理边界和电气边界。普通的电路板设计中仅定义电气边界。

（3）放置PCB封装时，应先加载PCB封装库。

（4）人工设计PCB时，先要在电路板上放置元器件、焊盘、过孔等设计对象，然后根据电路原理图中的电气连接关系进行布线并按需要放置填充块、敷铜、文字标注和进行补泪滴操作等。在放置的同时进行必要的设计对象的属性设置。

（5）人工布局是从机械结构、散热、电磁干扰及布线的方便性等方面综合考虑出发，通过移动、旋转等方式调整元器件的位置。在布局时除了要考虑元器件的位置外，还必须调整好丝网层上文字符号的位置。

(6) 印制电路板绘制好后，就可以输出电路板图。输出电路板图可以采用 Gerber 文件、绘图仪或普通打印机。

项目练习

1. 如何使用向导定义电路板？

2. 电路板的物理边界和电气边界有何区别？

3. 加载 Miscellaneous. lib 元器件封装库，并从中选择电阻封装（AXIAL-0. 4）、二极管封装（DIODE-0. 4）、电容封装（RAD-0. 1）、可变电阻封装（VR-5），把这些封装放置到电路板图上。

4. 填充块与敷铜有什么区别？敷铜格式有哪几种？

5. 如何对焊盘和过孔进行补泪滴操作？

6. 根据图 7－56 所示的电路原理图，人工绘制一块单层电路板图，PCB 板参考图见图 7－57。

设计要求：

(1) 直接定义电路板，电路板长 2 180 mil，宽 1 380 mil。

(2) 一般布线的宽度为 25 mil，电源地线为 50 mil。

(3) 单层电路板的顶层为元器件面，底层为焊接面，布线在底层。

(4) 打印输出电路板图。

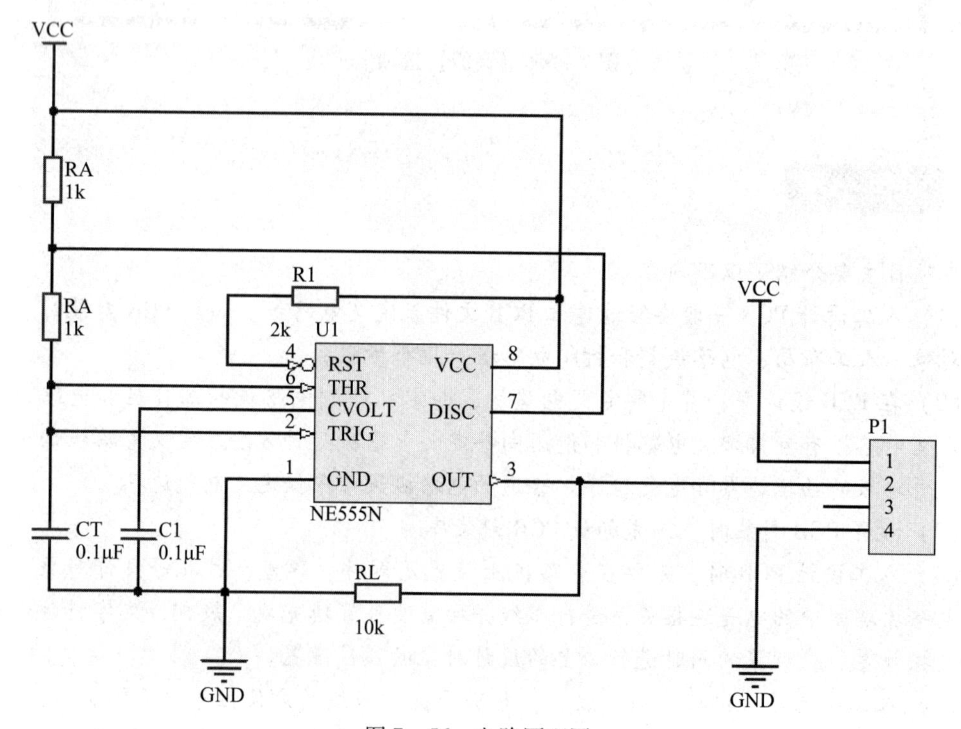

图 7－56 电路原理图

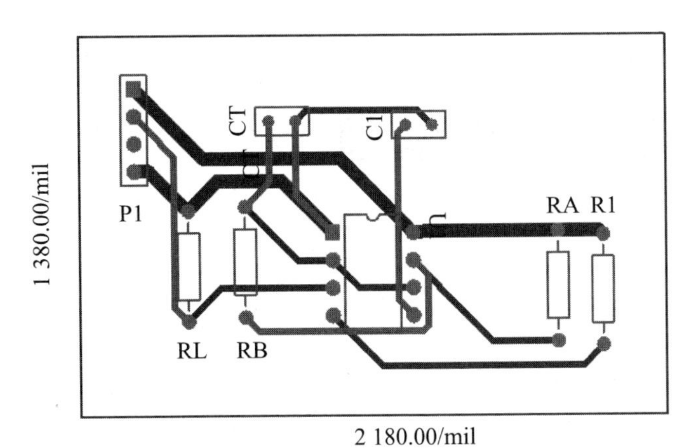

图7-57 PCB板参考图

项目 8 PCB 封装绘制

任务目标：

- ❖ 掌握新建 PCB 封装库文件
- ❖ 熟悉 PCB 库文件编辑器
- ❖ 掌握利用 PCB 封装向导创建元器件封装
- ❖ 掌握手工创建 PCB 元器件封装
- ❖ 掌握 PCB 集成元器件库的创建

设计印制电路板需要元器件封装，尽管 Altium Designer 15 提供丰富的元器件封装库资源，但随着电子技术的发展，不断推出新型的电子元器件，元器件的封装也在推陈出新。对于这种情况，一方面需要设计者对已有的元器件封装进行改造，另一方面需要设计者自行创建新的元器件封装。

任务 8.1　元器件封装概述

元器件封装就是元器件的外形和管脚分布图。电路原理图中的元器件只是表示一个实际元器件的电气模型，其尺寸、形状都无关紧要。而元器件封装是元器件在 PCB 设计中采用的，是实际元器件的几何模型，其尺寸至关重要。元器件封装的作用就是指示出实际元器件焊接到电路板时所处的位置，并提供焊点。

元器件的封装信息主要包括两个部分：外形和焊盘。元器件的外形（包括标注信息）一般在 Top Overlay（顶层丝印层）上绘制。而焊盘的情况就要复杂一些，若是穿孔焊盘，则涉及穿孔所经过的每一层；若是贴片元器件的焊盘，一般在 Top Overlay（顶层丝印层）绘制。

任务 8.2　常用元器件的封装介绍

随着电子技术的发展，电子元器件的种类越来越多，每一种元器件又分为多个品种和系列，每个系列的元器件封装都不完全相同。即使是同一个元器件，由于不同厂家的产品也可能封装不同。下面介绍几种常见的元器件封装形式。

8.2.1　分立元器件的封装

分立元器件出现的最早，种类也最多，包括电阻、电容、二极管、三极管和继电器等，这些元器件的封装一般都可以在 Altium Designer 15 的安装目录 Miscellaneouse Device. InLib 封装库中找到。下面逐一介绍几种分立元器件的封装。

1. 电阻的封装

电阻只有两个管脚，它的封装形式也最为简单。电阻的封装可以分为插式封装和贴片封装两类。在每一类中，随着承受功率的不同，电阻的体积也不相同，一般体积越大承受的功率也越大。

插式电阻封装如图8－1所示。对于插式电阻的封装，主要需要下面几个指标：焊盘中心距、电阻直径、焊盘大小及焊盘孔的大小等。在 Miscellaneouse Device. InLib 封装库中可以找到这些插式电阻的封装，名字为 AXIALxxx。例如 AXIAL-0.4，0.4 是指焊盘中心距为0.4 in，即400 mil。

贴片电阻封装如图8－2所示。这些贴片电阻的封装也可以在 Miscellaneouse Device. InLib 封装库中找到。

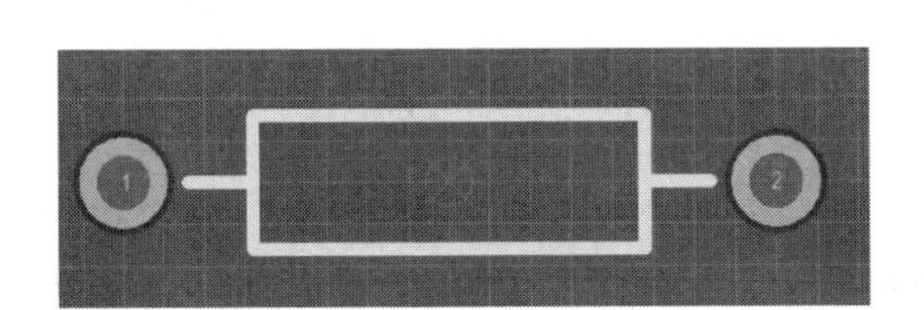

图8－1　插式电阻封装

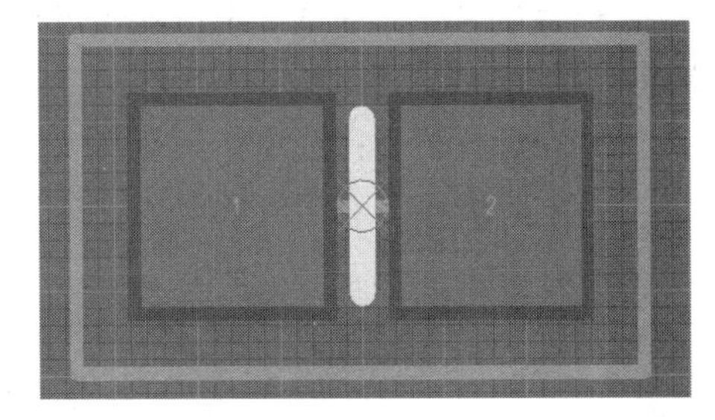

图8－2　贴片电阻封装

2. 电容的封装

电容大体上可分为两类：一类为电解电容，一类为无极性电容。每一类电容又可以分为插式封装和贴片封装两大类。在PCB设计的时候，若是容量较大的电解电容，如几十微法以上，一般选用插式封装，如图8－3所示。例如，在 Miscellaneouse Device. InLib 封装库中有名为RB7.6－15 和 POLA0.8 的电容封装。RB7.6－15 表示焊盘间距为7.6 mm，外径为15 mm；POLAR0.8 表示焊盘中心距为800 mil。

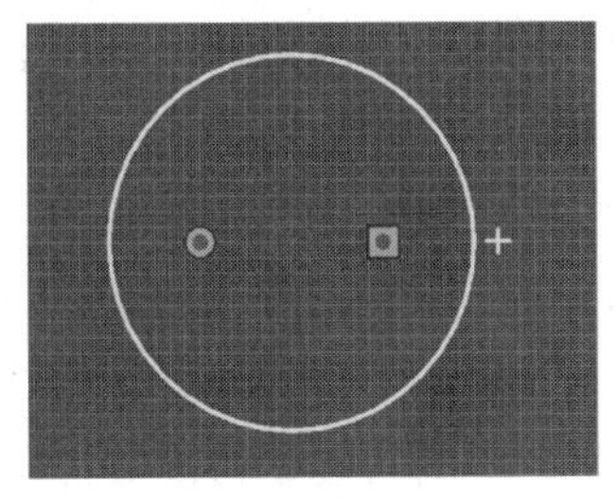

图8－3　插式电容封装

若是容量较小的电解电容，比如几微法到几十微法，可以选择插式封装，也可以选择贴片封装。图 8 -4 所示为电解电容的贴片封装。容量更小的电容一般都是无极性的。现在无极性电容已广泛采用贴片封装，如图 8 -5 所示。

图 8 -4　电解电容的贴片封装

图 8 -5　无极性电容贴片封装

在确定电容使用的封装时，应该注意以下几个指标。

- 焊盘中心距：如果尺寸不合适，对于插式安装的电容，只有将管脚掰弯才能焊接。而对于贴片电容就要麻烦得多，可能要采用特别的措施才能焊到电路板上。
- 圆柱形电容的直径或片状电容的厚度：若这个尺寸设置过大，元器件在电路板上会摆得很稀疏，浪费资源。若这个尺寸设置过小，将元器件安装到电路板时会有困难。
- 焊盘大小：焊盘必须比焊盘过孔大，在选择了合适的过孔大小后，可以使用系统提供的标准焊盘。
- 焊盘孔大小：选定的焊盘孔大小应该比管脚稍微大一些。
- 电容极性：对于电解电容还应该注意其极性，应该在封装图上明确标出其正负极。

3. 二极管的封装

二极管的封装与插式电阻的封装类似，只是二极管有正负极而已。二极管封装如图 8 -6 所示，发光二极管封装如图 8 -7 所示。

4. 三极管的封装

三极管分为 NPN 和 PNP 两种，它们的封装相同，如图 8 -8 所示。

图 8 -6　二极管封装

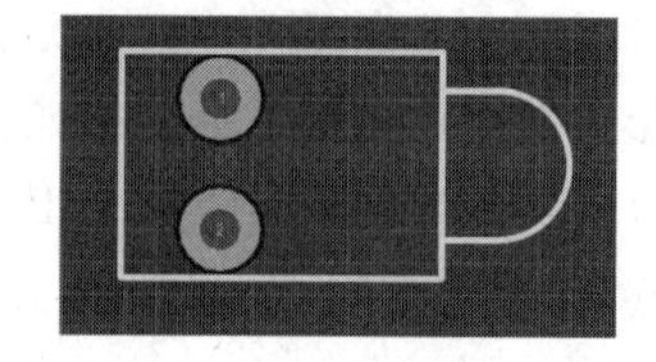

图 8 -7　发光二极管封装

图 8 -8　三极管封装

8. 2. 2　集成电路的封装

1. DIP 封装

DIP 为双列直插元器件封装，如图 8 -9 所示。双列直插元器件的封装是目前最常见的集成电路封装。

标准双列直插元器件封装的焊盘中心距是 100 mil，边缘间距为 50 mil，焊盘直径为 50 mil，孔直径为 32 mil。封装中第一管脚的焊盘一般为正方形，其余管脚为圆形。

2. PLCC 封装

PLCC 为有引线塑料芯片载体，如图 8 – 10 所示。此封装是贴片安装的，采用此封装形式的芯片管脚在芯片体底部向内弯曲，紧贴芯片体。

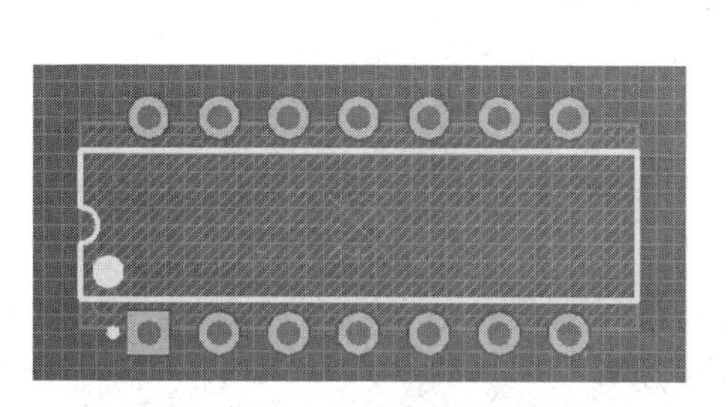

图 8 – 9　双列直插元器件封装

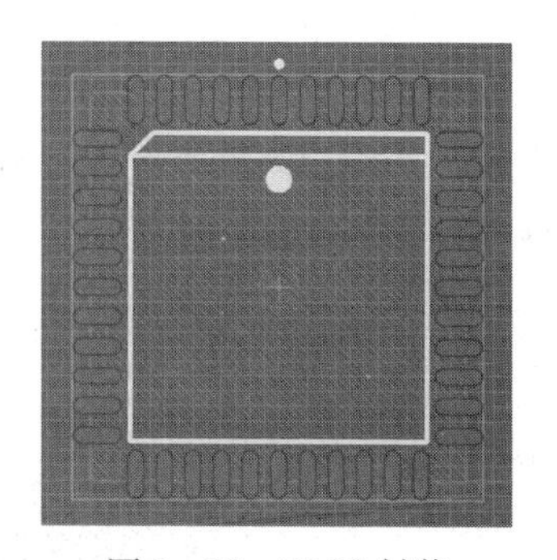

图 8 – 10　PLCC 封装

3. SOP 封装

SOP 为小外形封装，如图 8 – 11 所示。与 DIP 相比，SOP 封装的芯片体积大大减小。

4. OFP 封装

OFP 封装为方形扁平封装，如图 8 – 12 所示。此封装是当前芯片使用较多的一种封装形式。

5. BGA 封装

BGA 为球形阵列封装，如图 8 – 13 所示。

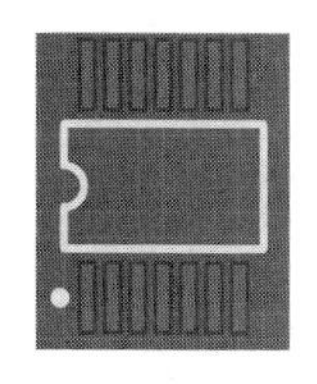

图 8 – 11　SOP 封装

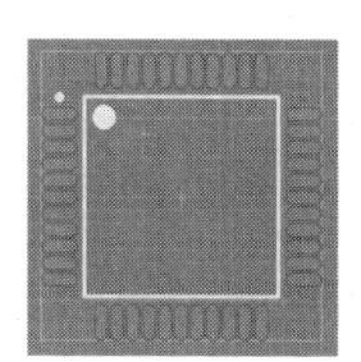

图 8 – 12　OFP 封装

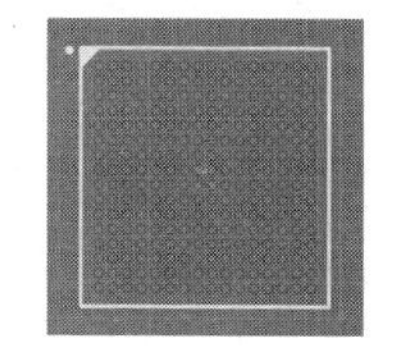

图 8 – 13　BGA 封装

6. SIP 封装

SIP 为单列直插封装，如图 8 – 14 所示。

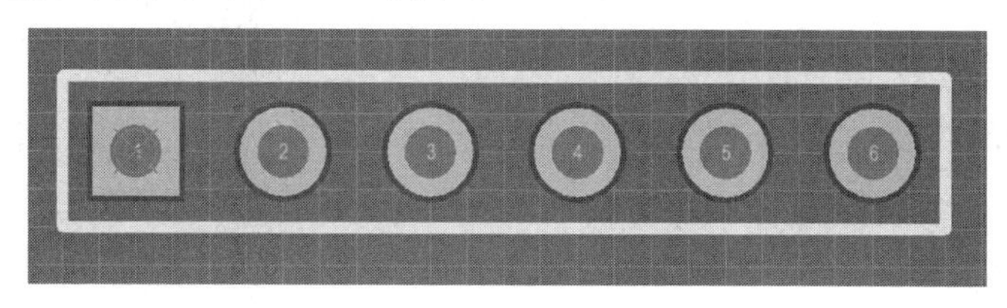

图 8 – 14　SIP 封装

任务 8.3 PCB 库文件编辑器

8.3.1 创建 PCB 库文件

创建一个 PCB 库文件的步骤如下。

(1) 执行菜单命令【文件】|【新建】|【Library】(库)|【PCB 封装库】,进入 PCB 库文件编辑环境中,同时系统在【Projects】(工程)面板中新建默认名为 PcbLib1. PcbLib 的 PCB 库文件,如图 8-15 所示。

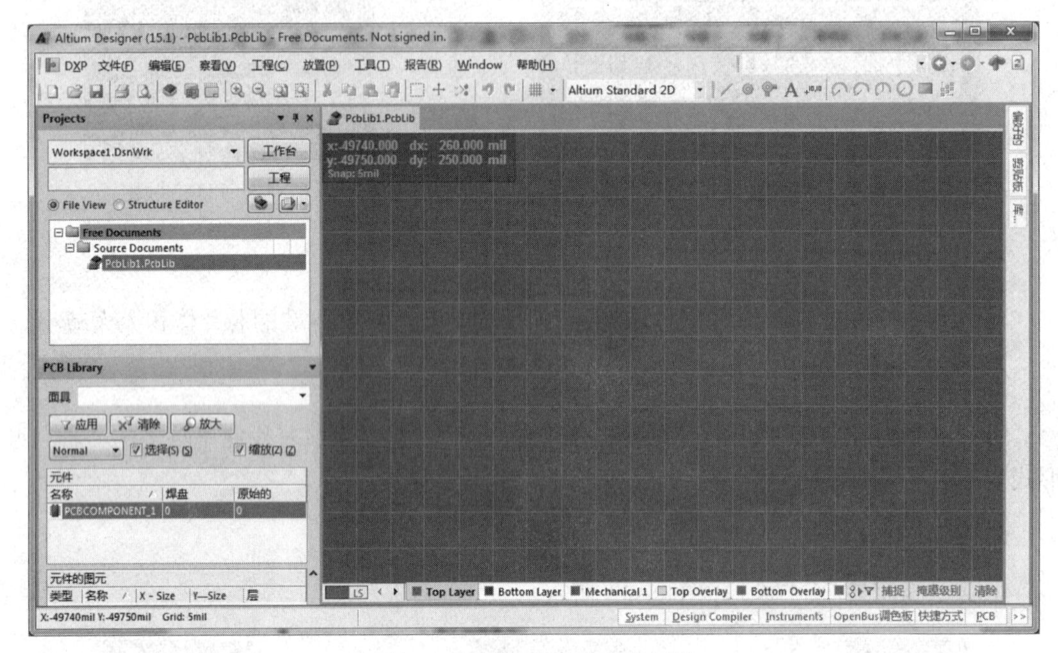

图 8-15 PCB 库文件编辑环境

(2) 执行菜单命令【文件】|【保存】,保存并更改该 PCB 库文件的名称,此时在【Projects】(工程)面板上将显示改过名称的 PCB 库文件。

8.3.2 PCB 库文件编辑环境介绍

元器件封装编辑环境大体可以分为菜单栏、元器件封装编辑栏、主工具栏、PCB 符号绘制工具栏及 PCB Library 面板等。

1. PCB 符号绘制工具栏

【PCB 库放置】工具栏用于创建元器件封装时,在图纸上绘制各种图形,如图 8-16 所示。它与元器件封装编辑环境的【放置】菜单中的命令相对应,如图 8-17 所示。其各项的意义如下。

图 8-16 【PCB 库放置】工具栏

：用于绘制直线；

：用于放置焊盘。

：用于放置过孔。

A：用于放置字符串。

：用于放置位置坐标。

：用中心法绘制圆弧。

：用边缘法绘制圆弧。

：用于绘制任意圆弧。

：用于绘制整圆。

：用于绘制矩形填充。

：用于阵列式粘贴。

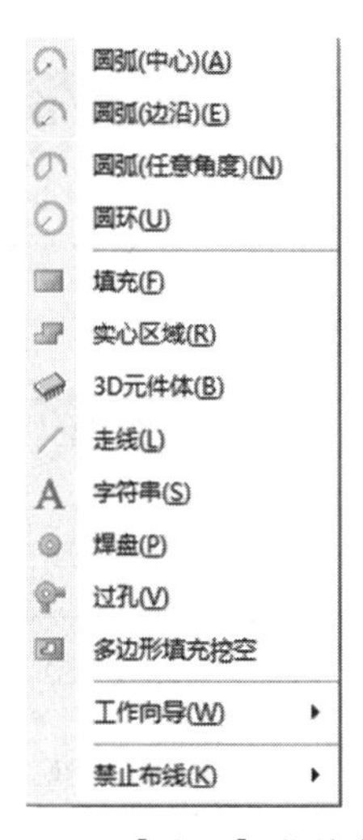

图 8－17　【放置】菜单命令

2. PCB Library 面板

单击编辑环境右下角面板控制栏中的 PCB 按钮，在弹出的菜单中执行 PCB Library 命令，如图 8－18 所示。此时，系统打开【PCB Library】面板，如图 8－19 所示。

图 8－18　PCB 面板控制菜单

该面板有 4 个区域：屏蔽查询栏、元器件封装列表栏、封装图元列表栏及元器件封装预览栏。下面介绍前两个区域设置。

（1）屏蔽查询栏用于对该库文件内的所有元器件封装进行查询，并将符合屏蔽栏中内容的元器件封装显示在元器件封装列表栏中。

（2）元器件封装列表栏。

显示出库文件中所有符合屏蔽栏中内容的元器件封装，并注明其焊盘数、图元数等基本属性。若单击列表中的元器件封装名，封装编辑区内将显示该元器件的封装，可以进行编辑操作。若双击列表中的元器件封装名，封装编辑区将显示该元器件的封装，并弹出【PCB 库元件】对话框，如图 8－20 所示。

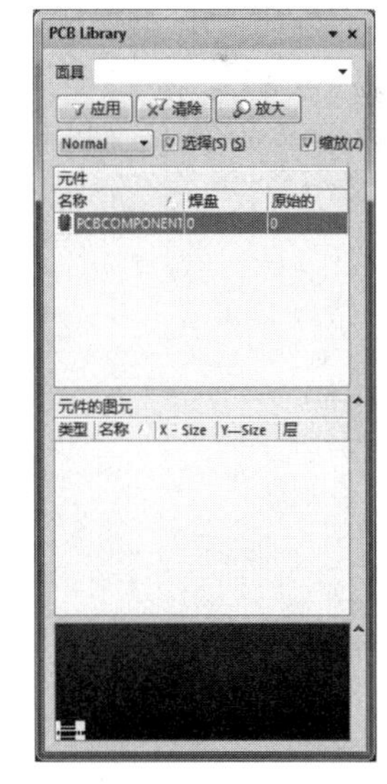

图 8－19　【PCB Library】面板

在该对话框中可以设置元器件封装的名称、高度及描述信息，其中高度是供 PCB 3D 仿真用的。用鼠标右键单击元器件封装列表栏，系统弹出右键菜单，如图 8－21 所示。

【新建空白元件】：用于在列表栏中创建默认名为 PCBComponent_1 的新空白封装。

【元件向导】：用于帮助用户创建新的元器件封装。

【剪切】：用于从当前库文件中删除已选的元器件封装，将其复制到剪贴板中。

【复制名称】：用于将当前选中的元器件封装名称复制到剪贴板中。

Paste：用于将剪贴板中的元器件封装粘贴到当前库文件中。

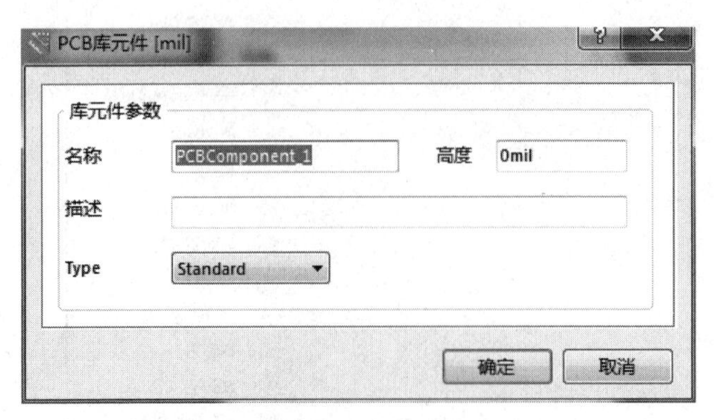

图 8－20 【PCB 库元件】对话框

图 8－21 右键菜单

图 8－22 删除确认对话框

【删除】：用于永久性删除当前选中的元器件封装。执行该命令后，同样弹出如图 8－22 所示的删除确认对话框。

【选择所有】：用于选中元器件封装列表栏中所有的元器件封装。

【元件属性】：用于打开 PCB 库文件对话框。

【放置】：用于将所选元器件封装放置到 PCB 设计文件中。

【为全部更新 PCB】：用于将当前库文件中所有做过修改的元器件封装更新到所有打开的 PCB 文件中。

【报告】：用于生成当前选中的元器件封装的报告。

8.3.3 PCB 库文件编辑环境设置

进入 PCB 编辑环境之后，需要根据所绘制的元器件封装类型对编辑环境进行相应的设置。执行菜单命令【工具】|【器件库选项】，系统弹出【板选项】对话框，如图 8－23 所示。

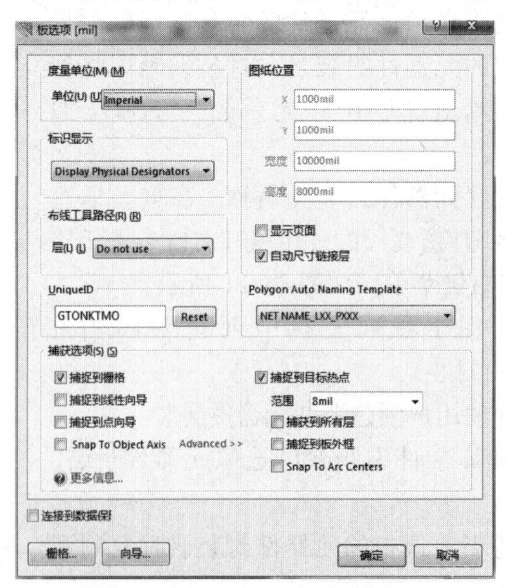

图 8－23 【板选项】对话框

执行菜单命令【工具】|【层叠管理】和【板层和颜色】，系统弹出【层堆栈管理器设置】对话框、【视图配置】对话框，如图 8－24 和图 8－25 所示。

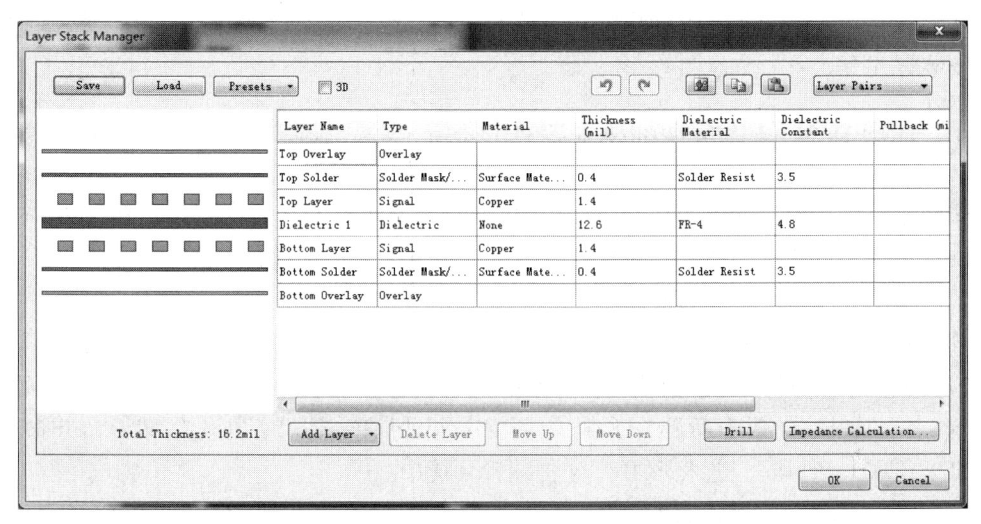

图 8－24　【层堆栈管理器设置】对话框

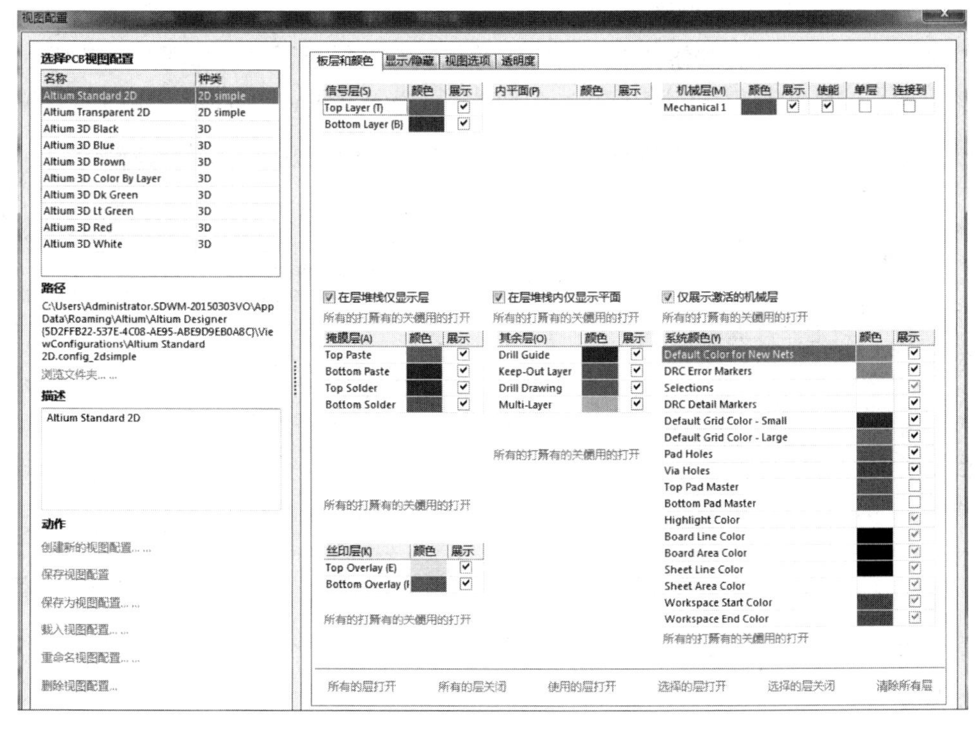

图 8－25　【视图配置】对话框

任务 8.4　元器件的封装设计

将 PCB 库文件编辑环境设置完成后，就可以进行元器件的封装设计了，本节将讲述如何创建一个新的元器件封装。创建元器件封装有两种方式：一种是利用封装向导创建元器件封装，另一种方式是手工创建元器件封装。

在绘制元器件封装前，应该了解元器件的相关参数，如外形尺寸、焊盘类型、管脚排列、安装方式等。

8.4.1 利用 PCB 封装向导创建元器件封装

绘制元器件封装是相当复杂的工作。Altium Designer 15 为了方便用户绘制元器件封装，提供了利用封装向导创建元器件封装的方法。下面就以 MyGMS97C2051 为例，介绍利用封装向导创建元器件封装的方法。

利用封装向导创建元器件封装的步骤如下。

（1）执行菜单命令【文件】|【新建】|【Library】（库）|【PCB 封装库】，系统在【Projects】（工程）面板中新建一个默认名为 PcbLib1. PcbLib 的 PCB 库文件，并命名为 MyGMS97C2051. PcbLib，进入 PCB 库文件编辑环境中。

（2）执行菜单命令【工具】|【元器件向导】，或者在【PCB Library】（PCB 库）面板的元器件封装列表栏中单击鼠标右键，在弹出的菜单中选择【元器件向导】命令，系统弹出元器件封装向导对话框，如图 8-26 所示。

（3）单击【下一步】按钮，进入元器件封装模型选择对话框，如图 8-27 所示。在该对话框中系统提供了 12 种封装模式，在此选择【Dual In-line Package（DIP）】选项。

图 8-26 元器件封装向导对话框

图 8-27 元器件封装模型选择对话框

（4）单击【下一步】按钮，进入焊盘尺寸设置对话框，如图 8-28 所示。在此对话框中，可以设置焊盘孔的直径和整个焊盘的直径，单击要修改的数据后，即可输入自己需要的数值。

（5）单击【下一步】按钮，进入焊盘间距设置对话框，如图 8-29 所示。系统默认两列管脚间距为 600 mil，每一列中两管脚间距为 100 mil。若用户需要修改间距，单击要修改的数据，可以输入自己需要的数值。

（6）单击【下一步】按钮，进入元器件封装轮廓线宽度设置对话框，如图 8-30 所示。系统默认为 10 mil，用户也可以自行修改。

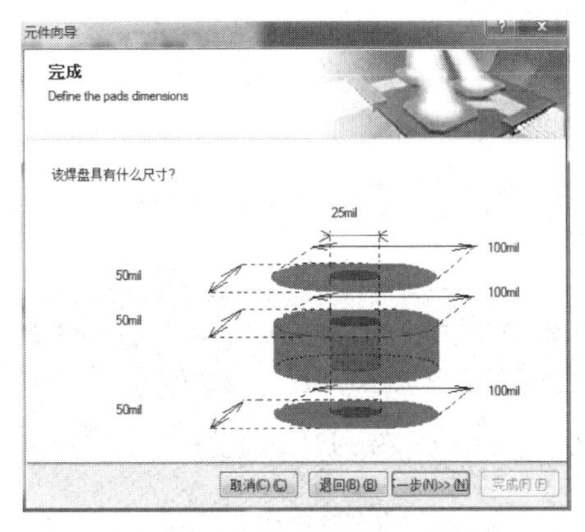

图 8－28　焊盘尺寸设置对话框

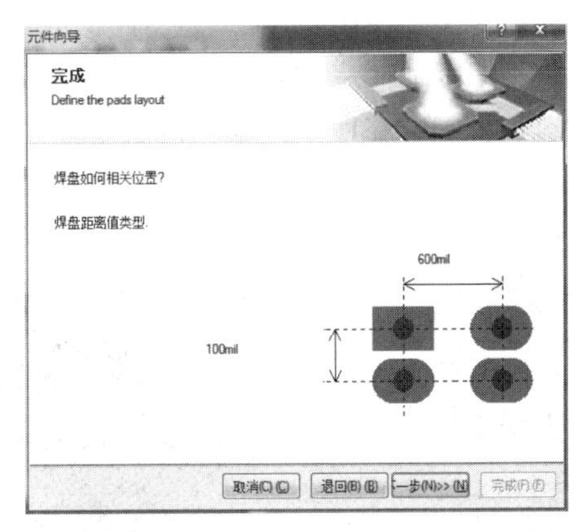

图 8－29　焊盘间距设置对话框

（7）单击【下一步】按钮，进入焊盘数量设置对话框，如图 8－31 所示。在此设置数值为 20 个。

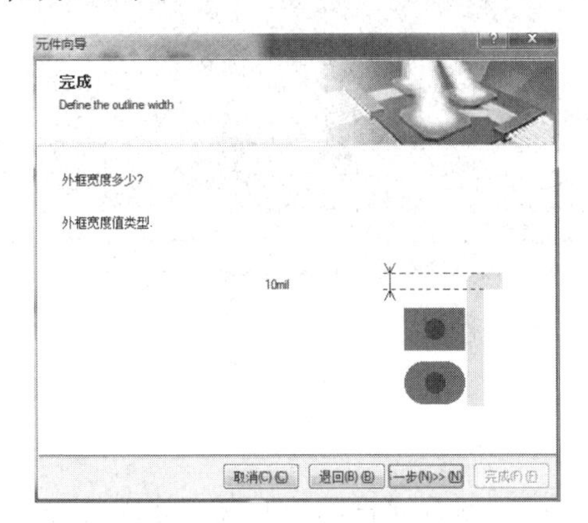

图 8－30　元器件封装轮廓线宽度设置对话框

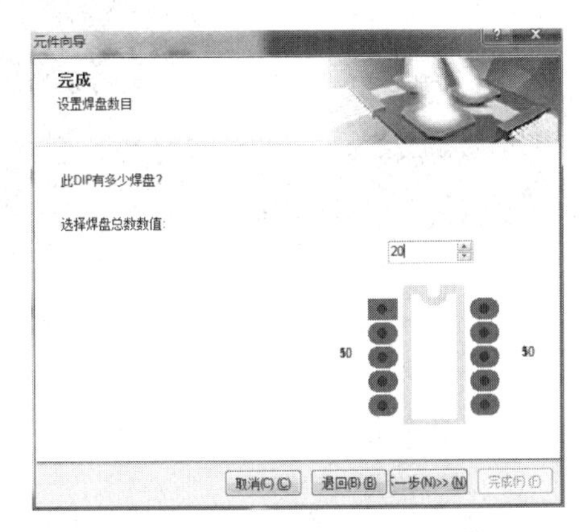

图 8－31　焊盘数量设置对话框

（8）单击【下一步】按钮，进入元器件封装名称设置对话框，如图 8－32 所示。用户可以在文本框中输入元器件封装名称。

（9）单击【下一步】按钮，进入元器件封装完成对话框，如图 8－33 所示。单击【完成】按钮，完成封装设计。

图 8－32　元器件封装名称设置对话框

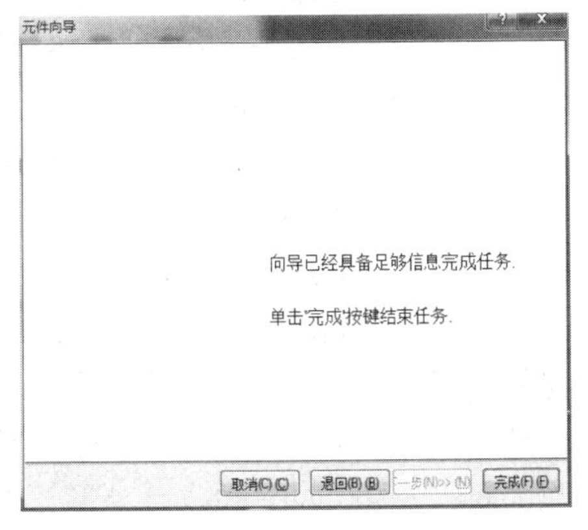

图 8－33　元器件封装完成对话框

在以上每一步中，用户可以单击【退回】按钮返回到上一步。

封装创建完成之后，该元器件的封装名将在【PCB Library】面板的元器件封装列表中显示出来，同时在库文件编辑区也将显示新设计的元器件封装，如图 8－34 所示。

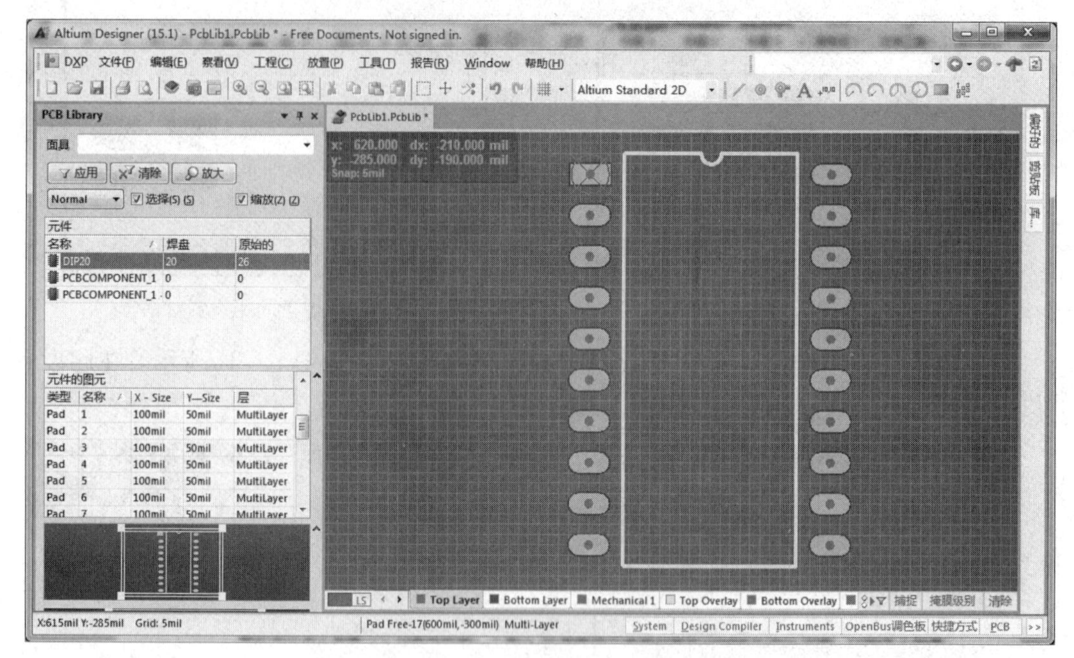

图 8－34　创建完成的元器件封装

8.4.2　手工创建元器件封装

用户可以手工创建一个元器件封装。下面以 20 管脚双列直插封装的 GMS97C2051 为例，介绍手工创建元器件封装的方法。

手工创建元器件封装的具体步骤如下。

（1）执行菜单命令【文件】|【新建】|【Library】（库）|【PCB 封装库】，创建一个 PCB 库文件，并命名为 MyGMS97C2051. PcbLib，进入 PCB 库文件编辑环境中。

（2）设置 PCB 板选项。执行菜单命令【工具】|【器件库选项】，系统弹出【板选项】对话框。在对话框中设置网格大小、电气网格等。

（3）单击绘制工具栏的 ◎ 按钮，或者执行菜单命令【Place】|【Pad】，移动光标到坐标原点，单击鼠标左键放置第一个焊盘，双击该焊盘，在弹出的焊盘属性设置对话框中设置【标识】的值为 1，如图 8－35 所示。

第一个焊盘一定要放置在坐标原点，否则自建的封装放入 PCB 板中时要出错，鼠标单击不到该封装；如果第一个焊盘没有放置在坐标原点，可以执行菜单命令【编辑】|【设置参考】|【1 脚】，使坐标原点设置在第一个焊盘。

按照焊盘的间距要求，放置其余 7 个焊盘，两列管脚之间的间距为 300 mil，每一列中两管脚的间距为 100 mil。单击【外形】下拉按钮，可以将第一个管脚设置为不同的形状，这里设置为 Rectangle（长方形），放置完成如图 8－36 所示。

图 8 - 35　焊盘属性设置对话框

（4）设置完成后，单击板层标签中的 Top Overlay（顶层丝印层）标签，将其设置为当前层。

（5）单击绘图工具栏中的 按钮，绘制元器件封装外部轮廓线，如图 8 - 37 所示。

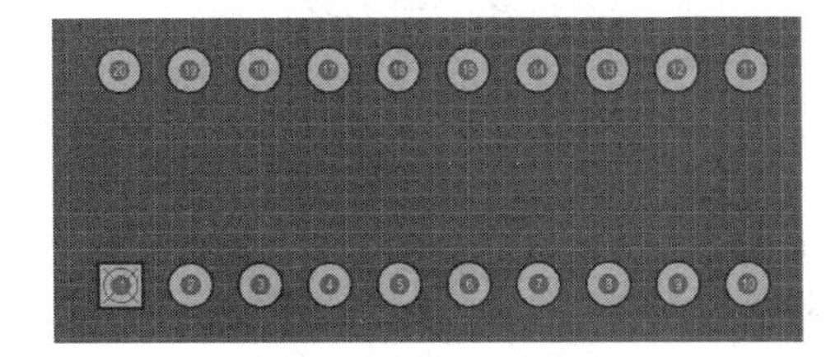

图 8 - 36　放置焊盘

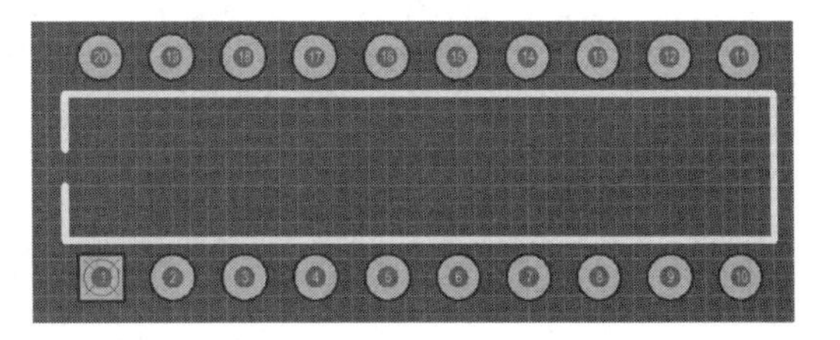

图 8 - 37　元器件封装外部轮廓线

（6）双击绘制完成的轮廓线，打开轮廓线属性设置对话框，如图 8 - 38 所示。在该对话框中，可以设置轮廓线的起始和终止坐标、线宽、所在层面等。

（7）单击绘图工具栏的 （放置圆弧）按钮，或者执行菜单命令【放置】|【圆弧（边缘）】，绘制圆弧，如图 8 - 39 所示。

（8）绘制完成圆弧后，双击该圆弧打开圆弧属性设置对话框，如图 8 - 40 所示。在此对话框中可以设置圆弧起始角度和终止角度、宽度、圆弧所在圆心坐标及圆弧所在层面等。

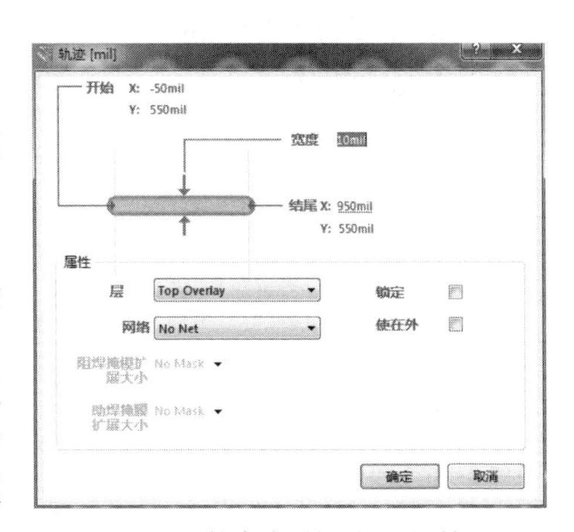

图 8 - 38　轮廓线属性设置对话框

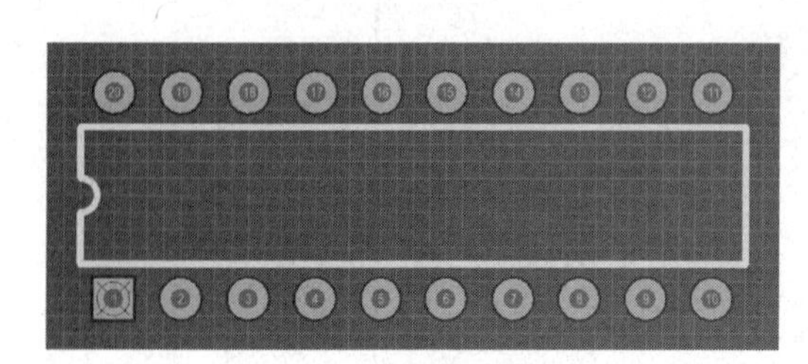

图 8 - 39　绘制圆弧

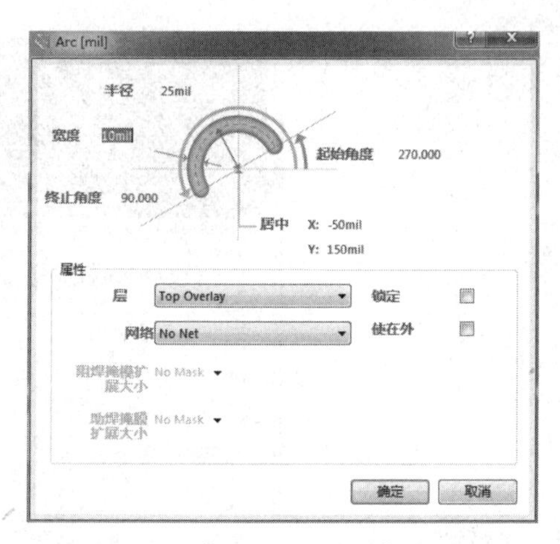

图 8 - 40　【圆弧属性设置】对话框

（9）此时，手工创建元器件封装完成，该元器件封装的默认名为 PCBComponent_ 1。在【PCB Library】面板中双击该元器件封装名，在弹出的【PCB 库元器件】对话框中输入新的元器件封装名。

创建完成的 MyGMS97C2051 封装图如图 8 - 41 所示。

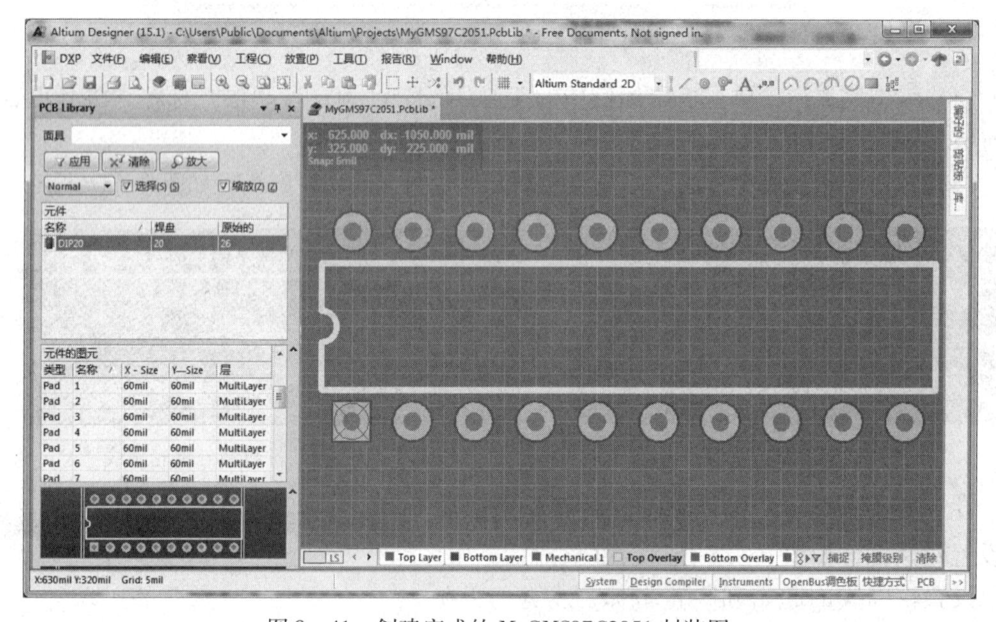

图 8 - 41　创建完成的 MyGMS97C2051 封装图

任务 8.5　创建集成元器件库

对于用户自己创建的元器件库，要么是后缀名为 . SchLib 的元器件原理图符号，要么是后缀名为 . PcbLib 的封装库文件，这样使用起来极不方便。Altium Designer 15 提供了集成库形式的文件，能够将原理图库与其对应的模型库文件（如 PCB 元器件封装库模型等）

集成在一起。

下面以 MyGMS97C2051. SchLib 和 MyGMS97C2051. PcbLib 创建的集成元器件库为例，讲述创建集成元器件库的具体步骤。

（1）执行菜单命令【文件】|【新建】|【Project】（工程），选择【Integrated Library】选项，创建一个集成库，如图 8－42 所示。在【Name】文本框中填写集成库名 MyGMS97C2051，并选择保存路径，单击【OK】按钮确定。【Projects】（工程）面板中出现一个名为 MyGMS97C2051. LibPkg 的集成库，如图 8－43 所示。

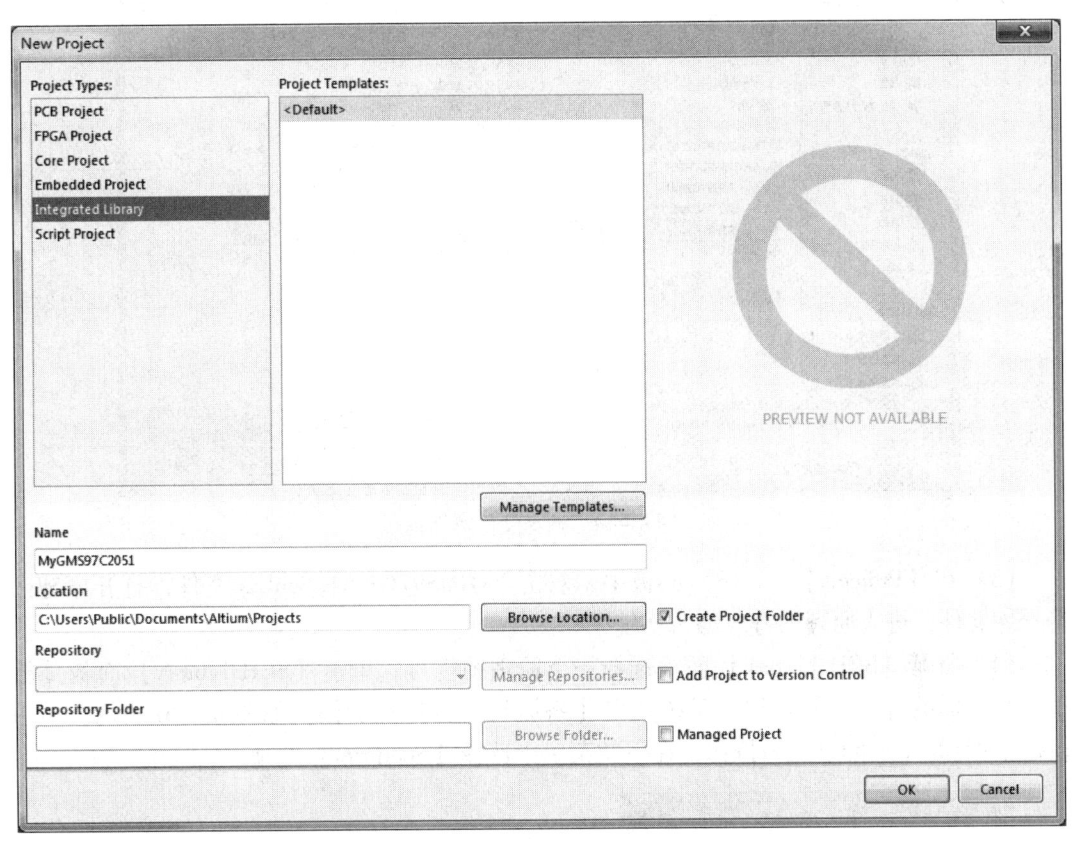

图 8－42　New Project 对话框

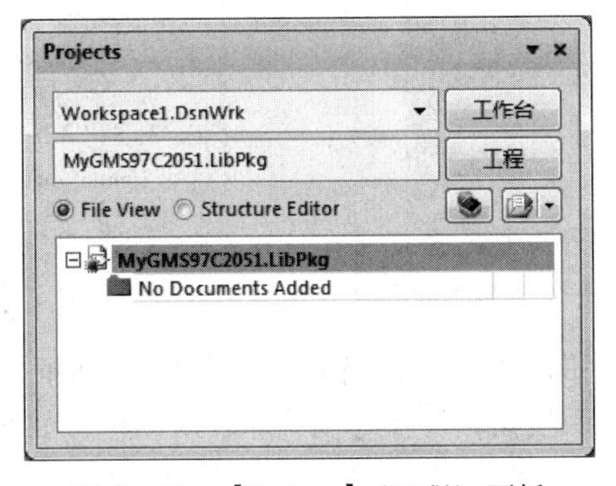

图 8－43　【Projects】（工程）面板

（2）向集成库文件中添加原理图符号。执行菜单命令【工程】|【添加现有的文件到工程】，或者用鼠标右击 MyGMS97C2051. LibPkg，在弹出的菜单中执行【添加现有的文件到工程】，系统弹出选择文件对话框，如图 8 - 44 所示。选择要添加的原理图符号库文件，单击【打开】按钮，即可将原理图符号库文件添加到集成库文件中。这里选择前面的 MyGMS97C2051. SchLib 原理图符号库，如图 8 - 45 所示。

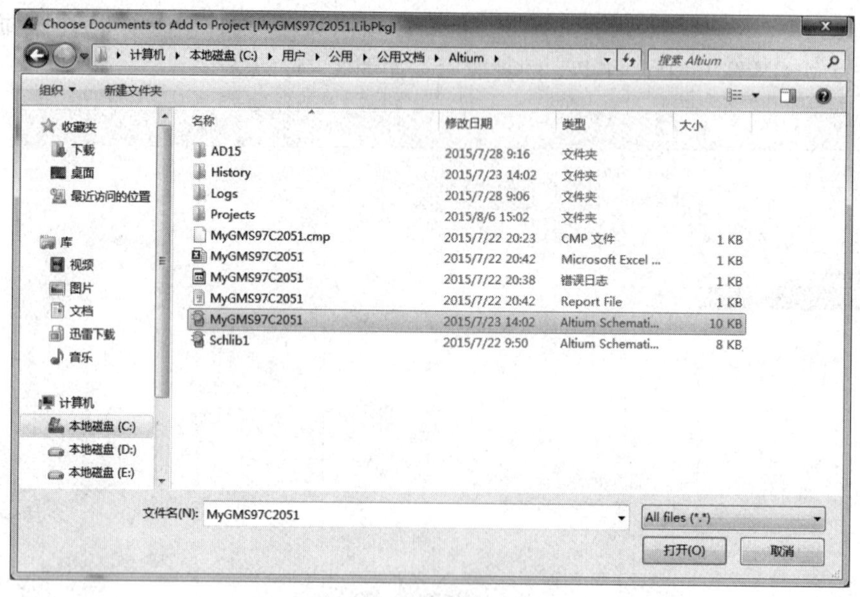

图 8 - 44　选择文件对话框

（3）在【Projects】（工程）面板中，双击 MyGMS97C2051. SchLib 文件，打开原理图符号库文件，进入原理图符号编辑环境。

（4）打开【SCH Library】面板选择一个原理图符号，单击【SCH Library】面板【模型】栏下面的【添加】按钮，系统弹出【添加新模型】对话框，如图 8 - 46 所示。单击【模型种类】下面的下三角按钮，在下拉菜单中选择【Footprint】选项。

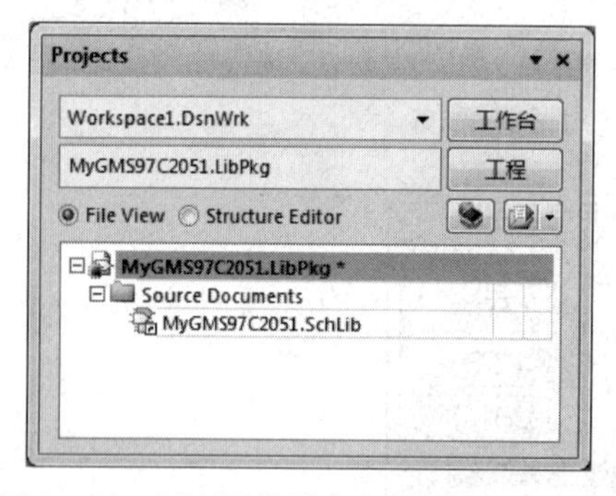

图 8 - 45　原理图符号库文件添加到集成库

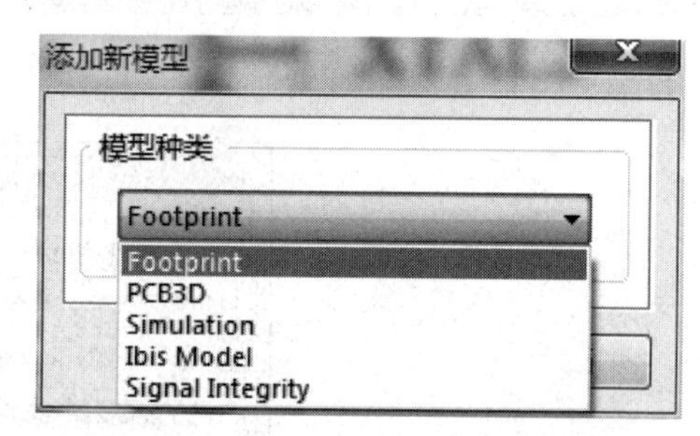

图 8 - 46　【添加新模型】对话框

（5）单击【确定】按钮，系统弹出【PCB 模型】对话框，如图 8 - 47 所示。单击【名称】文本框后面的浏览(B)...按钮，打开【浏览库】对话框，如图 8 - 48 所示。

（6）在 PCB 封装库浏览对话框中选择与原理图符号相对应的元器件封装。单击图 8 - 48 中【库】下拉列表右侧的…按钮，弹出【可用库】对话框，已添加 MyGMS97C2051. SchLib，

图 8－47　【PCB 模型】对话框

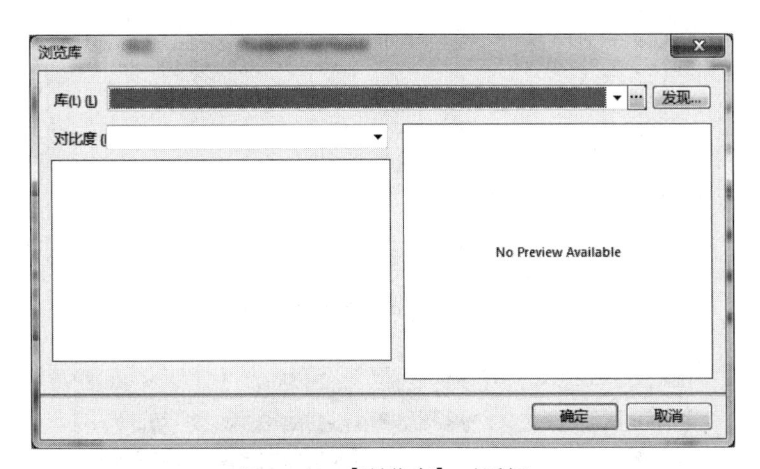

图 8－48　【浏览库】对话框

单击添加库(A) (A)...按钮，弹出【打开】对话框，选择 MyGMS97C2051. PcbLib 文件，如图 8－49 所示。

（7）单击【打开】按钮，弹出【可用库】对话框，如图 8－50 所示。关闭对话框，返回【浏览库】对话框，显示原理图对应封装模型，如图 8－51 所示。选中 DIP20 选项，单击【确定】按钮，返回【PCB 模型】对话框，如图 8－52 所示，显示添加结果。单击【确定】按钮，完成封装模型添加。在【SCH Library】面板中，此元器件的封装显示在【模型】中，如图 8－53 所示。采用同样的方法为原理图库文件中其他元器件原理图添加一个封装。在此例中，库文件中只有一个原理图符号需要添加封装。

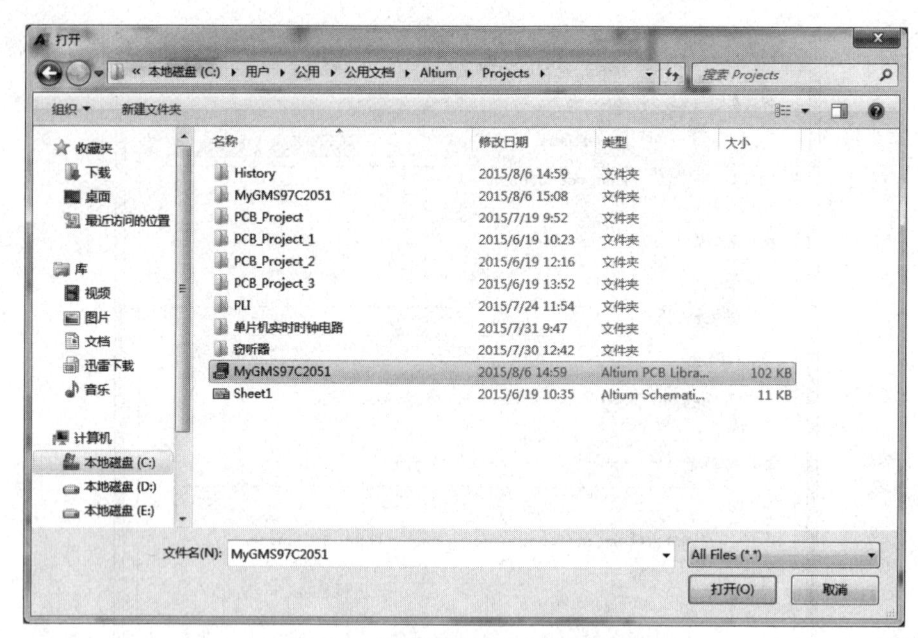

图 8－49 【打开】对话框

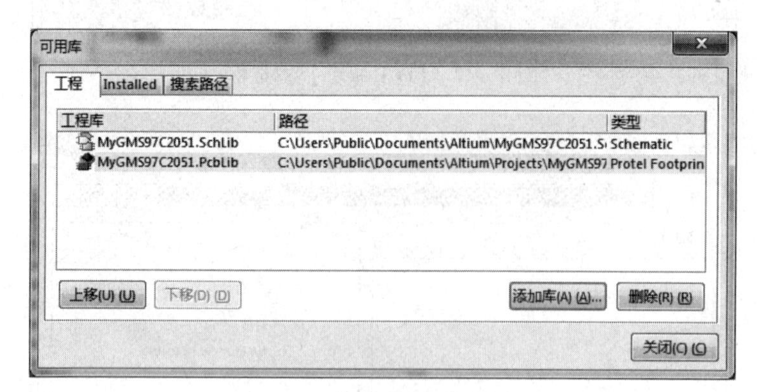

图 8－50 【可用库】对话框

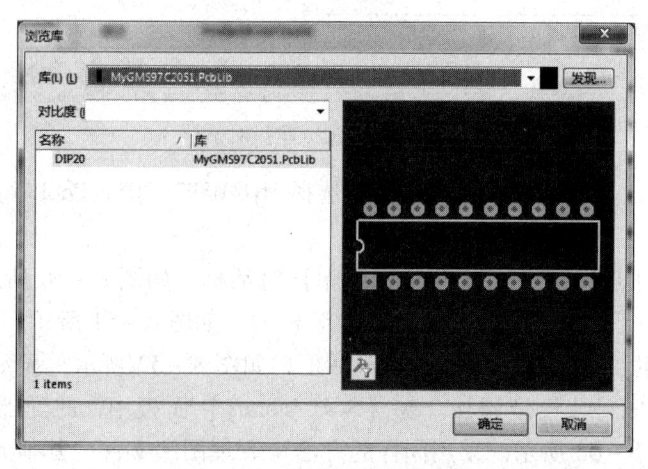

图 8－51 【浏览库】对话框

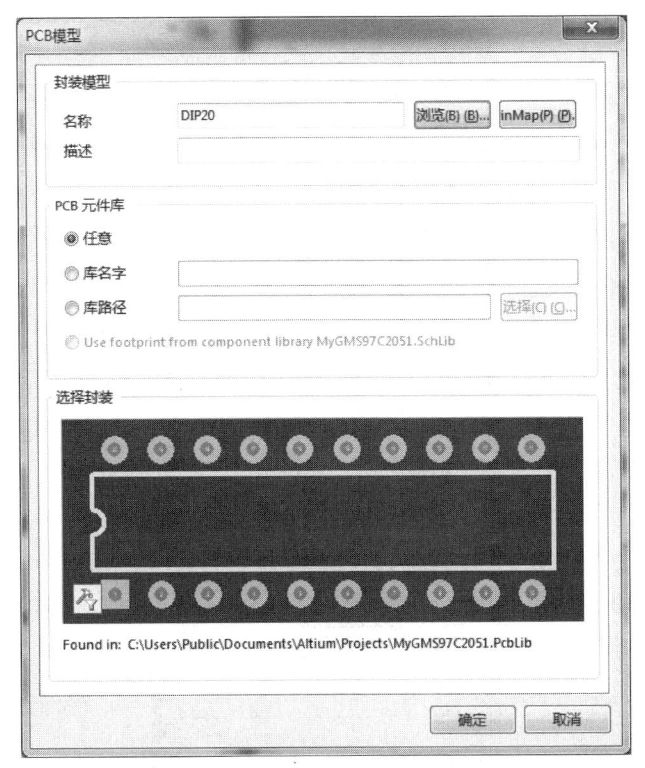

图 8－52　【PCB 模型】对话框

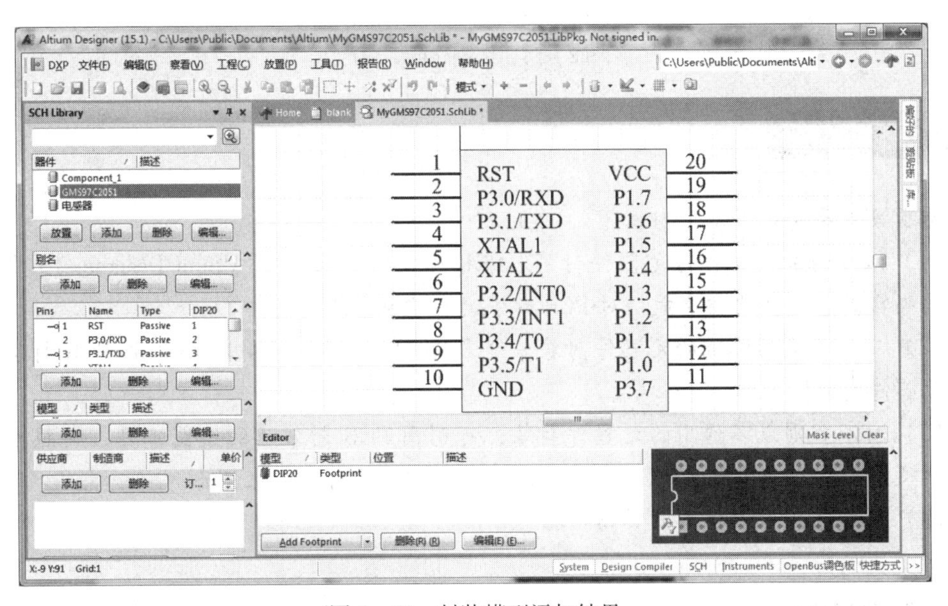

图 8－53　封装模型添加结果

（8）添加完成后，执行菜单命令【工程】|【Compile Integrated Library MyGMS97C2051. LibPkg】（编译集成库文件），编译集成库文件。集成库创建完成，此时在【库】面板中将显示新创建的集成库，如图 8－54 所示。

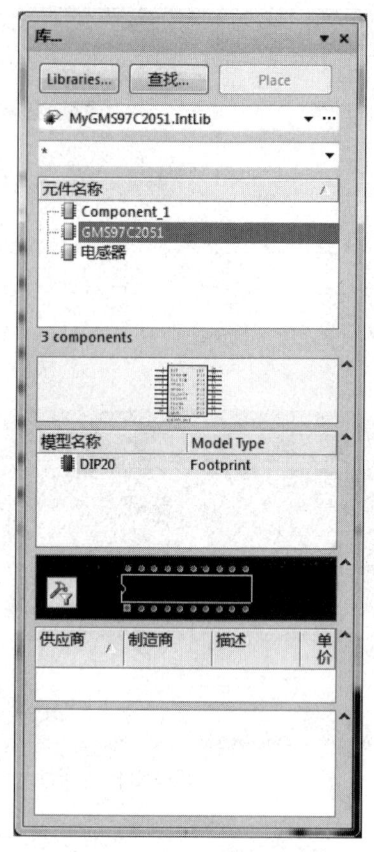

图 8-54 新创建的集成库

项目小结

本项目主要介绍了以下内容。

(1) PCB 封装，也称为元器件封装。PCB 库文件编辑器是 Altium Designer 15 中比较重要的编辑器之一，它主要提供对 PCB 封装的编辑和管理工作。

(2) 对符合通用标准的元器件封装，可采用 Altium Designer 15 提供的 PCB 封装向导创建元器件封装。

(3) 对不规则或不通用的元器件封装，可利用 PCB 封装库的绘图工具，按照元器件的实际尺寸，采用手工创建 PCB 封装方式，画出该元器件的封装图形。

(4) 创建集成元器件库的具体步骤及方法。

项目练习

1. 新建一个名为 FirstPackage 的 PCB 封装库文件。

2. 用 PCB 封装向导绘制电阻封装（管脚间距为 400 mil）、二极管封装（管脚间距为 700 mil）和电容封装（管脚间距为 200 mil），焊盘和通孔大小采用系统默认值。

3. 用PCB封装向导绘制如图8-55所示的贴片元器件封装LCC16和SOP8，焊盘大小采用系统默认值。

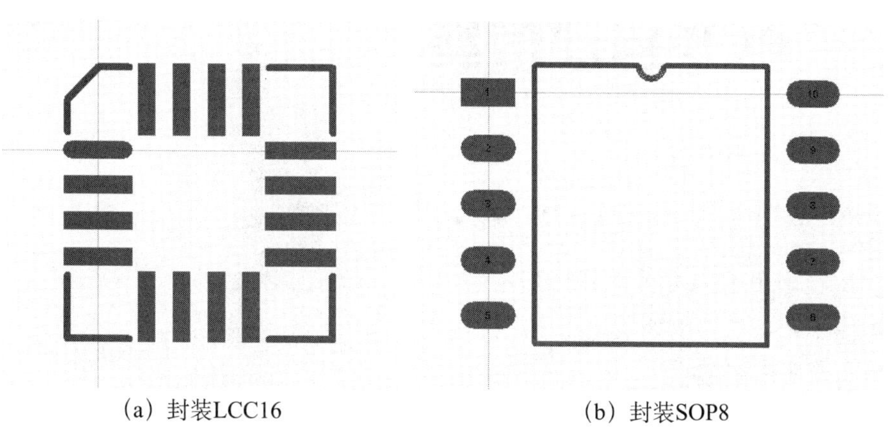

(a) 封装LCC16　　(b) 封装SOP8

图8-55　贴片元器件封装

4. 人工绘制如图8-7所示的发光二极管LED集成库，原理图和封装库如图8-56所示，两个焊盘的间距为180 mil，焊盘的编号为1、2，焊盘直径为60 mil，通孔直径为30 mil。

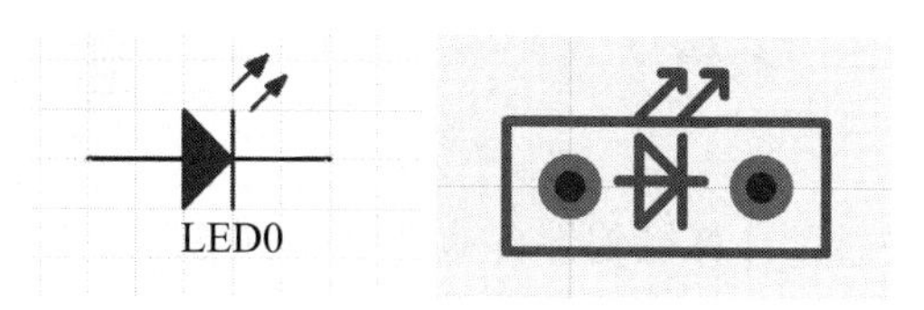

图8-56　发光二极管LED封装

5. 创建数码管集成元器件库，图8-57所示为数码管原理图符号和封装库，焊盘的间距和编号如图8-57所示，焊盘直径X为2.5 mm、Y为1.5 mm，通孔直径为0.6 mm。

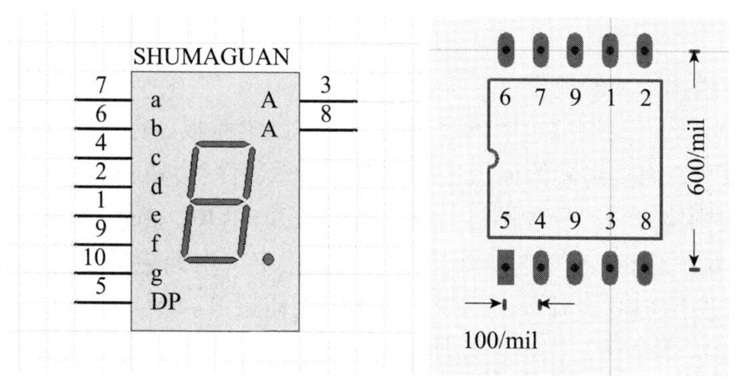

图8-57　数码管原理图符号和封装库

项目 9 PCB 自动布线

任务目标：

- ❖ 掌握 PCB 自动布线技术的步骤
- ❖ 掌握电气规则检查
- ❖ 熟悉电路板的定义
- ❖ 掌握编译项目文件并导入 PCB 中
- ❖ 掌握设计规则的设置
- ❖ 熟悉 PCB 封装的布局
- ❖ 掌握自动布线与人工调整布线
- ❖ 熟悉 PCB 报表的生成
- ❖ 掌握 PCB 输出的方法

PCB 自动布线技术是通过计算机软件自动将原理图中元器件间的逻辑连接转换为 PCB 铜箔连接的技术。PCB 的自动化设计实际上是一种半自动化的设计过程，还需要人的干预才能设计出合格的 PCB。

任务 9.1　掌握 PCB 自动布线的步骤

PCB 自动布线技术一般遵循以下步骤。

（1）绘制原理图。绘制原理图的目的是设计印制电路板。在绘制原理图时，注意每个元器件必须有封装，而且封装的焊盘号与原理图中元器件引脚之间必须有对应关系。

（2）电气规则检查。对原理图进行电气规则检查（ERC）后，生成网络表。

（3）建立 PCB 文件，定义电路板。可以用直接定义电路板的方法，也可使用向导定义电路板。同时进行 PCB 设计环境的设置，确定工作层等。

（4）加载 PCB 封装库。根据需要加载封装库。

（5）编译项目文件并导入 PCB 中。编译项目文件并导入 PCB 中，与原来加载网络表功能一样，实际上是将元器件封装放入电路板图之中，元器件之间的连接关系以网络飞线的形式体现。在加载网络表过程中，注意形成的宏命令是否有错，若有错，查明原因，返回原理图并修改原理图。一般遇到的问题是无元器件封装或元器件引脚和封装焊盘不对应。

（6）元器件的布局。采用自动布局和人工调整布局相结合的方式，将元器件合理地放置在电路板中。在考虑电气性能的前提下，尽量减少网络飞线之间的交叉，以提高布线的布通率。

（7）设计规则设置。在自动布线前，根据实际需要设置好常用的布线参数，以提高布线的质量。

（8）自动布线。对某些特殊的连线可以先进行手工预布线，然后再进行自动布线。

（9）人工布线调整。利用3D立体图观察电路板，若对元器件布置或布线不满意，可以去掉布线，恢复到预拉线状态，重新布置元器件后再自动布线。对部分布线可以人工调整与布线。

（10）PCB电气规则检查及标注文字调整。对电路板进行电气规则检查后，对丝网层上的标注文字进行调整，然后写上画电路板日期等文字。

（11）PCB报表的生成。生成报表文件的功能可以产生有关设计内容的详细资料，主要包括电路板状态、管脚、元器件、网络表、钻孔文件和插件文件等。

（12）PCB输出。采用打印机或绘图仪输出电路板图。也可以将所完成的电路板图存盘，或发E-mail给电路板制造商生产电路板。

任务9.2　新建一个PCB工程

下面以如图9－1所示的波形发生电路原理图制作一个双层印制电路板的过程为例，来介绍PCB自动布线技术的操作。

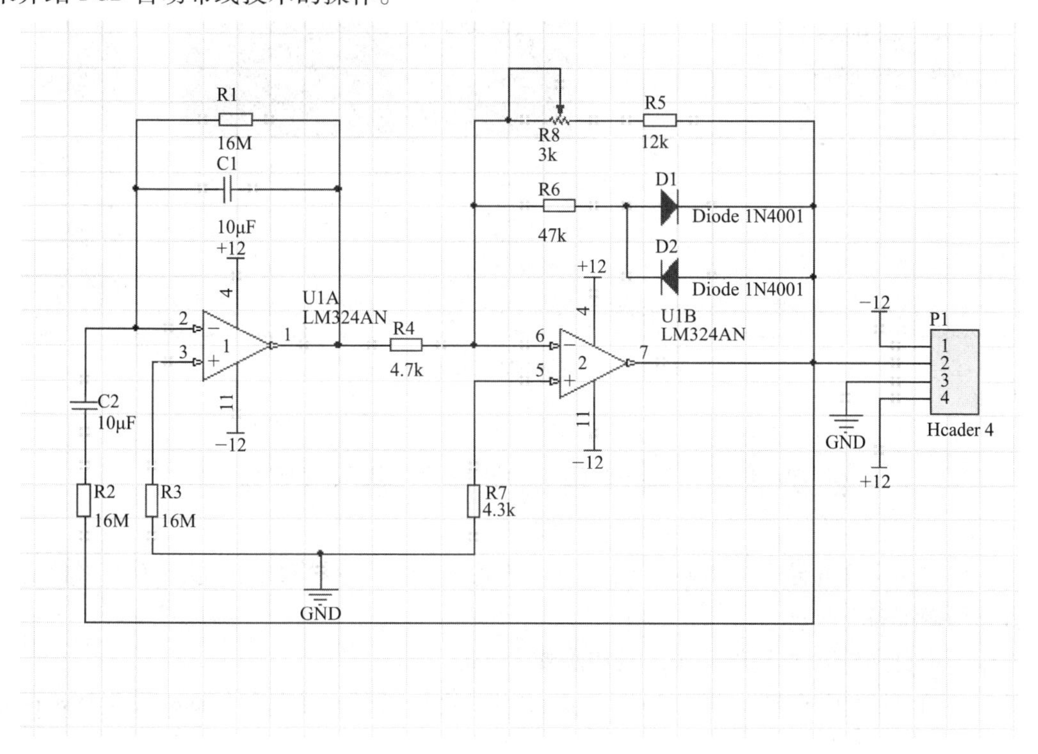

图9－1　波形发生电路原理图

新建一个工程，命名为 yjb. PrjPcb。并建立名称为 yjb. SchDoc 的原理图文件，并根据图 9－1 所示的电路来绘制原理图。

任务 9.3 定义电路板

在进行电路板的布局和布线之前，除了进行 PCB 设计环境的设置外，还必须确定电路板的工作层，并在相应的工作层确定电路板的物理边界和电气边界。

该电路板采用双层板，一般应确定以下工作层：顶层（Top Layer）、底层（Bottom Layer）、机械层 4（Mechanical 4）、顶层丝印层（Top Overlay）、禁止布线层（Keep Out Layer）和多层（Multi Layer）。

该电路板的外形尺寸长为 3 100 mil，宽为 1 640 mil。根据任务 6.3 所介绍的使用向导定义电路板的方法定义该电路板，并把生成的 PCB 文件改名为 yjb. PcbDoc，生成的电路板外形和工作层如图 9－2 所示。

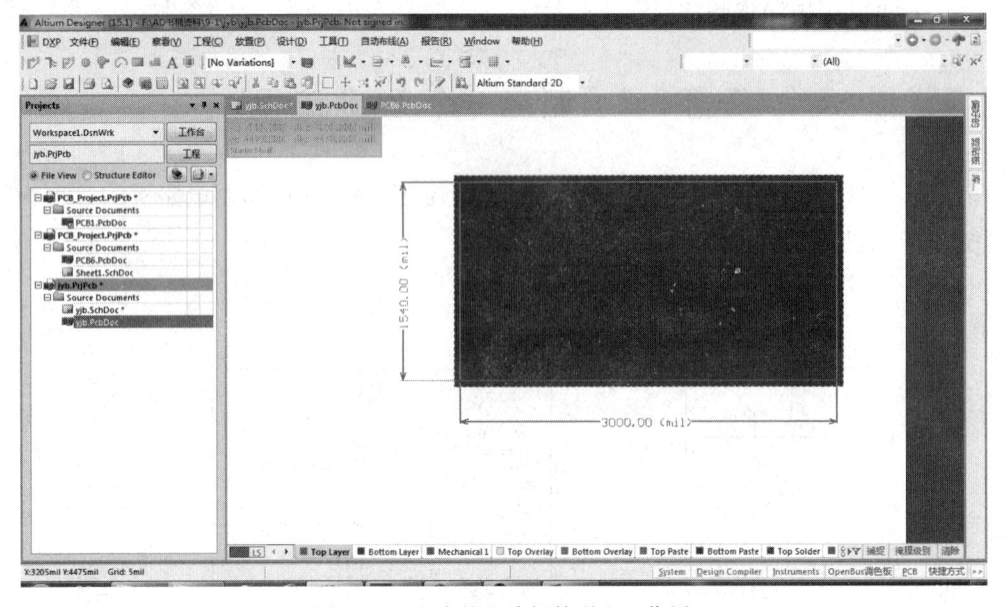

图 9－2 生成的电路板外形和工作层

任务 9.4 编译项目文件并导入 PCB 中

编译项目文件并导入 PCB 中，就是将网络报表里的信息导入 PCB 板，为电路板的元器件布局做准备。

编译项目文件并导入 PCB 中的具体步骤如下。

（1）在 SCH 原理图编辑环境下，执行菜单命令【设计】|【Update PCB Document yjb. PcbDoc】（更新 PCB 文件）。或者在 PCB 编辑环境下，执行菜单命令【设计】|【Import Changes From. PrjPcb】（从项目文件中更新）。

（2）执行以上命令，系统弹出【工程更改顺序】对话框，如图9－3所示。

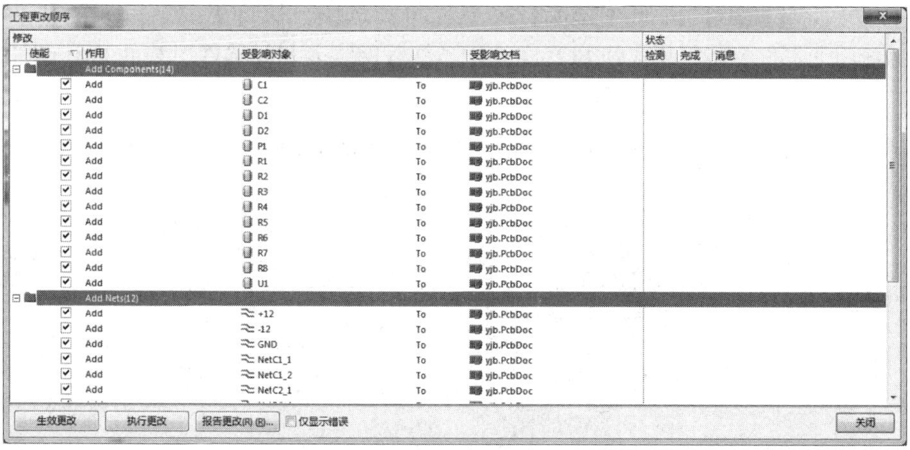

图9－3　【工程更改顺序】对话框

该对话框中显示出当前对电路进行的修改内容，左边为【修改】列表，右边是对应修改的【状态】。主要的修改有 Add Components、Add Nets、Add Components Classes 和 Add Rooms 几类。

（3）单击【工程更改顺序】对话框中的 生效更改 按钮，系统将检查所有的更改是否都有效，如果有效，将在右边的【检测】栏对应位置打勾；若有错误，【检测】栏中将显示红色错误标识。一般的错误都是因为元器件封装定义不正确，系统找不到给定的封装，或者设计PCB板时没有添加对应的集成库等造成的。此时需要返回到电路原理图编辑环境中，对有错误的元器件进行修改，直到修改完所有的错误，即【检测】栏中全为正确内容为止。

（4）若用户需要输出变化报告，可以单击对话框中的 报告更改(R) (R)... 按钮，系统弹出【报告预览】对话框，如图9－4所示，在该对话框中可以打印输出该报告。

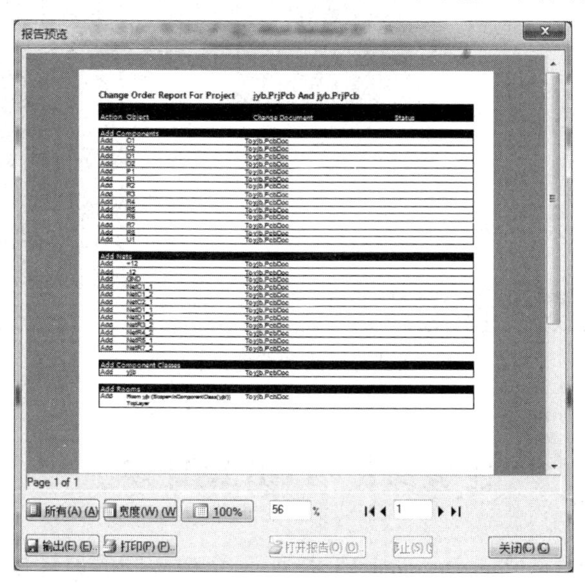

图9－4　【报告预览】对话框

（5）单击【工程更改顺序】对话框中的 执行更改 按钮，系统执行所有的更改操作，如果执行成功，【状态】栏下【完成】列表栏将被选中，执行更改结果如图 9－5 所示。此时，系统将元器件封装等装载到 PCB 文件中，加载网络表和元器件封装的 PCB 图如图 9－6 所示。

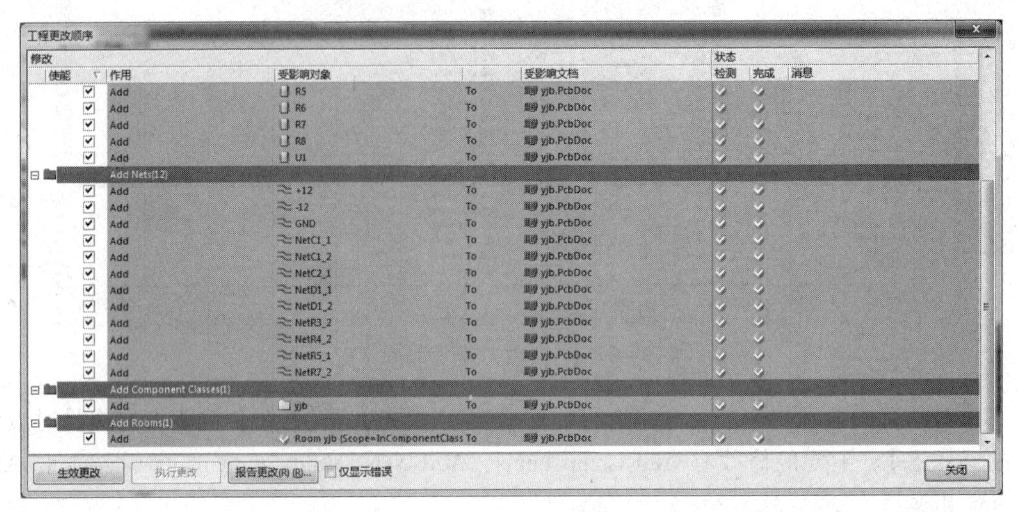

图 9－5　执行更改结果

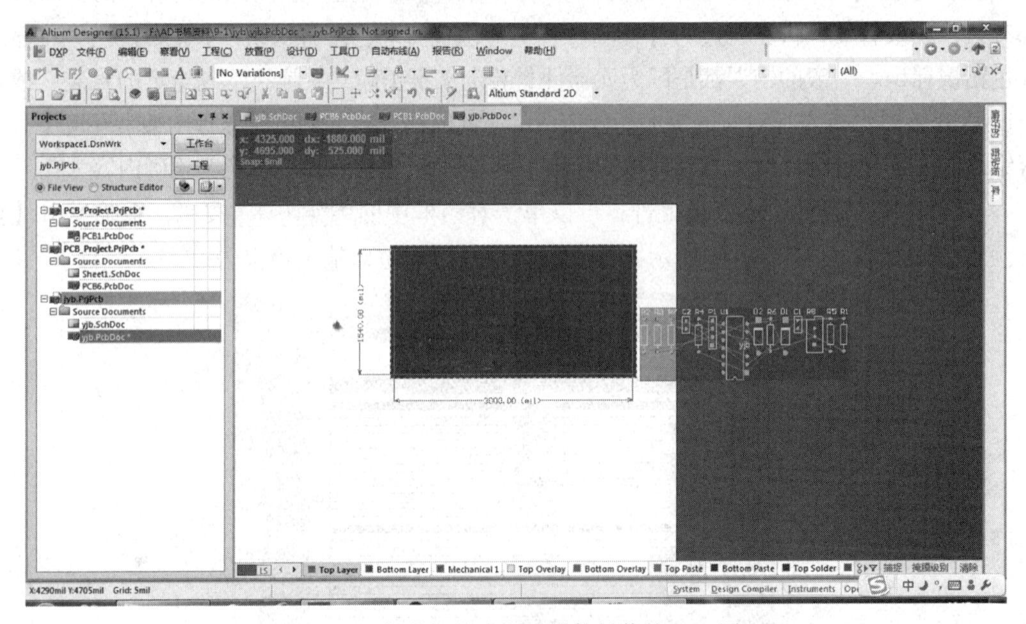

图 9－6　加载网络表和元器件封装的 PCB 图

任务 9.5　PCB 设计规则

对于 PCB 的设计，Altium Designer 15 提供了 10 种不同的设计规则，这些设计规则涉及 PCB 设计过程中导线的放置、导线的布线方法、元器件放置、布线规则、元器件移动和信号完整性等方面。系统将根据这些规则进行自动布局和自动布线。在很大程度上，布线能否成功和布线质量的高低取决于设计规则的合理性，也依赖于用户的设计经验。对于具体的电路需要采用不同的设计规则，若用户设计的是双面板，很多规则可以采用系统默认值，系统默认值就是对双面板进行设置的。

9.5.1　设计规则概述

在 PCB 编辑环境中，执行菜单命令【设计】|【规则】，系统弹出【PCB 规则及约束编辑器】对话框，如图 9－7 所示。

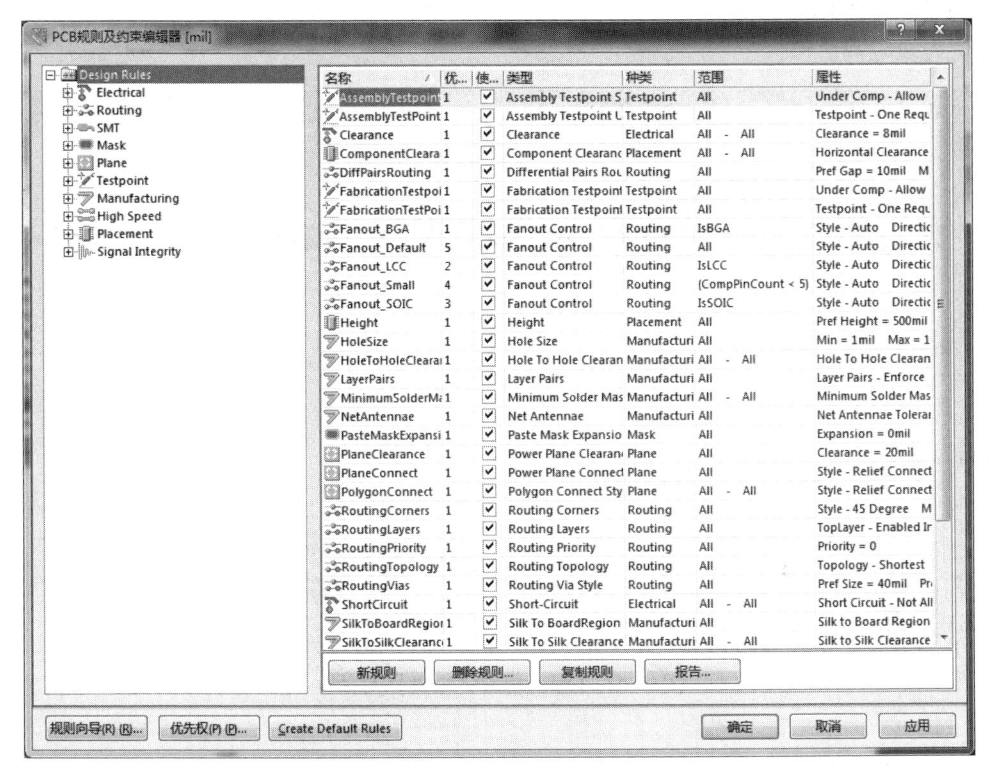

图 9－7　【PCB 规则及约束编辑器】对话框

该对话框左侧显示的是设计规则的类型，共有 10 项设计规则，包括 Electrical（电气设计规则）、Routing（布线设计规则）、SMT（表面贴片元器件设计规则）、Mask（阻焊层设计规则）、Plane（内电层设计规则）、Test point（测试点设计规则）、Manufacturing（加工设计规则）、High Speed（高速电路设计规则）、Placement（布局设计规则）及 Signal Integrity（信号完整性分析规则）等，右边则显示对应设计规则的设置属性。

在左侧列表栏单击鼠标右键，系统弹出一个右键菜单，如图 9－8 所示。

图 9－8　右键菜单

右键菜单中各项命令的意义如下。

【新规则】：用于建立新的设计规则。

【重复的规则】：用于建立重复的设计规则。

【删除规则】：用于删除所选的设计规则。

【报告】：用于生成 PCB 规则报表，将当前规则以报表文件的方式给出。

【Export Rules】：用于将当前规则导出，导出文件后缀名为“. rul”。

【Import Rules】：用于导入设计规则。

此外，在【PCB 规则及约束编辑器】对话框的左下角还有两个按钮。

规则向导(R) (R)...：用于启动规则向导，为 PCB 设计添加新的设计规则。

优先权(P) (P)...：用于设置设计规则的优先级级别，单击该按钮，弹出【编辑规则优先级】对话框，如图 9 - 9 所示。在该对话框中列出了同一类型的所有规则，规则越靠上，说明优先级越高。

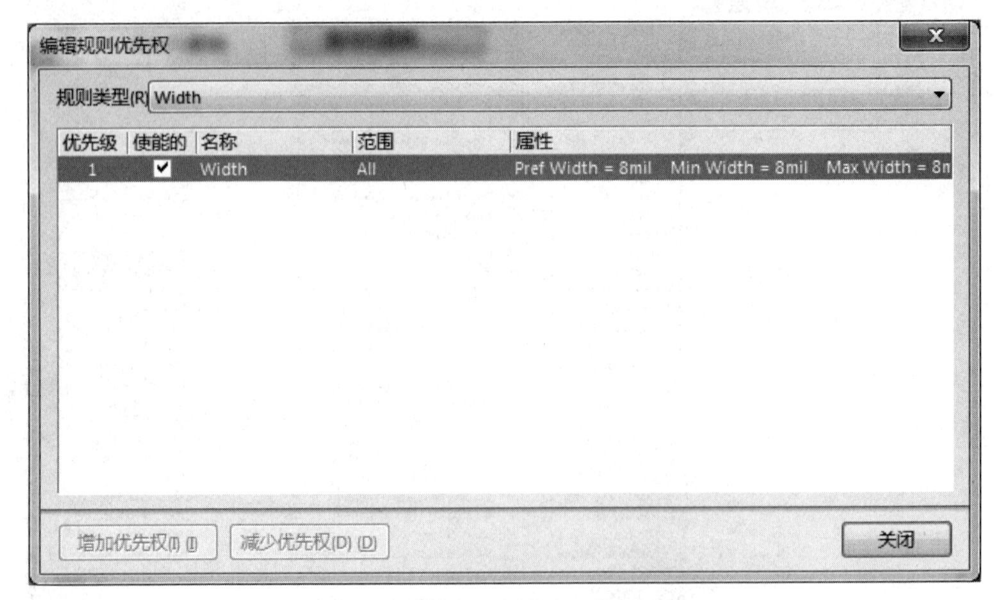

图 9 - 9 【编辑规则优先级】对话框

9.5.2 电气设计规则

在【PCB 规则及约束编辑器】对话框的左侧列表框中单击【Electrical】，打开电气设计规则列表，如图 9 - 10 所示。

单击【Electrical】前面的“+”号将其展开后，可以看到有几项设置。

【Clearance】：安全距离设置。

【Short-Circuit】：短路规则设置。

【Un-Routed Net】：未布线网络规则设置。

【Un-Connected Pin】：未连接管脚规则设置。

1. Clearance

Clearance（安全距离设置）是 PCB 板在布置铜膜导线时，元器件焊盘与焊盘之间、焊盘与导线之间、导线与导线之间的最小距离，其设置如图 9 - 11 所示。

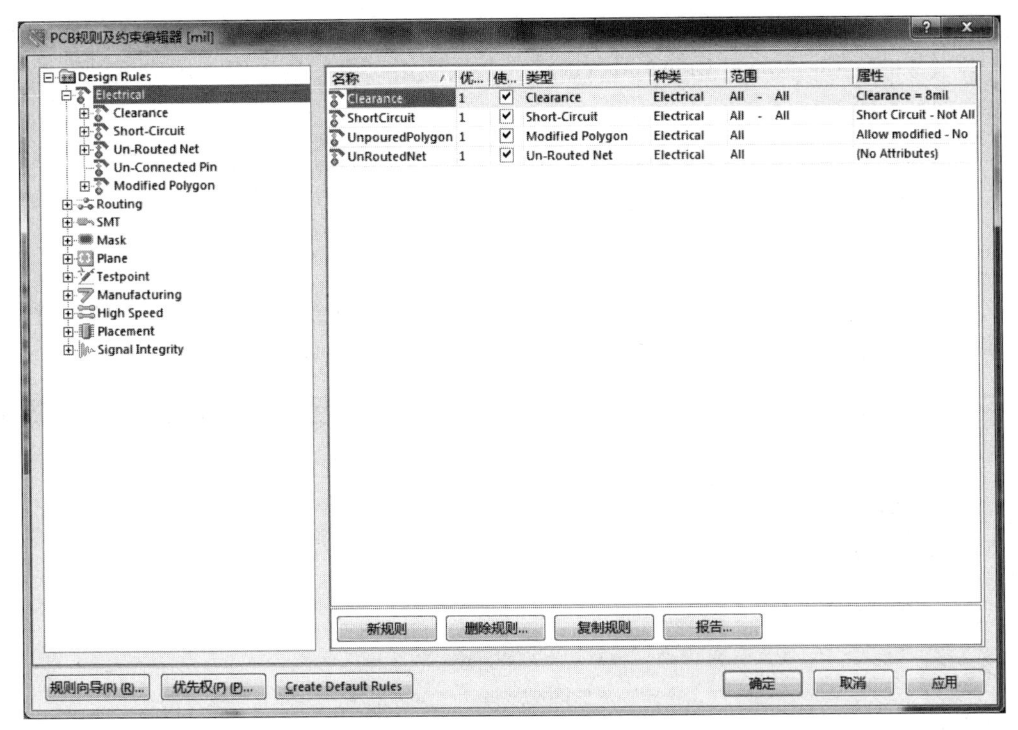

图 9－10　电气设计规则列表

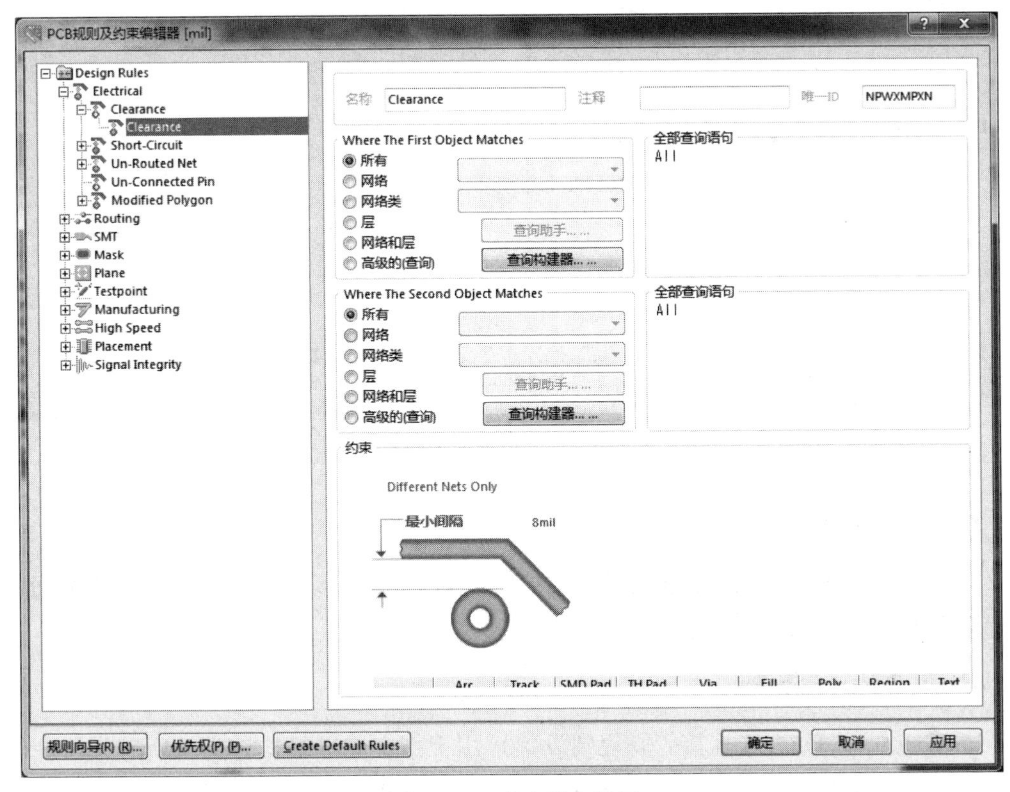

图 9－11　安全距离设置

在该对话框中有两个匹配对象选项组:【Where The First Object Matches】(优先应用对象)和【Where The Second Object Matches】(其次应用对象)选项组，用户可以设置不同网络间的安全距离。

在【约束】选项区域中的【最小间隔】文本框中可以输入设置安全距离的值。系统默认值为 10 mil。

2. Short-Circuit

Short-Circuit(短路规则设置)就是是否允许电路中有导线交叉短路，其设置如图 9-12 所示。系统默认不允许短路，即取消【允许短电流】复选项的选定。

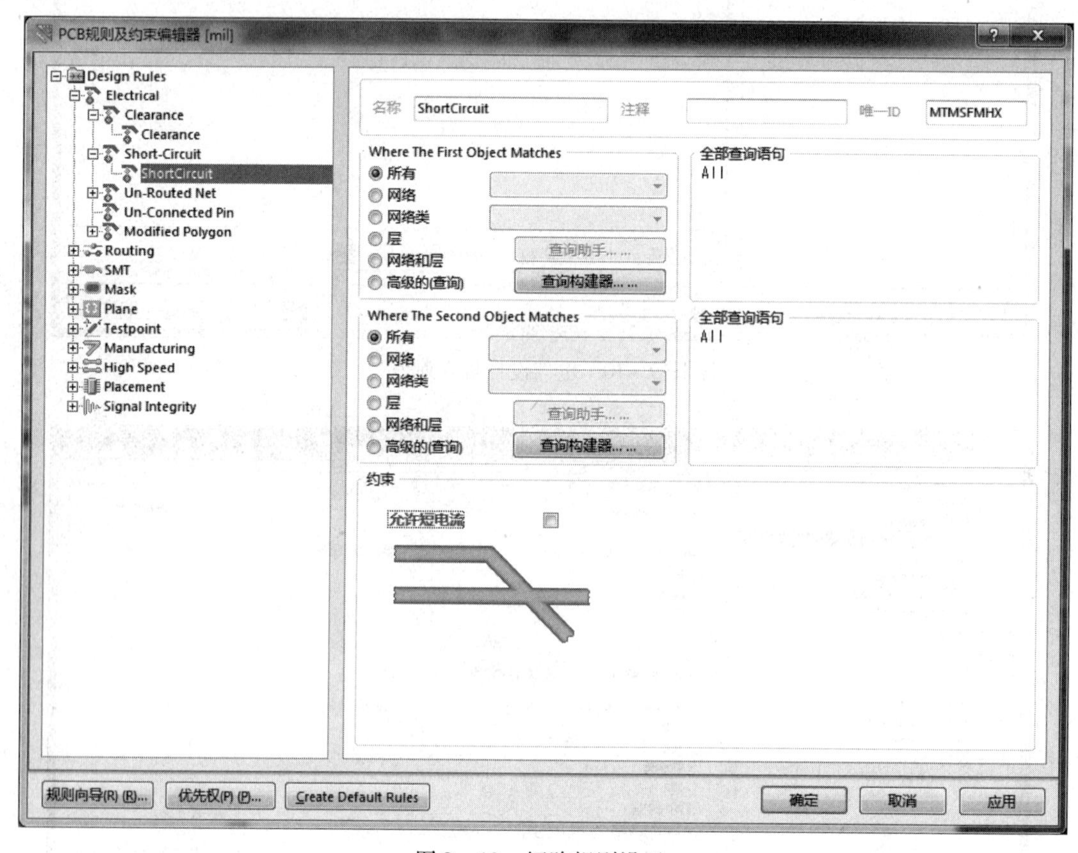

图 9-12 短路规则设置

3. Un-Routed Net

Un-Routed Net(未布线网络规则设置)用于检查网络布线是否成功，如果不成功，仍保持用飞线连接，其设置如图 9-13 所示。

4. Un-Connected Pin

Un-Connected Pin(未连接管脚规则设置)用于指定的网络检查是否所有元器件的管脚都是连接到网络的，对于未连接的管脚，给予提示，显示为高亮状态。系统默认下无此规则，一般不设置。

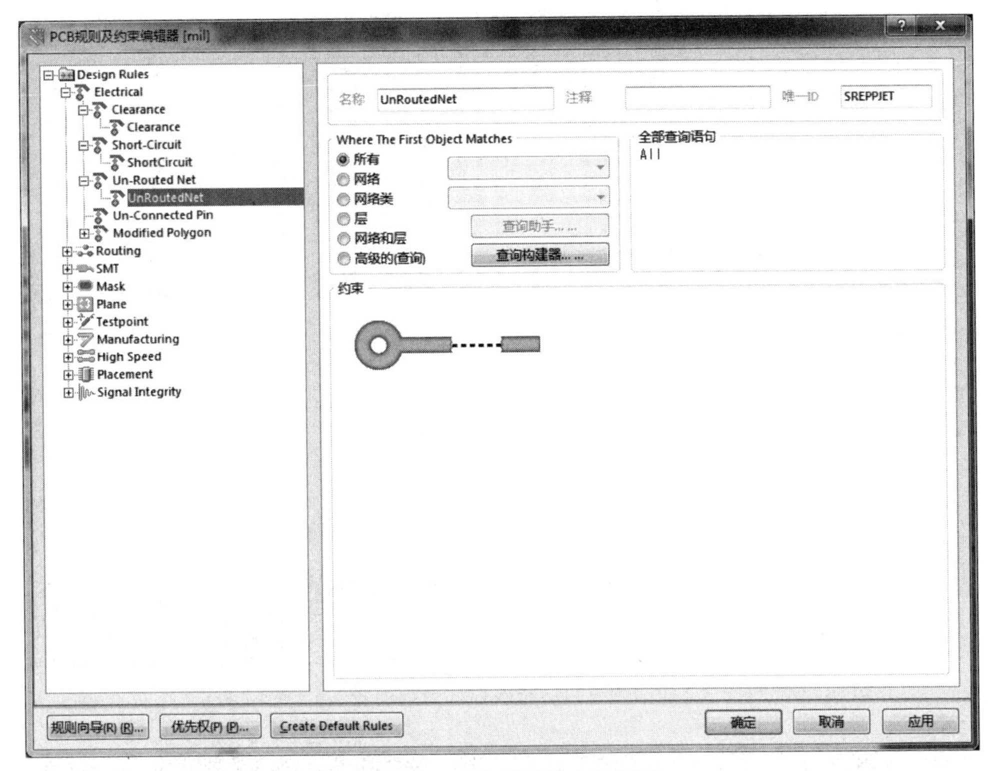

图 9－13　未布线网络规则设置

9.5.3　布线设计规则

在【PCB 规则及约束编辑器】对话框的左侧列表框中单击【Routing】（线路），打开布线设计规则列表，如图 9－14 所示。

单击【Routing】前面的“＋”号将其展开后，可以看到它包括以下几个方面。

【Width】：导线宽度规则设置。

【Routing Topology】：布线拓扑规则设置。

【Routing Priority】：布线优先级别规则设置。

【Routing Layers】：板层布线规则设置。

【Routing Corners】：拐角布线规则设置。

【Routing Via Style】：过孔布线规则设置。

【Fanout Control】：扇出式布线规则设置。

【Differential Pairs Routing】：差分对布线规则设置。

1. Width

Width（导线宽度规则设置）有三处值可以设置，分别是 Max Width（最大宽度）、Preferred Width（优选尺寸）、Min Width（最小宽度）。其中 Preferred Width 是系统在放置导线时默认采用的宽度值，如图 9－15 所示。系统对导线宽度的默认值为 10 mil，单击每个项可以直接输入数值进行修改。

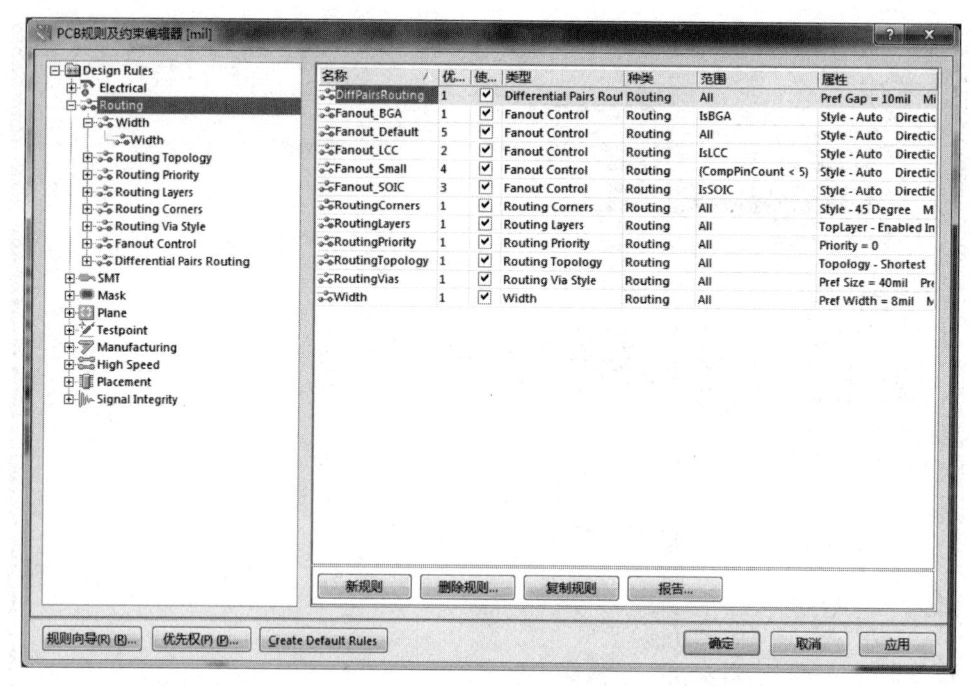

图 9－14 布线设计规则列表

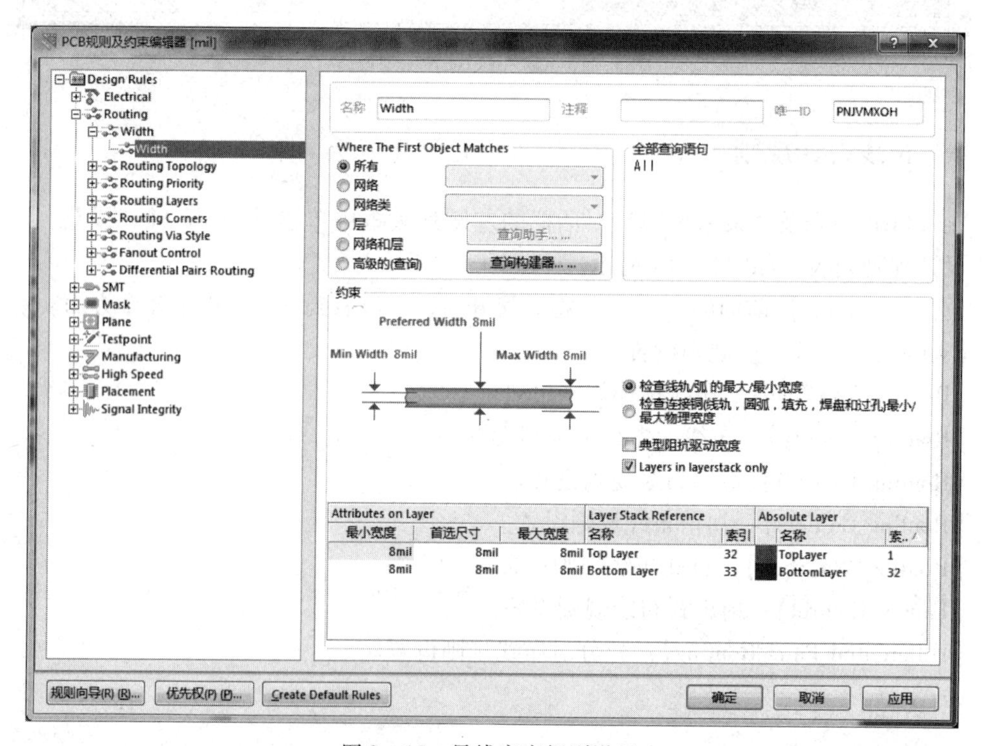

图 9－15 导线宽度规则设置

2. Routing Topology

Routing Topology（布线拓扑规则设置）采用的是布线的拓扑逻辑约束。Altium

Designer 15 常用的布线约束为最短逻辑规则，用户可以根据具体设计选择不同的布线拓扑规则，如图 9－16 所示。

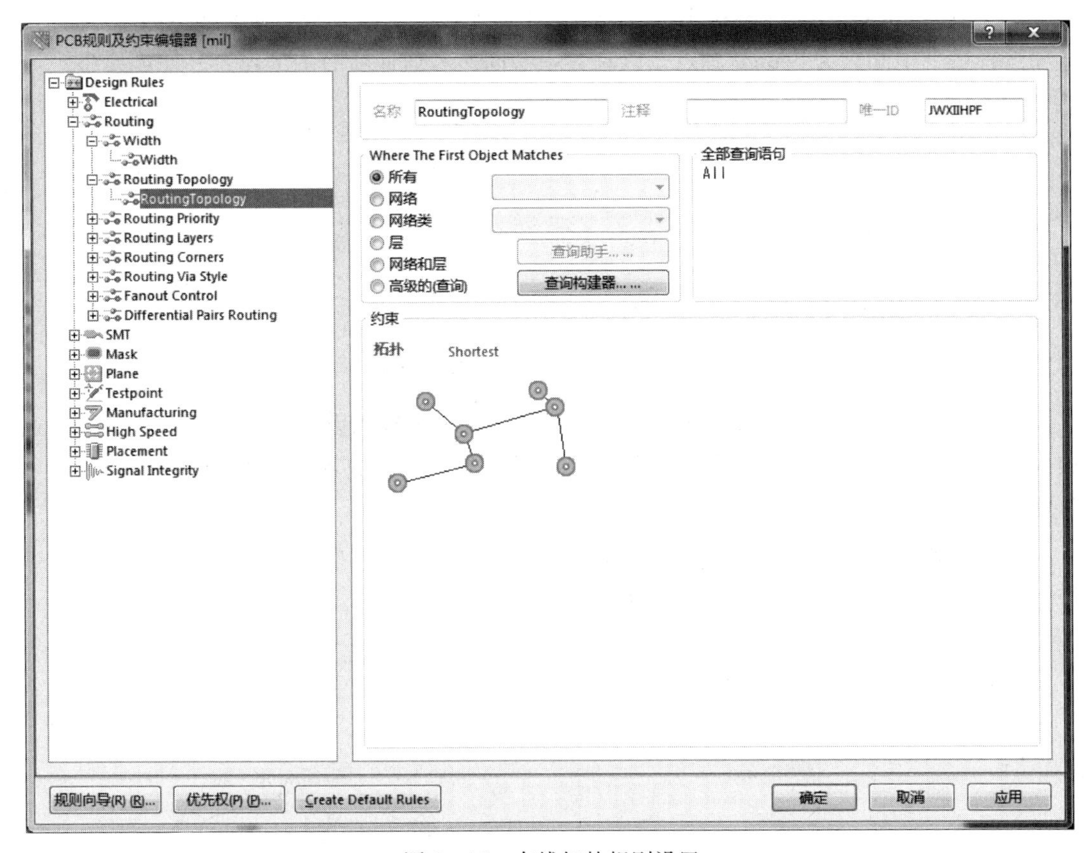

图 9－16　布线拓扑规则设置

单击【约束】选项区域中【拓扑】后面的下三角按钮，可以看到 Altium Designer 15 提供了以下几种布线拓扑规则。

（1）Shortest（最短规则设置）。最短规则设置如图 9－17 所示，该选项表示在布线时连接所有节点的连线的总长度最短。

（2）Horizontal（水平规则设置）。水平规则设置如图 9－18 所示，该选项表示连接所有节点时，水平连线总长度最短，即尽可能选择水平走线。

（3）Vertical（垂直规则设置）。垂直规则设置如图 9－19 所示，该选项表示连接所有节点时，垂直连线总长度最短，即尽可能选择垂直走线。

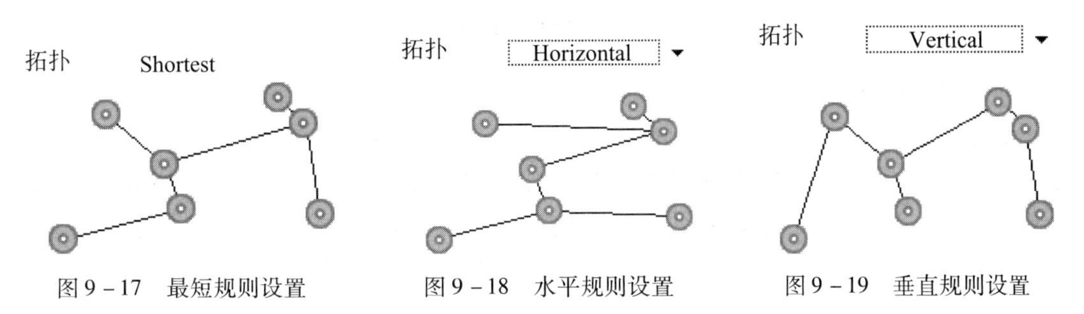

图 9－17　最短规则设置　　图 9－18　水平规则设置　　图 9－19　垂直规则设置

（4）Daisy-Simple（简单链状规则设置）。简单链状规则设置如图 9 - 20 所示，该选项表示使用链式连通法则，从一点到另一点连通所有的节点，并使连线总长度最短。

（5）Daisy-MidDriven（链状中点规则设置）。链状中点规则设置如图 9 - 21 所示，该选项选择一个中间点为 Source 源点，以它为中心向左右连通所有的节点，并使连线最短。

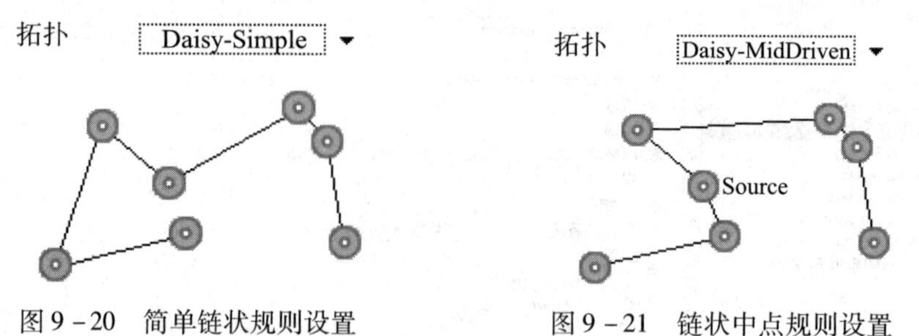

图 9 - 20　简单链状规则设置　　图 9 - 21　链状中点规则设置

（6）Daisy-Balanced（链状平衡规则设置）。链状平衡规则设置如图 9 - 22 所示，该选项也是先选择一个源点，将所有的中间节点数目平均分成组，所有的组都连接在源点上，并使连线最短。

（7）Starburst（星形规则设置）。星形规则设置如图 9 - 23 所示，该规则也是采用选择一个源点，以星形方式去连接别的节点，并使连线最短。

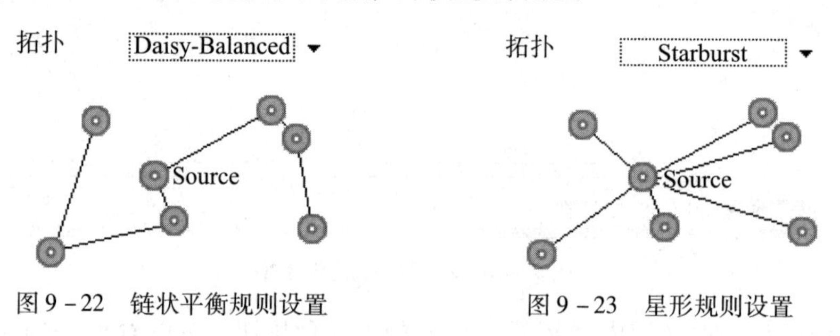

图 9 - 22　链状平衡规则设置　　图 9 - 23　星形规则设置

3. Routing Priority

Routing Priority（布线优先级别规则设置）用于设置布线的优先级别。单击【约束】选项区域中【行程优先权】后面的按钮可以进行设置，设置的范围为 0 ~ 100，数值越大，优先级越高，如图 9 - 24 所示。

4. Routing Layers

Routing Layers（板层布线规则设置）用于设置自动布线过程中允许布线的层面，如图 9 - 25 所示。这里设计的是双面板，允许两面布线。

5. Routing Corners

Routing Corners（拐角布线规则设置）用于设置 PCB 走线采用的拐角方式，如图 9 - 26 所示。单击【约束】选项区域中【类型】后面的下三角按钮，可以选择拐角方式。布线的拐角有【45 Degrees】、【90 Degrees】和【Rounded】（圆形拐角）三个选项，其设置如图 9 - 27 所示。【退步】文本框用于设定拐角的长度，【to】文本框用于设置拐角的大小。

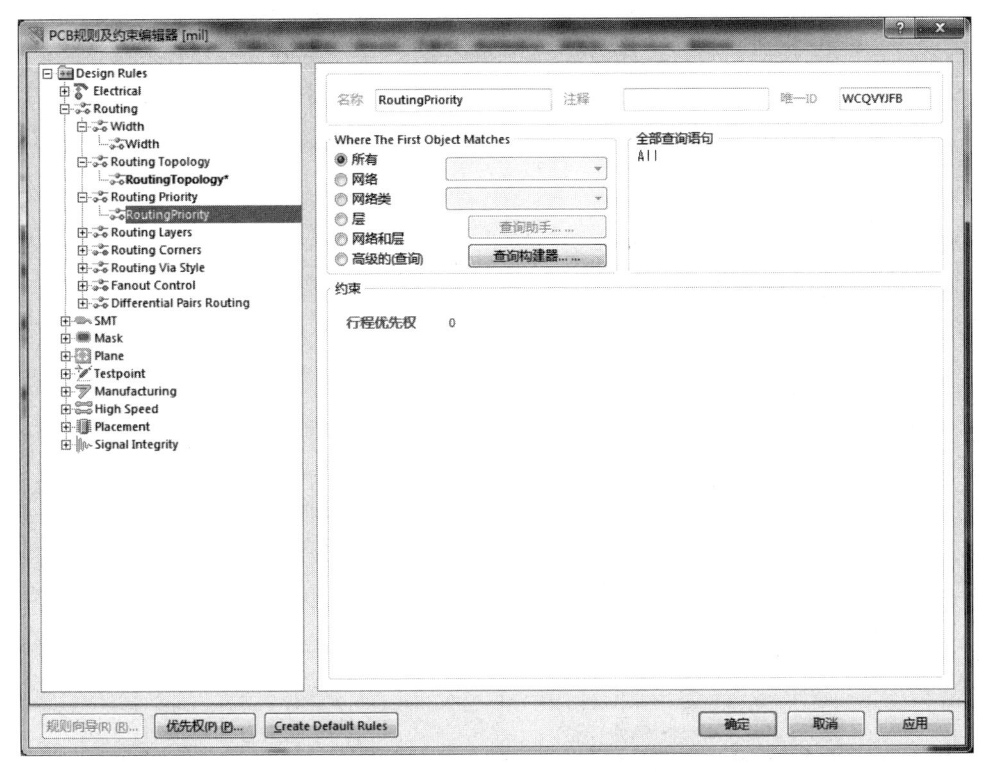

图 9－24　布线优先级别规则设置

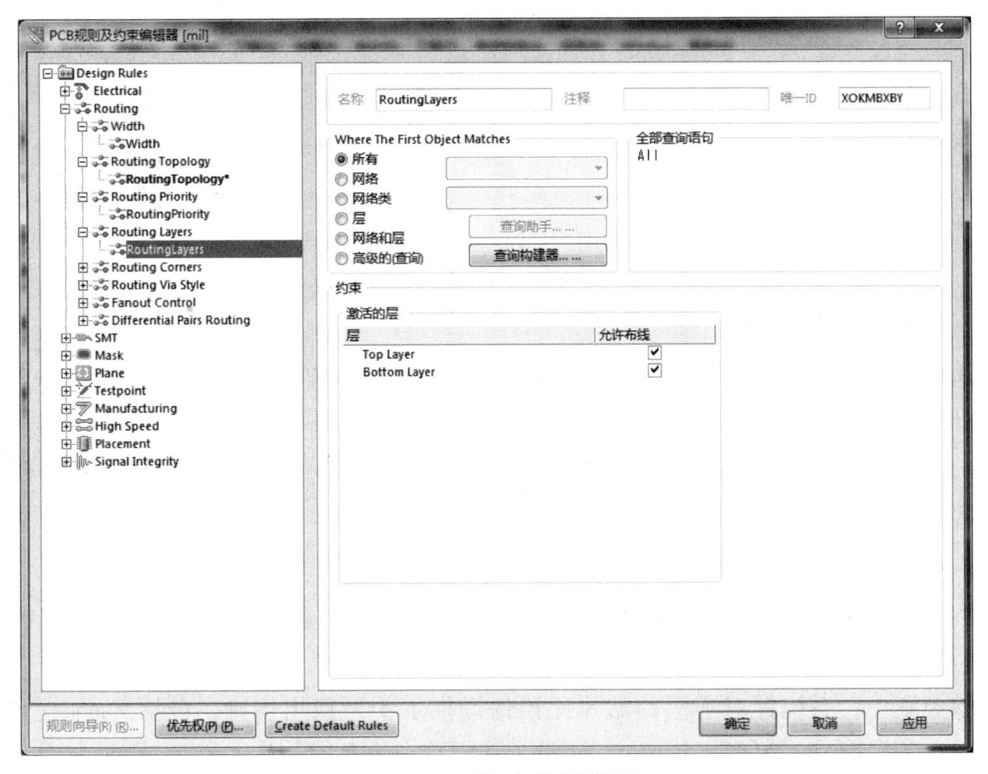

图 9－25　板层布线规则设置

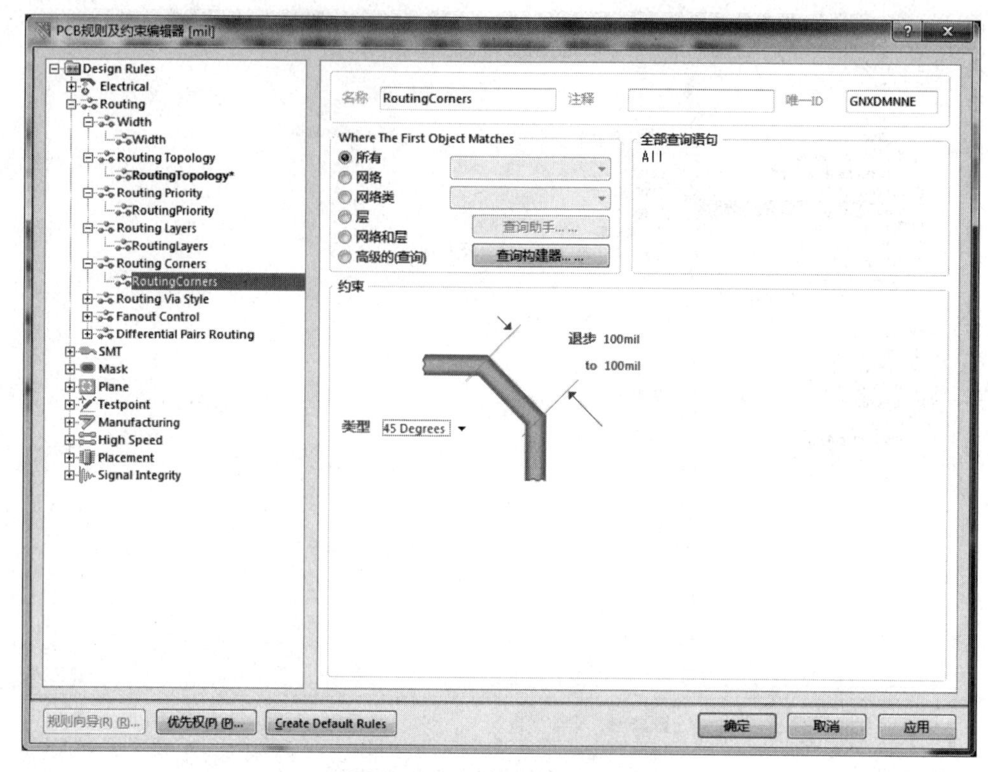

图 9 - 26　拐角布线规则设置

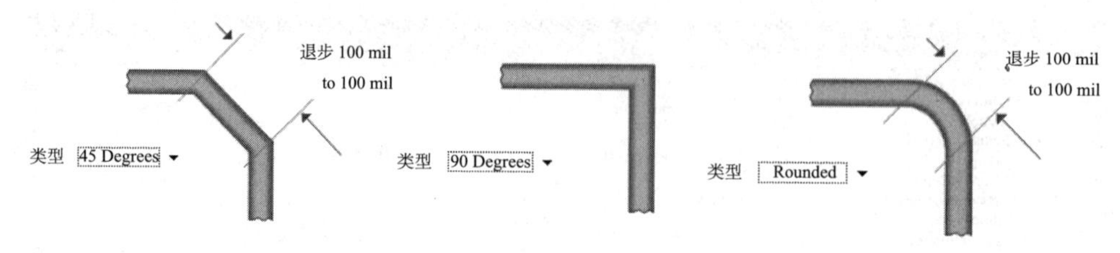

图 9 - 27　拐角设置

6. Routing Via Style

Routing Via Style（过孔布线规则设置）用于设置布线中过孔的尺寸，如图 9 - 28 所示。在该对话框中可以设置【过孔直径】选项组和【过孔孔径大小】选项组，包括【最小的】、【最大的】和【首选的】三个选项。设置时需注意过孔直径和通孔直径的差值不宜太小，否则将不利于制板加工。合适的差值应该在 10 mil 以上。

7. Fanout Control

Fanout Control（扇出式布线规则设置）用于设置表面贴片元器件的布线方式，如图 9 - 29 所示。

该规则中，系统针对不同的贴片元器件提供了 5 种扇出规则，包括 Fanout_ BGA、Fanout_LCC、Fanout_SOIC、Fanout_ Small（管脚数小于 5 的贴片元器）、Fanout_ Default。每种规则中的设置方法相同，在【约束】选项区域中提供了扇出类型、扇出向导、从

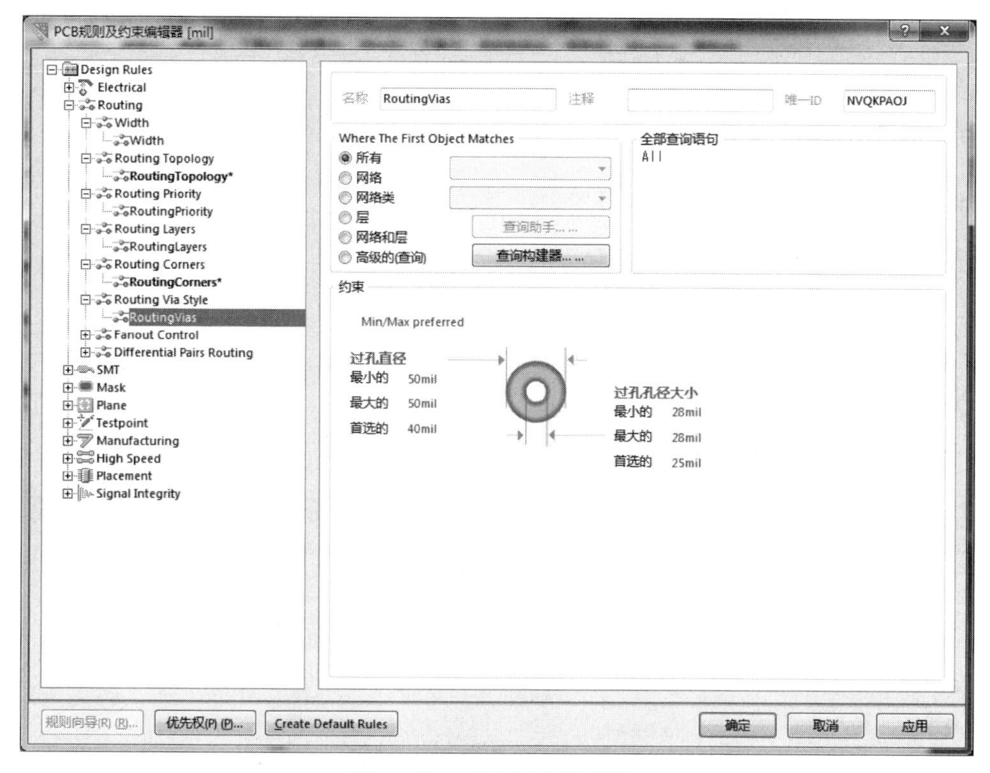

图 9－28　过孔布线规则设置

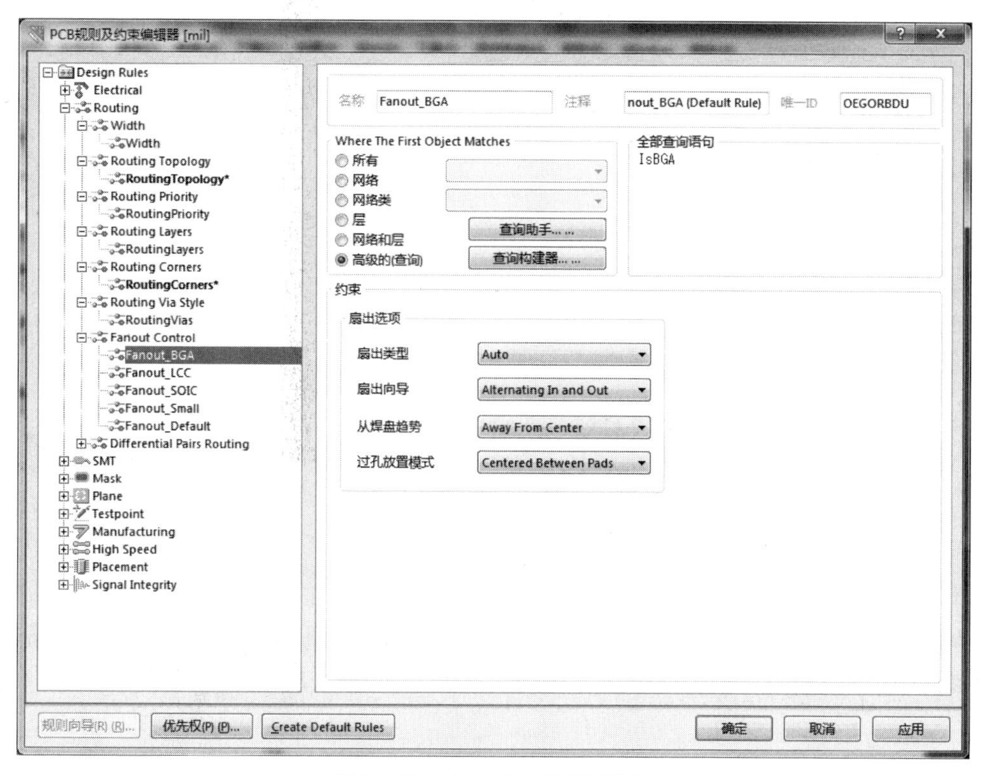

图 9－29　扇出式布线规则设置

焊盘趋势及过孔放置模式等选择项，用户可以根据具体电路中的贴片元器件的特点进行设置。

9.5.4 阻焊层设计规则

Mask（阻焊层设计规则）用于设置焊盘到阻焊层的距离，有以下几种规则。

1. Solder Mask Expansion

Solder Mask Expansion（阻焊层延伸量设置）用于设计从焊盘到阻碍焊层之间的延伸距离。在电路板的制作时，阻焊层要预留一部分空间给焊盘。这个延伸量就是防止阻焊层和焊盘相重叠，如图 9－30 所示。用户可以在【Expansion】（扩充）文本框设置延伸量的大小，系统默认值为 4 mil。

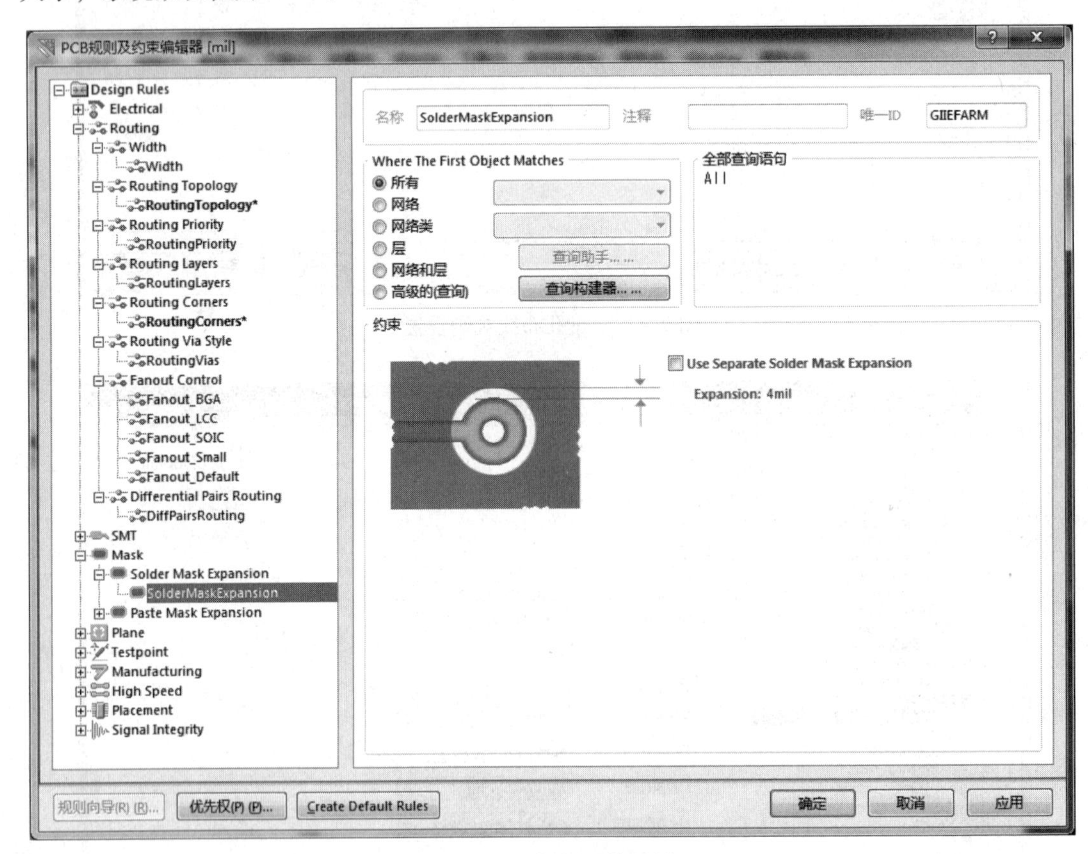

图 9－30　阻焊层延伸量设置

2. Paste Mask Expansion

Paste Mask Expansion（表面贴片元器件延伸量设置）用于设计从贴片元器件的焊盘到焊锡层孔之间的延伸距离，如图 9－31 所示。用户可以在【扩充】文本框设置延伸量的大小。

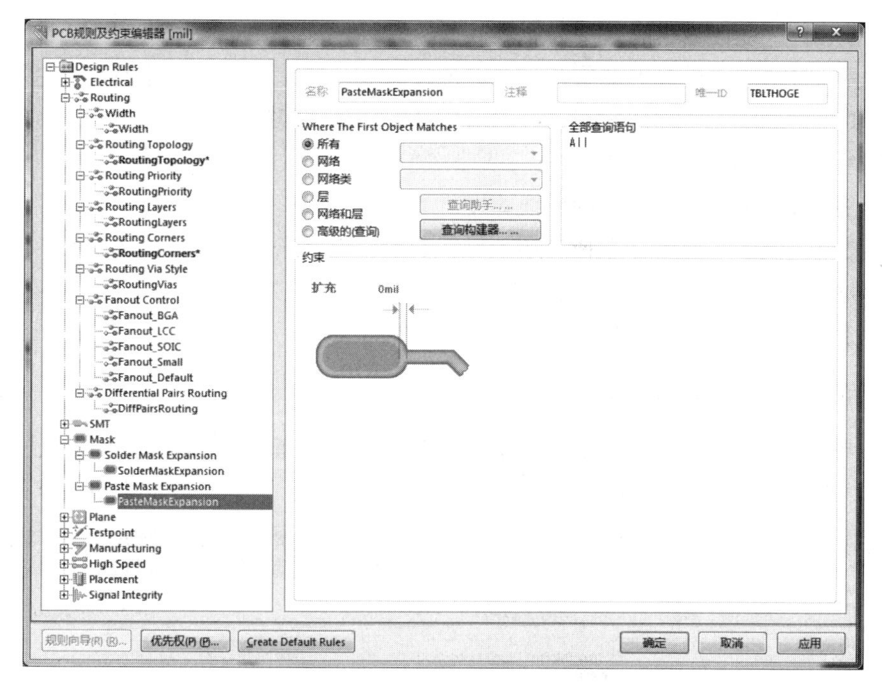

图 9－31　表面贴片元器件延伸量设置

9.5.5　内电层设计规则

Plane 内电层设计规则用于多层板设计中，有以下几种设置规则。

1. Power Plane Connect Style

Power Plane Connect Style（电源层连接方式设置）用于设置过孔到电源层的连接，如图 9－32 所示。

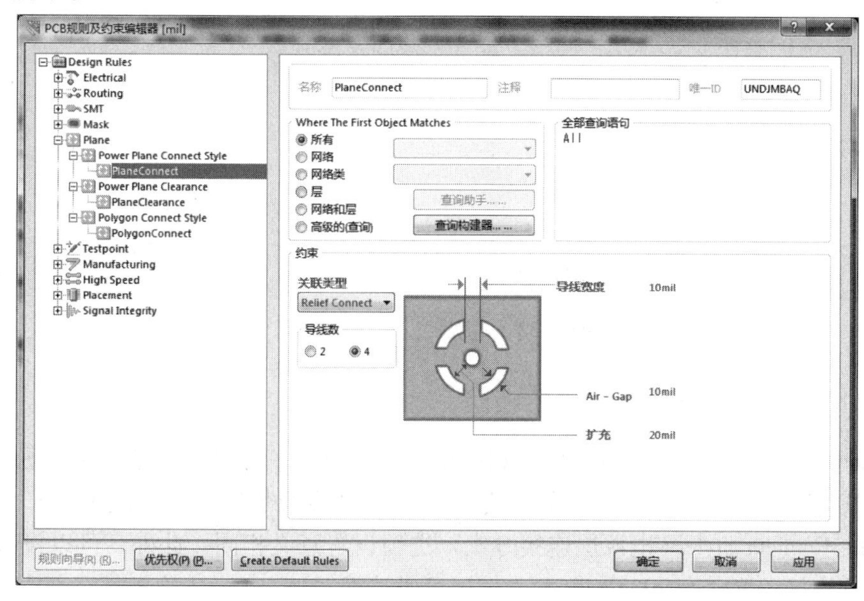

图 9－32　电源层连接方式设置

在【约束】选项区域中有 5 项设置项。

【关联类型】：用于设置电源层和过孔的连接方式。在该下拉列表中有三个选项可供选择，包括 Relief Connect（发散状连接）、Direct Connect（直接连接）和 No Connect（不连接）。PCB 板中多采用发散状连接方式。

【导线宽度】：用于设置导通的导线宽度。

【导线数】：该单选项用于选择连通的导线数目，有 2 条或 4 条导线供选择。

【Air-Gap】：用于设置空隙的间隔宽度。

【扩充】：用于设置从过孔到空隙的间隔之间的距离。

2. Power Plane Clearance

Power Plane Clearance（电源层安全距离设置）用于设置电源层与穿过它的过孔之间的安全距离，即防止导线短路的最小距离，如图 9－33 所示，系统默认值为 20 mil。

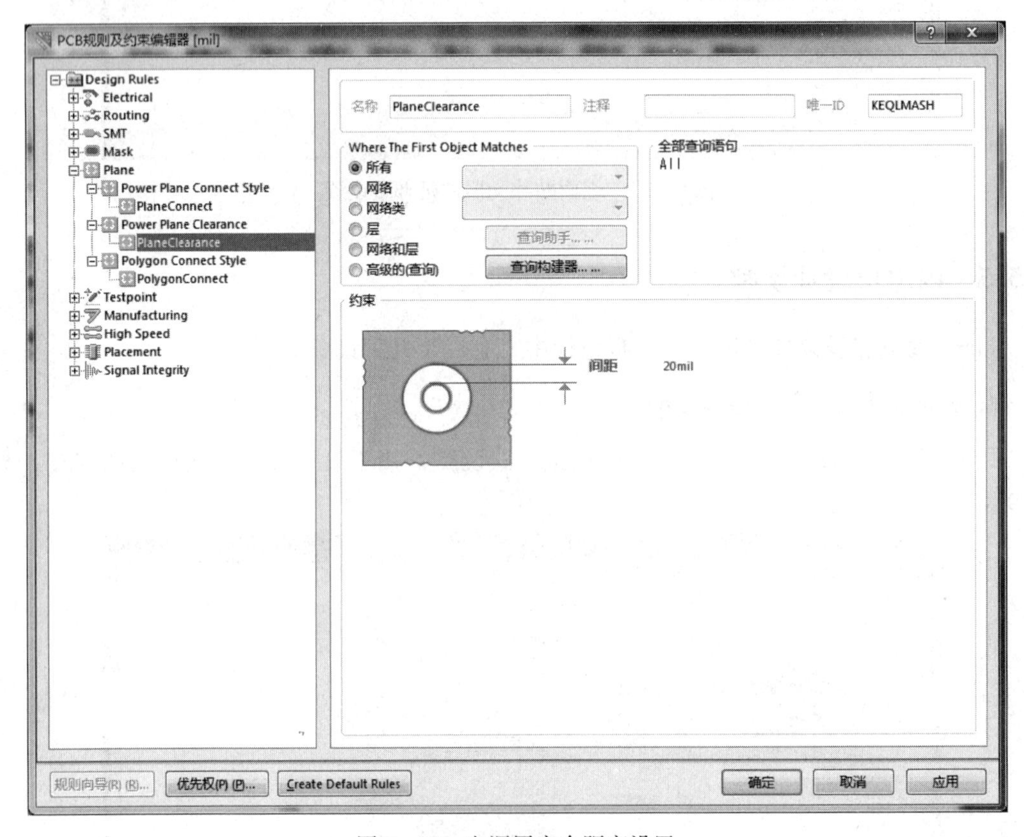

图 9－33 电源层安全距离设置

3. Polygon Connect Style

Polygon Connect Style（敷铜连接方式设置）用于设置多边形敷铜与焊盘之间的连接方式，如图 9－34 所示。在该对话框中【连接类型】、【导线数】和【导线宽度】的设置与 Power Plane Connect Style（电源层连接方式）选项设置意义相同。此外，可以设置敷铜与焊盘之间的连接角度，有 90°和 45°两个选项可供选择。

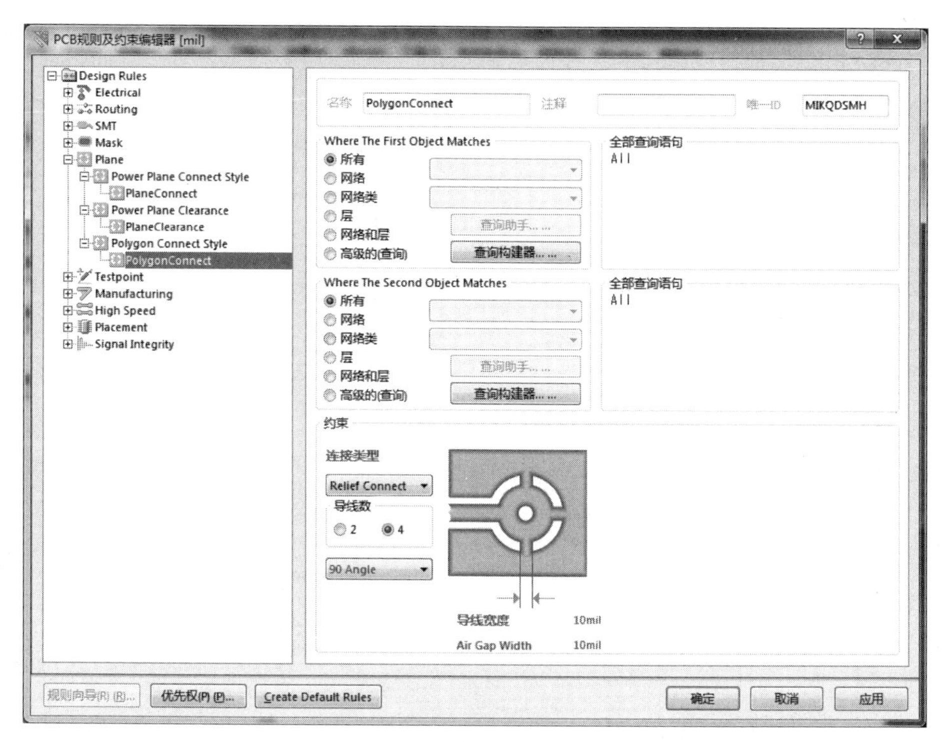

图9－34 敷铜连接方式设置

9.5.6 测试点设计规则

Testpoint（测试点设计规则）用于设置测试点的形状、用法等，有以下几项设置。

1. Fabrication Testpoint

Fabrication Testpoint（装配测试点）用于设置测试点的形式，图9－35所示为该规则的设置界面，在该界面中可以设置测试点的形式和各种参数。为了方便电路板的调试，在PCB板上引入了测试点。测试点连接在某个网络上，形式和过孔类似。在调试过程中可以通过测试点引出电路板上的信号，可以设置测试点的尺寸及是否允许在元器件底部生成测试点等。

在【约束】选项区域中主要设置以下选项。

【尺寸】：用于设置测试点的大小，可以设置【最小的】、【最大的】和【首选的】三项。

【栅格】：用于设置测试点的网格大小。系统默认为1 mil。

【允许元件下测试点】：该复选框用于选择是否允许将测试点放置在元器件下面。

【允许的面】：用于选择可以将测试点放置在哪些层面上，复选框为【顶层】和【底层】。

2. Fabrication Testpoint Usage

Fabrication Testpoint Usage（装配测试点使用规则）用于设置测试点的使用参数，图9－36所示为该规则的设置界面，在界面中可以设置是否允许使用测试点和同一网络上是否允许使用多个测试点。主要设置选项如下。

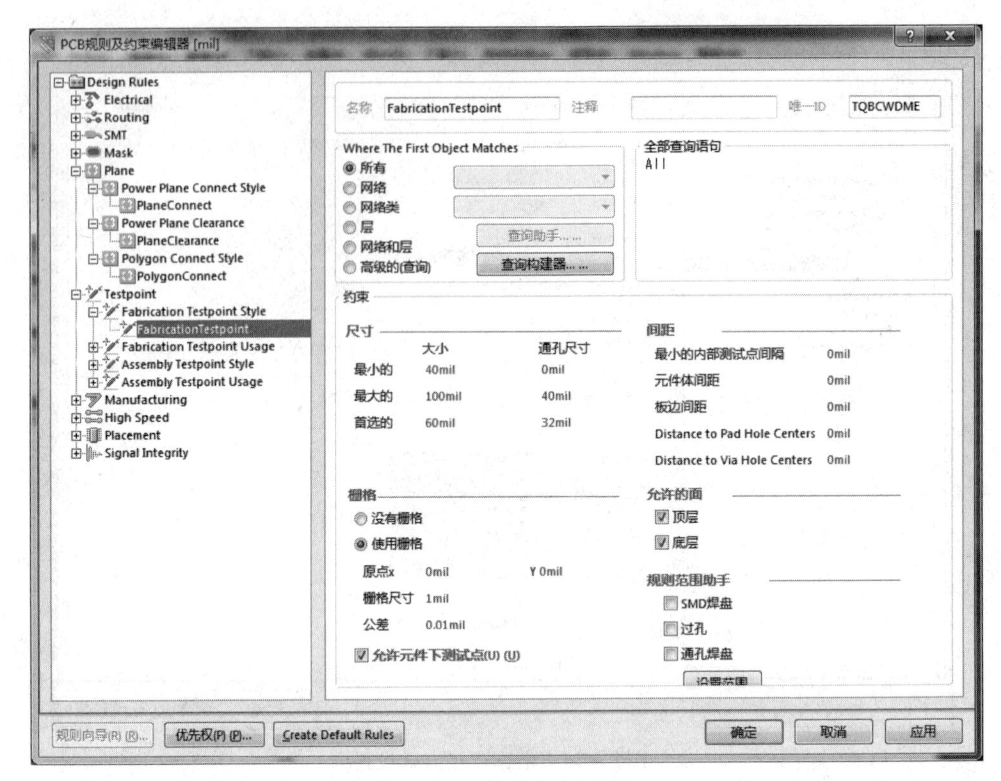

图 9-35 装配测试点设置

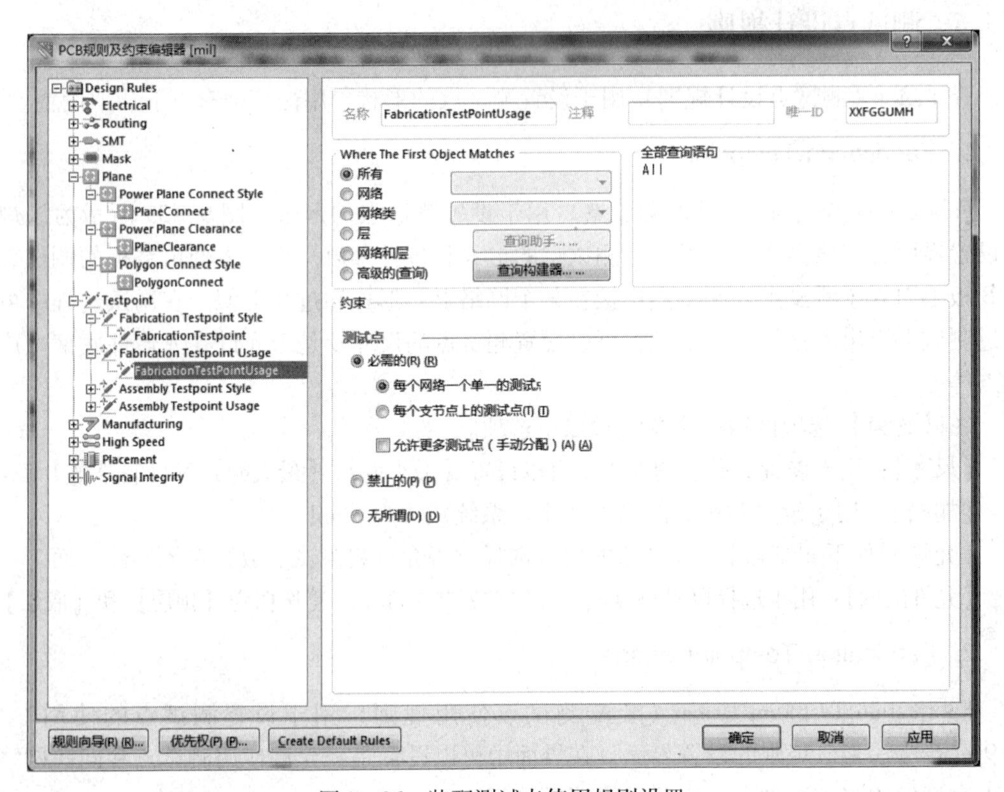

图 9-36 装配测试点使用规则设置

【必需的】单选按钮：每一个目标网络都使用一个测试点，该选项为默认设置。

【禁止的】单选按钮：所有网络都不使用测试点。

【无所谓】单选按钮：每一个网络可以使用测试点，也可以不使用测试点。

【允许更多测试点（手动分配）】复选框：选中该复选框后，系统将允许在一个网络上使用多个测试点，默认设置为取消选中该复选框。

9.5.7　生产制造规则

Manufacturing 根据 PCB 制作工艺来设置有关参数，主要用于在线 DRC 和批处理 DRC 执行过程中，其中包括 9 种设计规则，下面介绍几种常用规则。

1. Minimum Annular Ring

Minimum Annular Ring（最小环孔限制规则）用于设置环状图元内外径间距下限，图 9－37 所示为该规则的设置界面。在 PCB 设计时引入环状图元（如过孔）中，如果内径和外径之间的差很小，在工艺上可能无法制作出来，此时的设计实际上是无效的。通过该项设置可以检查出所有工艺无法达到的环状物默认值为 10 mil。

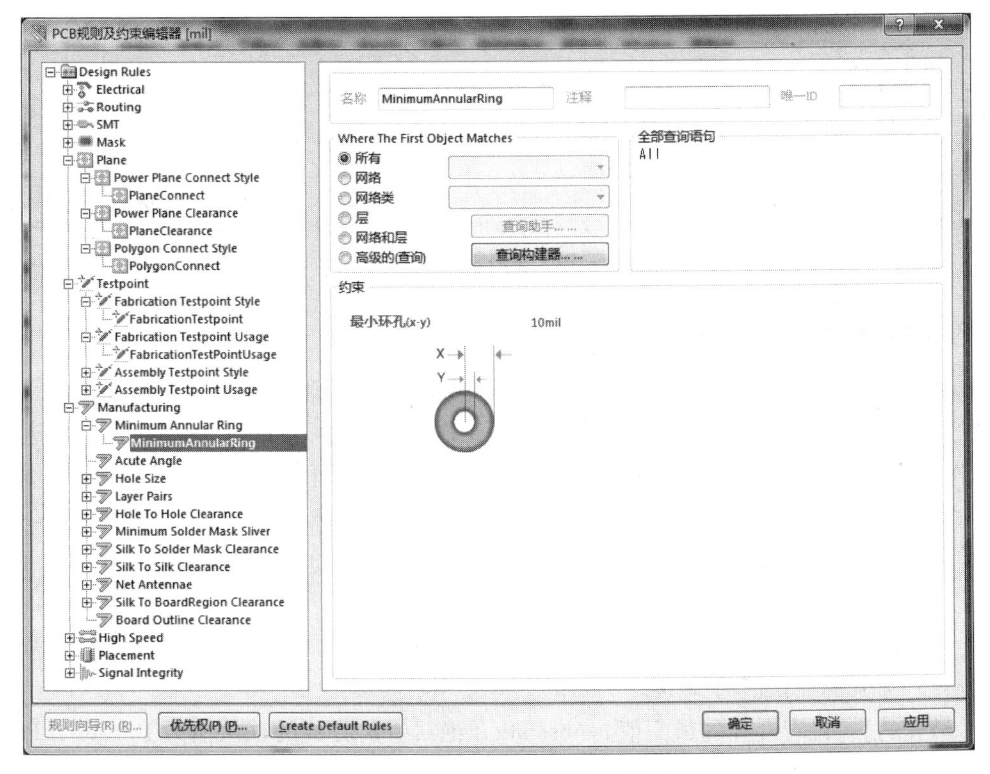

图 9－37　最小环孔限制规则设置

2. Acute Angle

Acute Angle（锐角限制规则）用于设置锐角走线角度限制，图 9－38 所示为该规则的设置界面。在 PCB 设计时如果没有规定走线角度最小值，则可能出现拐角很小的走线，工艺上可能无法做出这样的拐角，此时的设计实际上是无效的。通过该项设置可以检查出所有工艺无法达到的锐角走线。默认值为 60°。

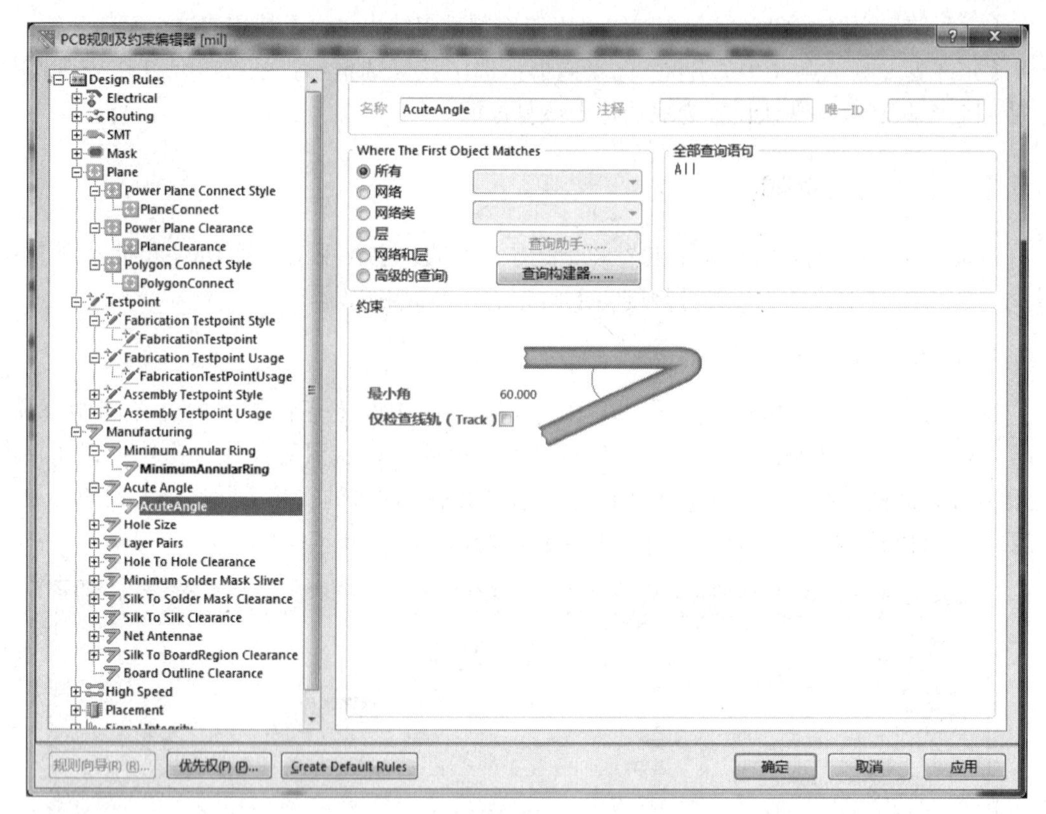

图 9－38　锐角限制规则设置

3. Hole Size

Hole Size（钻孔尺寸设计规则）用于设置钻孔孔径的上限和下限，图 9－39 所示为该规则的设置界面。与设置环状图元内外径间距下限类似，过小的钻孔孔径可能在工艺上无法制作，从而导致设计无效。通过设置通孔孔径的范围，可以防止 PCB 设计出现类似错误。主要设置如下。

【测量方法】：度量孔径尺寸的方法有 Absolute（绝对值）和 Percent（百分数）两种，默认设置为 Absolute（绝对值）。

【最小的】：设置孔径的最小值。Absolute（绝对值）方式的默认值为 1 mil，Percent（百分数）方式的默认值为 20%。

【最大的】：设置孔径的最大值。Absolute（绝对值）方式的默认值为 100 mil，Percent（百分数）方式的默认值为 80%。

4. Layer Pairs

Layer Pairs（工作层对设计规则）用于检查使用的 Layer Pairs（工作层对）是否与当前的 Drill Pairs（钻孔对）匹配。使用的 Layer Pairs（工作层对）是由板上的过孔和焊盘决定的，Layer Pairs（工作层对）是指一个网络的起始层和终止层。该项规则除了应用于

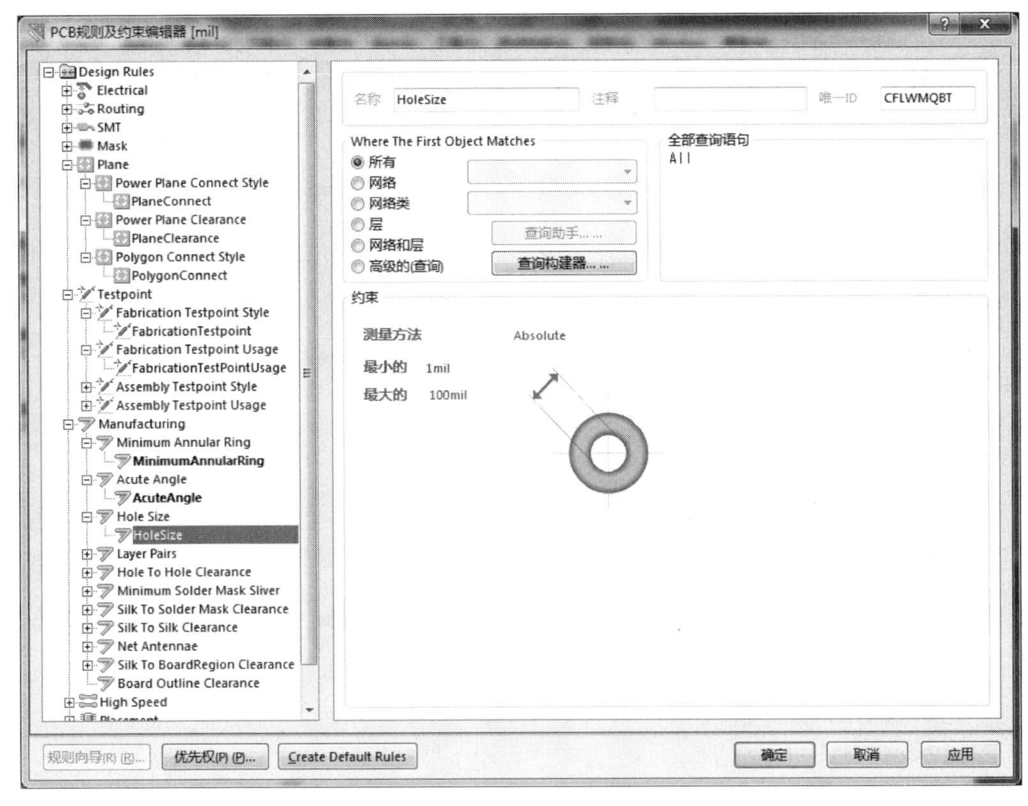

图9－39　钻孔尺寸设计规则设置

在线DRC和批处理DRC外，还可以应用在交互式布线过程中。设置界面中的Enforce Layer Pairs Settings（执行工作层对规则检查设置）复选框用于确定是强制执行此项规则的检查。选中该复选框时，将始终执行该项规则的检查。

9.5.8　高速信号相关规则

High Speed命令用于设置高速信号线布线规则，其中包括以下6种设计规则。

1. Parallel Segment

Parallel Segment（平行导线段间距限制规则）用于设置平行导线间距限制规则，图9－40所示为该规则的设置界面。在PCB的高速设计中，为了保证信号传输正确，需要采用差分线对来传输信号，与单根线传输信号相比可以得到更好的效果。在该对话框中可以设置差分线对的各项参数，包括差分线对的层、间距和长度等。

【Layer Checking】（层检查）：用于设置两段平行导线所在的工作层面属性，有Same Layer（位于同一个工作层）和Adjacent Layers（位于相邻的工作层）两种选择，默认设置为Same Layer（位于同一个工作层）。

【For a parallel gap of】（平行线间的间隙）：用于设置两段平行导线之间的距离，默认设置为10 mil。

【The Parallel limit is】（平行线的限制）：用于设置平行导线的最大允许长度（在使用

平行导线间距规则时)，默认设置为 10 000 mil。

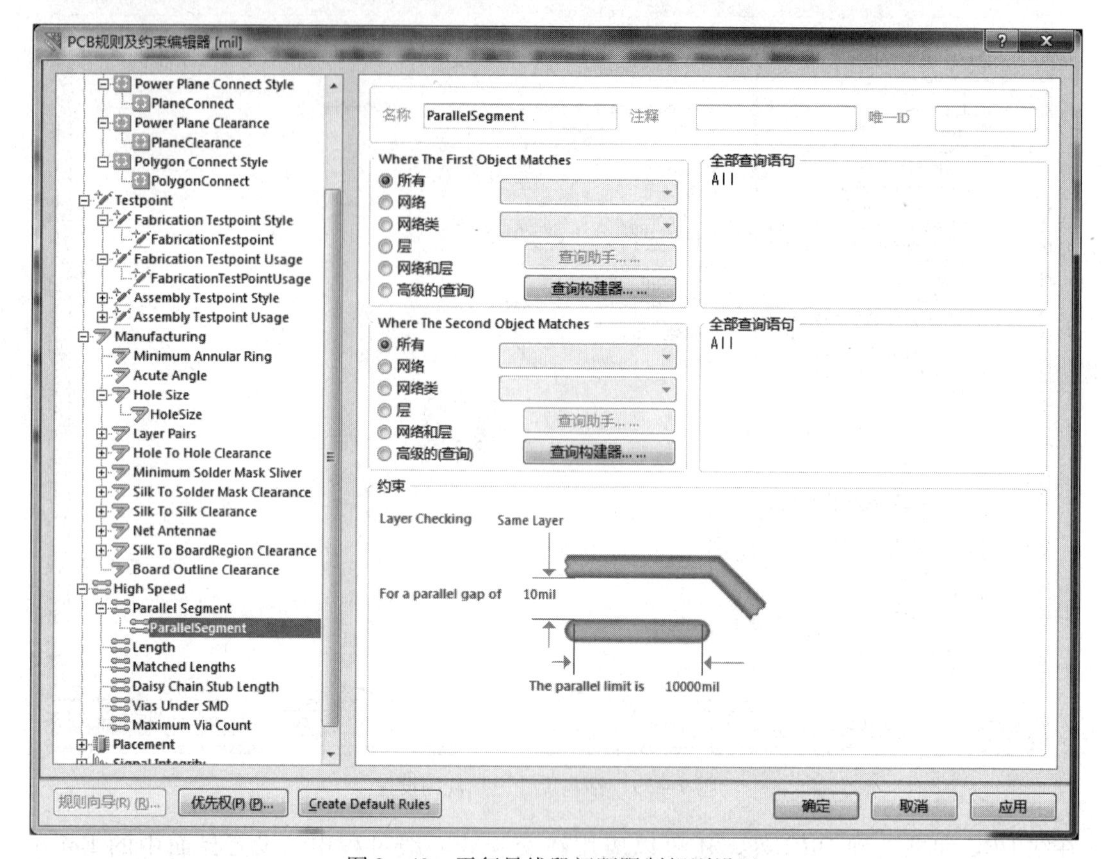

图 9-40 平行导线段间距限制规则设置

2. Length

Length（网络长度限制规则）用于设置传输高速信号导线的长度，图 9-41 所示为该规则的设置界面。在高速 PCB 设计中，为了保证阻抗匹配和信号质量，对走线长度也有一定的要求。在该对话框中可以设置走线的下限和上限。

【最小的】：用于设置网络最小允许长度值，默认设置为 0 mil。

【最大的】：用于设置网络最大允许长度值，默认设置为 100 000 mil。

3. Matched Lengths

Matched Lengths（匹配网络传输导线的长度规则）用于设置匹配网络传输导线的长度，图 9-42 所示为该规则的设置界面。在高速 PCB 设计中通常需要对部分网络的导线进行匹配布线，在该界面中可以设置匹配走线的各项参数。

在高频电路设计中要考虑到传输线的长度问题，传输线太短将产生串扰等传输线效应。该项规则定义了一个传输线长度值，将设计中的走线与此长度进行比较，当出现小于此长度的走线时，单击菜单栏中的【工具】|【网络等长】命令，系统将自动延长走线的长度以满足此处的设置需求，默认设置为 1 000 mil。

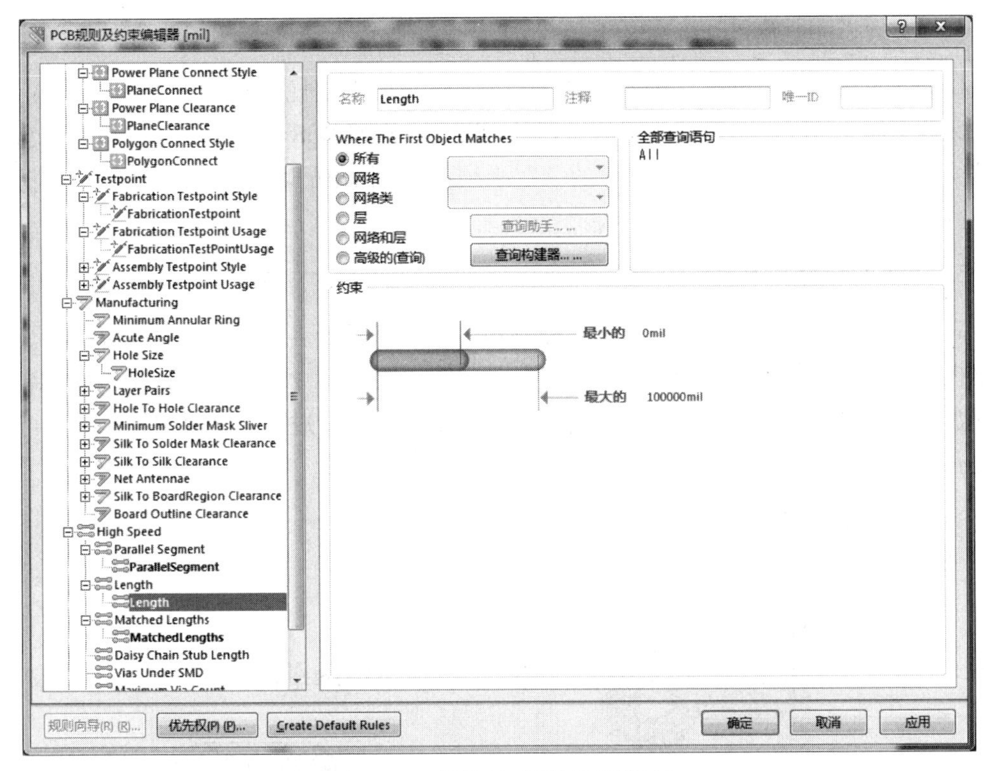

图 9－41　网络长度限制规则设置

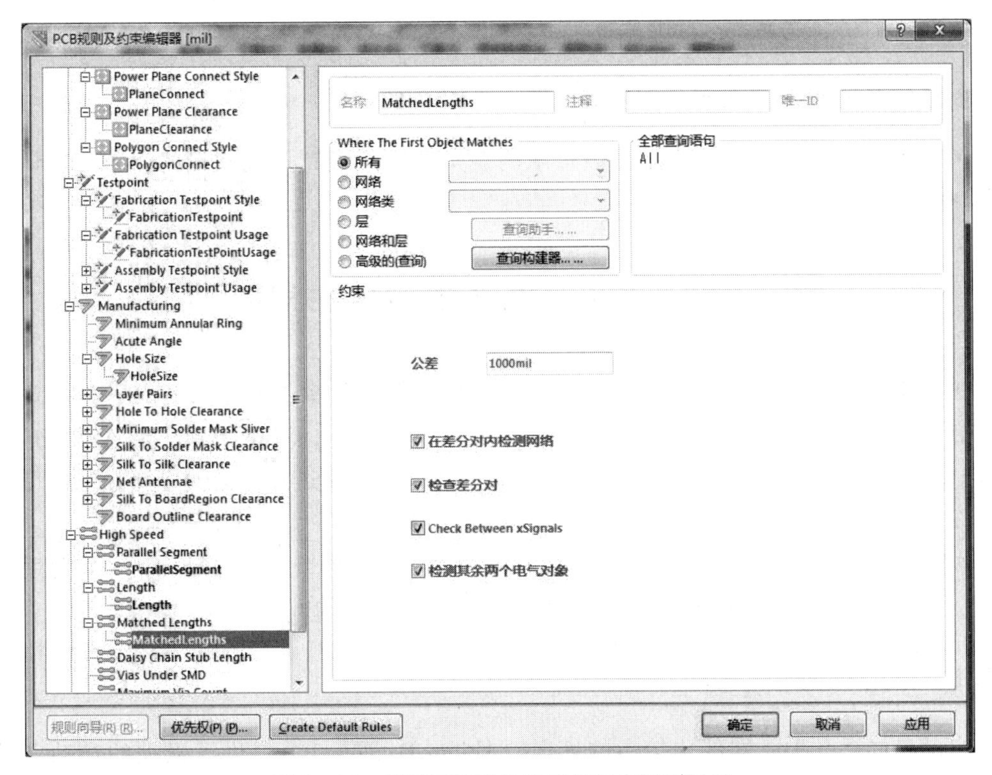

图 9－42　匹配网络传输导线的长度规则设置

4. Daisy Chain Stub Length

Daisy Chain Stub Length（菊花状布线主干导线长度限制规则）用于设置 90°拐角和焊盘的距离，图 9-43 所示为该规则的设置示意图。在高速 PCB 设计中，通常情况下为了减少信号的反射是不允许出现 90°拐角的，在必须有 90°拐角的场合中将引入焊盘和拐角之间距离的限制。

5. Vias Under SMD

Vias Under SMD（SMD 焊盘下过孔限制规则）用于设置表面安装元器件焊盘下是否允许出现过孔，图 9-44 所示为该规则的设置示意图。在 PCB 中需要尽量减少表面安装元器件焊盘中引入过孔，但是在特殊情况下（如中间电源层通过过孔向电源管脚供电）可以引入过孔。

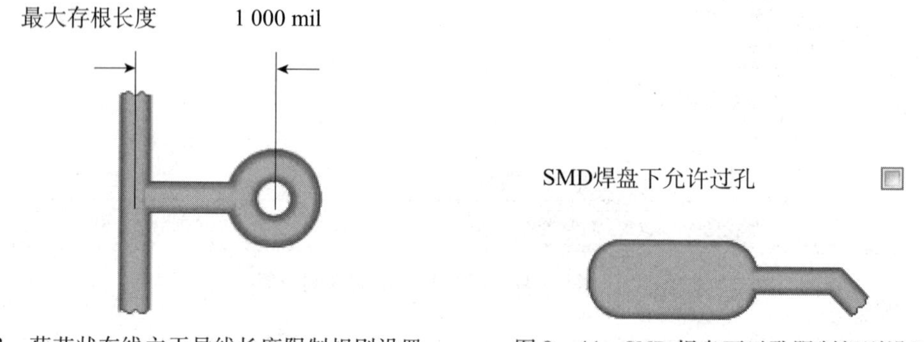

图 9-43　菊花状布线主干导线长度限制规则设置　　图 9-44　SMD 焊盘下过孔限制规则设置

6. Maximum Via Count

Maximum Via Count（最大过孔数量限制规则）用于设置过孔数量的上限，默认设置为 1 000。

任务 9.6　PCB 封装的布局

网络报表导入后，所有元器件的封装已经加载到 PCB 板上，需要对这些封装进行布局。合理的布局是 PCB 板布线的关键，若单面板设计元器件布局不合理，将无法完成布线操作；若双面板元器件布局不合理，布线时可能要放置很多过孔，会使电路板导线变得非常复杂。

Altium Designer 15 提供了两种元器件布局的方法，一种是自动布局，另一种是手工布局。一般 PCB 封装的布局采用自动布局和手工布局相结合的方法。

9.6.1　自动布局

自动布局适合于元器件比较多的情况。Altium Designer 15 提供了强大的自动布局功能，设置好合理的布局规则参数后，采用自动布局将大大提高设计电路板的效率。

在PCB编辑环境下，执行菜单命令【工具】|【器件布局】|【自动布局】，系统弹出的【自动放置】对话框对自动布局进行设置，如图9－45所示。该对话框中有两种布局规则可以选择：【成群的放置项】群集式布局和【统计的放置项】统计式布局。在该对话框中选中【快速元件放置】复选框，系统将进行快速元器件布局。

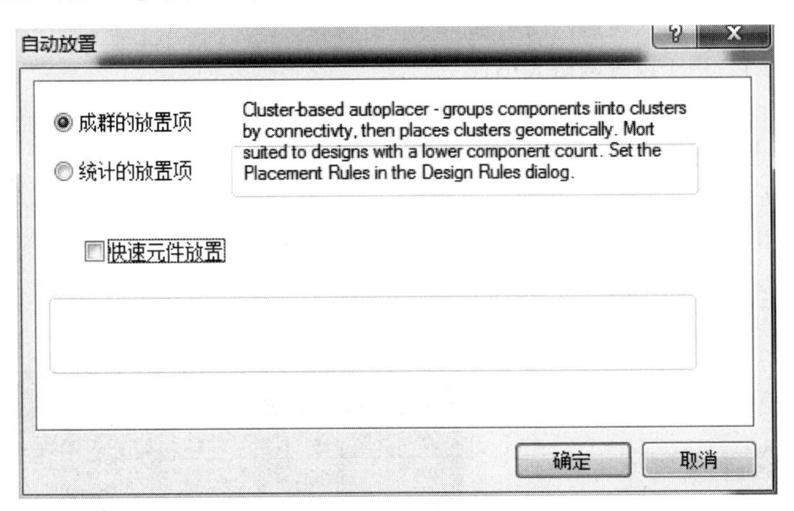

图9－45　群集式布局设置对话框

(1)【成群的放置项】单选按钮。若选中该单选按钮，系统将根据元器件之间的连接性，将元器件划分成组，并以布局面积最小为标准进行布局，这种布局适合于元器件数量不太多的情况。

(2)【统计的放置项】单选按钮。若选中该单选按钮，系统将以元器件之间连接长度最短为标准进行布局，这种布局适合于元器件数较多的情况。选择该选项后，对话框中的设置内容也将随之变化，如图9－46所示。

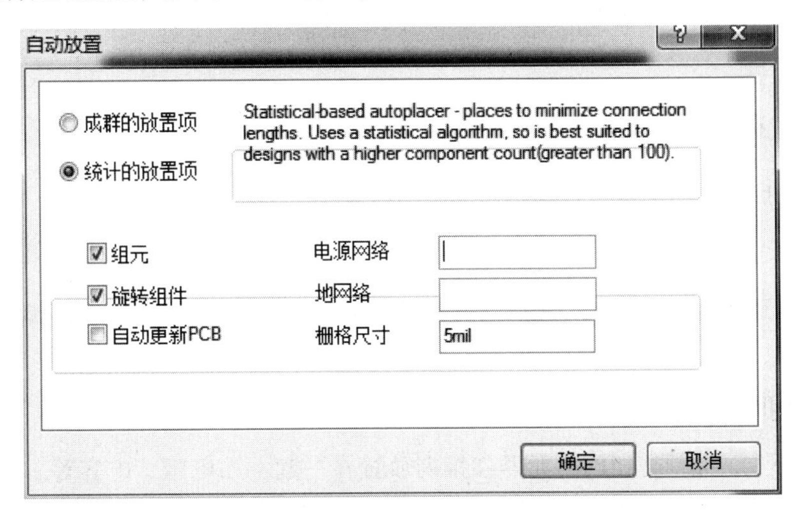

图9－46　统计式布局设置对话框

统计式布局设置对话框中的主要设置及功能如下。

【组元】：该复选框用于将当前布局中连接密切的元器件组成一组，即布局时将这些元器件作为整体来考虑。

【旋转组件】：该复选框用于在布局中改变元器件的旋转方向。

【自动更新 PCB】：该复选框用于在布局中自动更新 PCB 板。

【电源网络】：用于输入电源网络名称。

【地网络】：用于输入接地网络名称。

【栅格尺寸】：用于设置网格大小。

如果选择【统计的放置项】单选按钮，同时选中【自动更新 PCB】复选框，将在布局结束后对 PCB 板进行自动元器件布局更新。

设置完成后，单击 确定 按钮，关闭设置对话框，系统开始自动布局。此时，在编辑器的左下角出现一个进度条，显示自动布局的进度。布局需要的时间与元器件的数量多少有关。在完成自动布局后将弹出如图 9－47 所示的对话框，提示自动布局结束。自动布局完成后如图 9－48 所示。

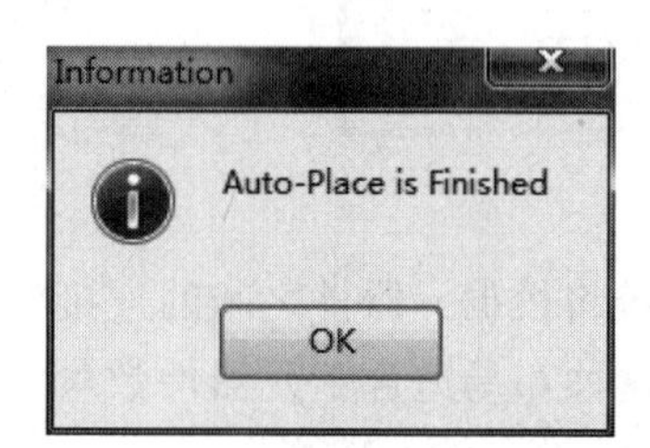

图 9－47 自动布局结束提示

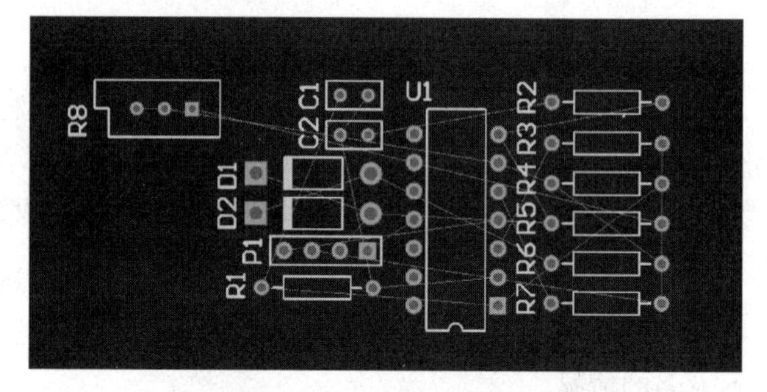

图 9－48 自动布局完成

在布局过程中，若想中途终止自动布局，可以执行菜单命令【工具】|【自动布局】|【停止自动布局】，即可终止自动布局。从图 9－48 中可以看出，使用系统的自动布局功能，虽然布局的速度和效率都很高，但是布局的结果并不令人满意。因此，很多情况下必须对布局结果进行调整，即采用手工布局，按用户的要求进一步进行设计。

9.6.2 手工布局

在自动布局后，手工对元器件布局进行调整。

1. 调整元器件位置

手工调整元器件的布局时，需要移动元器件，其方法在前面的 PCB 编辑器功能中讲过。

2. 排列相同元器件

在 PCB 板上，经常把相同的元器件排列放置在一起，如电阻、电容等。若 PCB 板上这类元器件较多，依次单独调整很麻烦，则可以采用下面方法。

（1）查找相似元器件。单击选取一个电阻，执行菜单命令【编辑】|【查找相似对象】，光标变成十字形，在 PCB 图纸上单击，系统弹出【发现相似目标】对话框，如图 9－49 所示。在该对话框中的【Footprint】（封装）栏中选择【Same】（相似）选项后单击

应用(A) (A) 按钮，再单击 确定 按钮，此时 PCB 图中所有电阻都处于选取状态。

发现相似目标

Kind		
Object Kind	Component	Same
Object Specific		
Layer	Top Layer	Any
Name	R2	Any
Component Comment	Res2	Any
Lock Strings	☐	Any
Flipped On Layer	☐	Any
Footprint	AXIAL-0.4	Same
Channel Offset	6	Any
Enable Pin Swapping	☐	Any
Enable Part Swapping	☐	Any
Hide Jumpers	☐	Any
Graphical		
X1	2240mil	Any
Y1	1130mil	Any
Height	80mil	Any
Locked	☐	Any
Show Name	☑	Any
Show Comment	☐	Any
Component Type	Standard	Any
Rotation	180.000	Any
Lock Primitives	☑	Any
Selected	☑	Any

☑ 缩放匹配(Z) (Z) ☑ 选择匹配(S) (S) ☑ 清除现有的(C

☐ 创建语法(X) (X) Normal ☑ 运行监测仪(R) (R)

应用(A) (A) 确定 取消

图 9－49 【发现相似目标】对话框

（2）执行菜单命令【工具】|【器件布局】|【排列板子外的器件】，所有电阻自动排列到 PCB 板外。

（3）执行菜单命令【工具】|【器件布局】|【在矩形区域排列】，光标变成十字形单击鼠标绘制出一个长方形，此时所有电阻都自动排列到该矩形区域内，用手工稍加调整。

（4）单击 （清楚当前过滤器）按钮，取消电阻的屏蔽选择状态，对其他元器件进行操作。

（5）操作全部完成后，将 PCB 板外面的元器件移到 PCB 板内。

3. 修改元器件标注

双击要调整的标注，打开【标识】对话框，如图 9－50 所示。

手工调整后，元器件布局如图 9－51 所示。

图 9－50 【标识】对话框

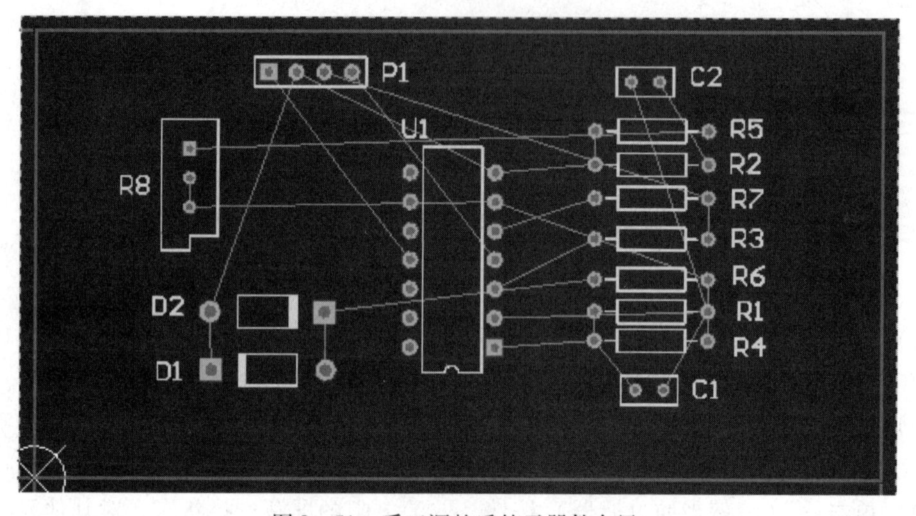

图 9－51 手工调整后的元器件布局

9.6.3 3D 效果图

用户可以查看 3D 效果图，以检查布局是否合理。

执行菜单命令【察看】|【切换到三维显示】，系统自动切换到 3D 效果图，如图 9－52 所示。

在 PCB 编辑器内单击菜单栏中的【工具】|【遗留工具】|【3D 显示】命令，系统生成

该PCB板的3D效果图，加入该项目生成的PCB3DViews文件夹中并自动打开PCB1.PcbDoc。PCB板生成的3D效果图如图9－53所示。

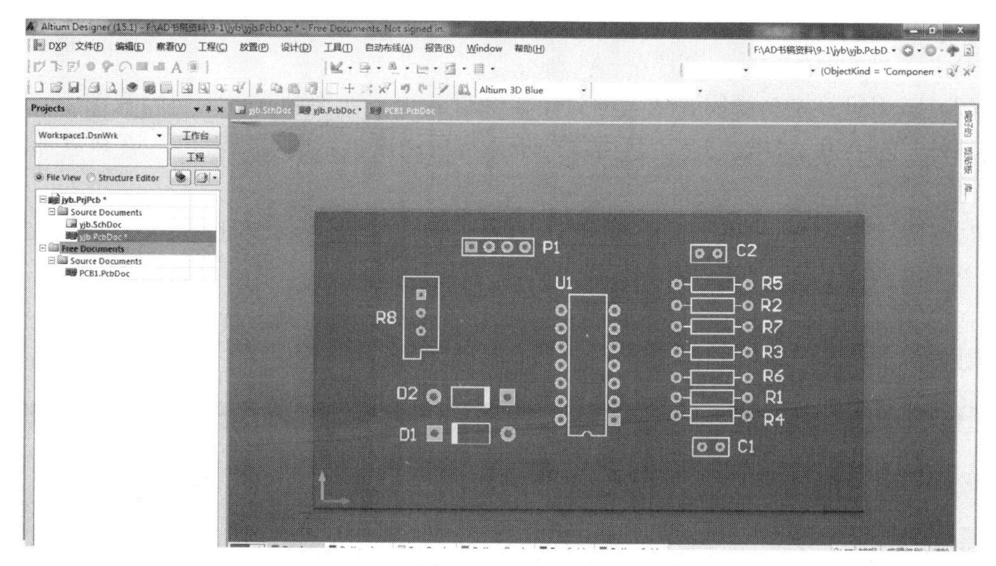

图9－52　3D效果图

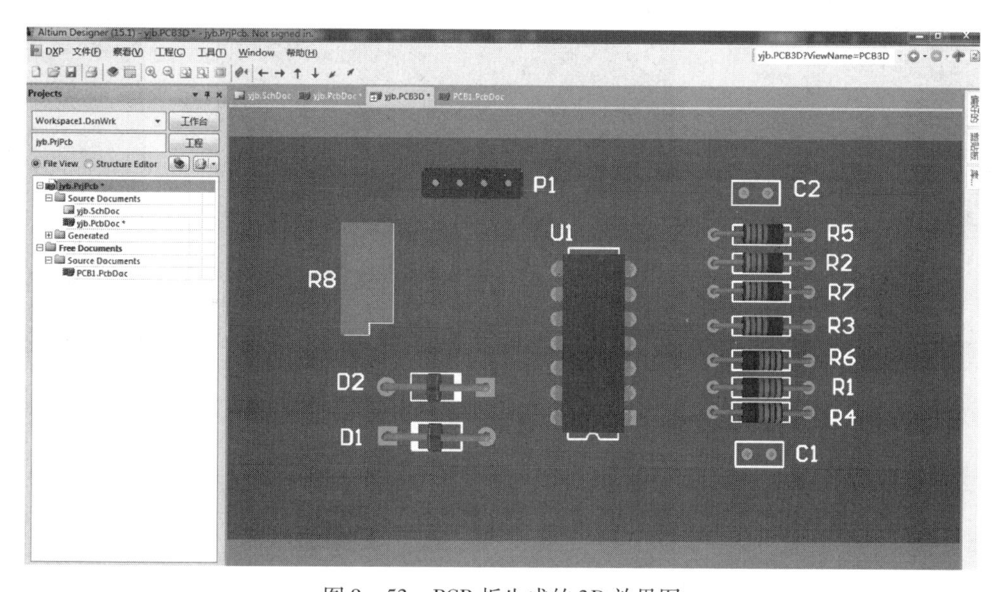

图9－53　PCB板生成的3D效果图

9.6.4　网络密度分析

网络密度分析是利用Altium Designer 15系统提供的密度分析工具，对当前PCB文件的元器件放置及其连接情况进行分析。密度分析会生成一个临时的密度指示图，覆盖在原PCB图上面。在图中，绿色的部分表示网络密度较低的区域，红色表示网络密度较高的区域，元器件密集、连线多的区域颜色会呈现一定的变化趋势。密度指示图显示了PCB板布局的密度特征，可以作为各区域内布线难度和布通率的指示信息。用户根据密度指示图进行相应的布局调整，有利于提高自动布线的布通率，降低布线难度。

下面以布局好的 PCB 文件为例，进行网络密度分析。

（1）在 PCB 编辑器中，单击菜单栏中的【工具】|【密度图】命令，系统自动执行对当前 PCB 文件的密度分析，如图 9－54 所示。

（2）按 End 键刷新视图，或者通过单击文件选项卡切换到其他编辑器视图中，即可恢复到普通的 PCB 文件视图中。从密度分析生成的密度指示图可以看出，该 PCB 布局密度较低。

（3）在 PCB 编辑器中，单击菜单栏中的【工具】|【Clear 密度图】命令，系统取消对当前 PCB 文件的密度分析，返回手工布局状态。

通过 3D 视图和网络密度分析，可以进一步对 PCB 封装布局进行调整。完成上述工作后，就可以进行布线操作了。

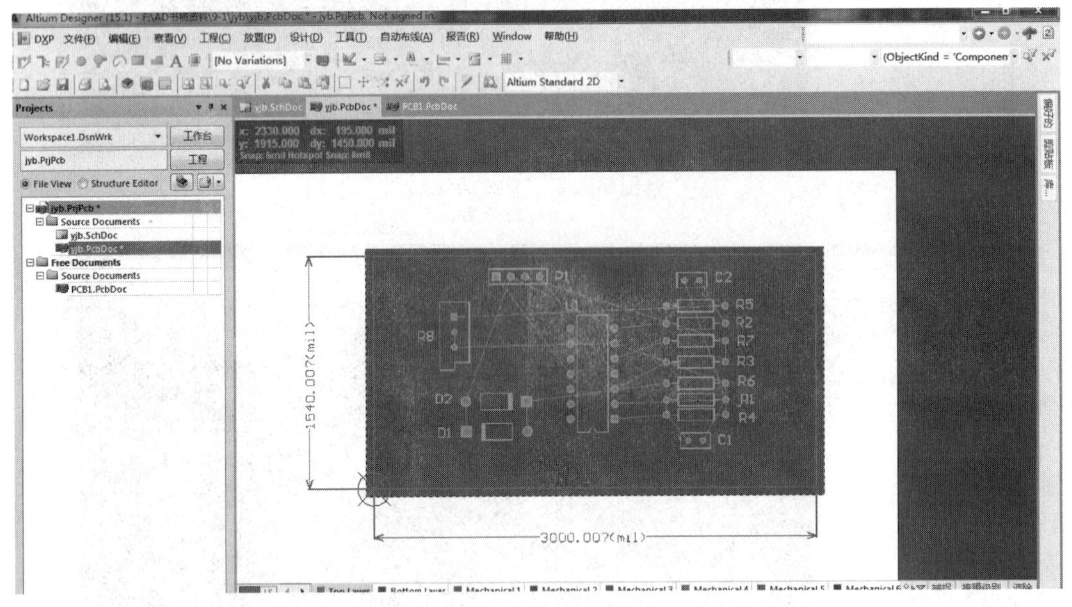

图 9－54　生成密度图

任务 9.7　PCB 板的布线

在对 PCB 板进行布局以后，用户就可以进行 PCB 板布线了。PCB 板布线可以采取两种方式：自动布线和手工布线。

9.7.1　自动布线

Altium Designer 15 提供了强大的自动布线功能，它适合于元器件数目较多的情况。在自动布线之前，用户首先要设置布线规则，使系统按照规则进行自动布线。对于布线规则的设置，9.5.3 节已经详细讲解过，在此不再重复讲述。

1. 自动布线策略设置

在利用系统提供的自动布线操作之前，先要对自动布线策略进行设置。在 PCB 编辑环境中，执行菜单命令【自动布线】|【设置】，系统弹出如图 9－55 所示的【Situs 布线策略】（布线位置策略）对话框。

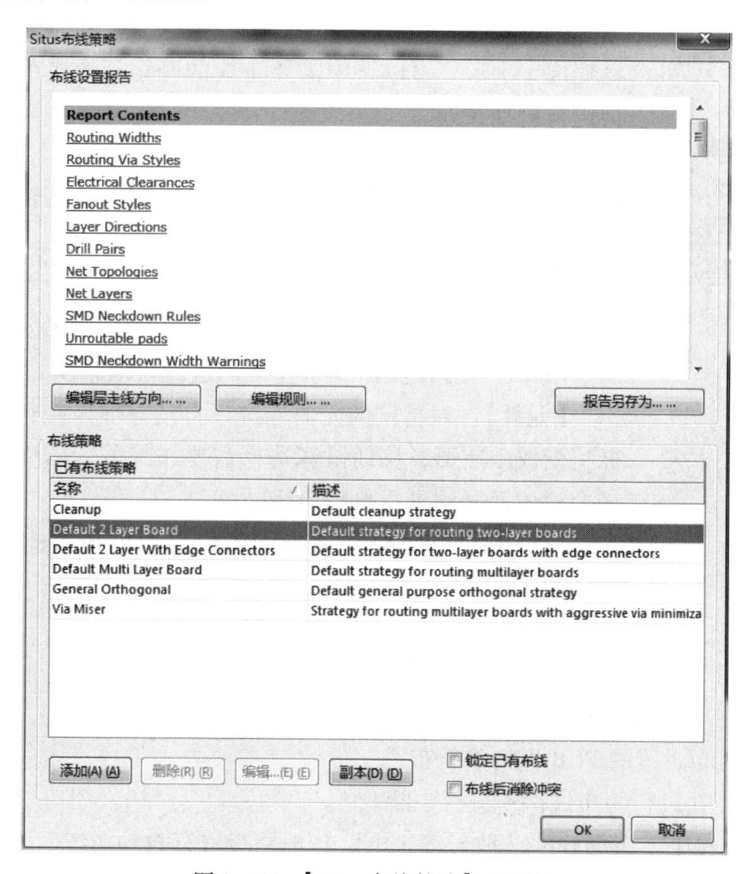

图 9－55　【Situs 布线策略】对话框

1）【布线设置报告】选项区域

对布线规则设置进行汇总报告，并进行规则编辑。该区域列出了详细的布线规则，并以超链接的方式将列表连接到相应的规则设置栏，可以进行修改。

- 单击 编辑层走线方向…… 按钮，可以设置各个信号的走线方向。
- 单击 编辑规则…… 按钮，可以重新设置布线规则。
- 单击 报告另存为…… 按钮，可以将规则报告导出保存。

2）【布线策略】选项区域

在该区域中，系统提供了 6 种默认的布线策略：Cleanup（优化布线策略）、Default 2 Layer Board（双面板默认布线策略）、Default 2 Layer With Edge Connectors（带边界连接器的双面板默认布线策略）、Default Multi Layer Board（多层板默认布线策略）、General Orthogonal（普通直角布线策略）及 Via Miser（过孔最少化布线策略）。单击 添加(A) (A) 按钮，可以添加新的布线策略，一般情况下均采用系统默认值。

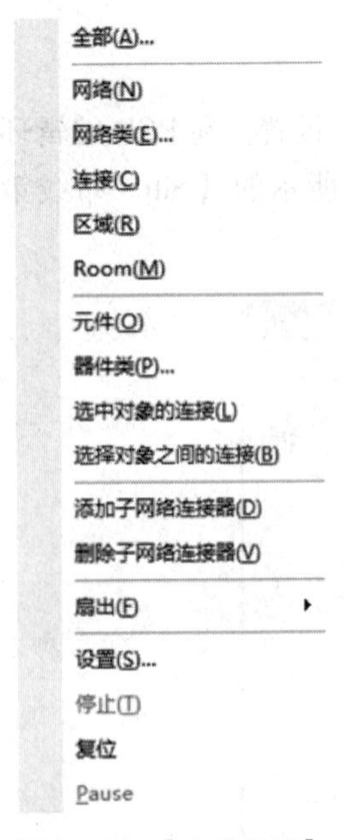

图 9－56 【自动布线】菜单

2. 自动布线

执行菜单命令【自动布线】，系统弹出【自动布线】菜单，如图 9－56 所示。

【全部】：用于对整个 PCB 板所有的网络进行自动布线。

【网络】：对指定的网络进行自动布线。执行该命令后，鼠标将变成十字形，可以选中需要布线的网络，再次单击鼠标，系统会进行自动布线。

【网络类】：为指定的网络类进行自动布线。

【连接】：对指定的焊盘进行自动布线。执行该命令后，鼠标将变成十字形，单击鼠标，系统即进行自动布线。

【区域】：对指定的区域自动布线。执行该命令后，鼠标将变成十字形，拖动鼠标选择一个需要布线的焊盘的矩形区域。

Room：在指定的 Room 空间内进行自动布线。

【元件】：对指定的元器件进行自动布线。执行该命令后，鼠标将变成十字形，移动鼠标选择需要布线的元器件，单击鼠标系统会对该元器件进行自动布线。

【选中对象的连接】：为选取元器件的所有连线进行自动布线。执行该命令前，要先选择需布线的元器件。

【选中对象之间的连接】：为选取的多个元器件之间进行自动布线。

【设置】：用于打开自动布线设置对话框。

【停止】：终止自动布线。

【复位】：对布过线的 PCB 进行重新布线。

Pause：对正在进行的布线操作进行中断。

在这里对已经手工布局好的【波形发生电路】电路板进行自动布线。

执行菜单命令【自动布线】|【全部】，系统弹出【Situs 布线策略】对话框，在【布线策略】选项区域，选择 Default 2 Layer Board（双面板默认布线策略），然后单击 Route All 按钮，系统开始自动布线。

在自动布线过程中，会出现【Message】面板，显示当前布线信息，如图 9－57 所示。

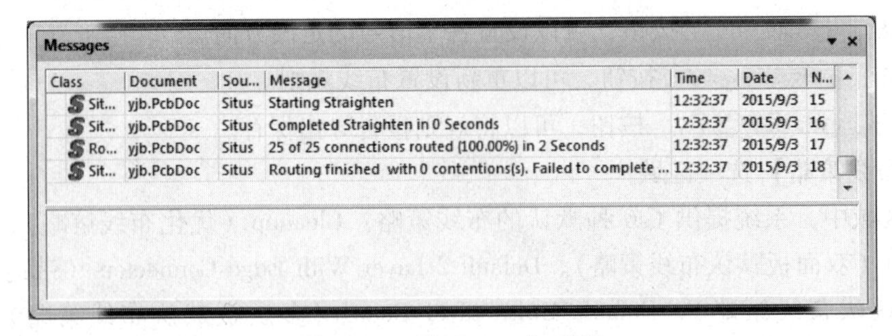

图 9－57 【Message】面板

自动布线后的 PCB 板如图 9－58 所示。

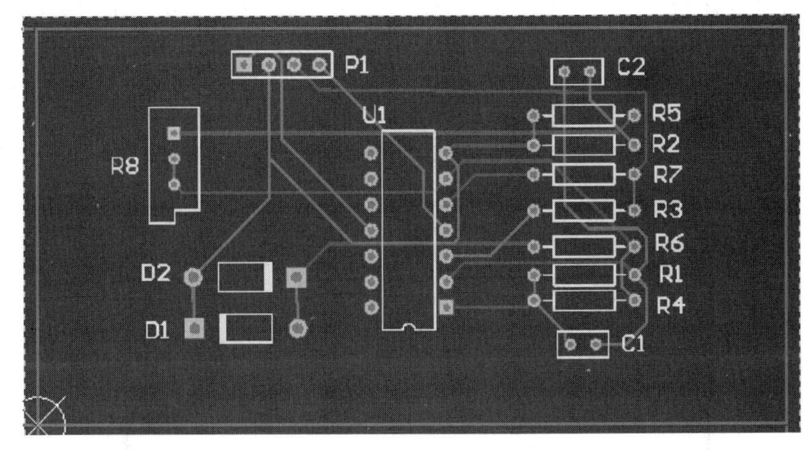

图 9－58　自动布线后的 PCB 板

9.7.2　人工调整布线

虽然自动布线的布通率很高，但有些地方的布线仍不能使人满意，需要人工进行调整。一块成功的电路板，其设计往往是在自动布线的基础上，经过多次修改，才能达到令人满意的效果。

1. 布线调整

在人工调整布线过程中，经常要删除一些不合理的导线。Altium Designer 15 提供了用命令方式删除，如图 9－59 所示。

全部(A)
网络(N)
连接(C)
器件(O)
Room(R)

图 9－59　【取消布线】菜单命令

【全部】：用于取消所有的布线。

【网络】：用于取消指定网络的布线。

【连接】：用于取消指定的连接。

【器件】：用于取消指定元器件之间的布线。

【Room】：用于取消指定 Room 空间内的布线。

将布线取消后，执行菜单命令【放置】|【交互式布线】，或者单击工具栏中的 （交互式布线连接）按钮，启动绘制导线命令，重新手工布线。

2. 加宽电源线和接地线

在 PCB 设计过程中，往往需要将电源线、接地线和通过电流较大的导线加宽，以提高电路的抗干扰能力。有两种导线加宽的方法。

（1）自动布线时加宽。这种方法在第 9.5.3 节的设置布线宽度（Width）中已介绍，可参阅上述内容。

（2）采用寻找相似对象方法加宽导线。

本例子中设置自动布线规则时，所有网络的走线线宽都为 12 mil。现在需将电源 +12 和 －12 均设置为 20 mil，地线 GND 设置为 40 mil，具体操作步骤如下。

选择菜单命令【编辑】|【查找相似对象】，将光标移到要加宽的导线上（如地线 GND）。

单击选中，弹出【发现相似目标】对话框，如图 9 – 60 所示。在该对话框中的【Net】（网络）栏中选择【Same】（相似）选项，单击 确定 按钮，弹出如图 9 – 61 所示的对话框。在该对话框中的【Width】（线宽）栏中修改线宽为 40 mil。修改完成后，线宽已经改变。

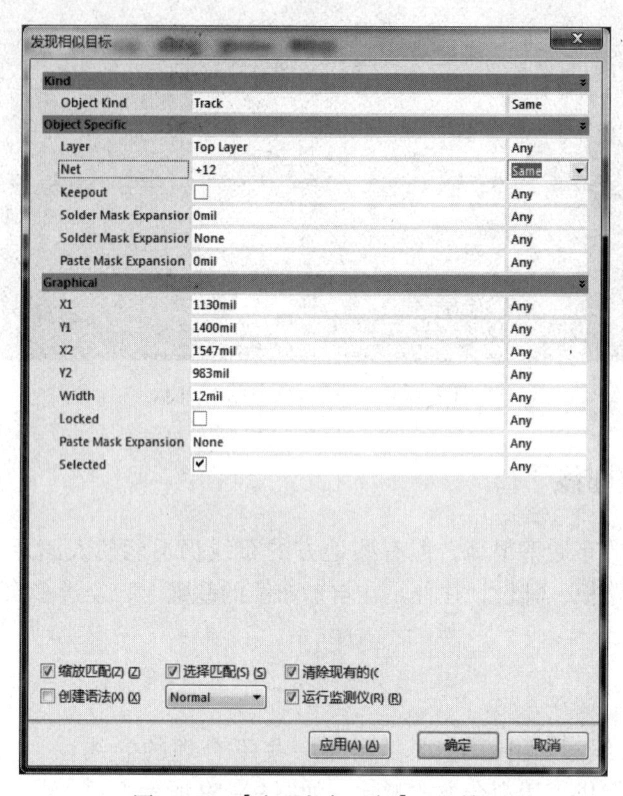

图 9 – 60 【发现相似目标】对话框

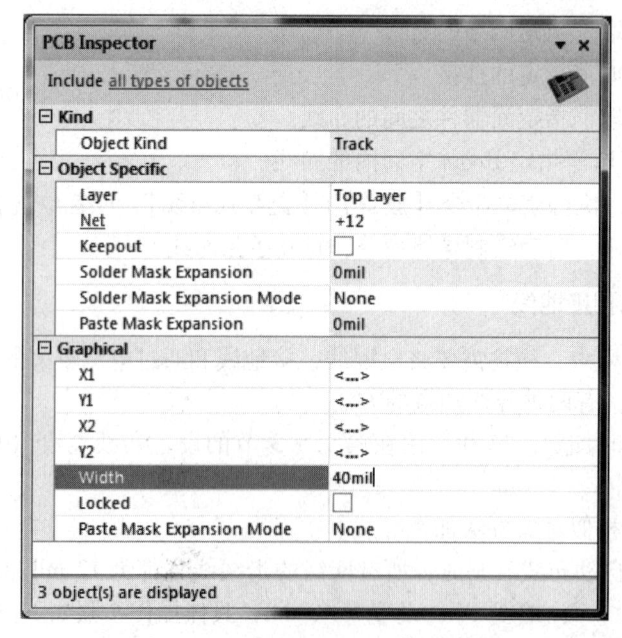

图 9 – 61 【PCB Inspector】对话框

导线被加宽后的效果如图 9－62 所示。

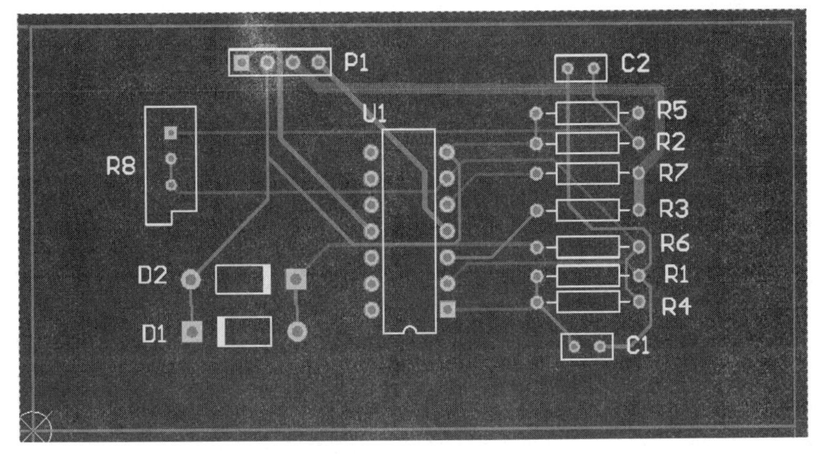

图 9－62　导线被加宽后的效果

任务 9.8　PCB 报表的生成

9.8.1　设计规则检查（DRC）

电路板设计成之后，为了保证设计工作的正确性，还需要进行设计规则检查，比如元器件的布局、布线等是否符合所定义的设计规则。Altium Designer 15 提供了设计规则检查功能（design rule check，DRC），可以对 PCB 板的完整性进行检查。

执行菜单命令【工具】|【设计规则检测】，弹出【设计规则检测】对话框，如 9－63 所示。该对话框中左侧列表栏是设计项，右侧列表为具体的设计内容。

1. Report Options（报告选项）标签页

用于设置生成的 DRC 报表的具体内容，由默认创立报告文件、创建违反事件、Sub-Net 默认、报告钻孔 SMT Pads 及验证敷铜等选项来决定。选项当...停止(E 500 妨碍创立用于限定校定违反规则的最高选项数，以便停止报表的生成。一般都保持系统的默认选择状态。

2. Rules To Check（规则检查）标签页

该页中列出了所有的可进行检查的设计规则，这些设计规则都是在【PCB 规则及约束编辑器】对话框里定义过的设计规则，如图 9－64 所示。

其中【在线】选项表示该规则是否在 PCB 板设计的同时进行同步检查，即在线 DRC 检查。【批量】选项表示在运行 DRC 检查时要进行检查的项目。

对要进行检查的规则设置完成之后，在【设计规则检测】对话框中单击运行DRC(R) (R)...按钮，系统进行规则检查。此时系统将弹出【Messages】面板，其中列出了所有违反规则的信息项，包括所有违反设计规则的种类、所在文件、错误信息、序号等。同时在 PCB 电路图中以绿色标志标出不符合设计规则的位置。用户可以回到 PCB 编辑状态下相应位置对错误的设计进行修改后，重新运行 DRC 检查，直到没有错误为止。

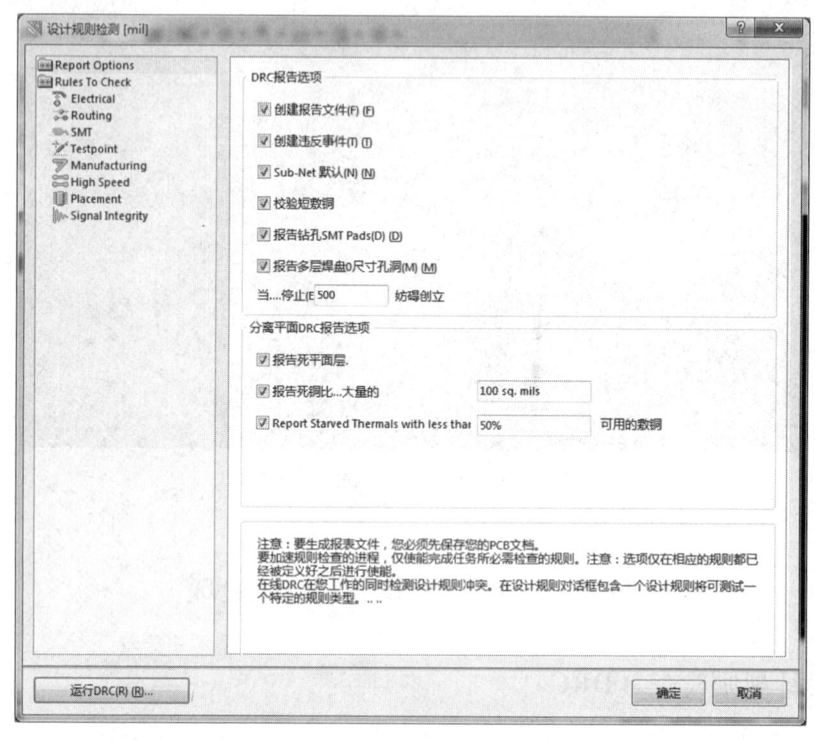

图 9-63 【设计规则检测】对话框

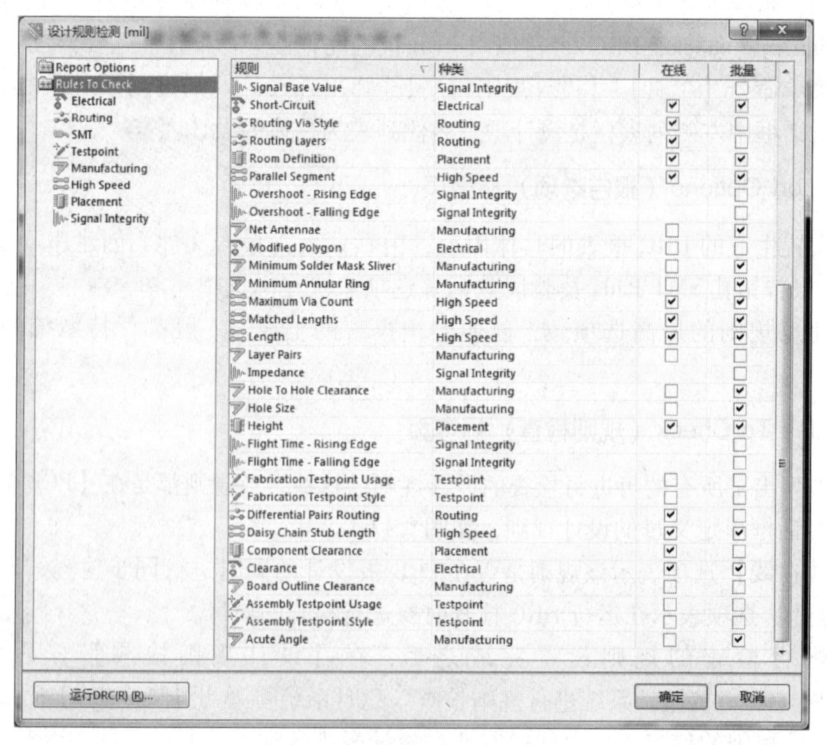

图 9-64 选择设计规则选项

DRC 设计规则检查完成后，系统将生成设计规则检查报告，如图 9-65 所示。

Rule Violations	Count
Width Constraint (Min=20mil) (Max=50mil) (Preferred=20mil) ((InNet('+12') OR InNet('-12') OR InNet('GND'))	0
Power Plane Connect Rule(Relief Connect)(Expansion=20mil) (Conductor Width=10mil) (Air Gap=10mil) (Entries=4) (All)	0
Clearance Constraint (Gap=10mil) (All),(All)	0
Width Constraint (Min=12mil) (Max=12mil) (Preferred=12mil) (All)	0
Net Antennae (Tolerance=0mil) (All)	0
Silk to Silk (Clearance=10mil) (All),(All)	0
Silk To Solder Mask (Clearance=10mil) (IsPad),(All)	14
Minimum Solder Mask Sliver (Gap=10mil) (All),(All)	0
Hole To Hole Clearance (Gap=10mil) (All),(All)	0
Hole Size Constraint (Min=1mil) (Max=100mil) (All)	0
Height Constraint (Min=0mil) (Max=1000mil) (Prefered=500mil) (All)	0
Un-Routed Net Constraint ((All))	0
Short-Circuit Constraint (Allowed=No) (All),(All)	0

图 9-65 设计规则检查报告

9.8.2 生成电路板信息报表

PCB 板信息报表是对 PCB 板的信息进行汇总，其生成方法如下。

执行菜单命令【报告】|【板子信息】，打开【PCB 信息】对话框，如图 9-66 所示。

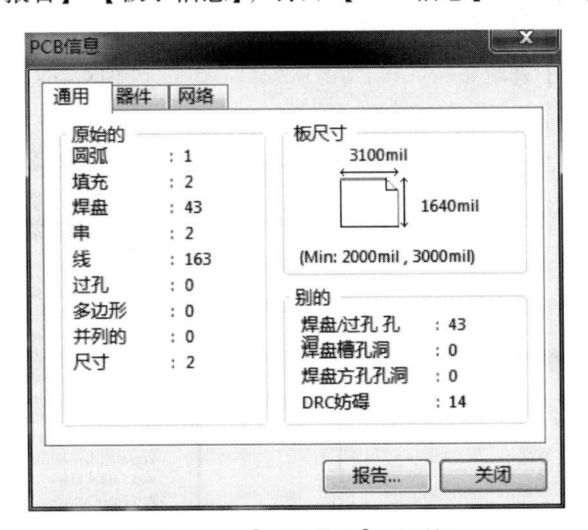

图 9-66 【PCB 信息】对话框

该对话框有 3 个选项卡。

1. 【通用】选项卡

该选项卡显示了 PCB 板上的各类对象（如焊盘、线、过孔等）的总数，以及电路板的尺寸和 DRC 检查违反的数量等。

2. 【器件】选项卡

单击【器件】标签，打开器件选项卡，如图 9－67 所示。该选项卡列出了当前 PCB 板上元器件的信息，包括元器件总数、各层放置的数目及元器件序号等。

3. 【网络】选项卡

单击【网络】标签，打开网络选项卡，如图 9－68 所示。该选项卡中显示了当前 PCB 板中的网络信息，单击 wr/Gnd(P) (P) 按钮，弹出【内部平面信息】对话框，如图 9－69 所示。该对话框中列出了内电层所连接的网络、焊点等信息。对于双面板，该对话框中没有信息。

在任一选项卡中，单击 报告... 按钮，打开【板报告】对话框，如图 9－70 所示。

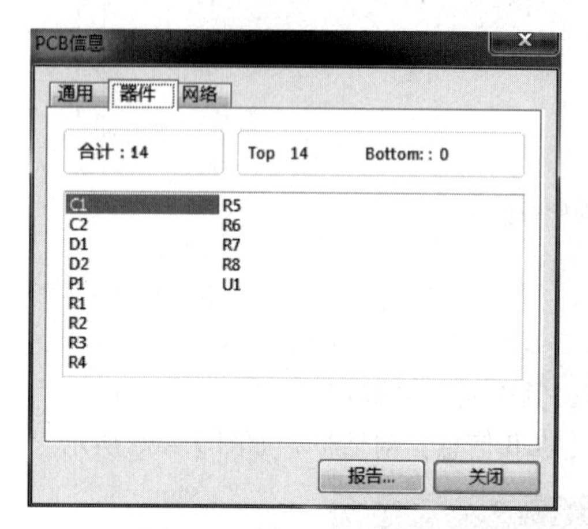

图 9－67 【器件】选项卡

图 9－68 【网络】选项卡

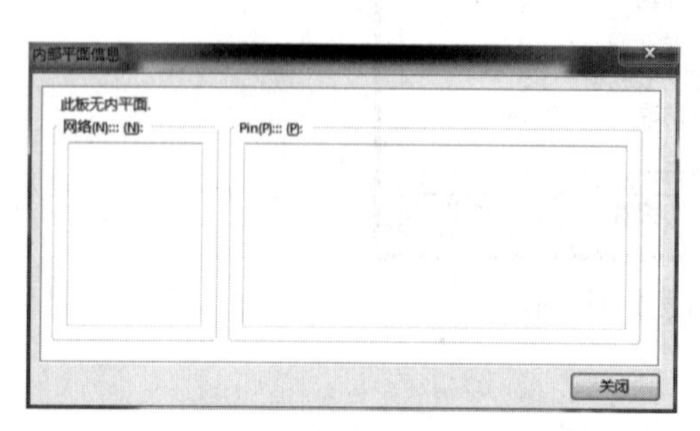

图 9－69 【内部平面信息】对话框

图 9－70 【板报告】对话框

在该对话框中，选择需要生成的报表的项目，设置完成后，单击 报告... 按钮，系统自动生成 PCB 板信息报表，如图 9－71 所示。

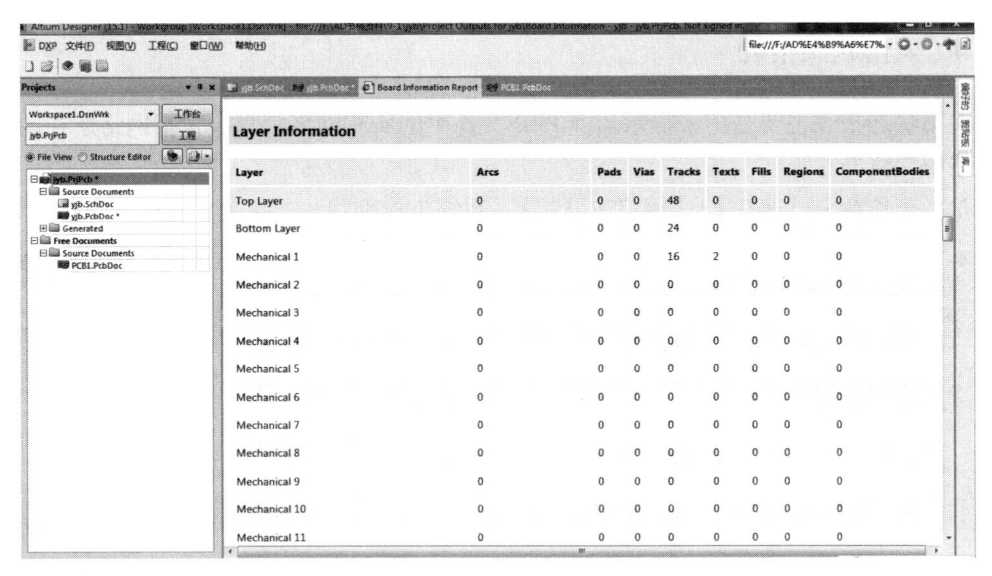
Layer Information

Layer	Arcs	Pads	Vias	Tracks	Texts	Fills	Regions	ComponentBodies
Top Layer	0	0	0	48	0	0	0	0
Bottom Layer	0	0	0	24	0	0	0	0
Mechanical 1	0	0	0	16	2	0	0	0
Mechanical 2	0	0	0	0	0	0	0	0
Mechanical 3	0	0	0	0	0	0	0	0
Mechanical 4	0	0	0	0	0	0	0	0
Mechanical 5	0	0	0	0	0	0	0	0
Mechanical 6	0	0	0	0	0	0	0	0
Mechanical 7	0	0	0	0	0	0	0	0
Mechanical 8	0	0	0	0	0	0	0	0
Mechanical 9	0	0	0	0	0	0	0	0
Mechanical 10	0	0	0	0	0	0	0	0
Mechanical 11	0	0	0	0	0	0	0	0

图 9－71　PCB 板信息报表

9.8.3　元器件清单报表

生成报表文件的功能可以为用户提供元器件清单报表。执行菜单命令【报告】|【Bill of Materials】（材料报表），系统弹出元器件清单报表设置对话框，如图 9－72 所示。

此对话框与前面讲的生成电路原理图的元器件报表基本相同，在此不再介绍。

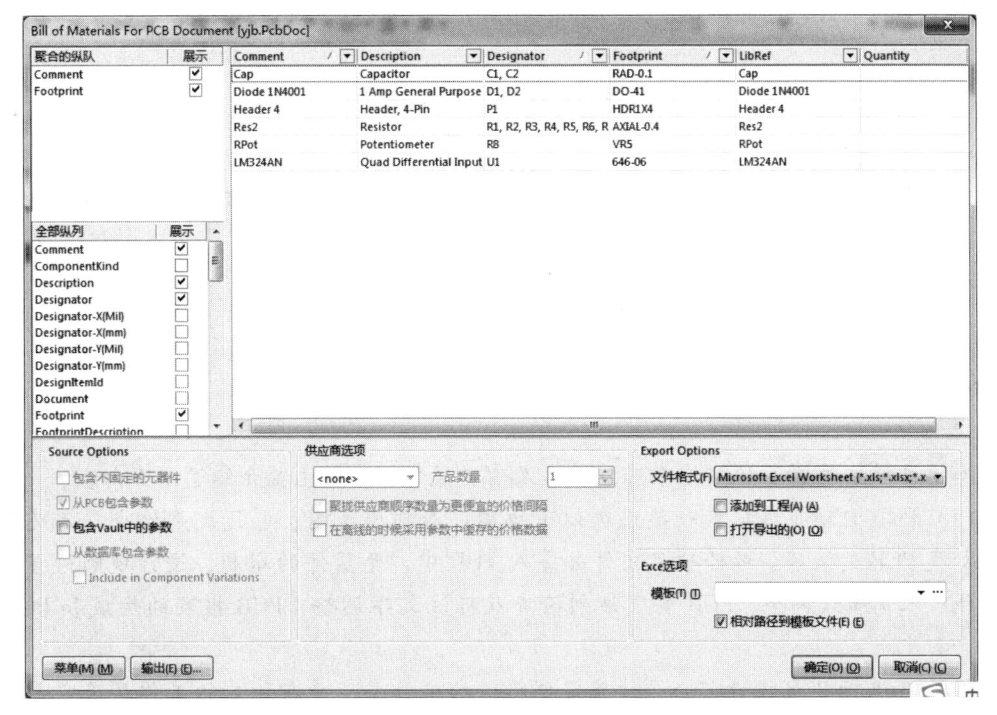
Bill of Materials For PCB Document [yjb.PcbDoc]

Comment	Description	Designator	Footprint	LibRef	Quantity
Cap	Capacitor	C1, C2	RAD-0.1	Cap	
Diode 1N4001	1 Amp General Purpose	D1, D2	DO-41	Diode 1N4001	
Header 4	Header, 4-Pin	P1	HDR1X4	Header 4	
Res2	Resistor	R1, R2, R3, R4, R5, R6, R	AXIAL-0.4	Res2	
RPot	Potentiometer	R8	VR5	RPot	
LM324AN	Quad Differential Input	U1	646-06	LM324AN	

图 9－72　元器件清单报表设置对话框

9.8.4　网络状态报表

网络状态报表主要是用来显示当前 PCB 文件中的所有网络信息，包括网络所在的层面及网络中导线的总长度。

执行菜单命令【报告】|【网络表状态】，系统生成网络状态报表，如图 9－73 所示。

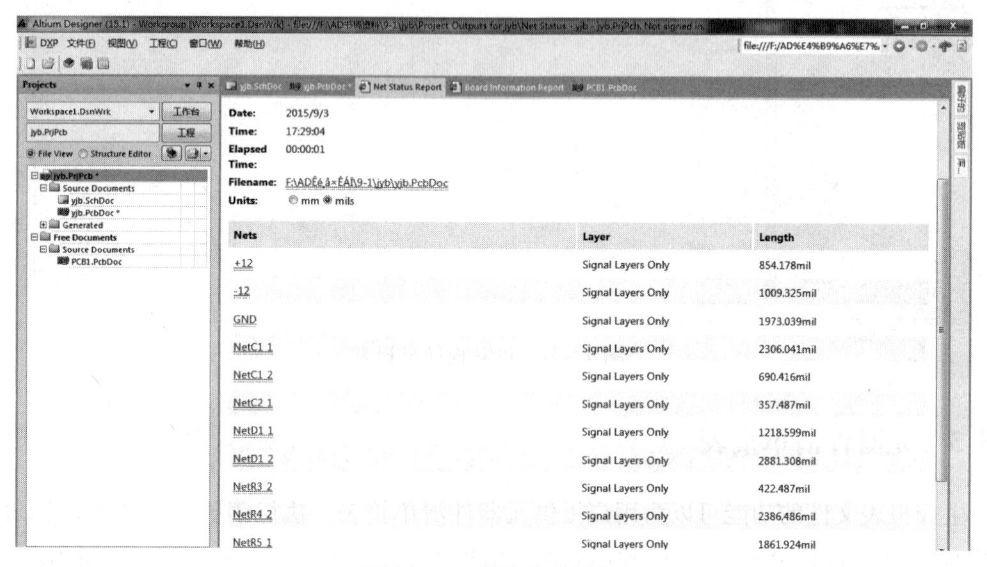

图 9－73　网络状态报表

对于报表文件，它们都是“＊.html”格式，保存后可以直接打印。

任务 9.9　PCB 输出

采用打印机或绘图仪输出电路板图。也可以将所完成的电路板图存盘，或发 E-mail 给电路板制造商生产电路板。

有关打印电路板图的具体内容可以参见项目 7 中的任务 7.5。

项目小结

本项目详细讲解了 PCB 自动布线技术及有关设计技巧，主要介绍了以下内容。

（1）PCB 自动布线技术一般遵循以下步骤：绘制原理图、电气规则检查、定义电路板、加载 PCB 封装库、编译项目文件并导入 PCB 中、元器件的布局、设计规则设置、自动布线、人工布线调整、PCB 电气规则检查及标注文字调整、PCB 报表的生成和 PCB 输出等。

（2）在进行 PCB 设计前，必须确定电路板的工作层，并在相应的工作层确定电路板的物理边界和电气边界。

（3）合理的布局是PCB设计成功的第一步；在布局过程中，必须考虑导线的布通率、散热、电磁干扰、信号完整性等问题。所以，一般PCB封装的布局采用自动布局和人工调整相结合的方法。

（4）自动布线是指系统根据设计者设定的布线规则，依照网络表中的各个PCB封装之间的连线关系，按照一定的算法自动地在各个PCB封装之间进行布线。因此，在自动布线之前，必须先设置好布线的规则和参数，重点掌握自动布线规则的设置及自动布线有关命令的使用。

（5）掌握几种人工调整布线的操作技巧，如将焊盘或PCB封装接入网络内的操作步骤，对导线、焊盘或字符串进行全局编辑的操作方法等。

（6）Altium Designer 15 生成报表文件的功能可以为用户提供有关设计内容的详细资料，主要包括电路板信息报表、元器件清单表、网络状态表等。

项目练习

1. 简述PCB自动布线技术的一般步骤。
2. Altium Designer 15 提供的群集式和统计式两种自动布局方式，各适用于什么场合？
3. 熟悉设计的规则设置，掌握如何设置规则。
4. 使用寻找相似对象方法对有关对象进行操作有什么优点？
5. 正负电源电路原理图如图9－74所示，用自动布线技术设计该电路板。

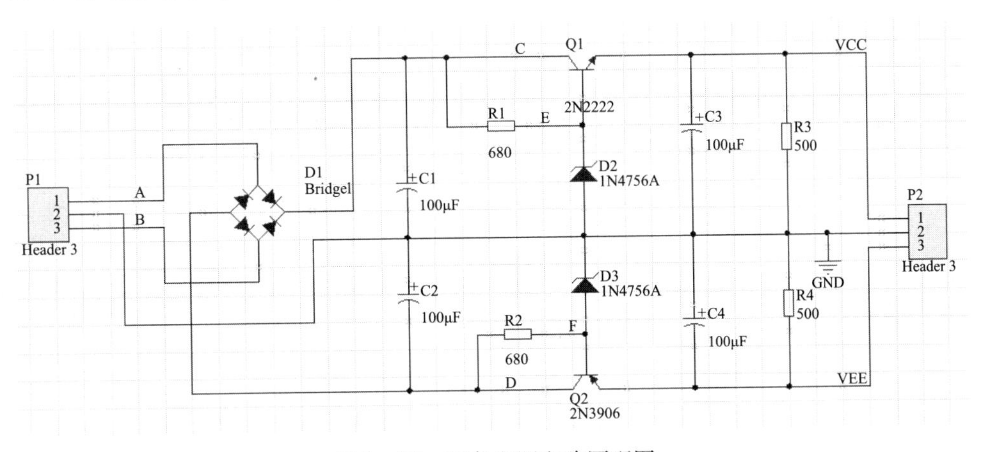

图9－74　正负电源电路原理图

设计要求：

（1）使用单层电路板，电路板尺寸为3 200 mil×2 000 mil。

（2）采用插针式PCB封装，焊盘之间允许走两根铜膜线。

（3）按如图9－75所示的PCB板参考图，人工布置PCB封装位置。

（4）最小铜膜线走线宽度20 mil，电源（VCC、VEE）和地线（GND）的铜膜线宽度为40 mil。

（5）自动布线完成后，求电路板信息报表、元器件清单表、网络状态表。

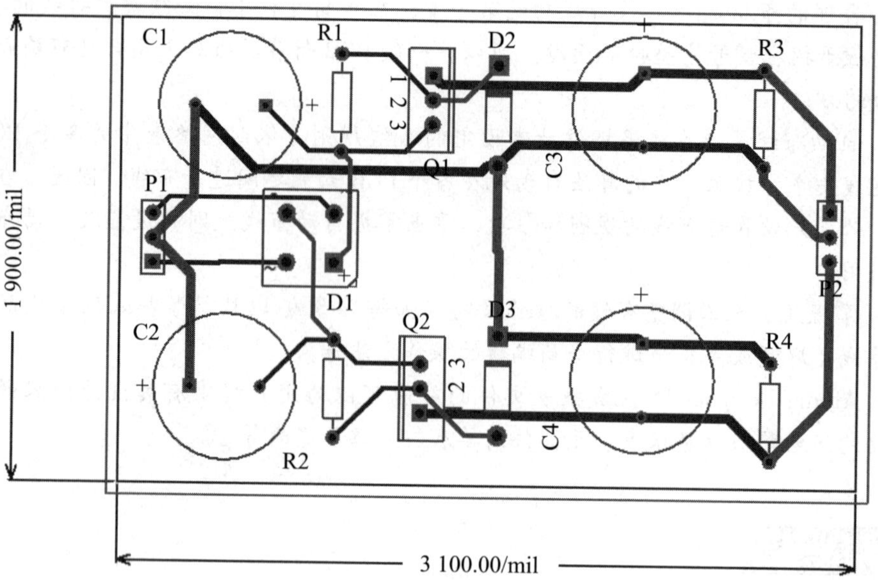

图 9－75 PCB 板参考图

项目 10
PCB 设计实例

任务目标：

- ❖ 掌握 PCB 人工设计的具体步骤
- ❖ 掌握 PCB 自动布线设计的具体步骤
- ❖ 掌握综合运用 PCB 设计的设计技巧
- ❖ 掌握 PCB 设计实例的操作

任务 10.1　无线窃听电路的 PCB 设计实例

以项目 5 中的无线窃听器电路为例进行 PCB 人工设计，无线窃听器电路原理图如图 10 - 1 所示。

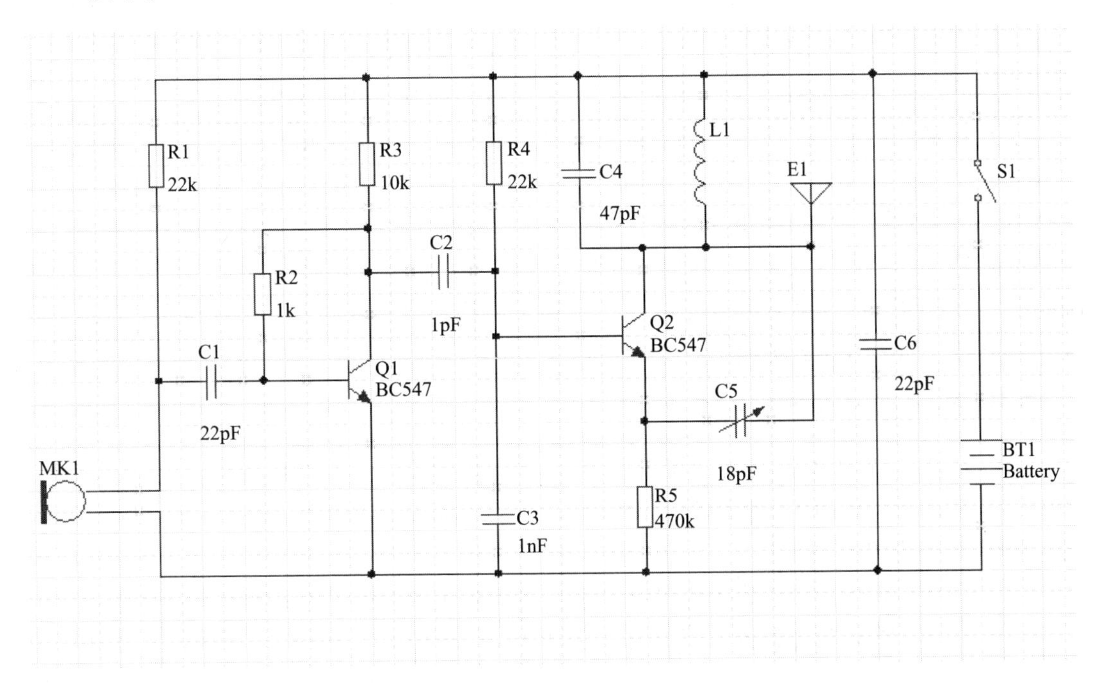

图 10 - 1　无线窃听器电路原理图

表 10 - 1 所列为无线窃听器电路原理图中的元器件信息，包括序号、元器件值、元器件封装、元器件名称和说明。

表 10－1 元器件列表

序号	元器件值	元器件封装	元器件名称	说明
R1	22k	AXIAL-0. 4	Res2	Resistor
R2	1k	AXIAL-0. 4	Res2	Resistor
R3	10k	AXIAL-0. 4	Res2	Resistor
R4	22k	AXIAL-0. 4	Res2	Resistor
R5	470k	AXIAL-0. 4	Res2	Resistor
C1	22pF	RAD-0. 3	Cap	Capacitor
C2	1pF	RAD-0. 3	Cap	Capacitor
C3	1nF	RAD-0. 3	Cap	Capacitor
C4	47pF	RAD-0. 3	Cap	Capacitor
C5	18pF	C1210_ N	Cap Var	Variable or Adjustable Capacitor
C6	22pF	RAD-0. 3	Cap	Capacitor
L1		0402-A	Inductor	Inductor
E1		PIN1	Antenna	Generic Antenna
MK1		PIN2	Mic2	Microphone
S1		SPST-2	SW-SPST	Single-Pole，Single-Throw Switch
BT1		BAT-2	Battery	Multicell Battery

要求：使用双面板，板框尺寸为长 1 900 mil、宽 1 900 mil；设置铜膜线走线宽度为 20 mil，采用插针式元器件。

对无线窃听器电路进行 PCB 人工设计的具体步骤如下。

1. 创建 PCB 文件

（1）执行菜单命令【文件】|【打开】，打开项目 5 中绘制的“窃听器电路 . PrjPcb”文件。在工程“窃听器电路 . PrjPcb”上右击，并在弹出的菜单中选择【给工程添加新的】|【PCB】命令，新建一个 PCB 文件，并将文件名改为“窃听器电路 . PCB”。

（2）根据任务 7. 1 中所介绍的直接定义电路板的方法定义电路板，把当前工作层切换为 Keep Out Layer，执行菜单命令【放置】|【走线】，或单击放置工具栏的按钮并选择按钮，放置连线，绘制电路板的电气边界，该电路板的外形尺寸为 1 900 mil × 1 900 mil。执行菜单命令【放置】|【尺寸】，按照 7. 3. 7 节介绍的方法为电路板放置尺寸标注。选中所画的电气边界线，执行菜单命令【设计】|【板子形状】|【按照选择对象定义】，完成定义 PCB 板边界，如图 10－2 所示。

2. 编译项目文件并导入 PCB 中

（1）打开电路原理图，执行菜单命令【工程】|【Compile PCB Project 窃听器电路. PrjPcb】（编译项目文件），系统开始编译设计项目。编译结束后，打开【Messages】（信息）面板，如图 10－3 所示。

（2）编译完成后，检查是否将电路原理图中所有元器件所在库添加到当前库中。

（3）执行菜单命令【设计】|【Update PCB Document 窃听器电路 . PcbDoc】，系统弹出【工程更改顺序】对话框（如图 10－4 所示）。单击对话框中的 生效更改 按钮，检查所有改变是否正确，若所有栏目后面都出现标志，则项目转换正确。单击 执行更改 按钮，将元器件封装添加到 PCB 文件中。

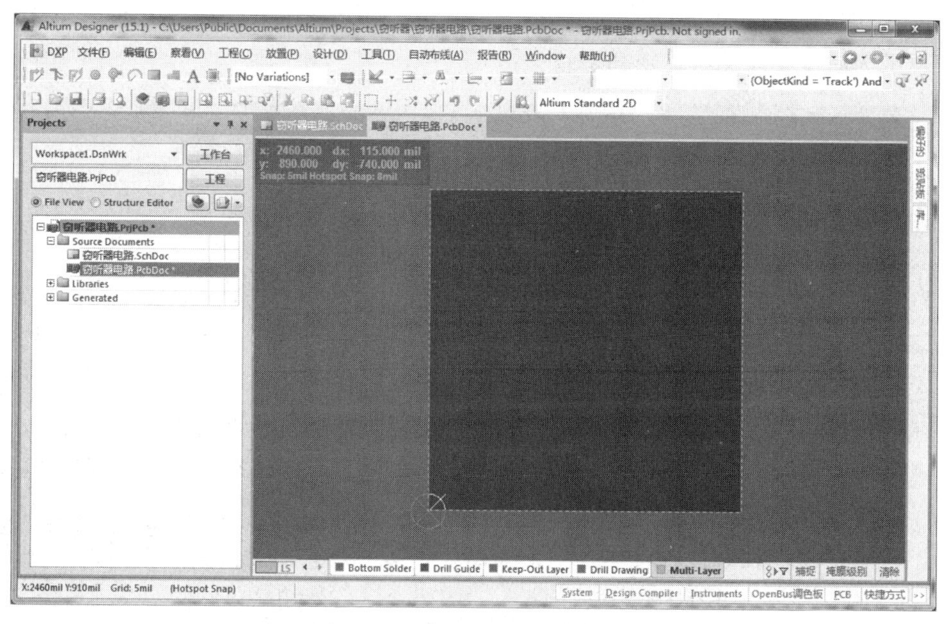

图 10－2　完成定义 PCB 板边界

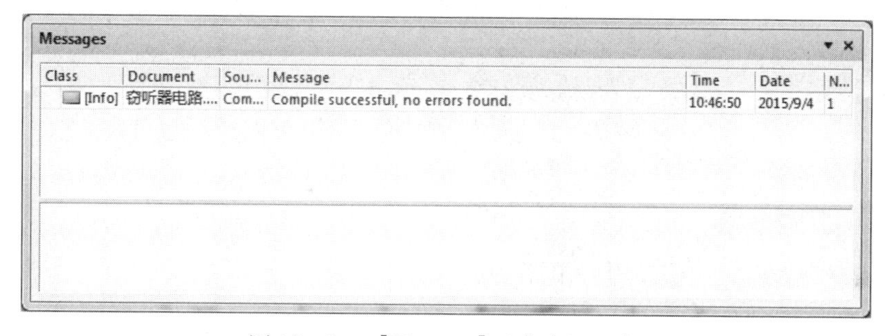

图 10－3　【Message】（信息）面板

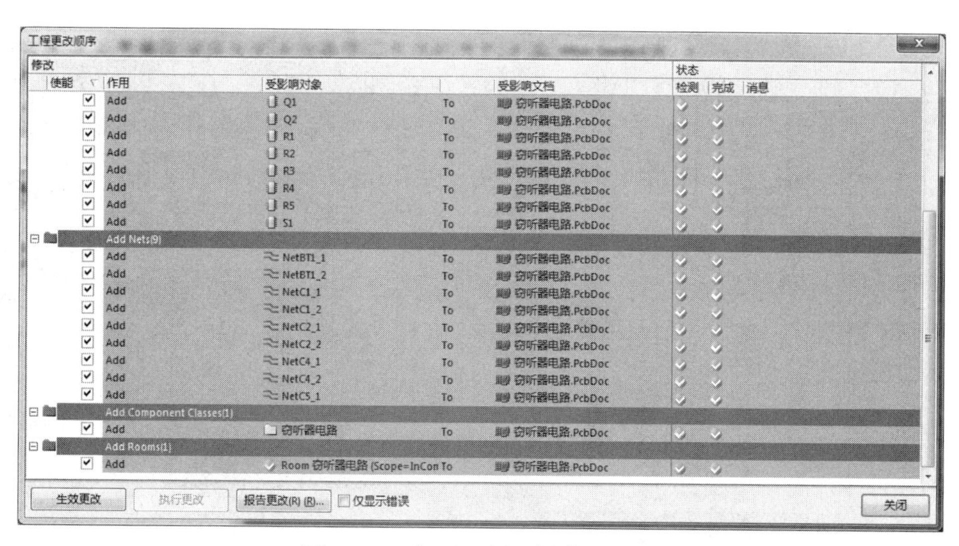

图 10－4　【工程更改顺序】对话框

（4）添加完成后，单击 关闭 按钮。此时，PCB 图纸上已经有了元器件封装。图 10－5 所示为添加元器件封装到 PCB 图。

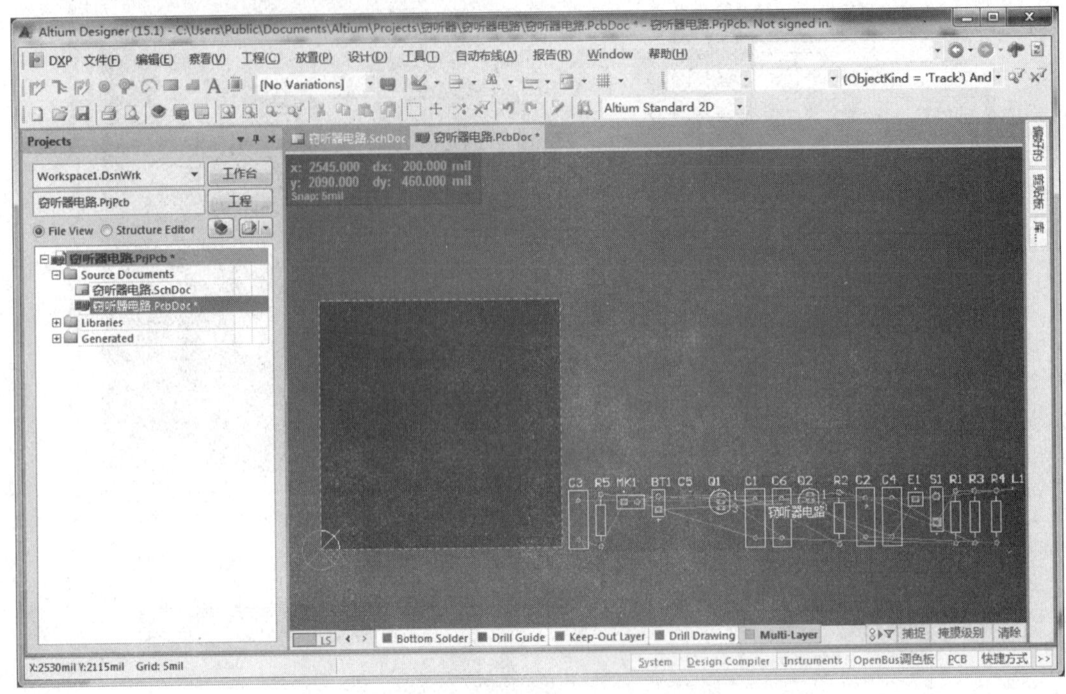

图 10－5　添加元器件封装到 PCB 图

3. 元器件布局

由于元器件较少，可直接用人工布局。人工布局后的 PCB 图如图 10－6 所示。

（1）执行菜单命令【察看】|【切换到三维显示】，系统自动切换到三维显示图，如图 10－7 所示。

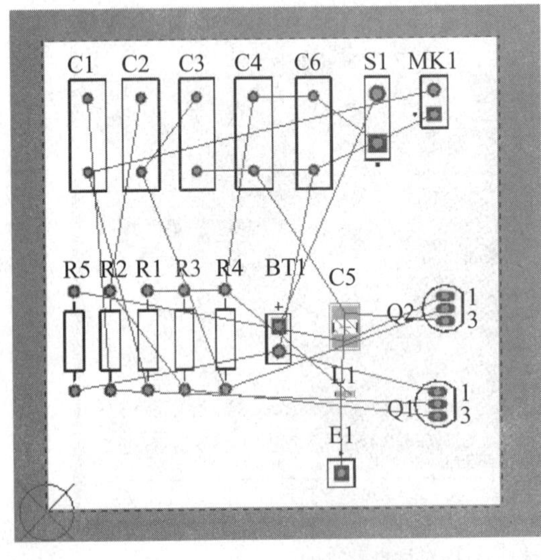

图 10－6　人工布局后的 PCB 图

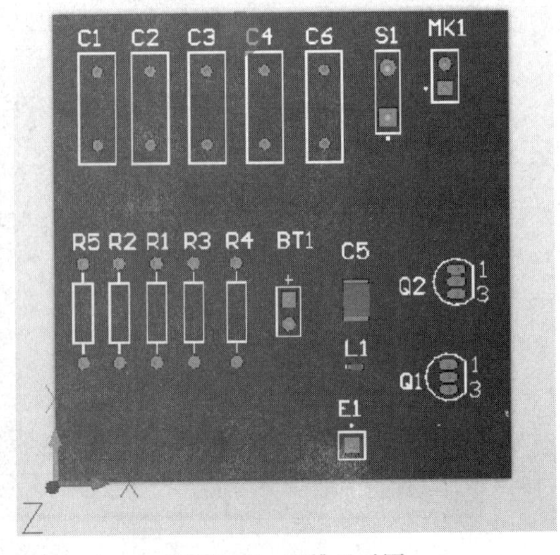

图 10－7　三维显示图

（2）执行菜单命令【察看】|【切换到二维显示】，系统切换到二维显示图。

（3）执行菜单命令【工具】|【遗留工具】|【3D 显示】，系统生成 PCB 板 3D 效果图，如图 10 – 8 所示。

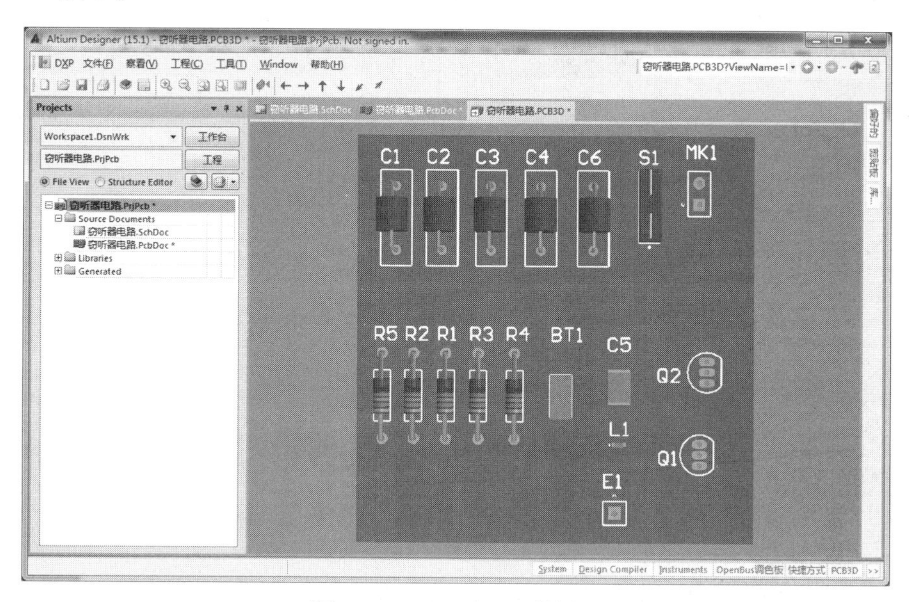

图 10 – 8　PCB 板 3D 效果图

（4）执行菜单命令【工具】|【密度图】，系统自动生成密度分析。图 10 – 9 所示为生成的密度图。

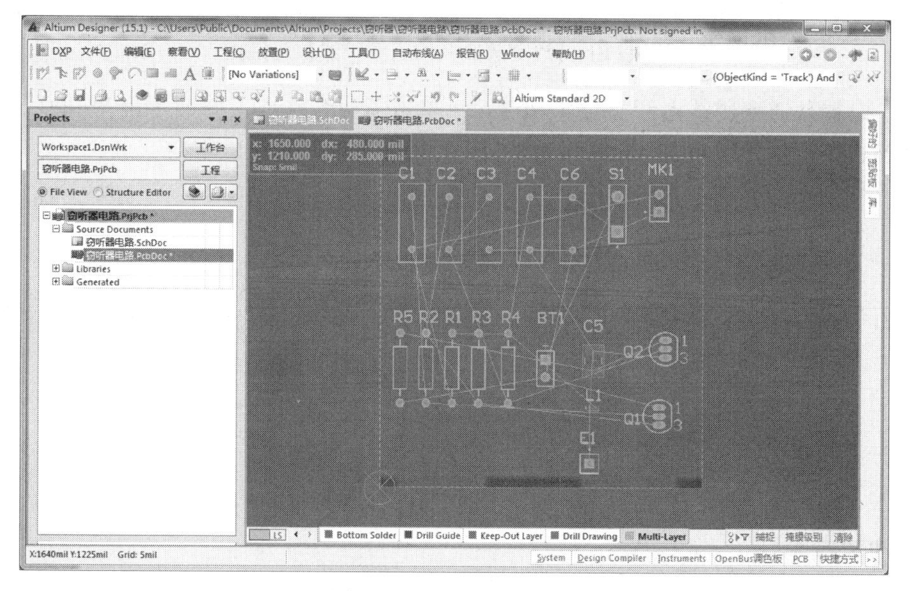

图 10 – 9　生成的密度图

4. 设置布线规则

（1）执行菜单命令【设计】|【规则】，打开如图 10 – 10 所示的【PCB 规则及约束编

辑器】对话框。单击 Routing 选项卡，选择 Width 选项，可以对 PCB 布线时的导线宽度进行设置。

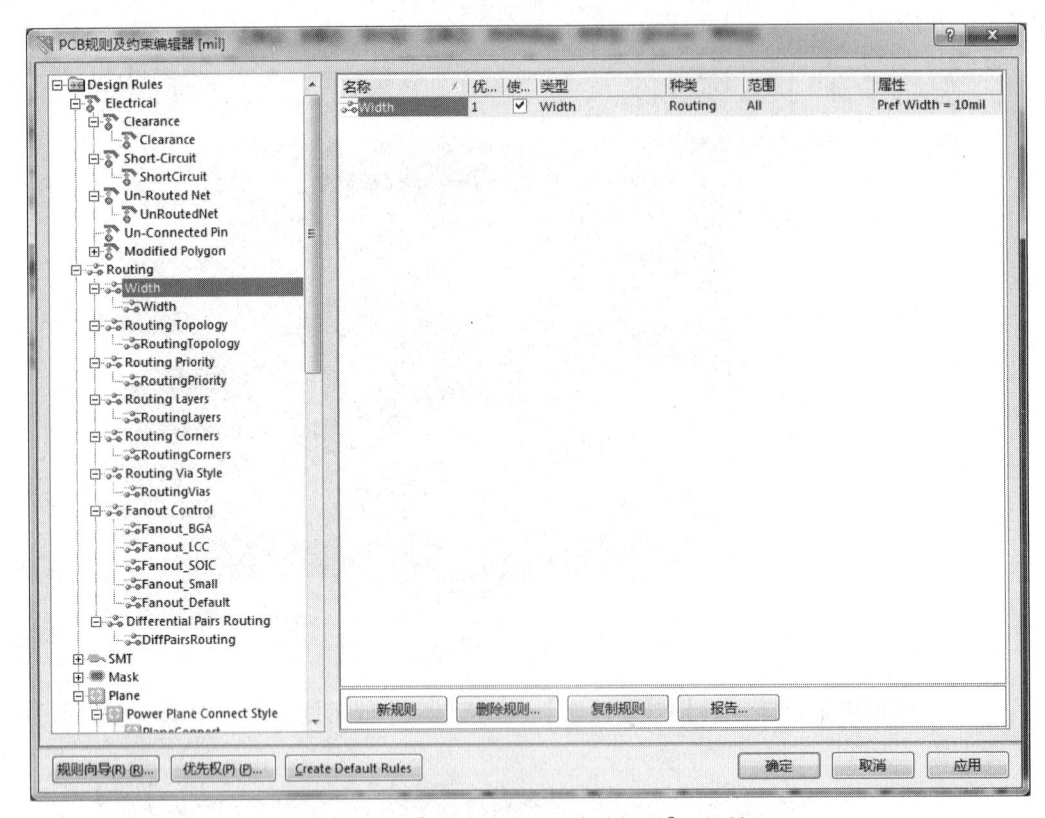

图 10－10 【PCB 规则及约束编辑器】对话框

（2）设置普通铜膜线走线宽度为 20 mil，单击 Width 选项，修改 Min Width、Preferred Width、Max Width 分别为 20 mil。设置线宽如图 10－11 所示。

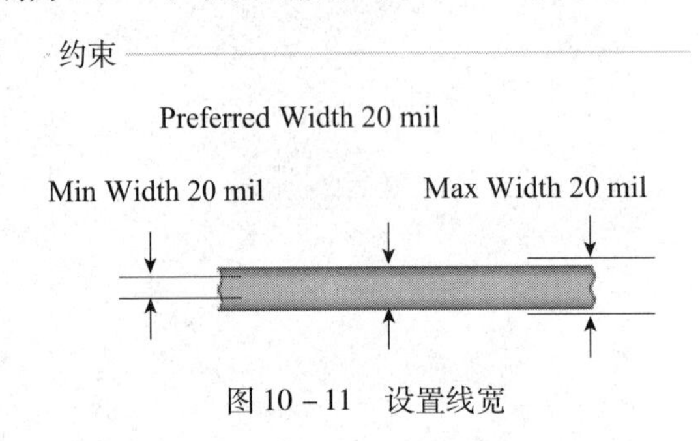

图 10－11 设置线宽

5. 放置导线

单击放置工具栏中的按钮，或执行菜单命令【放置】|【交互式布线】，当光标变成十字形，将光标移到导线的起点，沿着网络飞线进行人工布线，这时布线宽度会自动按照设置好的要求进行，如图 10－12 所示。

完成后的 PCB 图如图 10－13 所示。

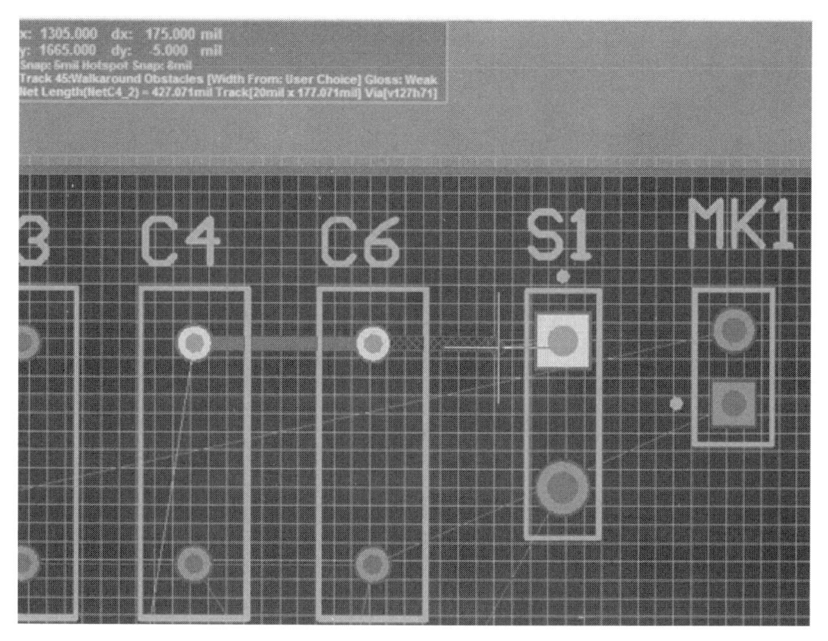

图 10－12　人工布线

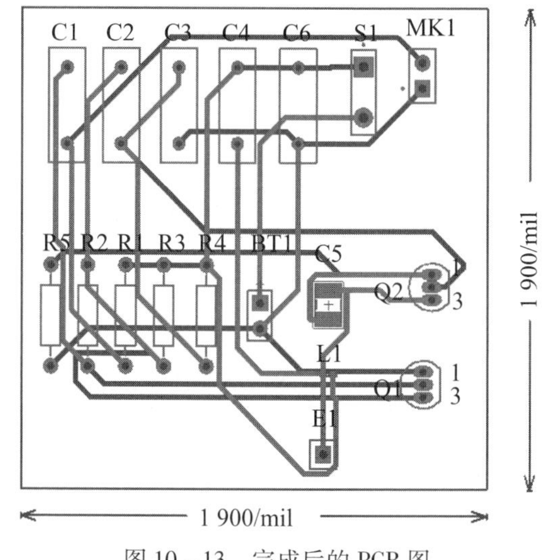

图 10－13　完成后的 PCB 图

6. 保存文件

执行菜单命令【文件】|【保存】，保存工程中的所有文件。

任务 10.2　单片机实时时钟电路的 PCB 设计实例

以项目 5 中的单片机实时时钟电路为例进行 PCB 自动布线设计，单片机实时时钟电路原理图如图 10－14 所示。

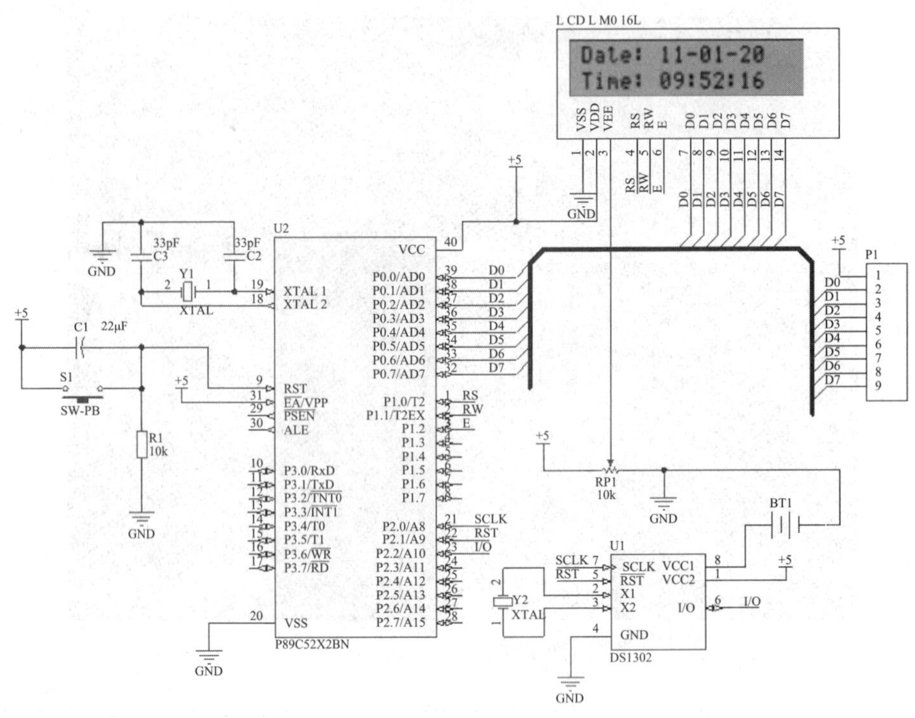

图 10－14　单片机实时时钟电路原理图

表 10－2 所列为单片机实时时钟电路原理图中的元器件信息，包括序号、元器件值、元器件封装、元器件名称和说明。

表 10－2　元器件列表

序号	元器件值	元器件封装	元器件名称	说明
R1	10k	AXIAL-0. 4	RES2	Resistor
RP1	10k	VR5	RPot	Potentiometer
C1	22μF	CAPR5-4X5	Cap2	Capacitor
C2	22pF	RAD-0. 1	CAP	Capacitor
C3	22pF	RAD-0. 1	CAP	Capacitor
Y1	12MHz	HDR1X2	XTAL	Crystal Oscillator
Y2	32 768	R38	XTAL	Crystal Oscillator
U1	DS1302	DIP8	DS1302	Trickle Charge Timekeeping Chip
U2	P89C52X2BN	DIP40	P89C52X2BN	80C51 8-Bit Flash Microcontroller Family，8 KB Flash
P1		HDR1X9	Header 9H	Header，9-Pin，Right Angle
LCD1		HDR1X14	LM016L	

要求：使用双面板，板框尺寸为长 4 000 mil、宽 3 000 mil；电源地线的铜膜线宽度为 40 mil，其他铜膜线走线宽度为 15 mil，采用插针式元器件。

该电路需要自己制作原理图元器件和封装图形，集成电路 LCD 液晶显示屏 LM016L 可参照项目 4 中的项目练习例子完成。

按钮 ANNIU 和电池 BATTERY 的封装如图 10－15 所示，封装注重元器件的引脚尺寸，需要按照实际的元器件尺寸画封装图，同时还要使焊盘的尺寸足够大，以使元器件的引脚能够插入焊盘，其中按钮的焊盘外直径是 120 mil，孔直径是 80 mil；而电池的焊盘外直径是 120 mil，孔直径是 60 mil。在确定焊盘号时要观察元器件引脚号，需要焊盘号与引脚号一致，就是实际元器件的引脚和原理图元器件图引脚之间应该有确定的关系。

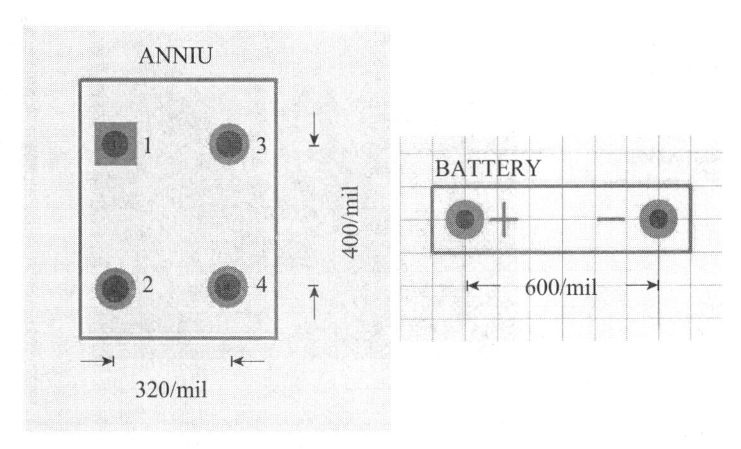

图 10－15　按钮和电池的封装

对单片机实时时钟电路进行 PCB 人工设计的具体步骤如下。

1. 创建封装库

在工程“单片机实时时钟电路 . PrjPcb”上右击，并在弹出的菜单中选择【给工程添加新的】|【PCB Library】命令，新建一个 PCB 库文件。根据 8. 4. 2 节所介绍的创建元器件封装，绘制按钮 ANNIU 和电池 BATTERY 的封装图。

2. 创建 PCB 文件

（1）执行菜单命令【文件】|【打开】，打开项目 5 中绘制的“单片机实时时钟电路 . PrjPcb”文件。在“单片机实时时钟电路 . PrjPcb”上右击，并在弹出的菜单中选择【给工程添加新的】|【PCB 命令】，新建一个 PCB 文件，并将文件名改为“单片机实时时钟电路 . PCB”。

（2）根据任务 6. 3 所介绍的使用向导定义电路板的方法定义该电路板，打开【File】（文件）面板，在面板的【从模板新建文件】栏中单击【PCB Board Ward】（PCB 板向导），打开【PCB 板向导】对话框，按照向导绘制出电路板的电气边界。该电路板的外形尺寸为长4 000 mil、宽 3 000 mil，绘制完成如图 10－16 所示。

3. 编译项目文件并导入 PCB 中

执行菜单命令【设计】|【Update PCB Document 单片机实时时钟电路 . PcbDoc】，系统弹出【工程更改顺序】对话框。单击对话框中的 生效更改 按钮，检查所有改变是否正确，若所有栏目后面都出现✔标志，则项目转换正确。单击 执行更改 按钮，将元器件封装添加到 PCB 文件中。

4. 元器件布局

进行整体布局后的 PCB 图如图 10－17 所示。

图 10－16　绘制完成电路板的电气边界

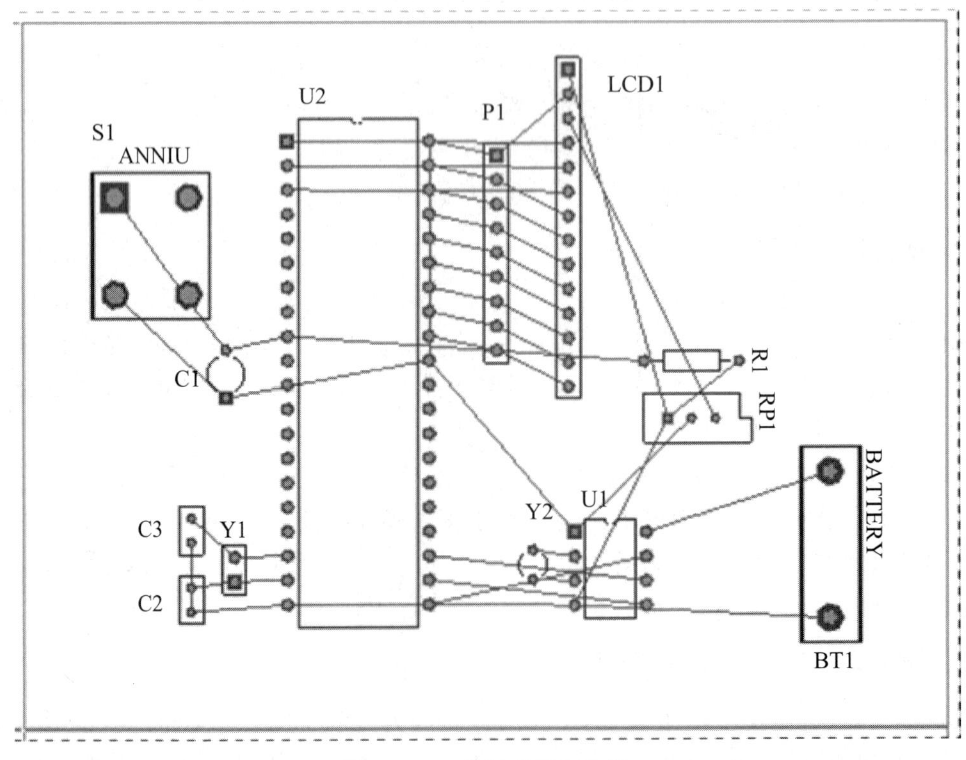

图 10－17　布局后的 PCB 图

5. 设置布线规则

（1）执行菜单命令【设计】|【规则】，在【Routing】列表中选择【Width】选项，可以对 PCB 布线时的导线宽度进行设置。

(2) 设置普通铜膜线走线宽度为 15 mil，单击【Width】，修改【Min Width】、【Preferred Width】、【Max Width】为 15 mil。

(3) 设置电源铜膜线走线宽度为 40 mil。单击 新规则 按钮，出现新的规则【Width_ 1】，屏幕显示如图 10－18 所示。

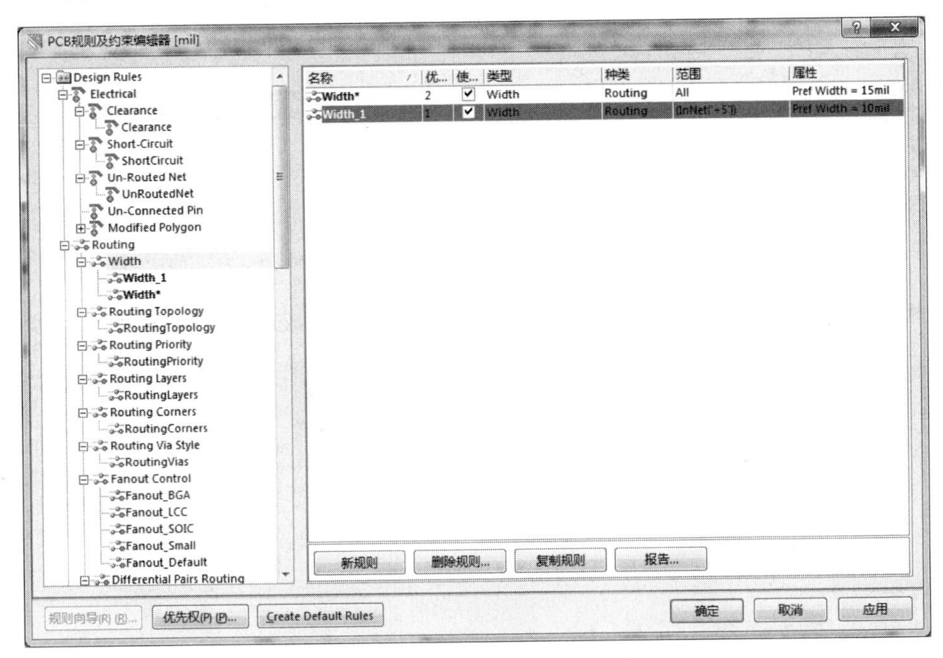

图 10－18　设置新的线宽规则

在【Routing】列表中选最新生成的【Width_ 1】线宽规则，出现如图 10－19 所示的对话框。

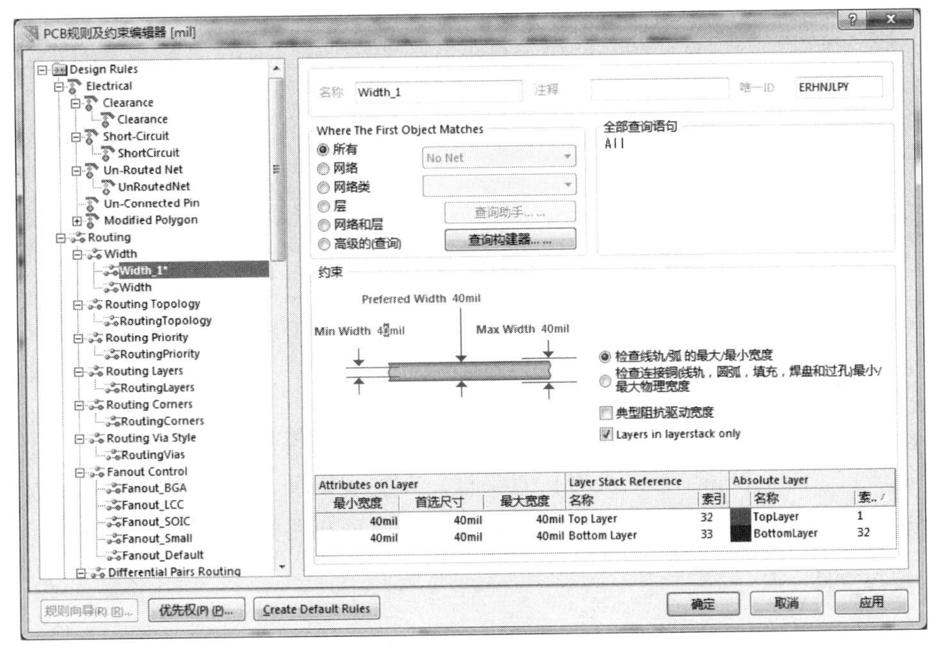

图 10－19　线宽规则设置

将名称修改为 VCC，并设置其适用的网络，如图 10－20 所示。最后修改线宽，如图 10－21 所示，最后单击【应用】按钮完成设置。

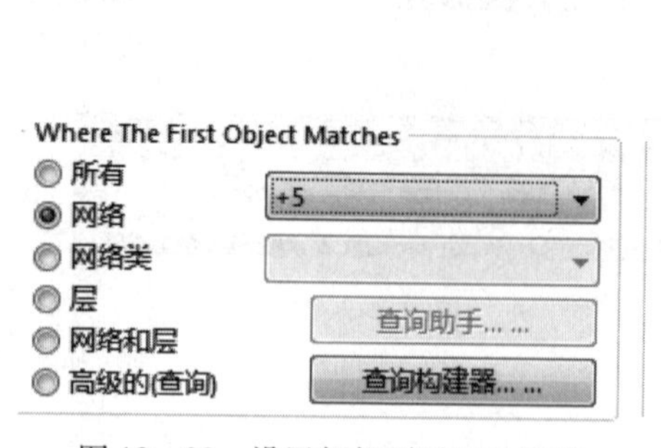

图 10－20　设置新规则适用的网络

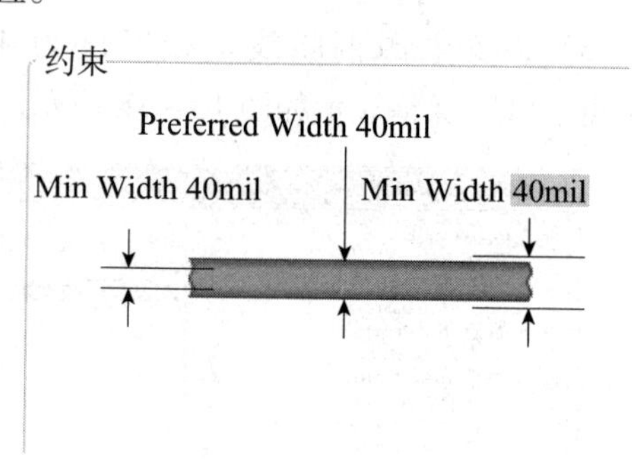

图 10－21　修改线宽

用相同的方法设置地铜膜线走线宽度为 40 mil，设置完成之后，如图 10－22 所示。

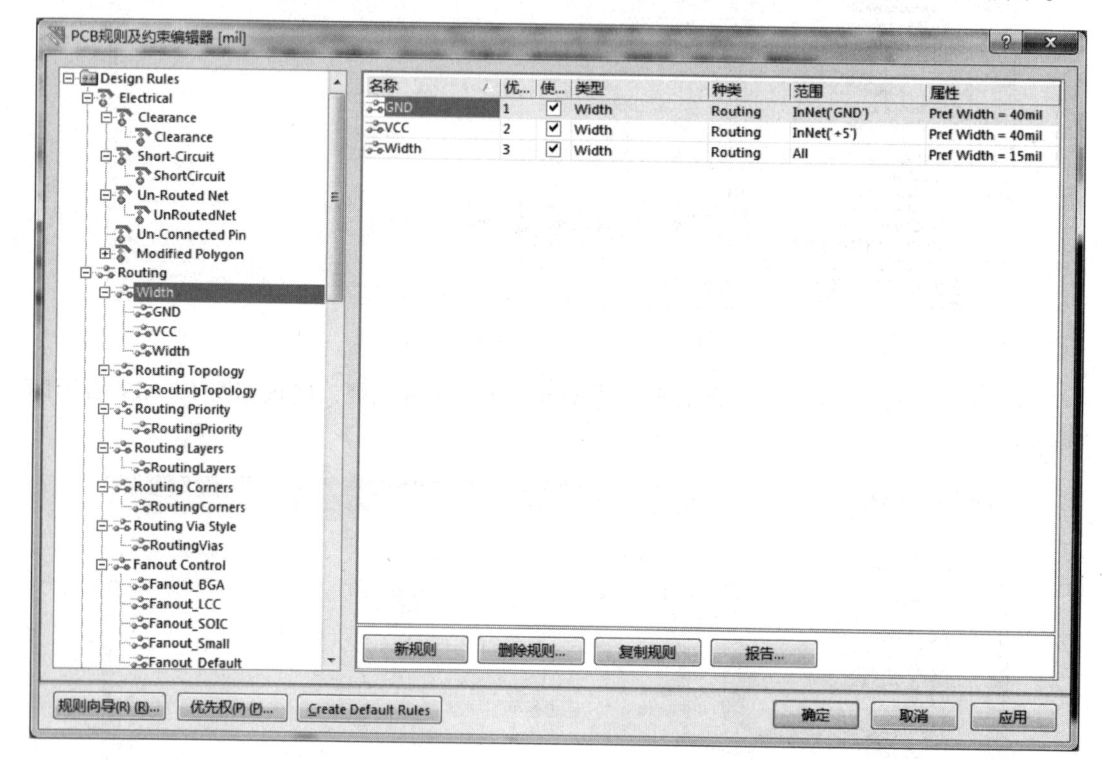

图 10－22　设置完成的线宽规则

6. 运行自动布线

设置好布线规则后，就可运行自动布线了。在 PCB 编辑器中执行菜单命令【自动布线】|【全部】，弹出【Situs 布线策略】对话框。布线规则和自动布线器各种参数设置完毕，单击 Route All 按钮进行自动布线。完成布线后的 PCB 图如图 10－23 所示。

7. 保存文件

执行菜单命令【文件】|【保存】，保存工程中的所有文件。

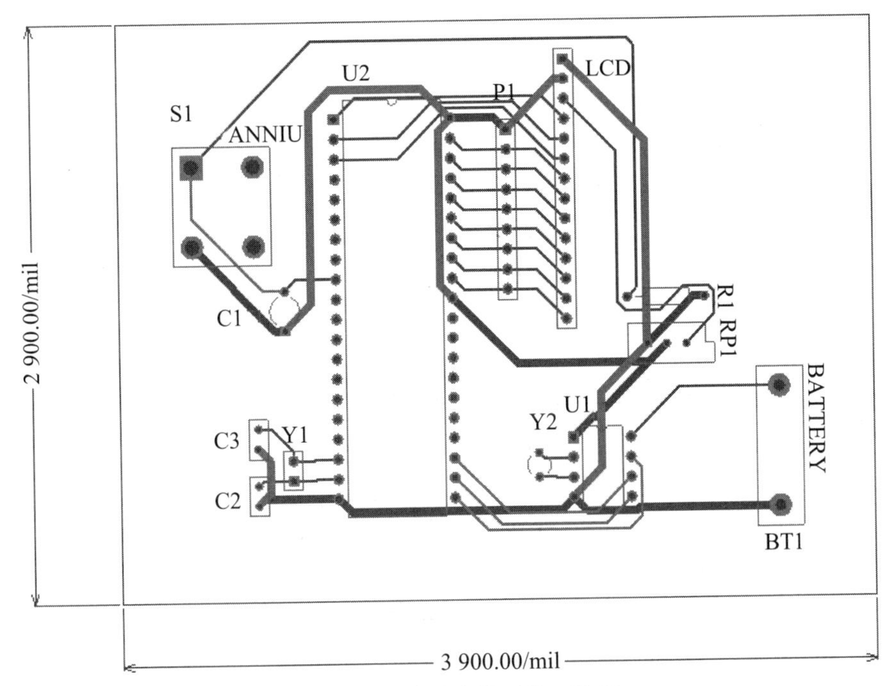

图 10－23　完成布线后的 PCB 图

项目小结

本项目主要介绍了以下内容。

通过无线窃听器电路和单片机实时时钟电路的两个 PCB 设计实例，详细介绍了 Altium Designer 15 中 PCB 设计的功能及应用，并对设计中的一般流程及有关设计技巧进行了详细讲解。

PCB 设计一般遵循以下步骤：定义电路板、编译项目文件并导入 PCB 中、PCB 封装的布局、显示 PCB 的 3D 视图等、设计规则设置、人工布线或自动布线、PCB 输出和保存设计等。

项目练习

1. 单级放大器电路如图 10－24 所示，元器件列表见表 10－3，对该电路进行人工设计 PCB，设计要求：

（1）使用单层电路板，板框尺寸为 2 000 mil × 1 000 mil；

（2）电源地线的铜膜线宽度为 50 mil；

（3）一般布线的宽度为 20 mil；

（4）人工放置元器件封装；

（5）人工连接铜膜线；

（6）布线时考虑只能单层走线。

PCB 板参考图如图 10－25 所示。

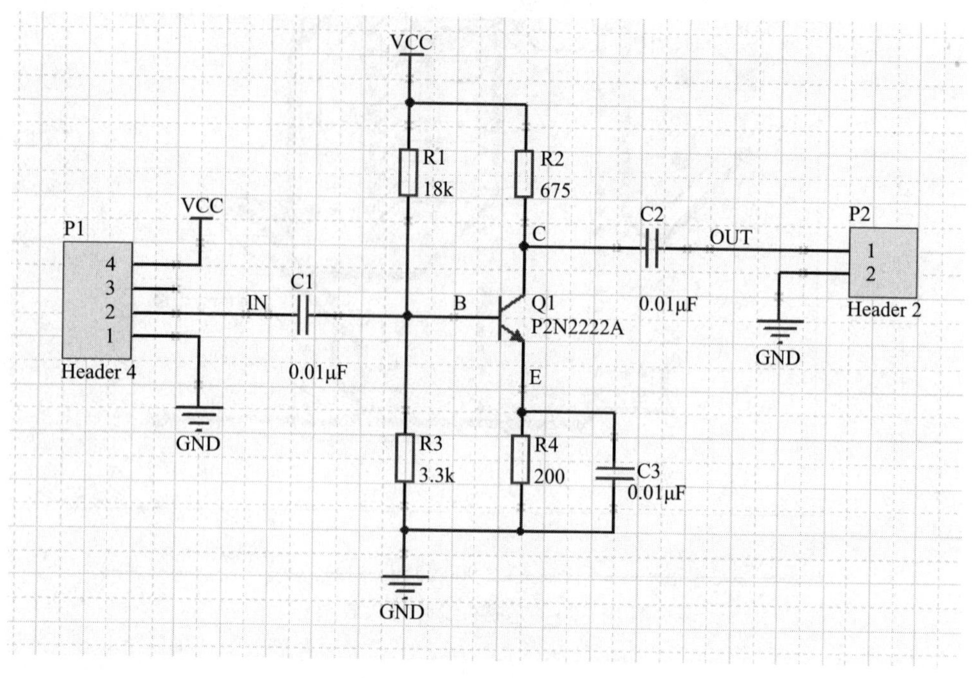

图 10－24　单级放大器电路

表 10－3　单级放大器电路元器件列表

说明	编号	封装	元器件名称
电阻	R1 R2 R3 R4	AXIAL-0. 4	RES2
电容	C1 C2 C3	RAD-0. 1	CAP
NPN 三极管	Q1	92－04	P2N2222A
连接器	J1	HDR1X4	Header4
连接器	J2	HDR1X2	Header2

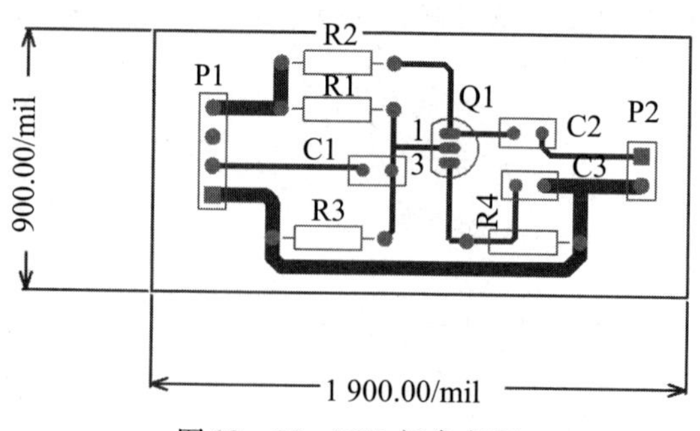

图 10－25　PCB 板参考图

2. 对如图 10－26 所示的 CPLD 电路进行 PCB 自动布线设计，该电路的元器件列表见表 10－4。设计要求：

（1）使用双面板，板框尺寸为 4 100 mil × 3 480 mil；

（2）采用插针式元器件，元器件布置见 PCB 板参考图，如图 10－27 所示；

（3）焊盘之间允许走一根铜膜线；

（4）最小铜膜线走线宽度为 10 mil，电源地线的铜膜线宽度为 20 mil；

（5）要求画出原理图、建立网络表、人工布置元器件，自动布线。

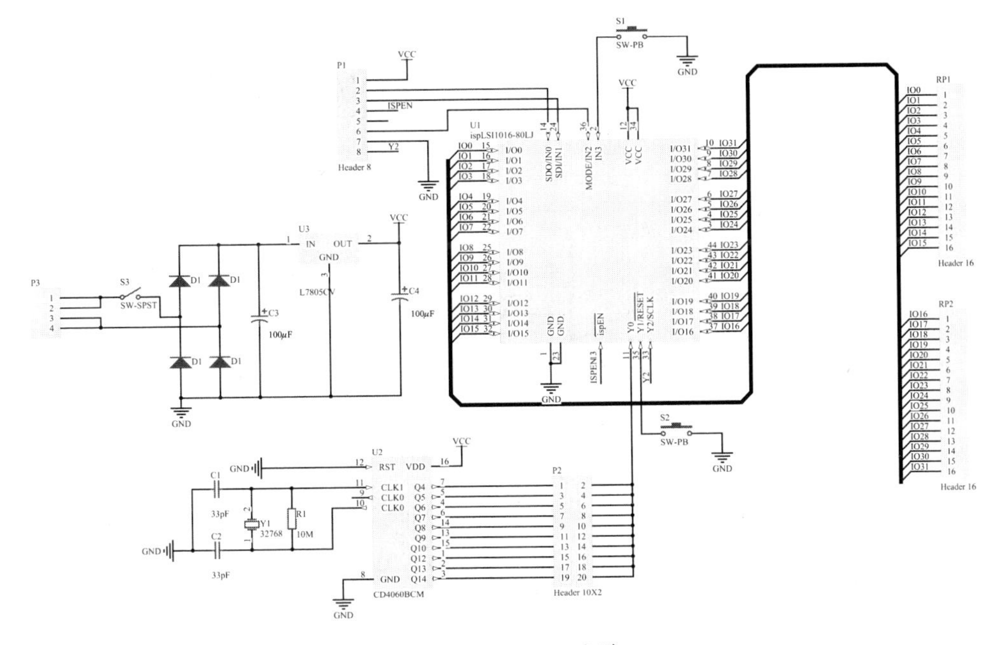

图 10－26　CPLD 电路

表 10－4　CRLD 电路元器件列表

说明	编号	封装	元器件名称
系统可编程逻辑器件	U1	PGA1016	ispLSI1016-80LJ
连接器	P1	HDR1X8	Header 8
连接器	P3	HDR1X4	Header 4
按钮	S1	ANNIU	SW-PB
COMS14 级异步计数器与振荡器	U2	DIP16	CD4060BCM
连接器	JP1	HDR2X10	Header 10X2
电容	C1 C2	RAD-0. 1	CAP
石英晶体	Y1	R38	CRYSTAL
电阻	R1	AXIAL-0. 4	RES2
三端稳压器	U3	TO220ABN	L7805CV
开关	S3	KAIGUAN	SW-PB
电容器	C3 C4	RB-. 2/. 4	CAPACITOR POL
按钮	S2	ANNIU	SW-PB
二极管	D1 D2 D3 D4	DO-41	1N4001
连接器	RP1 RP2	HDR1X16	Header 16

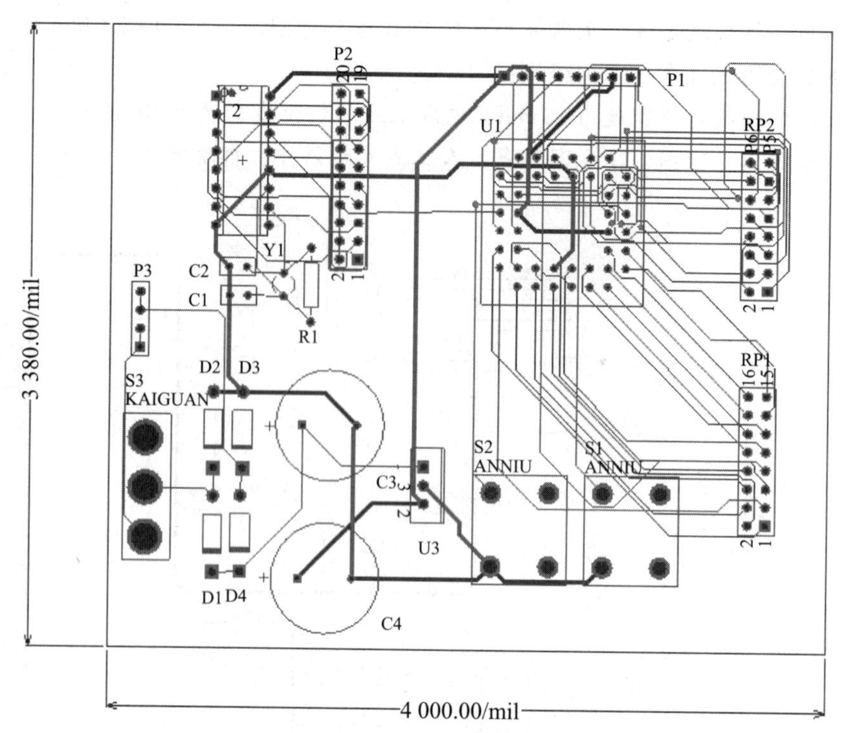

图 10－27　PCB 板参考图

该电路需要自己制作开关、按钮和可编程逻辑器件 1016E 的封装图形。封装注重元器件的引脚尺寸，对于开关和按钮需要按照实际的元器件尺寸画封装图，同时要使焊盘的尺寸足够大，以使开关和按钮的引脚能够插入焊盘，图 10－28 是按钮和开关的封装图。其中按钮的焊盘外直径是 120 mil，孔直径是 80 mil；而开关的焊盘外直径是 200 mil，孔直径是 150 mil。在确定焊盘号时要观察元器件引脚号，需要焊盘号与引脚号一致，就是实际元器件的引脚和原理图元器件图引脚之间应该有确定的关系。例如，在按钮按下时按钮有两个引脚短接，则这两个引脚对应的焊盘就应该与原理图中按钮图的引脚对应。

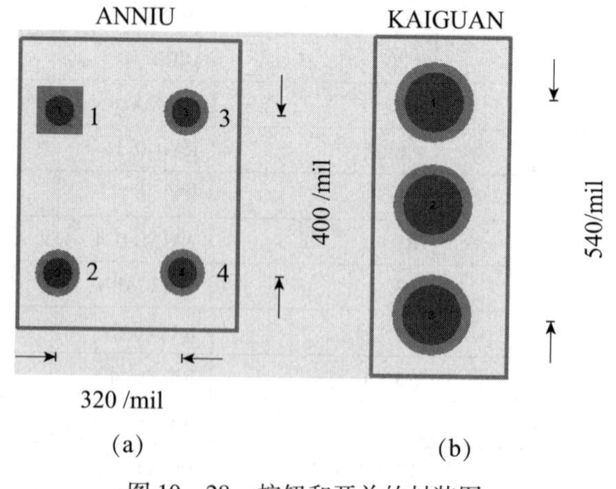

图 10－28　按钮和开关的封装图

器件 U1 的封装 PGA1016 虽然是 PLCC，但是安装器件 U1 的管座与电路板连接部分的封装是PGA44，这就需要画一个PGA44的封装图，由于PGA是标准的封装，在PGA封装库中有多种封装，但是没有PGA44的封装图，需要使用元器件封装向导画一个PGA44的图形。首先利用向导画一个8×8的矩阵，然后去掉中间的4×4个引脚，形成一个PGA48的封装，然后使用Delete菜单删除四个角上的焊盘，就形成了图10－29所示的封装图形，最后编辑焊盘号，焊盘号的排列规律见图10－27。

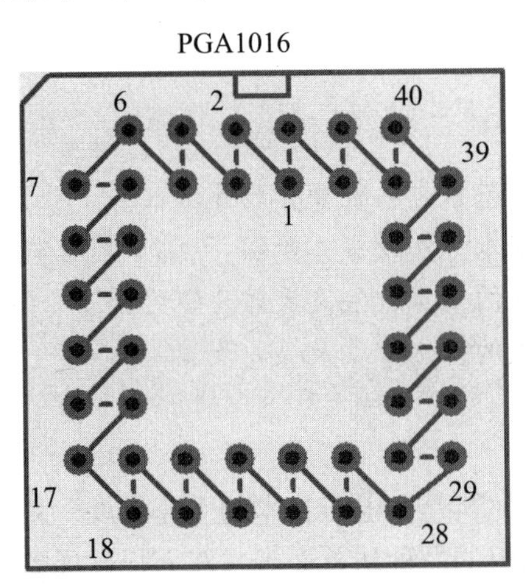

图10－29 器件U1的封装PGA1016

项目 11 PCB 制板技术

任务目标：

- ❖ 掌握热转印制板的基本方法及操作步骤
- ❖ 掌握雕刻制板的基本方法及操作步骤
- ❖ 掌握化学环保制板的基本方法及操作步骤
- ❖ 掌握小型工业制板的基本方法及操作步骤

随着电子工业的发展，尤其是微电子技术的飞速发展，对印制板的制造工艺、质量和精度也提出新的要求。印制板的品种从单面板、双面板发展到多层板和挠性板；印制线条越来越细、间距也越来越小。目前，不少厂家都可以制造线宽和间距在 0.2 mm 以下的高密度印制板。

下面重点介绍几种现阶段应用最为广泛的单、双面印制板方法，可用于科研、电子设计比赛、电子课程设计、毕业设计、创新制作等环节。以下制板方案采用湖南科瑞特科技股份有限公司（简称科瑞特公司）提供的快速线路板制板设备，如果采用别的制板公司设备，其制板方案的基本原理是相同的，读者可以查阅相关资料自己动手实践。

任务 11.1 热转印制板

印制板快速制作简单易行的制作方法是热转印制板，也是最常见的制板方法，比较适合单面板。单面板是只有一面敷铜，另一面没有敷铜的电路板，仅在它敷铜的一面布线和焊接元器件。这种方法适用于单件制作，它具有成本低廉，约 0.02 元/cm^2；制作速度快，约 20 分钟；精度可满足一般需求，线宽≥0.3 mm，线间距≥0.3 mm。

热转印法工艺流程图如图 11－1 所示。

本制板方法采用科瑞特公司提供的经济、快速制板方案，具体步骤如下。

（1）下料。按照实际设计尺寸用裁板机裁剪敷铜板，去除四周毛刺。

（2）打印底片。建议用专业的激光打印机（如 HP P2055D 或 HP 5200LX 打印机），将设计好的印制电路板布线图打印到热转印纸上，该步骤有两点需要注意：

① 布线图打印无需镜像；

② 布线图必须打印在热转印纸的光面。

（3）图形转印。将步骤（2）的热转印纸转印到敷铜板上。该步骤的作用是将热转印纸上的图形转移到敷铜板上。操作方法如下：首先将敷铜板用细砂纸打磨，打磨的作用是

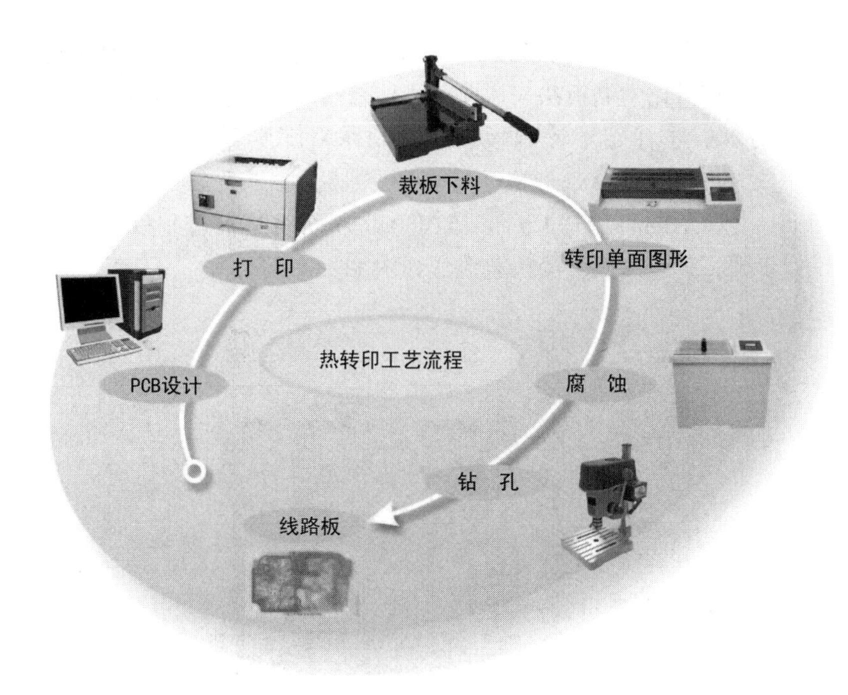

图 11－1　热转印法工艺流程图

去除板表面的氧化物、脏痕迹等；将打印好的热转印纸覆盖在敷铜板上，用纸胶将热转印纸紧贴在敷铜板上，待机器的温度正常后，送入热转印机转印两次，使熔化的墨粉完全吸附在敷铜板上。待敷铜板冷却后，揭去热转印纸。

（4）修版。检查步骤（3）的敷铜板热转印效果，是否存在断线或沙眼，若是，用油性笔进行描修；若无，则跳过此步，进入步骤（5）。

（5）蚀刻。蚀刻液一般使用环保型的腐蚀溶液，将描修好的印制电路板完全浸没到溶液中，蚀刻印制图形。

（6）水洗。把蚀刻后的印制板立即放在流水中清洗 3 分钟，清洗板上残留的溶液。

（7）钻孔。对印制板上的焊盘孔、安装孔、定位孔进行机械加工，采用高精度微型台钻打孔。钻孔时注意钻床转速应取高速，进刀不宜过快，钻头进入线路板、正钻孔过程和退出线路板都不能移动线路板，以免钻头断掉。

（8）涂助焊剂。先用碎布沾去污粉后反复在板面上擦拭，去掉铜箔氧化膜，露出铜的光亮本色；冲洗晾干后，应立即涂助焊剂（可用已配好的松香酒精溶液）。助焊剂有以下两点作用：

① 保护焊盘不氧化；

② 助焊。

任务 11.2　雕刻制板

雕刻制板又称为物理制板，是先采用机械钻孔方法，然后直接用雕刀将线路图形雕刻出来得出线路的方法，是一种典型的物理制板法。

物理制板方法由于是采用计算机加载 PCB 文件直接驱动雕刻机的三维轴的运动来达到钻雕铣的目的，因此，相对化学制板法来说，流程比较简单，制作单面板等比较方便。但由于是机械雕刻的方法，也注定了该制板法具有制作精度低、速度慢、工艺不完整等缺点。

下面就以图 11 -2 所示的科瑞特 Create-DCM3030 双面线路板雕刻机为例，来说明一下雕刻制板的操作步骤，其雕刻制板法工艺流程如图 11 -3 所示。

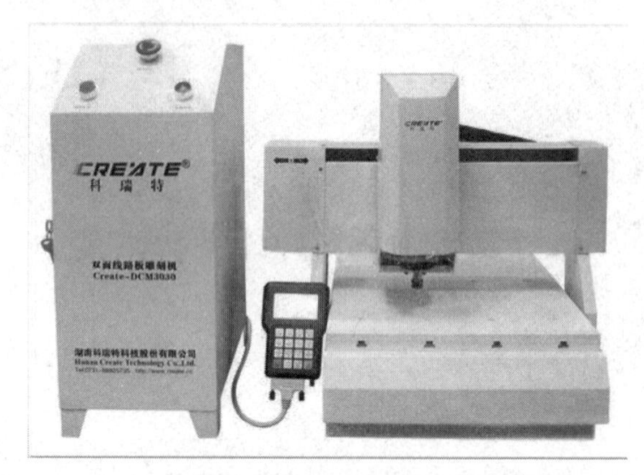

11 -2 科瑞特 Create-DCM3030 双面线路板雕刻机

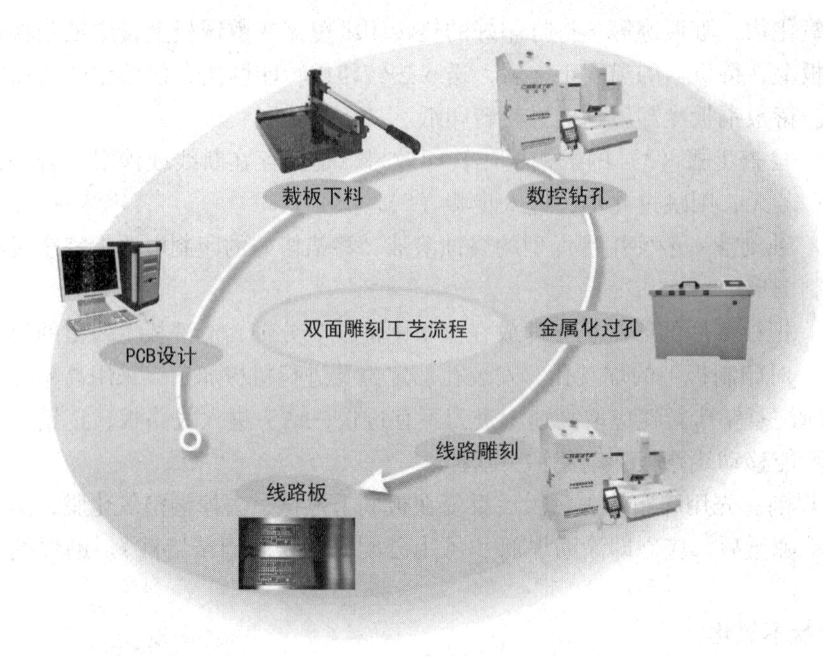

图 11 -3 雕刻制板法工艺流程

11.2.1 导出 Gerber 格式文件

安装好 Altium Designer 15 软件，并且打开需加工的原理图，按下列步骤导出 Gerber 格式文件。

1. 定原点

在导出 Gerber 格式文件之前，需设置好原点，否则导出 Gerber 数据会出错。执行菜单命令【编辑】|【原点】|【设置】来设置原点，原点选择最小坐标，如图 11－4 所示。

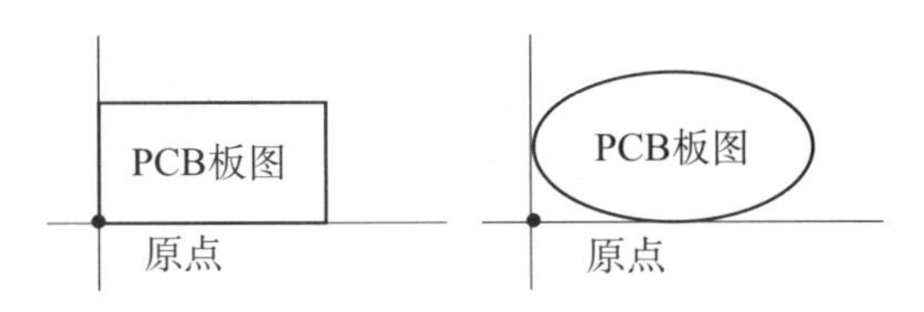

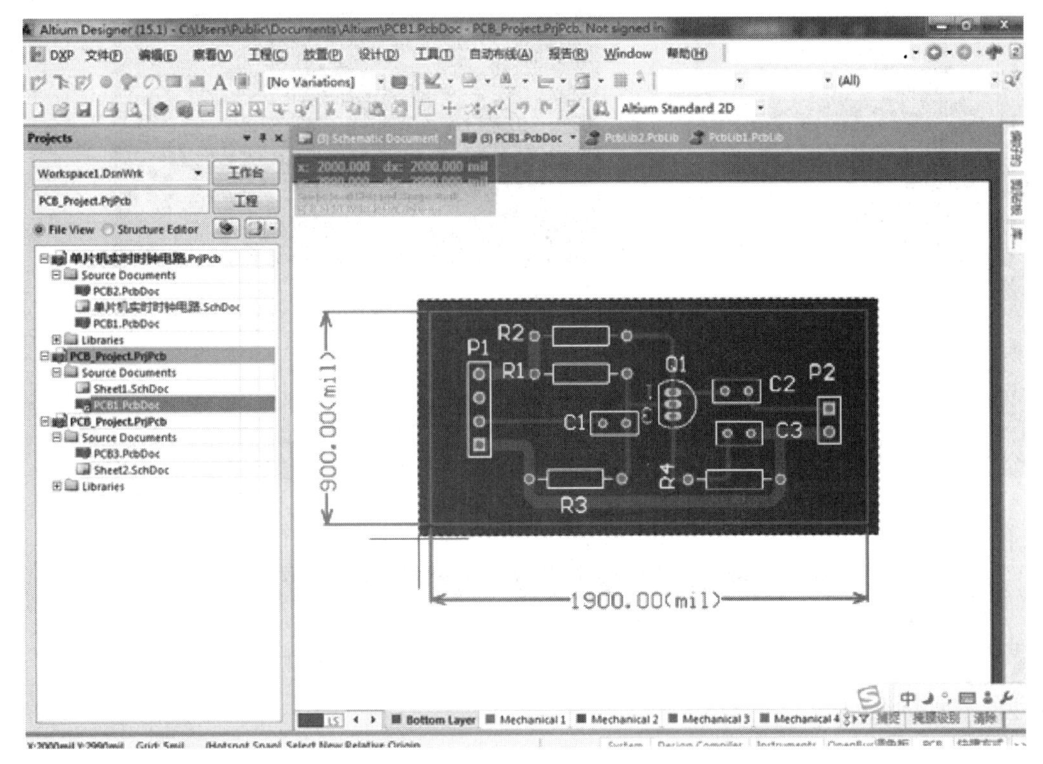

图 11－4　定原点

2. 加定位孔

打开要雕刻的 PCB 图的 Keep Out Layer（边框）层，在四角加定位孔，如图 11－5 所示。

3. 生成雕刻、钻孔、铣边文件

（1）执行菜单命令【文件】|【制造输出】|【Gerber Files】（Gerber 文件），打开【Gerber 设置】对话框，如图 11－6 所示。

（2）在【Gerber 设置】对话框的【通用】选项卡中选择 Gerber 类型。

（3）在【Gerber 设置】对话框的【层】选项卡中选择与雕刻数据有关的【Top Layer】（顶层）、【Bottom Layer】（底层）、【Keep Out Layer】（边框）选项，如图 11－7 所示。单击【确定】按钮，完成设置。

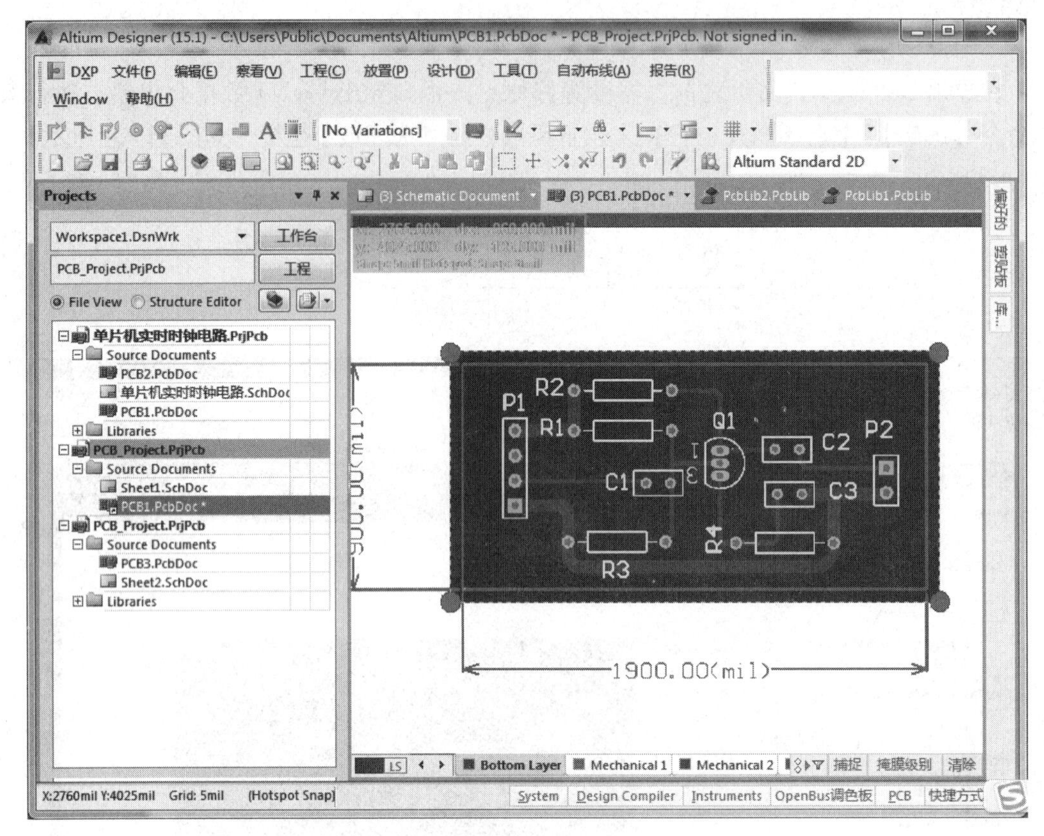

图 11－5　加定位孔

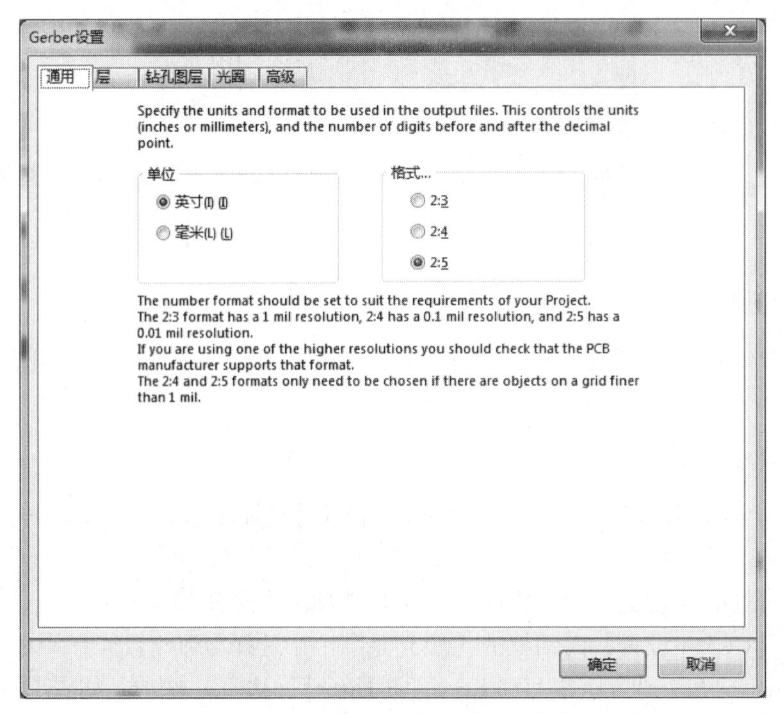

图 11－6　【Gerber 设置】对话框

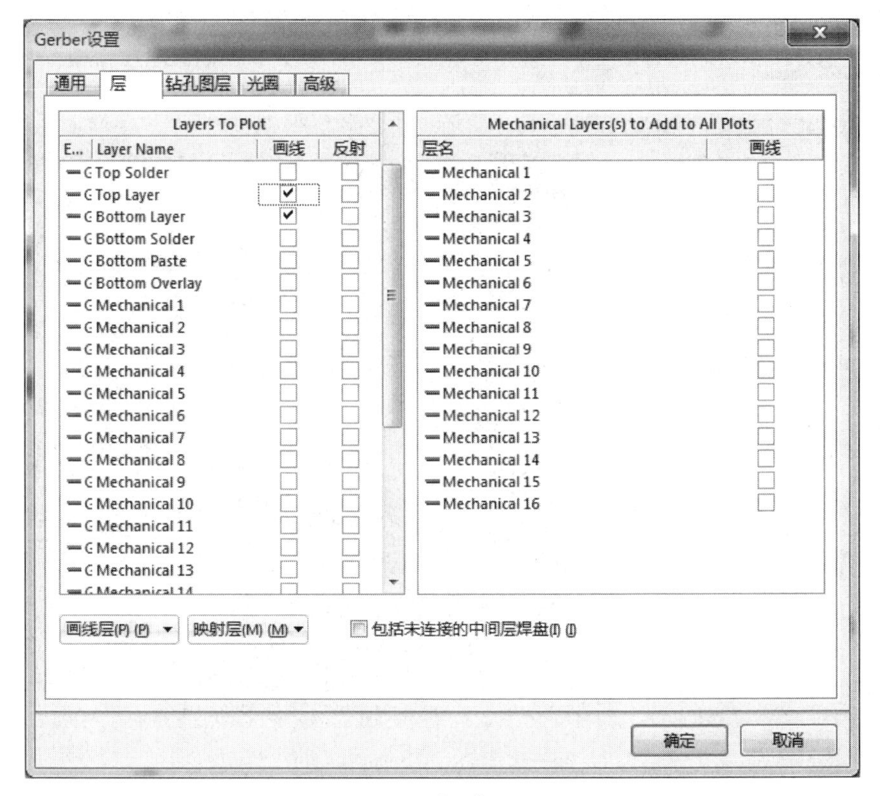

图 11－7　【层】选项卡

（4）系统按照设置自动生成各个图层的 Gerber 文件，并加入到【Projects】面板中的生成（Generated）文件夹中，如图 11－8 所示；同时系统启动 CAMtastic1 编辑器，将所有生成的 Gerber 文件集成为“CAMtastic1. Cam”文件，并自动打开，如图 11－9 所示。

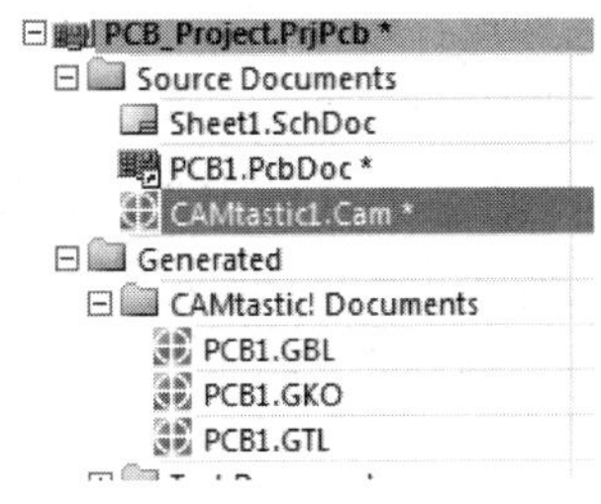

图 11－8　生成的 Gerber 文件

（5）将文件进行保存。

11. 2. 2　雕刻机床参数的设定

1. 机床参数设定

1）机床参数配置

机床参数配置是调整控制卡同机床机械特性一致性的配置，包括脉冲当量、机床尺寸设置、回零设置、主轴设置、电平定义、脉冲定义、对刀仪厚度、丝杆间隙等。建议此参数由厂家设置，一旦设置完成，不需客户更改。更改参数，按相应的数值键，输入完成后按【确定】键保存，输入错误按【删除】键更改，按【取消】键移动光标。按【Y＋】和【Y－】键更改属性，按【取消】键回上级菜单，直到退出。

（1）将手柄通过 50 针连线连接到机床通电。

（2）液晶显示“是否回原点?”，按【确定】键回机床原点，按【删除】键不回机床原点，按【取消】键只有 Z 轴回原点。

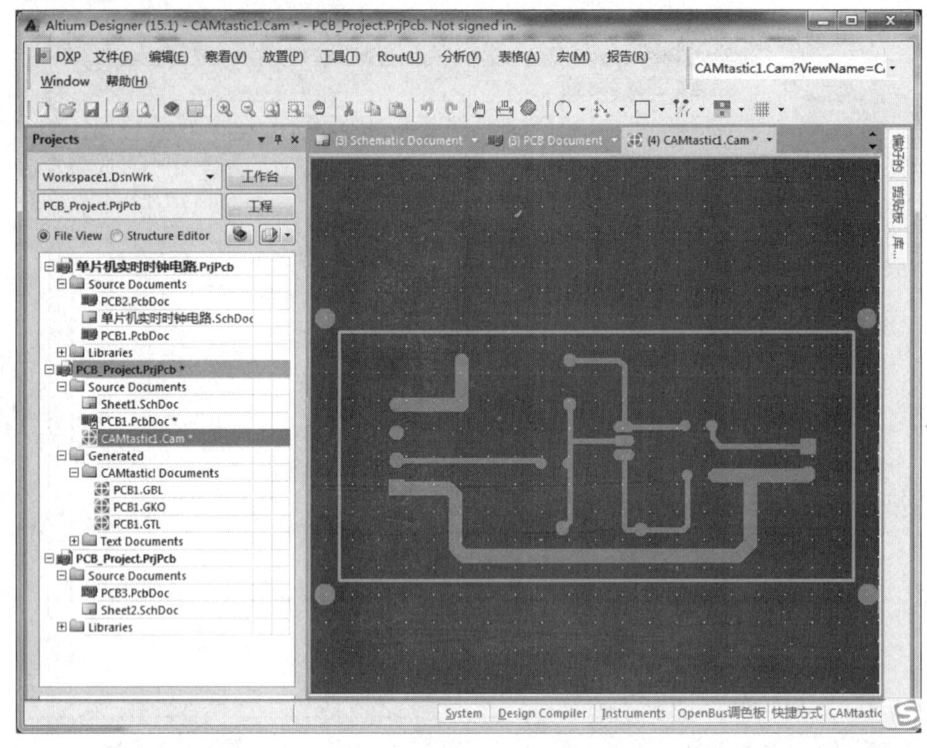

图 11 -9　生成的 CAMtastic1. Cam 文件

① 回原点操作：原点是指机床的机械零点，所以回原点也称为回零操作。原点位置主要由各种回零检测开关的装载位置确定。回原点的意义在于确定工作坐标系同机械坐标系的对应关系。控制系统的很多功能的实现依赖于回原点的操作，如断点加工、掉电恢复等功能，如果没有回原点操作，上述功能均不能工作。

② 回原点的设置：回原点参数包括回零运动速度和回零运动方向，修改参数须在菜单中进行。

（3）在操作界面按【模式】键，进行步进模式，按【停止】键设置低速网格为0.05。为确保加工和调试的精度，系统引入了网格的概念，有些系统也称为最小进给量，它的范围为 0.05 ~1.0 mm。当用户将手动运动模式切换到步进时，按三轴的方向键，机床将以设定的网格距离运动。

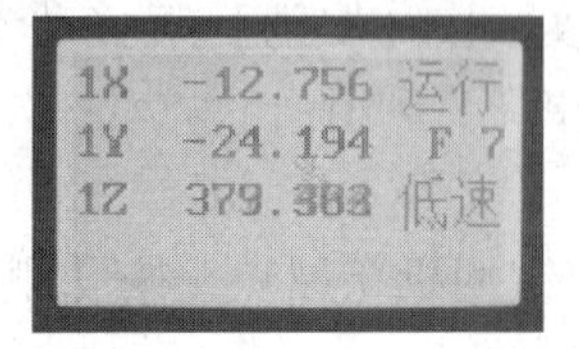

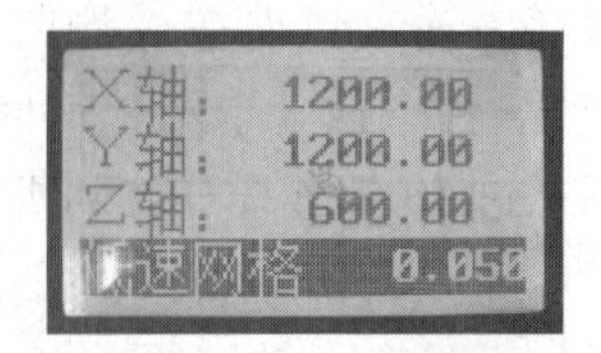

2）进入机器设置

选择“机床参数配置”：机床参数配置主要是设置同机床的驱动部分、传动部分、机械部分和 I/O 接口部分相配套的参数。这些参数如果设置不正确，将会造成执行文件操作不正常，还有可能造成机械故障和操作人员损伤。建议用户不要随意更改此参数，如果需要更改，请在技术工程师的指导下进行。

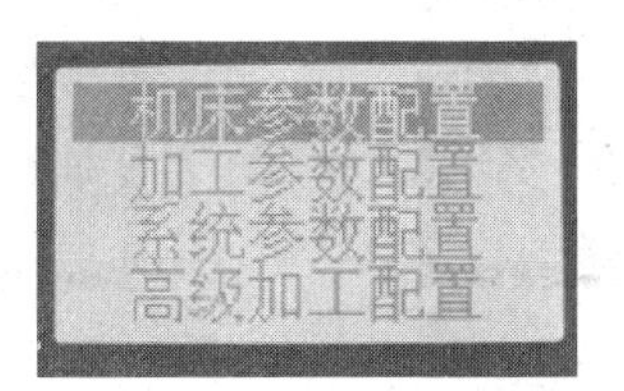

（1）选择【脉冲当量】：脉冲当量是指机械移动 1 毫米所需要的脉冲数，所以它的单位为脉冲/毫米。

如果脉冲当量数值设置与机床的实际有差异，在执行文件时，加工出来的文件的尺寸就会与要求的不一致。

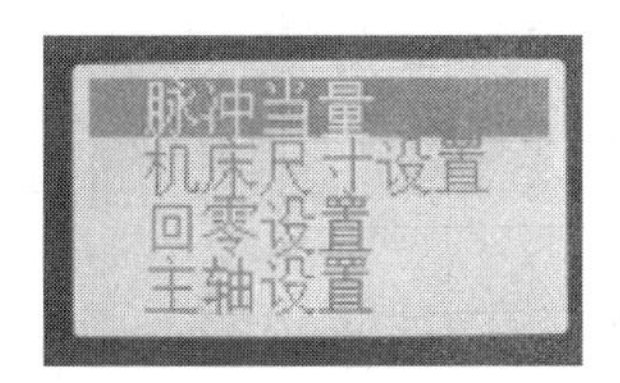

（2）选择【机床尺寸设置】：X 轴与 Y 轴设置为 300，Z 轴设置为 50。机床尺寸指机床的有效运动行程，在这一项中可设置三轴的最大加工尺寸。

如果文件加工范围超出了机床尺寸，在检查代码的过程中，系统将会自动提示加工超出范围，如加工超出 X 轴正限位；如果是在手动状态下移动三轴，当位置到达限位时，左上角的【手动】和【停止】快速变换，屏幕上提示超出限位。因为本系统把机床尺寸作为软限位的限制位，所以机床尺寸一定要同实际一致，否则就可能出现超限位或撞轴的现象。

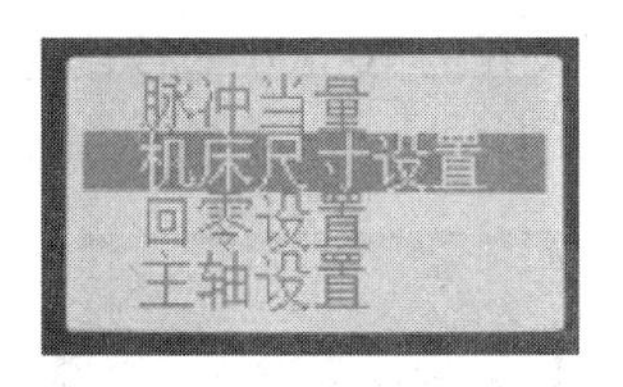

（3）选择【回零设置】：设置【回零运动速度】选择 X 轴、Y 轴为 3 000，Z 轴设置为 1 800。设置【回零运动方向】将 X 轴、Y 轴设置为负方向，Z 轴设置为正方向。

回零运动速度参数的修改必须依据机床的整体结构而进行。速度如果过高就有可能导致丢步、撞轴导致机床或原点检测开关损坏。

回零运动方向参数由电机方向和回零开关安装位置确定，同时它还同输入电平定义的定义属性和回零检测开关属性相关联。

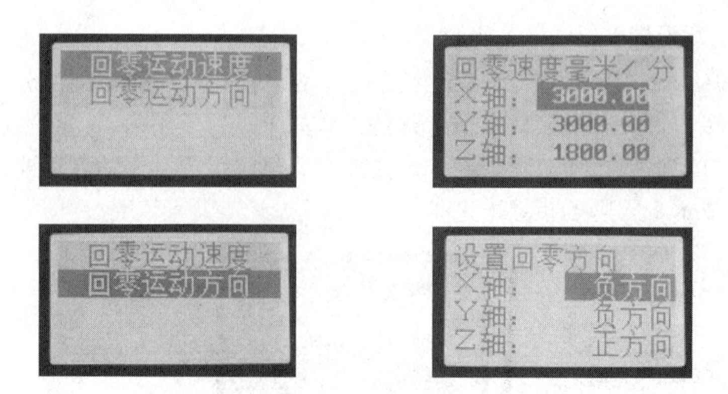

（4）选择【主轴设置】：输入主轴状态数为“8”，主轴线性状态分为 8 个档位，设置如下。

	0	1	2	3
0	↓	↓	↓	↓
1	↑	↓	↓	↓
2	↓	↑	↓	↓
3	↑	↑	↓	↓
4	↓	↓	↑	↓
5	↑	↓	↑	↓
6	↓	↑	↑	↓
7	↑	↑	↑	↓

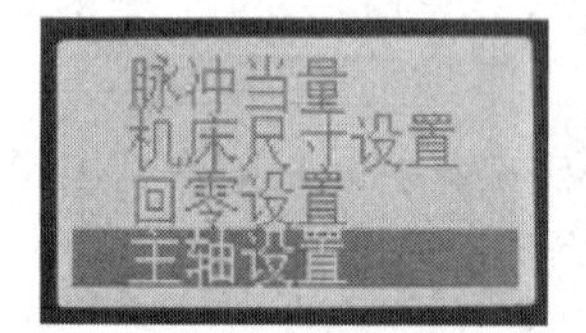

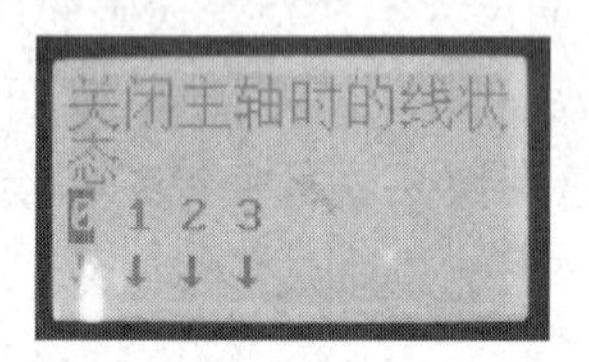

（5）选择【主轴等待延时】：将主轴延时时间设置为 10 000 毫秒，主轴等待延时为读取完加工文件后等待主轴电机启动到相应频率的时间。

（6）选择【速度限制】将【Z 轴速度限制】负方向设为 500，正方向不作限制，X 轴和 Y 轴不作限制。

速度限制是将三轴的运动最高速度加以规定，此功能在于确定三轴在正负方向的速度范围，如果用户规定了最高的速度限制，在执行文件加工和手动运动时，如果用户设定的速度超过了此限制，系统将以限制为最高速度。

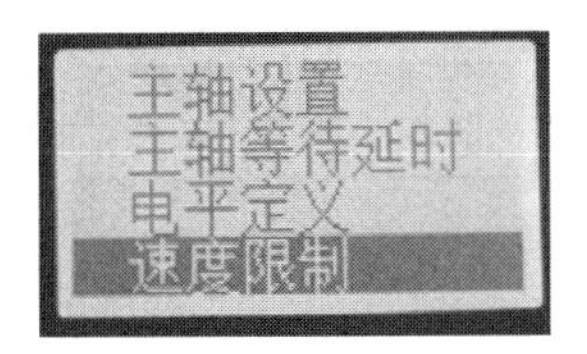

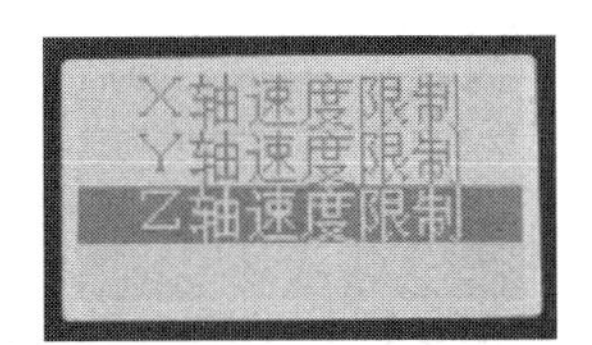

2. 系统参数配置

系统参数配置设置包括系统的语言，格式化内部数据区，自检功能和系统升级。按【X+】和【X-】键移动光标选择，按【确定】键确认更改。按【菜单】键进入机器设置，选择【系统参数配置】选项。

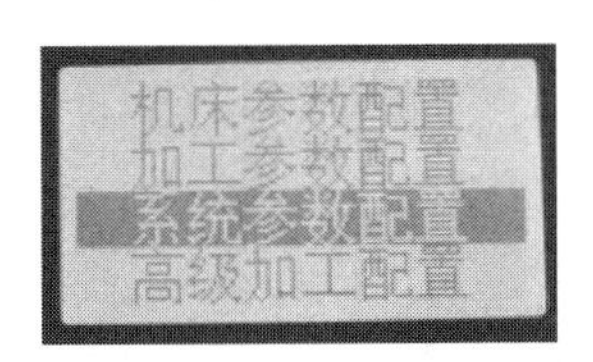

屏幕提示：是否需要掉电保护？按【确定】键，当加工过程中突然停电，系统将保存当前加工参数并在下次来电时继续加工。系统重新通电后，先执行回零操作，屏幕提示：是否恢复掉电保护？按【归零/确定】键确定要开始加工未完成的加工，按【停止/取消】键取消掉电保护不进行加工。

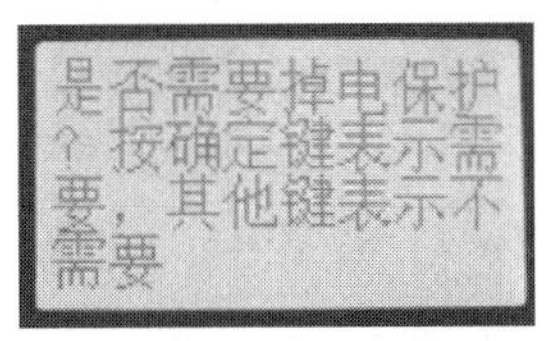

在【请选择语言】设置中选择【中文】。

在【请配置回零开关】设置中，将 X 轴、Y 轴、Z 轴设置为【使能】，按【确定】键。

设置开机机器是否回零点，将【开机时回零类型】设置为【开机自动回零】，按【确定】键。

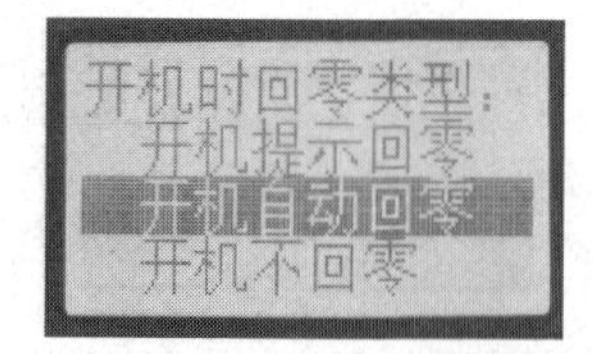

在【是否保留 Z 轴深度调整值?】设置中，按【确定】键。

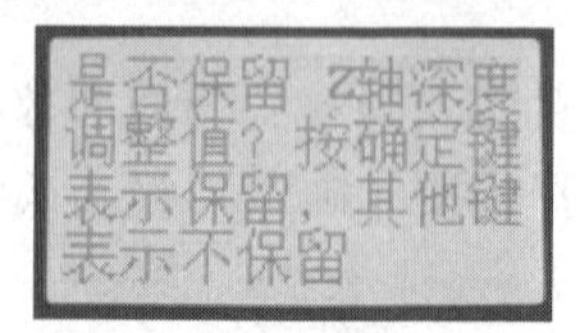

在【系统是否连接有急停开关信号?】设置中，按【确定】键。

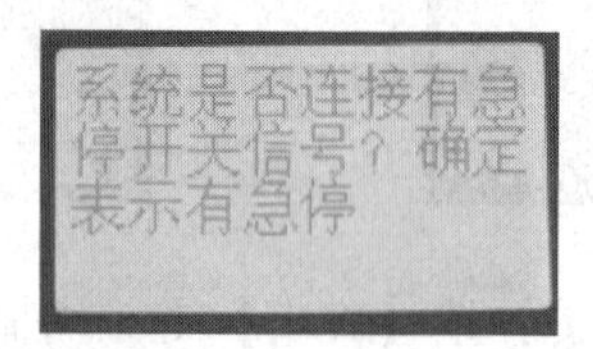

在【系统是否连接有硬限位开关信号?】设置中，按【确定】键。

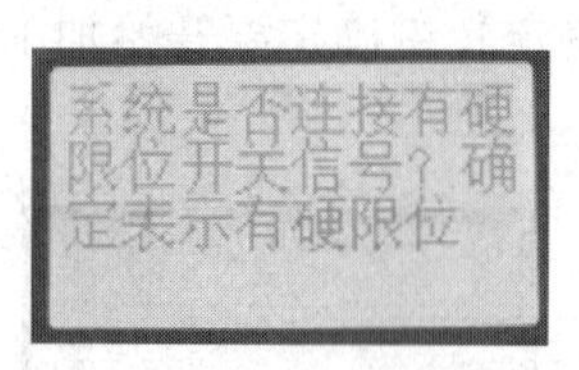

在【系统是否采用传统手动方式?】设置中，按【确定】键。

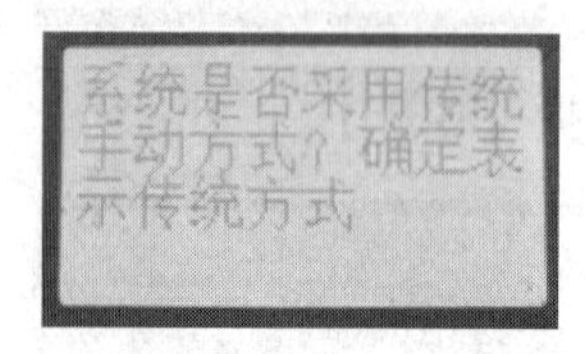

在【换刀设备配置】中将【刀库盖】和【防尘罩】设置为【禁止】，按【确定】键。

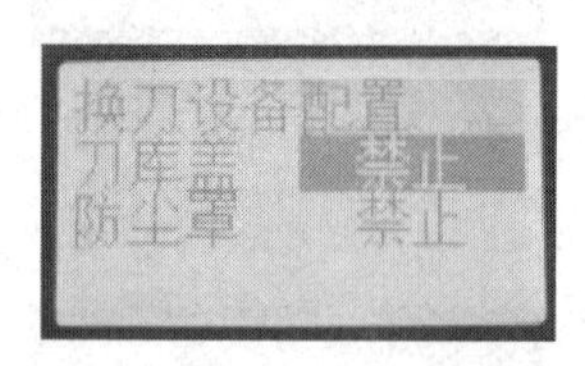

按任意键，系统重新启动后就可以用手柄控制雕刻机。

11.2.3　雕刻机床的操作

1. 机床操作介绍

（1）移动X，Y，Z三轴到指定位置，再按【XY→0】键和【Z→0】键清零以确定工作原点。

（2）按【运行】键，出现【选择文件】项，移动光标选择文件类型，按【确定】键进入U盘文件列表或内部文件列表。对于U盘文件列表中文件，【X+】和【X-】移动光标至目标文件，再按【确定】键开始加工；对于内部文件列表中文件，按文件前相应的数字键选出要加工的文件，按【菜单】键翻页查找文件。

（3）选择加工文件后，出现加工参数配置项，按【X+】和【X-】移动光标选择不同参数，按【确定】键进入数值设置。数值修改时，输入错误后按【删除】键删除错误输入，输入完成后按【确定】键确认新数值，按【取消】键回归原有数值。用户必须结合机床的实际情况和加工需要修改上述配置参数，否则会造成加工错误。

（4）加工参数设置完备后，按【取消】键退出加工参数修改。系统开始检查加工代码，检查完毕后，按【确认】键开始加工。

（5）加工过程中，按【Y+】键、【Y-】键更改速度倍率，按【Z+】键、【Z-】键更改主轴速度。

（6）加工过程中，按【暂停】键调整三轴的位置，再按【暂停】键时提示【原始位置?】，按【暂停】键确认新位置并开始加工，而按【确定】键延续没做更改的位置而继续加工。

（7）加工过程中，按【停止】键停止加工，提示【保存断点】，如果需要从当前位置重新加工，按【1】至【6】中的任意一键并按【确定】键，就保存当前的加工，如果不需要继续加工，则再按【停止】键。提示【是否归零?】，按【确定】键回工作原点，按【停止】键不回工作原点。

（8）断点加工：如果需要继续对所保存的未加工的文件进行加工，按【运行】键+相应的数字键，出现加工参数设置，操作同上述（5），（6）。按【取消】键，断点所在的文件行号出现；按【确定】键，开始检测代码，检测完毕后即可回到停止的位置开始加工。

（9）掉电加工：在加工过程中，如果发生掉电情况，控制系统会自动保存未加工完的数据。在重新来电后，先按【确定】键回原点，屏幕提示【是否掉电恢复】，按【确定】键开始运行掉电前未完的加工，按【取消】键不执行未完的加工。

（10）加工开始后，系统将实时显示加工中的状态，如速度倍率、加工剩余时间、实时加工速度和文件执行的行号。

2. 手柄组合键的使用

组合键的使用方法是：先按住第一个键，再按第二个键，当相应的内容出现后，同时松开两键，具体功能描述如下：

（1）【菜单】+【数字】键，切换工作坐标系；

（2）【菜单】+【轴启】键，对刀；

（3）【运行】+【数字】键，断点加工；

（4）【运行】+【高速】键，高级加工；

（5）【确定】+【停止】键，帮助信息。

3. 手柄菜单的设置和使用

在主界面下，按【菜单】键进入菜单项，按【X+】和【X-】键移动光标选择不同菜单项，再按【确定】键进入。

（1）机床参数配置：是调整控制卡同机床机械特性一致性的配置，包括脉冲当量、机床尺寸设置、回零设置、主轴设置、电平定义、脉冲定义、对刀具厚度、丝杆间隙等。建议此参数由厂家设置，一旦设置完成，不需客户更改。更改参数，按相应的数值键，输入完成后按【确定】键保存，输入错误按【删除】键更改，按【取消】键移动光标；更改属性，按【Y+】和【Y-】键更改；按【取消】键回上级菜单，直到退出。

（2）加工参数配置：设置加工中的直线和曲线加速度及G代码读取属性的规定，输入数值时按相应数字键，并按【确定】键保存更改；更改属性时，按【Y+】和【Y-】键，按【确定】键保存更改，按【取消】键取消更改并返回上级菜单。

（3）系统参数配置：设置系统的语言，格式化内部数据区，自检功能和系统升级；按【X+】和【X-】移动光标选择，按【确定】键确认更改。

（4）高级加工配置：设置一些特殊加工的文件，如【阵列加工配置】可设置阵列的行、列数及行列间距（间距为两中心间距），铣平面配置，文件维护及其他特殊要求的加工设置。按【X+】和【X-】移动光标选择，按【确定】键进入子菜单项；输入正确的数值后，按【确定】键保存，按【取消】键取消更改并返回上级菜单。

（5）版本显示：按【确定】键可查看系统的紧急/普通程序号。

4. 手柄高级加工操作

设置好高级加工配置后，按【运行】+【高/低速】键，进入高级加工菜单，按【X+】和【X-】键移动光标选择，按【确定】键进入，按提示逐步进行操作。

5. 手柄升级操作

如果系统需要升级，用户可从公司网站下载相应的升级存到U盘，并将U盘插入控制卡，然后进入系统参数配置，移动光标至系统自动升级并按【确定】键，选择U盘文件列表，进入后找到升级包文件，再按【确定】键，系统将自动升级。升级完成后，系统提示，按【确定】键退出，升级操作完成。

6. 装刀方法

（1）将雕刻刀装入夹头，按下制动钮，先用手拧紧，再用扳手拧紧。

（2）把主轴电机调在低速挡，打开电机电源开关，让雕刻刀旋转起来，看一下刀尖是否跟不旋转时一样尖，若比较粗则刀安装偏离中心点需重装；或开启电机将刻刀落下（与手动对刀方法相似），在双色板上刻一条细线，观察是否又光又细，否则重复装刀直到装正为止。

7. 对刀方法

手动对刀：按功能键进入对刀操作，按【Z-】键向下落刀。当刀快接近板面时，按手动模式键选用步进的抬落量，继续向下落刀，如距板距离不足 0.1 mm 时，将模式切换为【距离】，将【距离】设为 0.01 mm 继续调整，直到刀尖正好接触板面并刺破铜皮。在工作时，也可适时调整雕刻深度，以达到理想效果。

备注：①对刀的目的是使雕刻机加工工件时能更精准且更美观。②通常情况下只需对刀一次，在更换刀具或更换加工工件后需要重新对刀。③冷却方法：对于高转速切割易熔化材料时，使用水冷却。

11.2.4　雕刻机软件的安装

（1）双击打开 Create-DCM 2.0.exe 安装文件，出现安装向导，如图 11－10 所示。

（2）单击【下一步】按钮选择安装路径，也可作用默认安装路径，如图 11－11 所示。

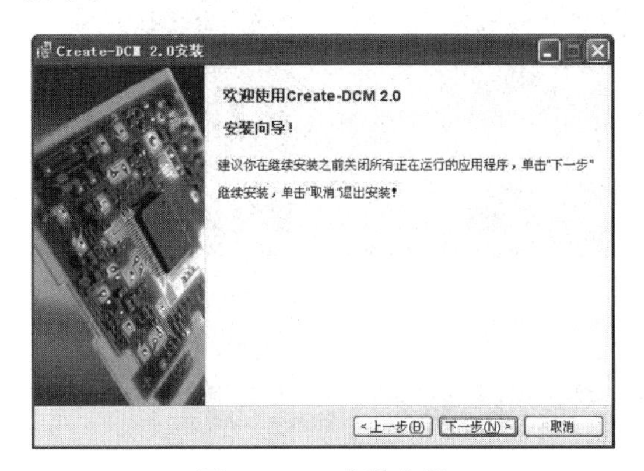

图 11－10　安装向导

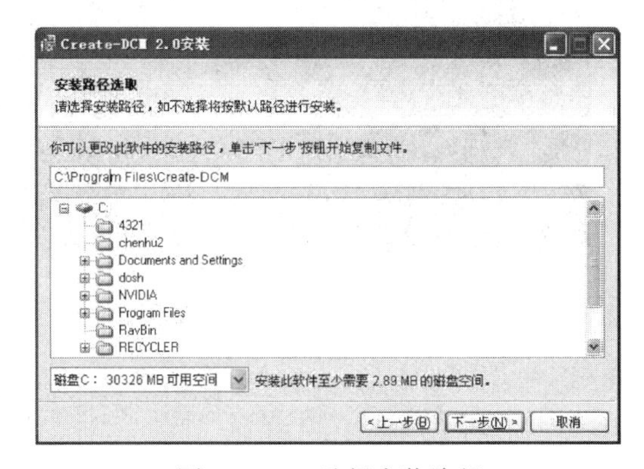

图 11－11　选择安装路径

（3）确认路径后，单击【下一步】按钮开始安装软件，如图 11－12 所示。

（4）Create-DCM 2.0 软件安装完成，如图 11－13 所示，单击【完成】按钮即可打开 Create-DCM 软件。

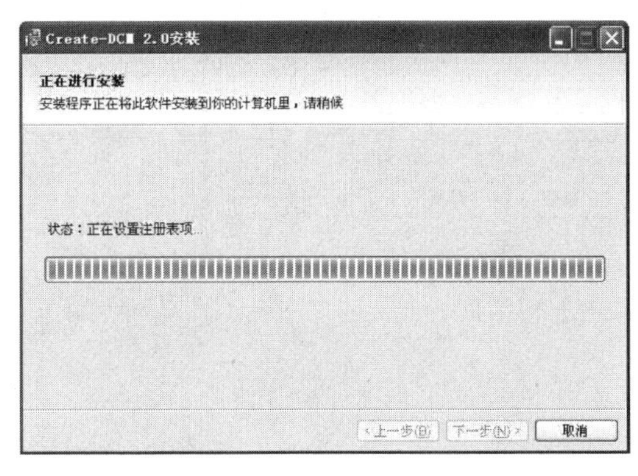

图 11－12　开始安装软件

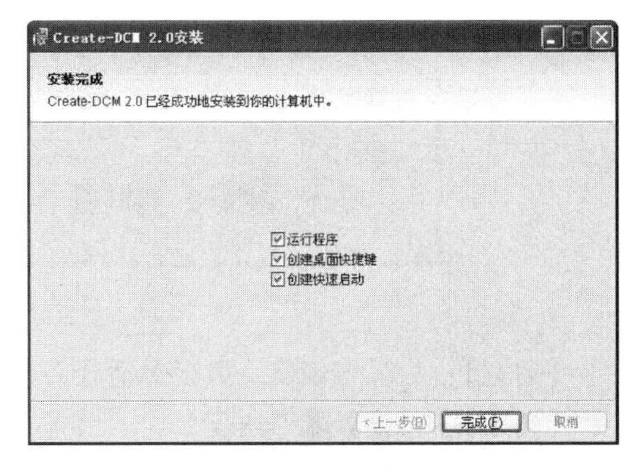

图 11－13　软件安装完成

（5）打开 Create-DCM 软件，如图 11－14 所示。

（6）执行菜单命令【设置】|【参数设置】，进入【参数设置】对话框，如图 11－15 所示。进行以下主要设置。

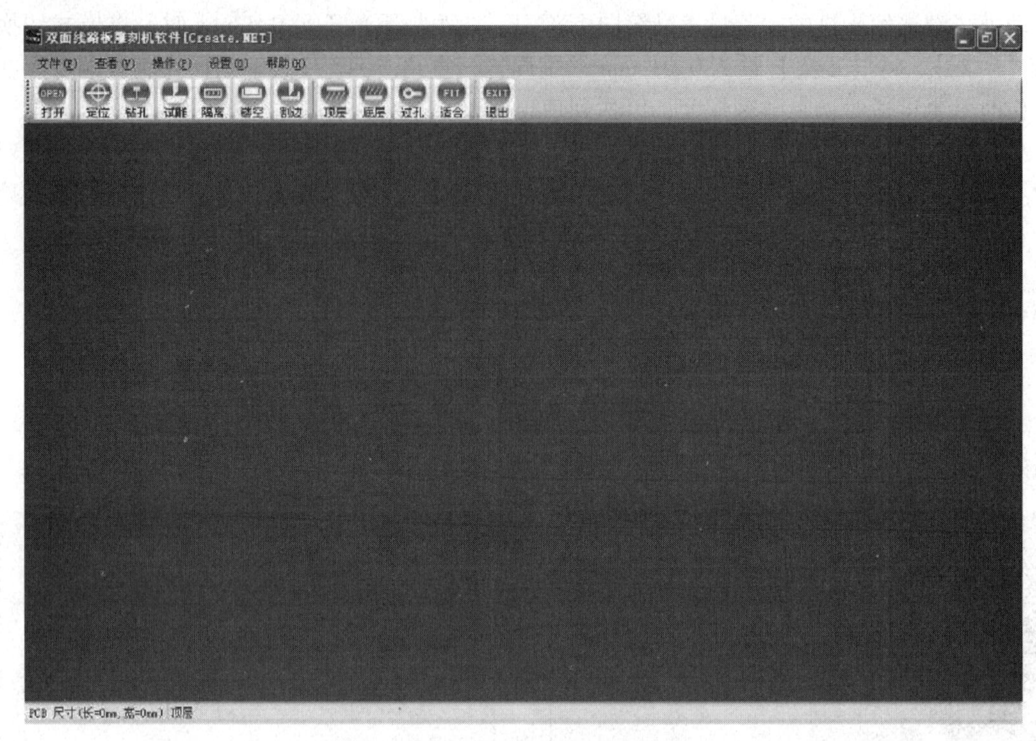

图 11－14　打开 Create-DCM 软件

图 11－15　【参数设置】对话框

【刀宽】：为雕刀规格，可设置适合刀具。

【角度】：可设置雕刀角度。

【钻头下降】：可设置雕刻深度。

【钻头抬高】：设置 Z 轴清零时，从零点上升的高度。

【一次切割】：选择此单选项，雕刻机将一次切割板厚深度。

【逐层切割】：选择此单选项，雕刻机将使用默认参数分次切割。

11.2.5　雕刻制板的操作步骤

1. 连接手柄

通过数据线将手柄与计算机连接。

2. 打开文件

单击 OPEN 打开 按钮，打开由 Altium Designer 15 生成的任意一个文件，将原理图导入 Create-DCM 软件，如图 11－16 所示。

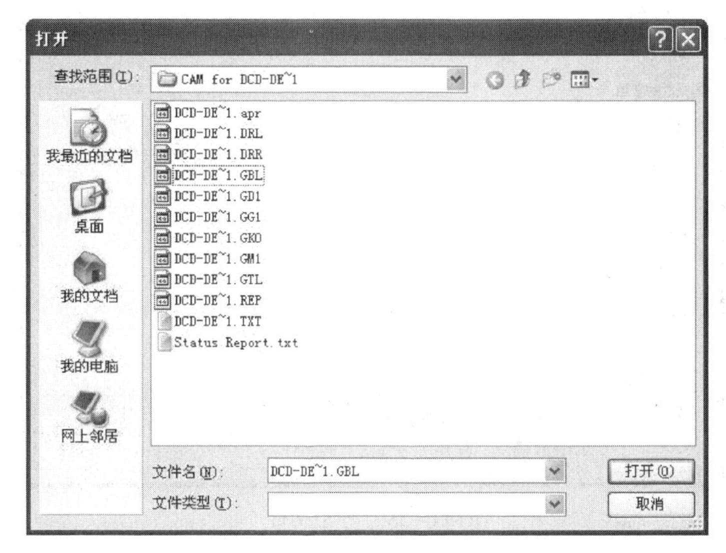

图 11－16　打开文件

打开 Gerber 文件后，可单击右键将原理图缩小，单击左键将原理图放大，如图 11－17 所示。

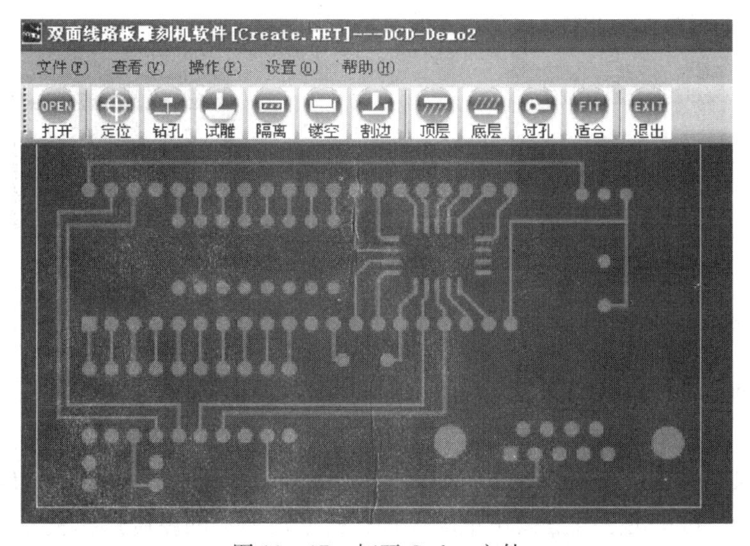

图 11－17　打开 Gerber 文件

3. 定位操作

图 11－18　定位对话框

导入 Gerber 文件后，单击定位按钮，出现【定位】对话框，如图 11－18 所示。

单击【G 代码】按钮将导出“×××.U00”文件（注：×××为原理图文件名）至桌面文件夹，文件夹名与原理图文件名一致，如图 11－19 所示。

图 11－19　导出文件

在【另存为】对话框中单击【保存】按钮，提示“G 代码生成完毕”，如图 11－20 所示，单击【确定】按钮。

在【定位】对话框中单击【加工】按钮，将文件发送至手柄，定位的主要作用是使原点与雕刻位置一致。文件发送完毕，如图 11－21 所示。

图 11－20　G 代码生成完毕

图 11－21　文件发送完毕

4. 钻孔操作

导入 Gerber 文件后，单击钻孔按钮，出现【钻孔刀具选择】对话框，如图 11－22 所示。

根据当前文件孔径，选择好钻孔刀直径，单击【»】按钮，输出已选好刀具。如需重新设置钻孔刀直径，可单击【«】按钮重新设置，根据敷铜板的厚度选择板厚，如图 11－23 所示。

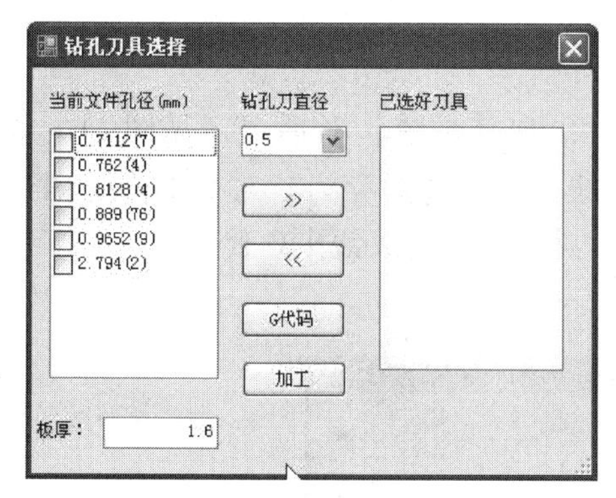

图 11－22　【钻孔刀具选择】对话框

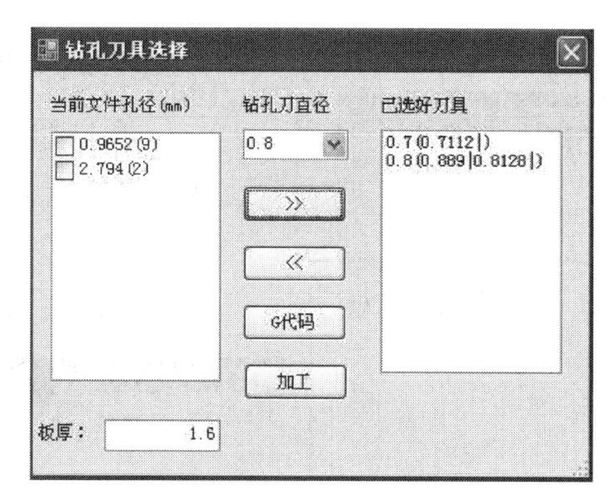

图 11－23　钻孔刀具设置

设置完钻孔刀具后，单击【G 代码】按钮可生成 G 代码，如图 11－24 所示。单击【确定】按钮生成钻孔 U00 路径文件如图 11－25 所示。

注意：每个孔径将单独生成 U00 路径文件。

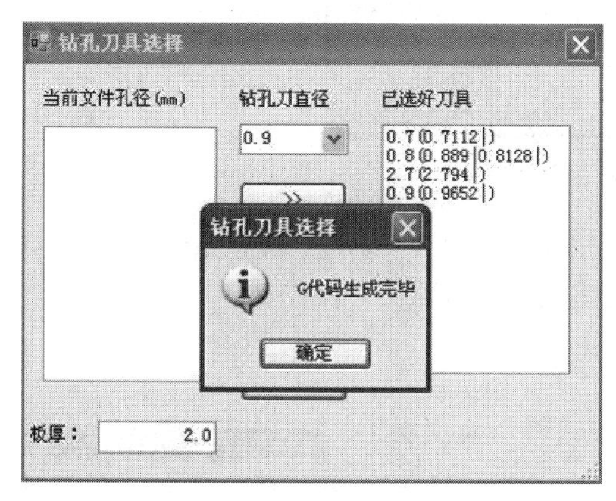

图 11－24　生成 G 代码

图 11－25　生成钻孔 U00 路径文件

生成钻孔 U00 路径文件后，在【钻孔刀具选择】对话框中单击【加工】按钮，选择要加工的路径文件，将文件发送至手柄，如图 11－26 所示。

图 11－26　选择要加工的路径文件

5. 试雕操作

图 11－27 【试雕】对话框

单击按钮，出现【试雕】对话框（见图 11－27），单击【G 代码】按钮，出现【另存为】对话框（见图 11－28）。单击【保存】按钮，将生成钻孔 G 代码。

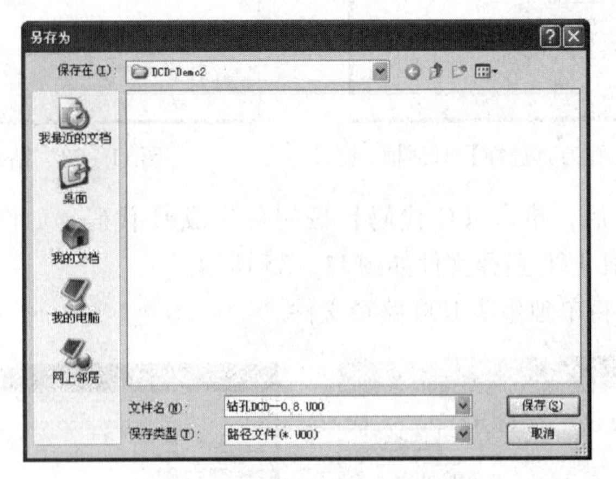

图 11－28 【另存为】对话框

G 代码生成完毕后，在【试雕】对话框中单击【加工】按钮，选中【试雕】，单击【打开】将文件发送到手柄，通过手柄操作雕刻机，完成试雕文件操作。

6. 隔离雕刻操作

隔离雕刻操作分为顶层和底层，单击按钮可切换顶层或底层操作。单击按钮，出现【隔离】对话框，如图 11－29 所示。

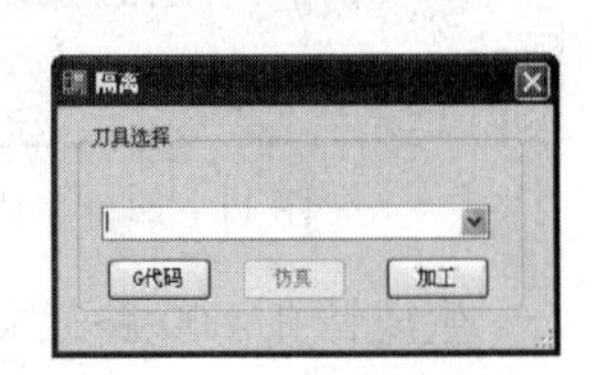

图 11－29 【隔离】对话框

选择适合的刀具，单击【G 代码】按钮将生成顶层隔离文件，如图 11－30 所示。

图 11－30 生成顶层隔离文件

文件保存后，【仿真】按钮被激活，单击【仿真】按钮，雕刻机软件将仿真运行隔离操作，如图 11－31 所示。仿真的主要作用为模拟运行雕刻机所走线路，如果有线路未雕到，可及时发现。

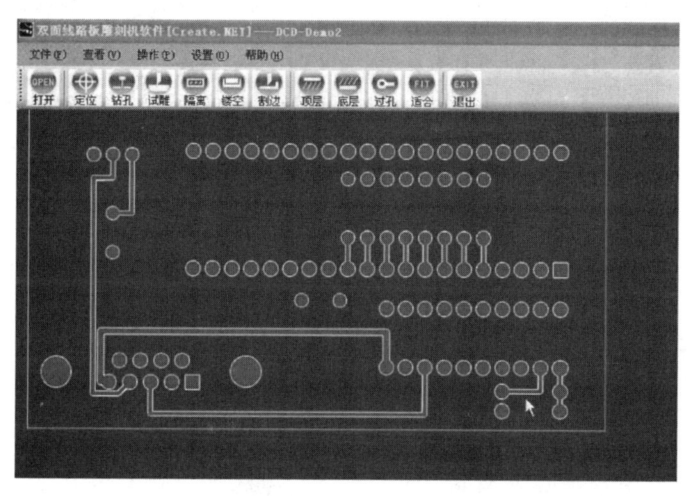

图 11－31　仿真运行隔离操作

仿真运行后，在【隔离】对话框中选择【加工】按钮，将文件直接发送到手柄，通过手柄操作雕刻机，完成隔离文件操作。待顶层隔离雕刻完之后，生成底层 . U00 文件，按雕顶层的方法进行操作。

7. 镂空雕刻操作

镂空雕刻操作分为顶层和底层，单击顶层、底层按钮可切换顶层或底层。单击镂空按钮，出现【镂空】对话框，如图 11－32 所示。

选择适合的刀具后，单击【G 代码】按钮将生成顶层镂空文件，如图 11－33 所示。

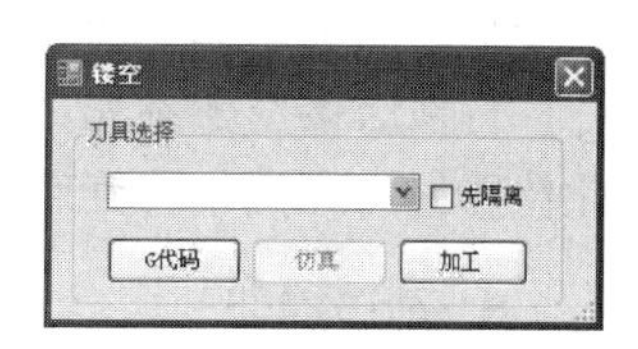

图 11－32　【镂空】对话框

图 11－33　生成顶层镂空文件

单击【保存】按钮保存文件后，在【镂空】对话框中单击【仿真】按钮，雕刻机软件将仿真运行镂空操作，如图 11－34 所示，白色区域为镂空区。

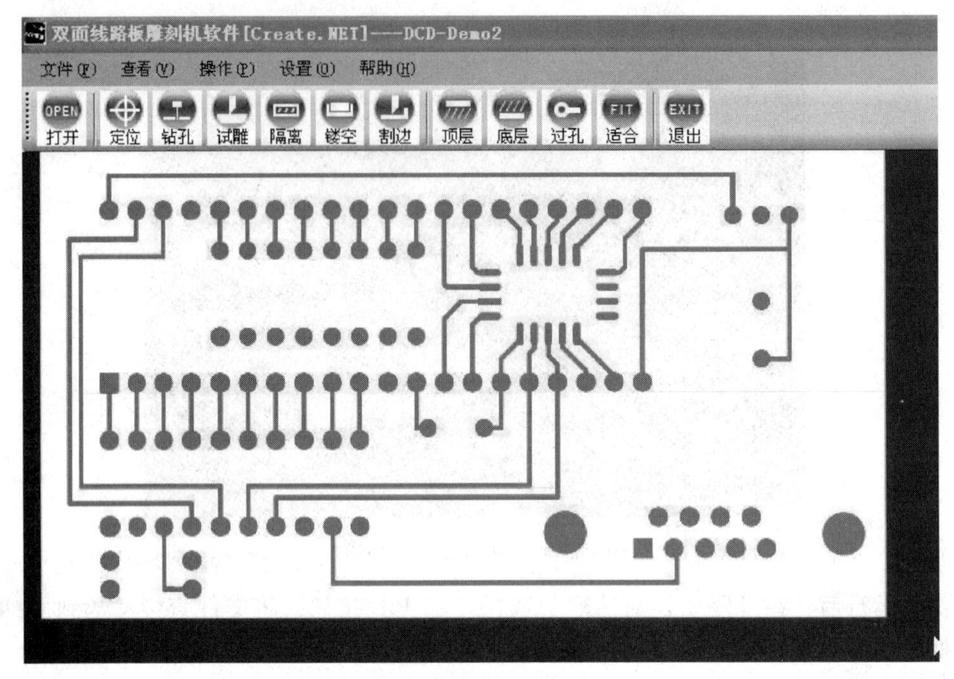

图 11－34 仿真运行镂空操作

仿真运行后，在【镂空】对话框中单击【加工】按钮，将文件直接发送到手柄，通过手柄操作雕刻机从而完成镂空操作。

待顶层镂空雕刻完之后，将 PCB 板翻过来，用胶布贴好，将雕刀移至定位孔位置，将此位置设为原点，打开底层镂空雕刻文件，按雕顶层的方法进行操作。

8. 割边操作

单击 割边 按钮，出现【顶层割边】对话框，如图 11－35 所示。

图 11－35 【顶层割边】对话框

单击【G 代码】按钮将生成顶层割边文件，若是底层将生成底层割边文件，如图 11－36 所示。

生成 G 代码后，在【顶层割边】对话框中单击【加工】按钮，将文件直接发送到手柄，通过手柄操作雕刻机从而完成割边操作。

注：生成的 G 代码，除了将文件直接发送至手柄，还可将文件复制到 U 盘，将 U 盘接入手柄，通过手柄操作需加工的文件；所有 Create-DCM 软件生成的文件都保存在桌面，文件名与原理图名称一致。

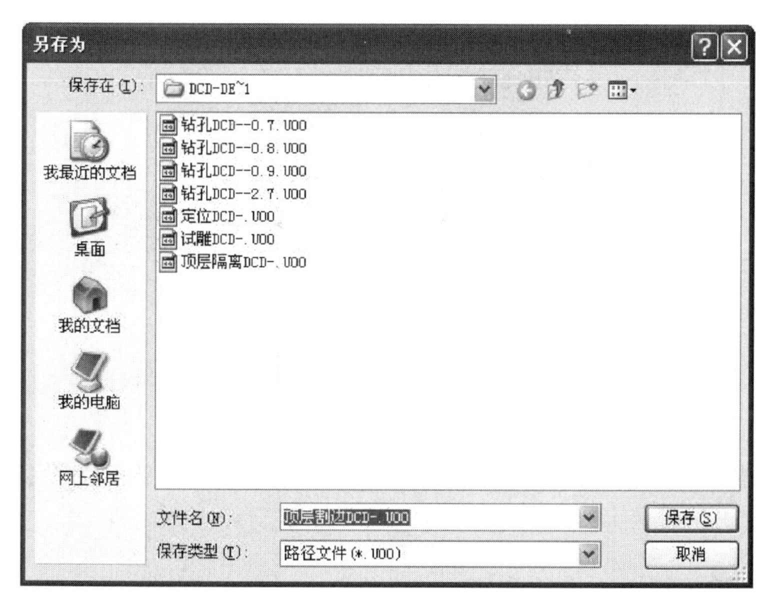

图 11－36　生成顶层割边文件

任务 11.3　化学环保制板

化学环保制板主要以感光板为基本材料，采用简化版的干膜工艺，完成双面线路板的快速制作。环保制板与其他双面制板相比，具有以下特点：

(1) 制板工艺流程短，制板速度快，精度高；

(2) 能兼顾小批量生产的要求；

(3) 也可跟表面处理工艺结合，完成整套工艺的制作。

环保制板是一种非主流、简易的化学制板法。在制作双面板过程中，需要化学腐蚀与金属过孔，单面板制作过程中需要化学腐蚀。环保制板是以感光板为基础材料的，通过曝光、显影、腐蚀、钻孔、金属过孔等工艺来完成线路板的全部制作过程。

11.3.1　环保制板机结构

1. 环保制板机外形及结构

图 11－37 所示为 Create-MMP2000 环保制板机的外形及结构。

2. 结构功能说明

(1) 控制面板：采用友好的人机界面，操作简单便捷，主要用于设备工艺流程控制、工艺参数设置及设备状态显示。

(2) 电源开关：主要用于控制设备的总电源。

(3) 电源接头：通过电源线与外电源相连。

(4) 加热管：用于加热各工作槽内的液体，自带温度设定功能。

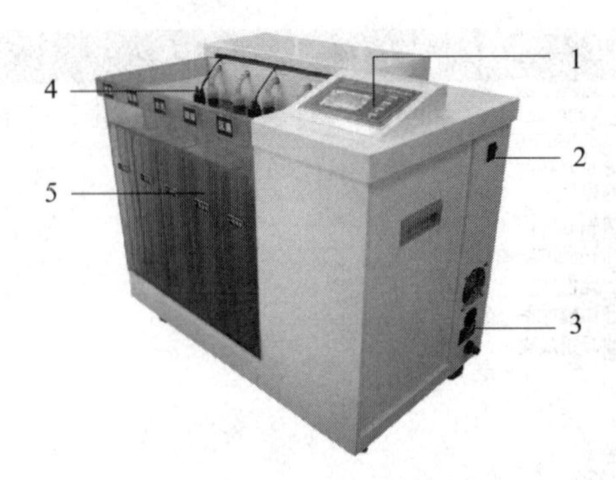

图 11-37 Create-MMP2000 环保制板机的外形及结构
1—控制面板；2—电源开关；3—电源接头；4—加热管；5—工作槽

（5）工作槽："显影"、"蚀刻"、"水洗"、"镀镍"和"沉锡"为设备主要工作槽，用于完成相应工艺流程。

11.3.2 化学环保制板的操作步骤

下面以 Create-MMP2000 环保制板机为例来说明该设备工艺的基本操作步骤：准备—贴底片—曝光—显影—水洗—蚀刻—水洗—脱膜—水洗—金属化过孔—表面防氧化处理。

1. 准备

准备包括底片准备和感光板准备。底片可以使用打印底片或光绘底片，感光板可以直接使用成品感光板或者敷铜板敷压感光材料，如敷干膜等。

注：底片的正负性选择需根据所使用的感光板性质而定，成品感光板底片需使用正片；敷压干膜或者印线路油墨而成感光板，需使用负片。

2. 贴底片

将绘制好的底片的顶层和底层对齐（顶层焊盘对齐底层焊盘），并用透明胶带将一边贴好。将感光板插入其中，用透明胶带固定，其示意图如图 11-38 所示。

3. 曝光

使用外置的 Create-DEM 曝光箱进行曝光。具体操作如下。

（1）将贴好菲林或光绘底片待曝光的双面感光板，平放在曝光托盘上，关上压膜，启动真空，待压膜完全贴紧后，推进曝光平台，设置好曝光时间，启动曝光（Create-DEM 曝光箱新灯管，曝光感光板线路参考时间：5 min，依设备灯管的老化情况及实际使用的感光板材不同，请适当调整曝光时间）。

（2）曝光完毕，关闭真空，等待 5～10 s 后，抽出曝光托盘，开启压膜，取出板件进行下一工艺流程。

4. 显影

根据所使用感光材料的不同，需配制相应的显影液：干膜及湿膜的显影可使用油墨显影粉按比例配制药液；对于成品感光板，需使用相应专用的感光板显影粉。配制比例及操

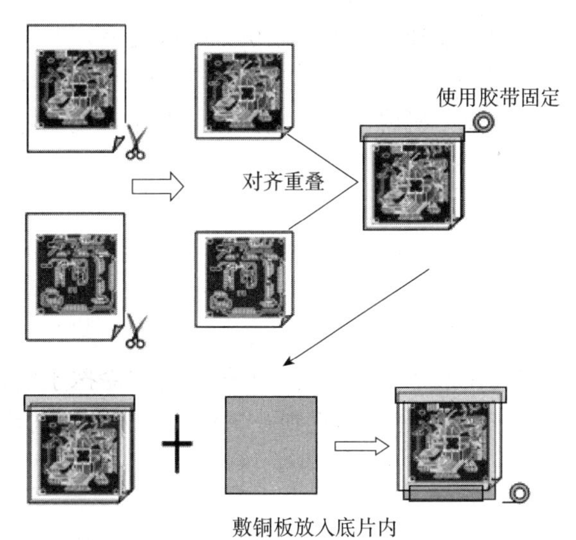

图 11－38　贴底片示意图

作条件基本相同：显影液的浓度需控制在 0.8%～1.2%，显影温度需控制在 30～40℃的恒温。

显影参考参数：30℃显影 1 min。

5. 水洗

为防止液体交叉污染，经每一道药液后均需进行充分水洗。

水洗参考参数：用室温水冲洗 1 min。

6. 蚀刻

蚀刻液的配制：先往显影槽装入 2.5L 清水，再将 4 包蚀刻剂倒入槽内，搅拌使之充分溶解。蚀刻温度需控制在 45～55℃。

新液蚀刻参考参数：50℃蚀刻 6 min。

7. 水洗

同前水洗。

8. 脱膜

对于成品感光板，使用无水乙醇将腐蚀完毕的 PCB 板表面的油墨洗去即可；对于印刷线路油墨或者覆感光干膜的感光板，需采用 5% 的油墨脱膜液于 50℃下进行脱膜处理。

9. 水洗

同前水洗。

10. 金属化过孔

第 1 步：防镀，在感光板面上涂上一层防镀膜。

将 PCB 板放于一张比 PCB 板大的白纸上，取出防镀笔由左向右涂抹于电路板上（注意：手不可接触到电路板上），涂抹速度不可过快，每次需涂抹两次，第一次与第二次之间必须有一些重叠，主要使电路板都能均匀涂抹到防镀剂（注意：电路板未干之前手不可接触电路板），使用电吹风或烘干机将电路板上防镀剂烘干。使用相同的方法将电路板另一面涂上防镀剂。

第 2 步：钻孔。

务必用钨钢钻针，一般碳钢针会造成孔内发黑，且可能造成过孔导通不良。

第 3 步：表面处理。

作用：清洁孔洞并增加镀层附着力。时间：2 ~ 4 min。

将 2 ~ 3ml 表面处理剂滴在电路板上，利用毛刷将药剂涂抹于电路板上，用手指挤压电路板使药剂能穿过孔洞。重复上述动作直到孔洞都能充分粘上药剂，完成后将电路板、毛刷用水冲洗干净。

第 4 步：活化。

作用：全面吸附上催镀金属。时间：2 ~ 4 min。

将 1 ~ 2ml 活化液滴在电路板上，利用毛刷将药剂涂抹于电路板上，用手指挤压电路板使药剂能穿过孔洞。重复上述动作直到孔洞都能充分粘上药剂，完成后将电路板、毛刷用水冲洗干净。

第 5 步：剥膜。

作用：去除表面防镀剂，使得孔洞附着上催镀金属。时间：2 ~ 4 min。

将 2 ~ 3ml 剥膜液滴在电路板上，利用毛刷将药剂涂抹于电路板上，用手指挤压电路板使药剂能穿过孔洞。重复上述动作直到孔洞都能充分粘上药剂，完成后将电路板、毛刷用水冲洗干净。

第 6 步：镀前处理。

作用：增加全体铜箔与镀层附着力。时间：2 ~ 4 min。

将 2 ~ 3ml 镀前处理液滴在电路板上，利用毛刷将药剂涂抹于电路板上，用手指挤压电路板使药剂能穿过孔洞。重复上述动作直到孔洞都能充分粘上药剂，完成后将电路板、毛刷用水冲洗干净。

第 7 步：镀镍。

作用：铜箔及孔洞镀上一层金属。时间：20 – 50 min。温度：45 ~ 55℃。

将处理好的 PCB 板使用不锈钢挂钩挂好，放入镀镍槽里，启动工作槽。镀镍完毕后，提出镀镍槽，使用清水洗净，可看到 PCB 孔内一层银白的镍层。

11. 表面防氧化处理

可以根据实际情况选用化学沉锡或者 OSP 铜做防氧化处理。

11.3.3 环保制板机的操作说明

1. 准备

首次使用设备时，需先按照要求配制好各槽液体。各工作槽装入液体后，插入加热管，在加热管上设置好温度，并接好电源，打开电源开关，启动设备。

2. 参数设置

按下 SET 键，进入参数设置界面。通过【↑】【↓】键选择需要设置的工序，按【ENT】键选中，并通过【↑】【↓】键设置好相应的数值，轻触【ENT】键保存。同样的操作可设置其他参数项，全部设置完成后，按【SET】键保存并退出。

3. 操作

待槽体到达设定温度后（玻璃加热管指示灯灭），用不锈钢挂钩将板件挂好，浸入槽体（需保证液位完全浸没板件）。通过【↑】【↓】键选中相应工艺，按【ENT】键运行设备，倒计时开始。待设定时间到，蜂鸣器报警提示，此时按【ENT】键关闭报警，取出板件，水洗，即可进行下一工序。

11.3.4　操作注意事项

（1）设备上电前，需检查液面是否高于设备指示的低液位，防止加热管干烧。

（2）切勿将各反应槽液体混合，否则将导致液体失效。

（3）请不要用手及身体其他部位直接接触各反应槽内的液体，以免化学液体伤害皮肤。

（4）设备长时间闲置时，需切断总电源，并将药液灌装密封保存。

（5）新液蚀刻一块 PCB 板约需 6 min（液温为 50℃），如超过 45 min 尚未蚀刻完全，请换新蚀刻液。

（6）液温越高蚀刻越快，但请勿超过 60℃（蚀刻铜箔时本身也会发热升温）。

任务 11.4　小型工业制板

对于复杂的电路，由于单面板只能在一个面上走线，并且不允许交叉，布线难度很大，布通率往往较低，因此通常只有电路比较简单时才采用单面板的布线方案，对于复杂的电路，通常采用双面板的布线方案。双面板是一种包括顶层（Top Layer）和底层（Bottom Layer）的电路板，顶层一般为元器件面，底层一般为焊接面；双面板两面都敷上铜箔，因此 PCB 图中两面都可以布线，并且可通过过孔在不同工作层之间切换走线。相对于多层板而言，双面板的成本不高，对于一般的应用电路，在给定一定面积时通常都能 100% 布通，因此目前一般的印制板都是双面板。

下面介绍如何使用科瑞特公司的小型工业制板设备制作具有工业水准的双面板，该套设备具有以下特点：

（1）制板速度较快（批量生产）；

（2）制作精度较高；

（3）具备镀锡、阻焊及字符工艺，焊接容易。

小型工业制板可分为六大块：底片制作、金属过孔、线路制作、阻焊制作、字符制作、OSP 工艺，其流程如图 11－39 所示。

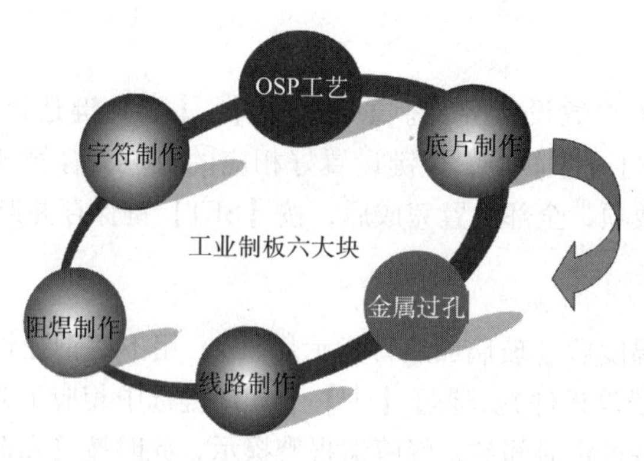

图 11－39 小型工业制板流程图

11.4.1 底片制作

底片制作是图形转移的基础，根据底片输出方式可分为底片打印输出和光绘输出，本节将介绍采用光绘输出方法制作光绘底片。

1. Gerber 格式文件导出

在 11.2.1 节中已介绍了在软件环境下导出 Gerber 格式文件，此处不再重复。

2. 添加 4 个定位孔

（1）导入各层数据。

现在打开 CAM350 软件，执行菜单命令【File】|【Import】|【AutoImport】，打开自动导入对话框，导入光绘和钻孔各层的数据文件，如图 11－40 所示。

AutoImport - D:\SXB

Filename	Type	Format	Import
Status Report.Txt	ASCII	N/A	☐
cam.drl	NC Data	Excellon - Drill	☑
cam.rpt	Unknown	N/A	☐
sxb.DRL	Unknown	N/A	☐
sxb.DRR	Unknown	N/A	☐
sxb.GBL	RS-274-X	MLA4.4	☑
sxb.GBS	RS-274-X	MLA4.4	☑
sxb.GKO	RS-274-X	MLA4.4	☑
sxb.GPB	RS-274-X	MLA4.4	☑
sxb.GPT	RS-274-X	MLA4.4	☑

<< Previous　Next >>　Finish　Cancel

图 11－40 自动导入对话框

在图 11－40 中单击文件名为 cam. drl 的【Excellon-Drill】复选框，在弹出的对话框中将【Integer】和【Decimal】选项均设置为 4，【单位】选择公制（Metric），并勾选上【Apply to All】。完成以上设置后，在图 4－40 中单击【Finish】按钮。导入 GBL、GBS、GTL、GTS、GKO、GTO 和钻孔数据后得到的 CAM 编辑视图如图 11－41 所示。

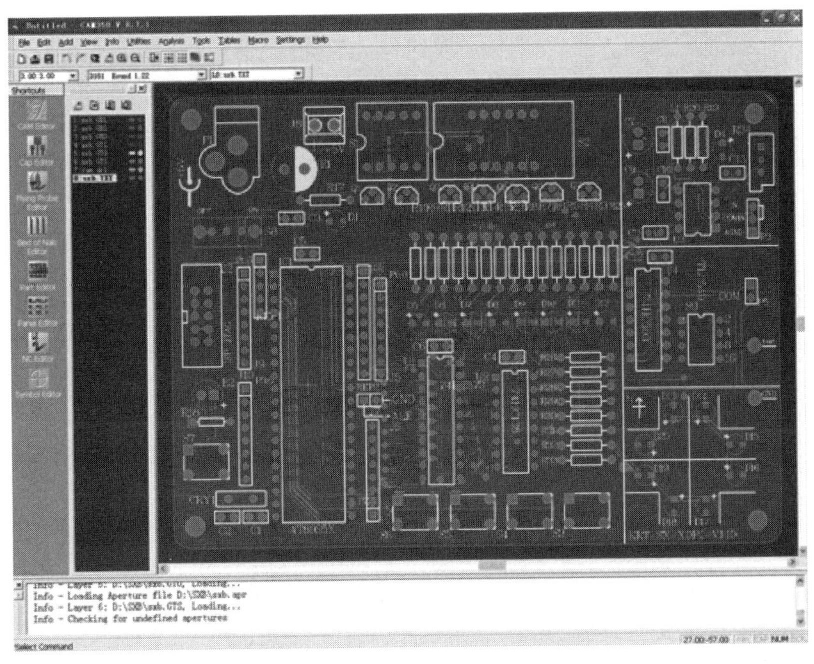

图 11－41　CAM 编辑视图

（2）为了便于后面添加定位孔，先进行以下设置。

① 设置鼠标移动精度。执行菜单命令【Settings】|【Unit】，选择 1/10000 后单击【OK】按钮。

② 设置一些常用快捷键。

- ＋：对图进行放大。
- －：对图进行缩小。
- S 键：使鼠标任意移动。
- W 键：框选。
- F 键：使焊盘空显。

（3）执行菜单命令【Tables】|【NC Tool Tables】，弹出如图 11－42 所示的【NC Tool Table】对话框。

在图 11－42 中可看到焊盘的孔径尺寸不一，需要对其进行修改、整合，使其满足实际钻头的直径大小，比如 0.762 0 和 0.812 8 应该改为 0.5，将 2 类孔径的尺寸整合为一类；添加一个直径为 3 mm 的定位孔，在 Tool Num 中添加一个孔径为 3 mm 的定位孔，编号紧随前面编号。单击【Combine Tools】按钮删除重复数据，在弹出的对话框中单击 YES 按钮，弹出如图 11－43 所示的整合孔径对话框。

选择图 11－43 中左边的孔径大小，如果右边的列表里有与左边孔径大小一样的数据时，双击该数据，删除之，完成后单击【Done】按钮，返回如图 11－42 所示的界面。这时可发现重复的数据已经不见了，剩下一些孔径大小不一样的数据，单击【Renumber Tools】按钮，对焊盘孔径重新编号，单击【OK】按钮退出。

（4）转入 NC 编辑器。

打开所有层，最后选中【cam. drl】层，双击数据可单选，单击数据可多选。执行菜

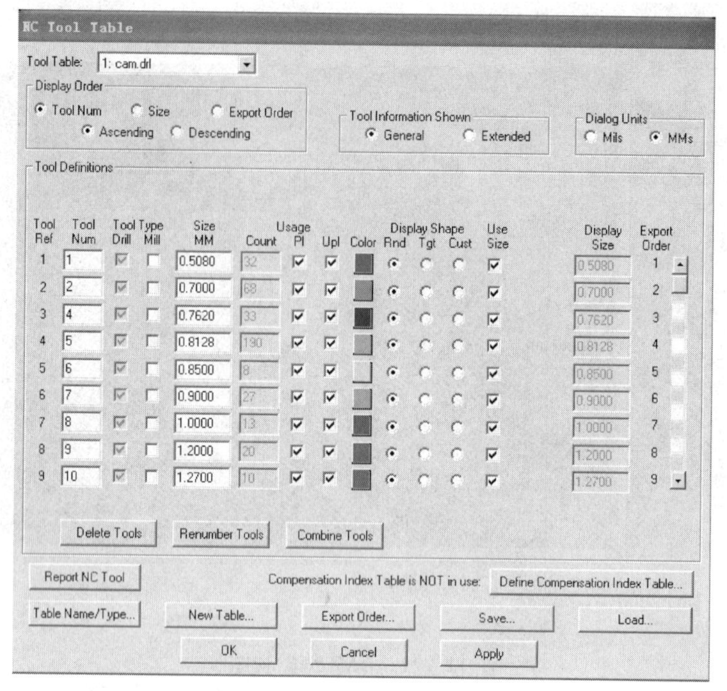

图 11-42 【NC Tool Tables】对话框

单命令【Tools】|【NC Editor】，在左上方选择所要添加的孔径直径大小，这里为 3 mm。按一次 F 键，使焊盘空显。

(5) 添加 4 个定位孔。

先用鼠标在 PCB 图左上角单击一次确定原点后，再执行菜单命令【Add】|【Drill Hit】，将看到鼠标上浮动一个带十字形的圆，双击右下角处显示鼠标坐标的地方，弹出如图 11-44 所示的对话框，在此设置定位孔坐标，此处选择【Rel】（实数）单选按钮，【X】设为 -5，【Y】设为 5，这样就设定好左上角的定位孔了。用同样方法设定另外 3 个定位孔。

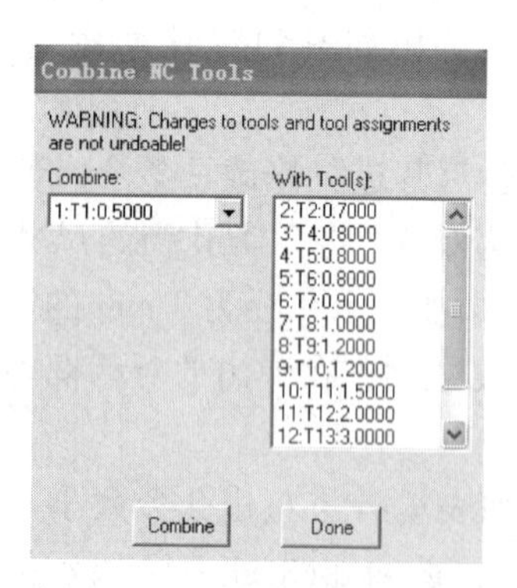

图 11-43 整合孔径对话框

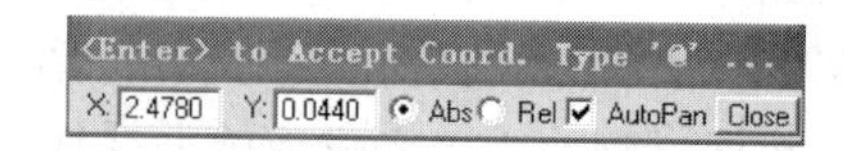

图 11-44 定位孔坐标设置对话框

添加 4 个定位孔后的视图如图 11-45 所示。

(6) 添加 4 个定位孔符号。

单击界面右上角的【Return to CAM Editor】按钮返回 CAM 编辑界面，添加定位孔符

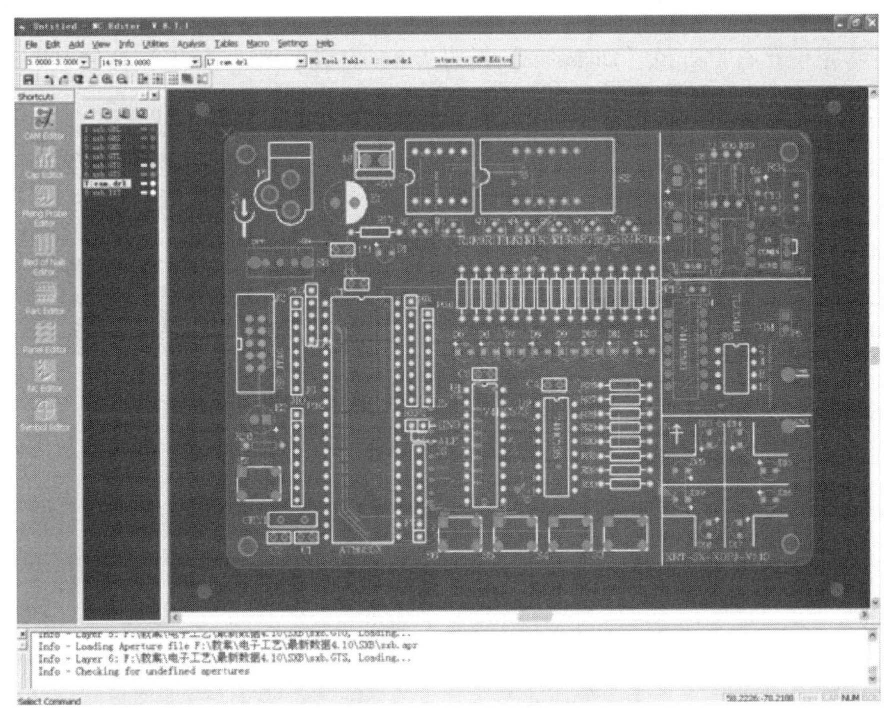

图 11－45　添加 4 个定位孔后的视图

号的具体方法如下。

① 选中 GKO＋任意一层（除了 drl 层和 txt 层）。此处选中 GKO＋GTS，其视图如图 11－46 所示。

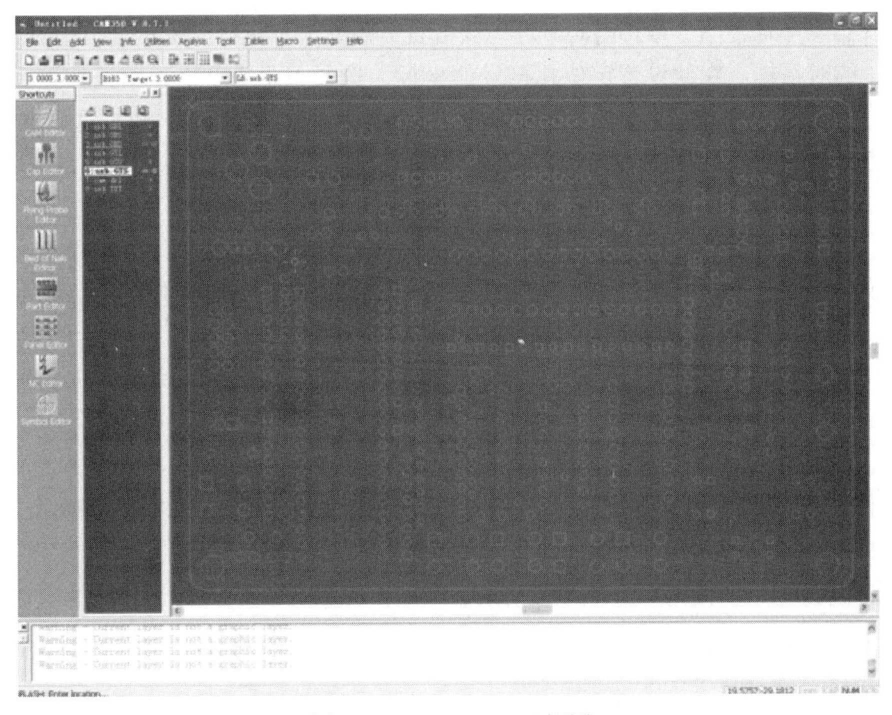

图 11－46　GKO＋GTS 视图

② 按 A 键，弹出如图 11 - 47 所示的对话框，【Shape】下拉列表一般选择【Target】选项，并将定位孔符号直径【Diameter】设置为 3，完成后单击【OK】按钮退出。

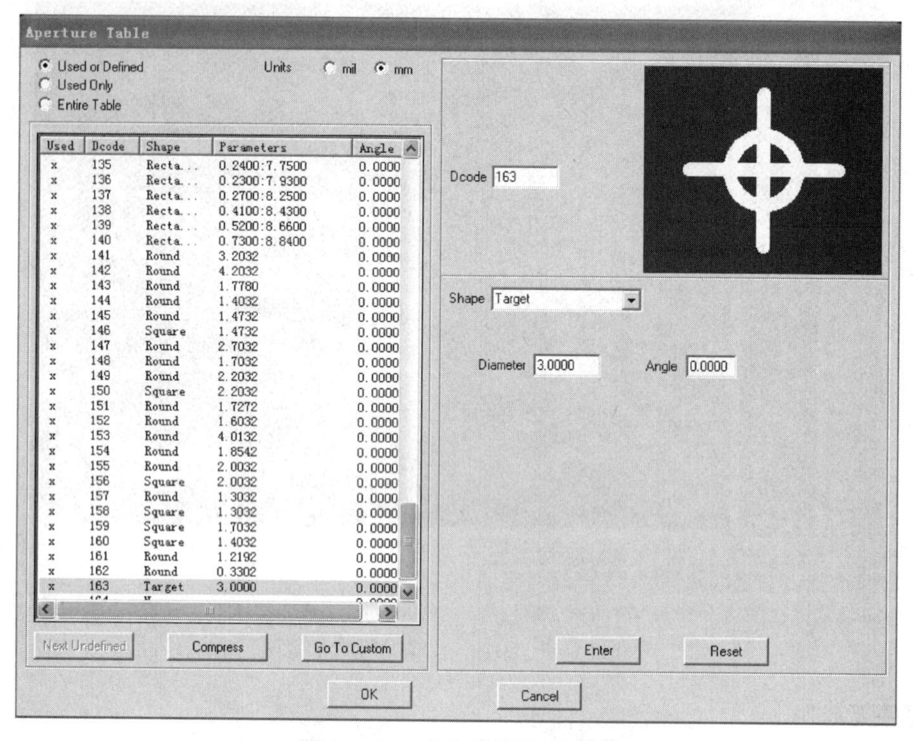

图 11 - 47　定位孔符号对话框

③ 在图 11 - 46 中用鼠标选择边框左上角作为原点（单击一下即可）。

④ 执行菜单命令【Add】|【Flash】，双击右下角处显示鼠标坐标的地方，弹出如图 11 - 44 所示的对话框。在此设置定位孔符号的坐标，选择 Rel（实数）单选按钮，【X】设为 - 5，【Y】设为 5。X、Y 轴的坐标必须与对应的定位孔的坐标值一致，这样就设定好左上角的定位孔符号了。用同样方法设定另外 3 个定位孔符号。

添加定位孔符号后的视图如图 11 - 48 所示。

（7）将定位孔符号复制到其他层。

执行菜单命令【Edit】|【Copy】，按 W 键，选中 4 个定位孔符号，可以看到符号显现为白色。单击 CAM 编辑界面的【To Layers】选项卡，弹出如图 11 - 49 所示的对话框，选中【GBL】、【GBS】、【GKO】、【GTL】、【GTO】、【GTS】六层，单击【OK】按钮退出。这样定位孔符号就复制到以上六层了。

（8）确定 PCB 原点，为后面的自动钻孔做准备。

执行菜单命令【Edit】|【Change】|【Origin】|【Space Origin】，一般将左上方定位孔作为原点，按【+】放大图形后，将鼠标十字形对准定位孔符号单击一下，会弹出一个对话框，选择【是】按钮对其忽略，即确定好原点。

3. 导出光绘文件和钻孔文件

至此，所有编辑、设置工作已经全部结束。现在进行导出光绘和钻孔文件的操作。

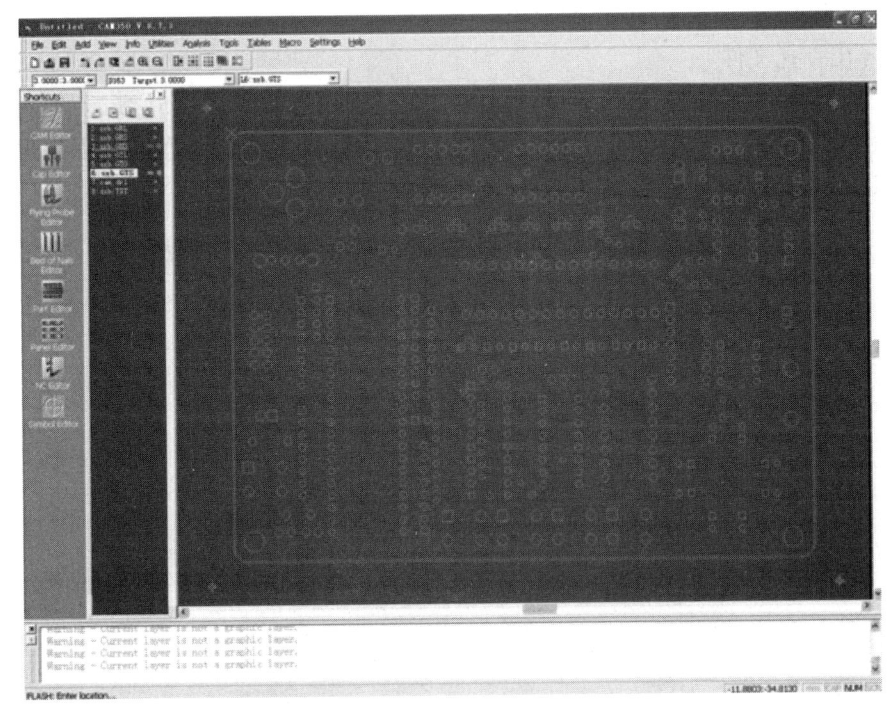

图 11－48　添加定位孔符号后的视图

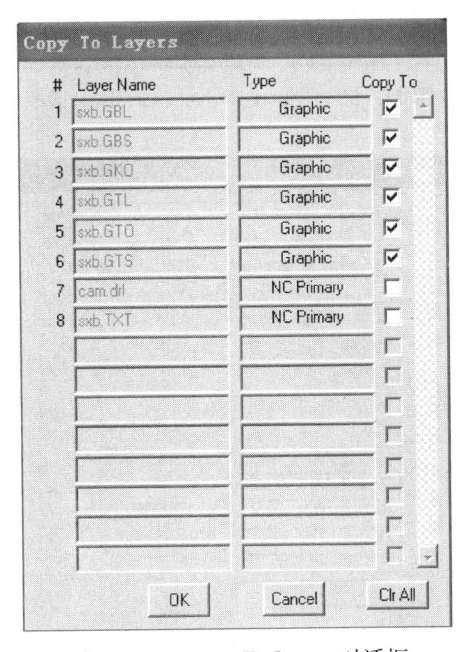

图 11－49　Copy To Layers 对话框

1）导出光绘文件

执行菜单命令【File】|【Export】|【Gerber Data】，弹出如图 11－50 所示的对话框，这里可以设置保存路径，如果更改默认的保存路径，必须单击 Apply 按钮使更改路径的设置生效；默认设置已选中【GBL】、【GBS】、【GKO】、【GTL】、【GTO】、【GTS】六层，按

照默认设置即可，单击【OK】按钮退出。

2）导出钻孔文件

执行菜单命令【File】|【Export】|【Drill Data】，弹出如图 11 - 51 所示的对话框。选择最后两个后缀名为 drl 的钻孔文件对应的【Export】复选框，同样可以更改保存路径。其他按照默认值设置即可，单击【OK】按钮退出。

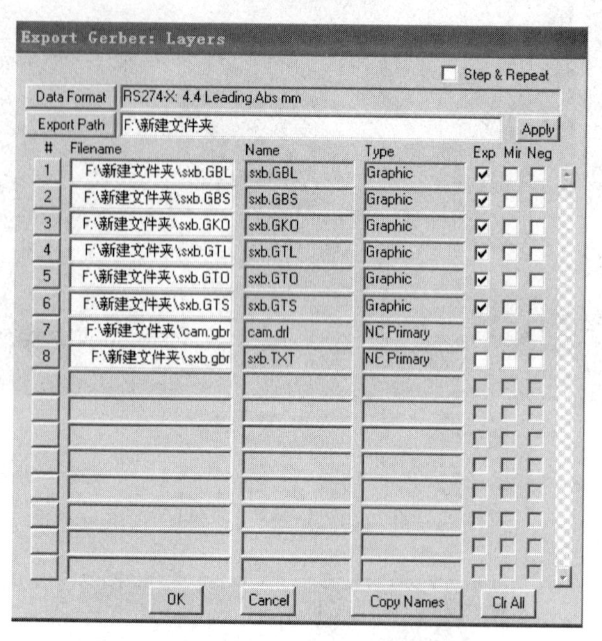

图 11 - 50　Export Gerber：Layers 对话框

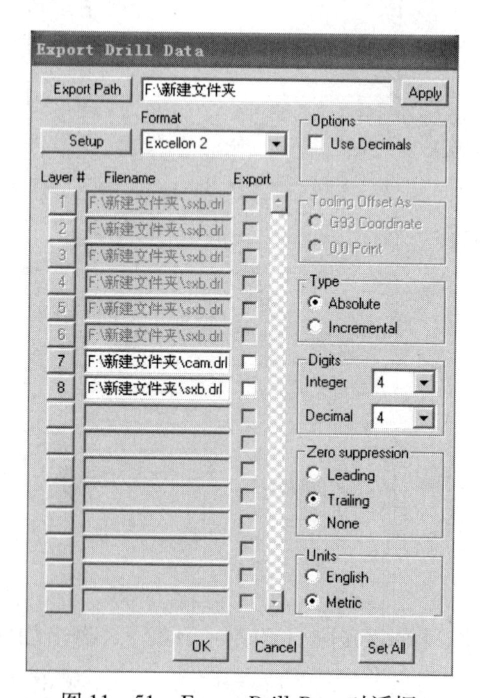

图 11 - 51　Export Drill Data 对话框

4. 印制板底片制作

打开 WD2000 光绘系统软件，执行菜单命令【F 文件】|【拼版打开】，打开之前导出 Gerber 数据所在的文件夹，弹出如图 11－52 所示的【Gerber 参数】对话框。选择将要光绘的层，双层板为 GBL、GTL、GBS、GTS、GTO，共 5 层。

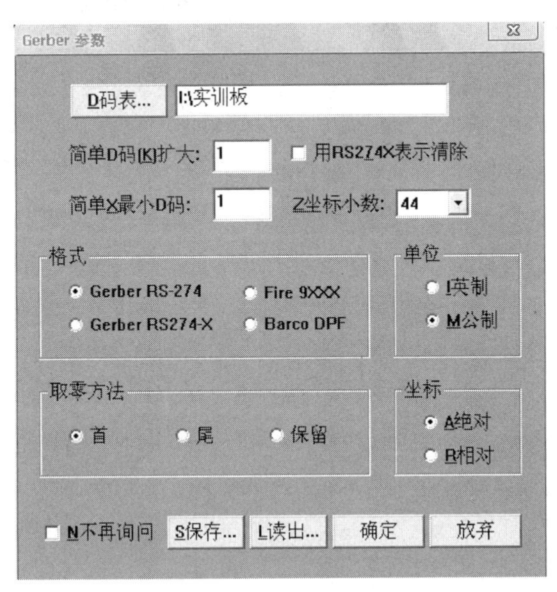

图 11－52　【Gerber 参数】对话框

连续单击【确定】按钮 5 次（共导出 5 层）后，得到如图 11－53 所示的拼版前视图。

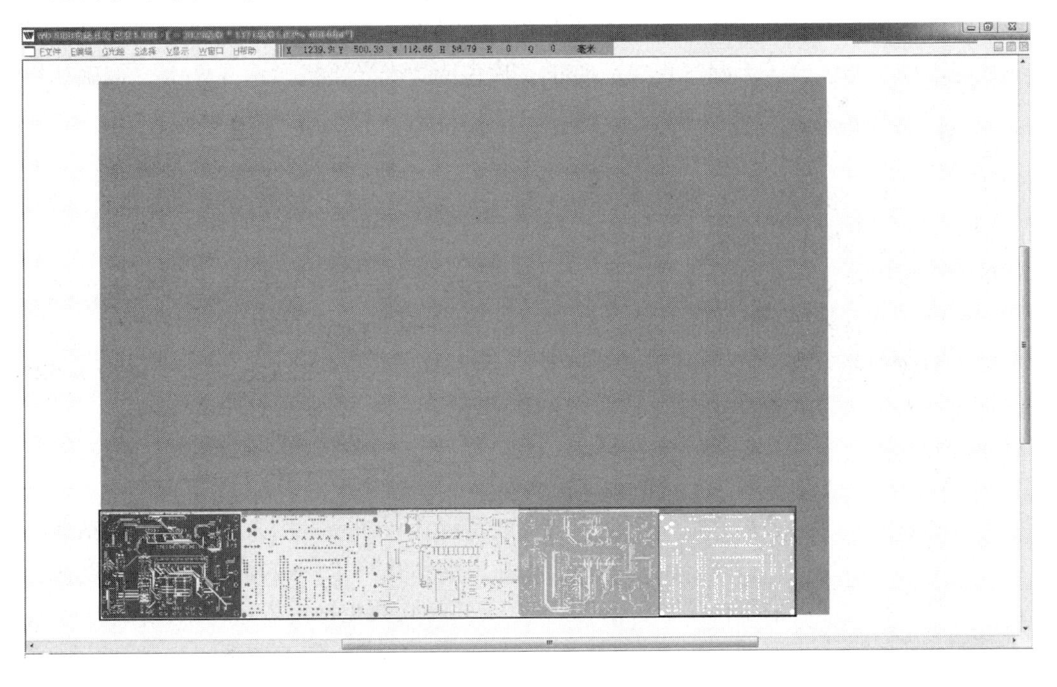

图 11－53　拼版前视图

对各层进行排版布局，必须在蓝色区域内，按 Page Up、Page Down 键可分别对视图进行放大、缩小。在此注意：选中 GTO（字符层），执行菜单命令【选择】|【负片】；选中 GBL（底层）、GBS（底层阻焊层），执行菜单命令【选择】|【镜像】|【水平】。排版完成后，得到如图 11－54 所示的排版后视图。

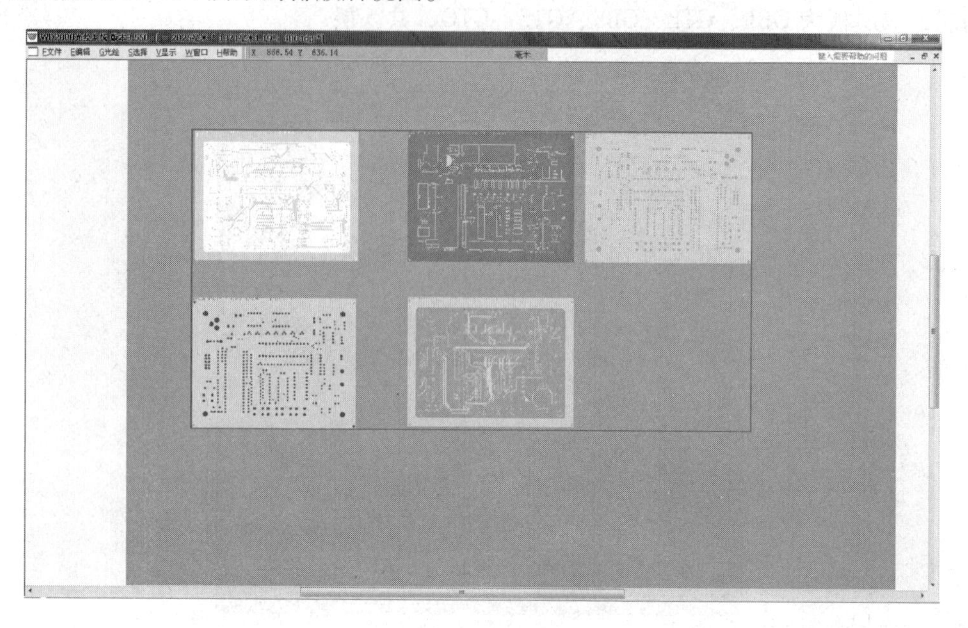

图 11－54 排版后视图

这里光绘设备采用的是科瑞特公司生产的 LGP2000 激光光绘机，联机后，启动负压泵，关闭计算机显示器再装片操作。手动上片时，药膜面朝外（底片缺口在左上），并确保底片与滚筒紧密吸合，无漏气现象，防止飞片。待激光光绘机显示屏显示“按确认键开始”后，按【确认】键启动机器。

返回光绘软件主界面，执行菜单命令【文件】|【输出】，选择直接输出方式；照排完毕后，激光光绘机显示：照排结束。按【确认】键后，停止照排；待滚筒停止运转后，取出底片，注意此时的底片仍不能见光。

将底片送入自动冲片机，该处采用科瑞特公司生产的 AWM3000 自动冲片机，经过显影、定影后，就完成了印制板底片的制作，此时底片可以见光。

具体参数设置如下：显影液温度为 32℃，定影液温度设为 32℃，烤箱温度设为 52℃，走片时间设为 48 s。

5. 自动钻孔

面对复杂的电路，必然有很多焊盘、过孔或定位孔，如果采用人工方式进行钻孔，工作量将非常大，而且精度不高。因此，目前工业上的钻孔均采用数控钻铣机，速度快、精度高。这里，我们同样采用科瑞特公司生产的 VCM3000 数控钻铣机进行钻孔操作。

自动钻孔的操作步骤如下。

（1）将电路板固定在钻铣机的加工面板上，用胶布粘好。

（2）启动钻铣操作软件 JTNC，进入 JTNC 主界面，如图 11－55 所示。单击左上方的钻孔，文件类型选择 Gerber 格式（＊.drl），导入之前导出的名为 cam.drl 的钻孔文件，导入钻孔文件后的 JTNC 界面如图 11－56 所示。

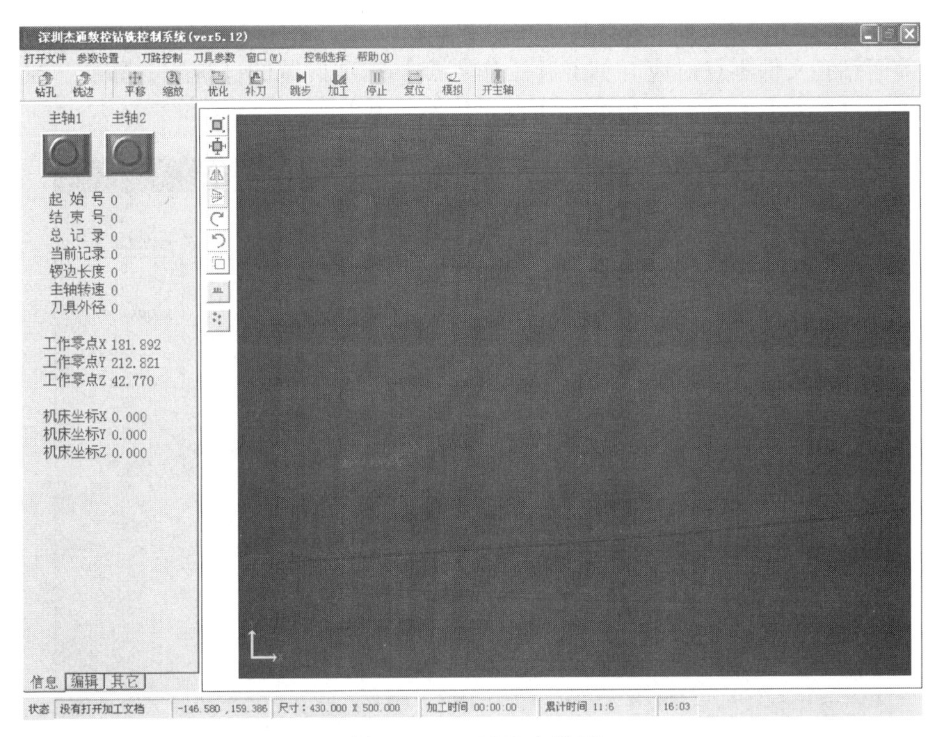

图 11－55　JTNC 主界面

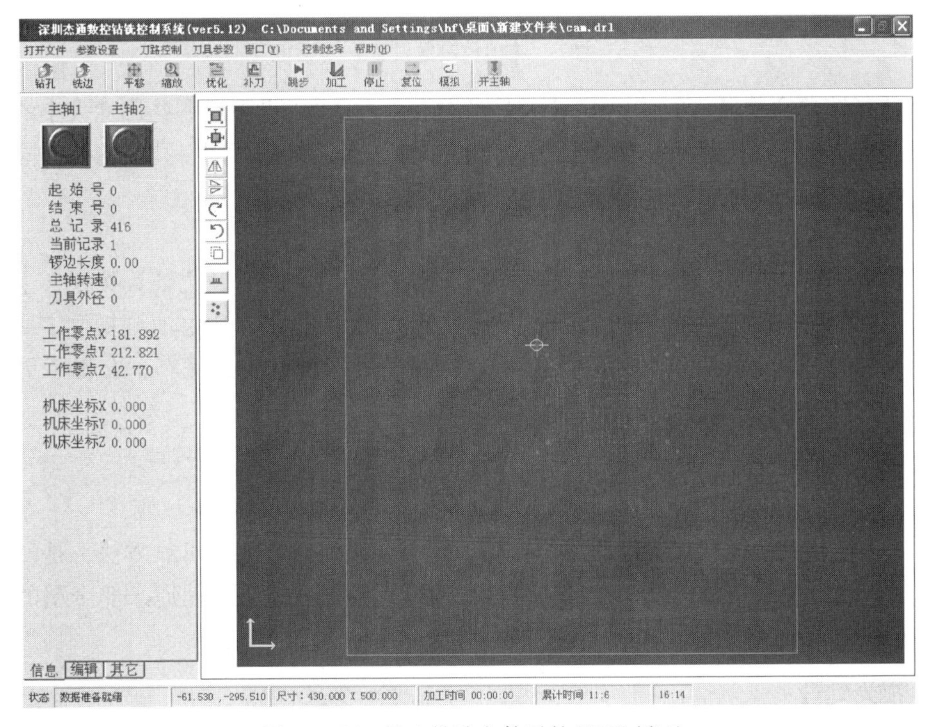

图 11－56　导入钻孔文件后的 JTNC 界面

（3）JTNC 操作软件参数设置。

① 执行菜单命令【参数设置】|【用户参数设置】，弹出如图 11－57 所示的对话框。通过移动 X 轴、Y 轴使主轴的钻头位于电路板的左上方，这样就设定好工作零点，此工作零点与前面钻孔文件零点对应。单击【工作零点】选项区域的【标定】按钮，确定工作零点，单击【保存】按钮，最后单击【返回】按钮退出。

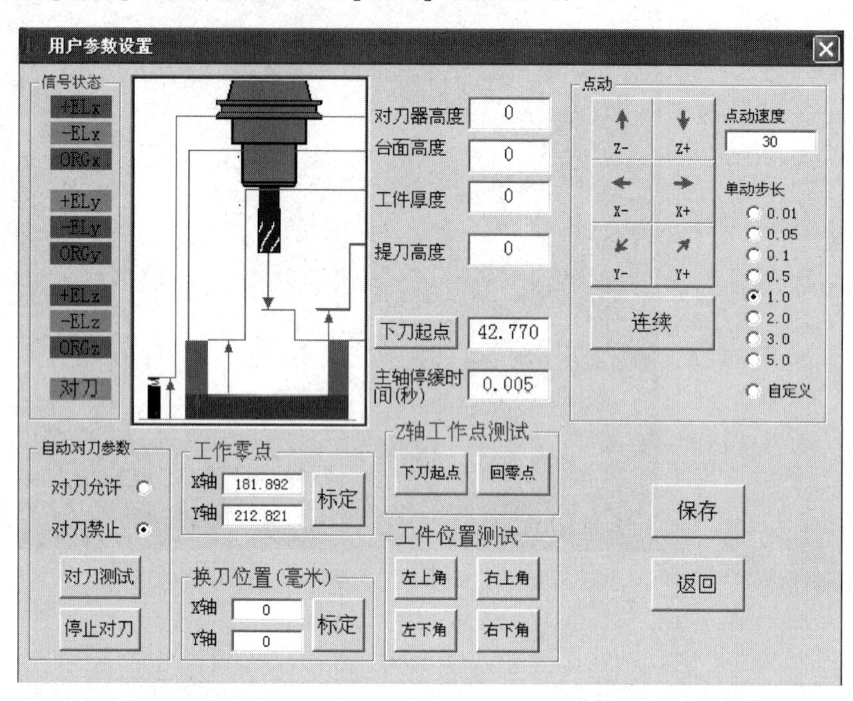

图 11－57　【用户参数设置】对话框

② 执行菜单命令【刀具参数】|【刀具参数设置】，可以设置对哪些尺寸大小的孔进行操作，还可以设置钻孔速度等。单击【优化】按钮，经过优化后同一孔径的孔在同一区域中，自动按最短距离排序。

（4）钻孔操作。

用鼠标左击左方主轴 1 的指示灯，再单击上方工具栏中的【开主轴】按钮，主轴速度以24 000 左右为宜，这样便启动了主轴 1。单击【复位】按钮，让主轴 1 复位，最后单击【加工】按钮，即可对电路板进行钻孔操作，当某一孔径的孔加工完毕，会提示更换另一种规格大小的钻头。

11.4.2　金属化孔

金属化孔是双面板和多层板的孔与孔间、孔与导线间导通的最可靠方法，是印制板质量好坏的关键，它采用将铜沉积在贯通两面导线或焊盘的孔壁上，使原来非金属的孔壁金属化。在双面板和多层板电路中，这是必不可少的工序。

1. 抛光处理

功能：去除电路板金属表面氧化物、保护膜及油污，进行表面抛光处理。这里采用的是科瑞特公司生产的全自动线路板抛光机，该机集送入、刷磨、水洗、吸干到送出于一体，具有板基双面抛光特点。

抛光机开机顺序：合上电源开关—接通水源，开启刷辊喷淋管—开启刷辊 1、刷辊 2、热风机—开启传送开关—摆放工件，速度中速，抛光效果较好。

2. 沉铜

金属化孔的过程需经过去油、浸清洗液、孔壁活化通孔、化学沉铜、电镀铜加厚等一系列工艺过程才能完成。化学沉铜被广泛应用于有通孔的双面板或多层板的生产加工中，其主要目的在于通过一系列化学处理方法在非导电基材上（主要指孔壁）沉积一层导电体，通过氧化 - 还原反应金属让镀铜液中的铜离子还原为铜单质覆盖导电体的过程。金属化孔要求金属层均匀、完整，与铜箔连接可靠，电性能和机械性能符合标准。

这里采用的是科瑞特公司生产的 PHT4500 智能沉铜机。在智能沉铜机上进行导电体沉积，步骤如下。

（1）预浸：5 min，去除孔内毛刺和调整孔壁电荷。

（2）水洗：1 min，防止预浸液破坏下个环节的活化液。

（3）烘干：将电路板至于烘干箱，温度设为 100℃，烘干 5 min，防止液体堵孔（针对小孔）。

（4）活化：5 min，通过物理吸附作用，使孔壁基材的表面吸附一层均匀细致的石墨炭黑导电层。

（5）通孔：1 min，垂直上下两次换边，只要看见孔都通了即可。活化后孔内已全堵上，需使孔内畅通无阻。注意：时间超过 1 min，将吸掉孔壁上活化液，导致活化失败。

（6）烘干：将电路板至于烘干箱，温度设为 100℃，烘干 5 min，短时间高温处理，以增进石墨炭黑与孔壁基材表面之间的附着力。

（7）微蚀：0.5 min，为确保电镀铜与基体铜有良好的结合，必须将铜上的石墨炭黑除去。

（8）水洗：1 min，去除微蚀液。

（9）抛光：去除表面氧化物。

3. 镀铜

此处采用 CPC5000 智能镀铜机进行镀铜操作，利用电解的方法使铜离子还原成铜单质沉积在工件表面，以形成均匀、致密、结合力良好的金属铜层。步骤如下。

（1）用金属夹具将沉好导电体（石墨）的电路板拧紧接好，将电路板需要镀铜的部分浸入镀铜液中，不锈钢夹具挂钩拧紧接好在镀铜机阴极杆上。

（2）调节电流到适宜电流大小，对于单面板按 1.5 A/dm^2 计算电流大小，双面板翻倍。

（3）电镀：电镀时间以 30 min 左右为宜，待电镀完成时，取出电路板用清水冲洗干净，放入抛光机内刷光。

（4）最后，将电路板置于烘干箱进行烘干，让铜与孔壁结合得更好，温度设置为 100℃，烘干 5 min。

11.4.3 线路制作

线路制作的目的是将底片上的电路图像转移到电路板上，具体方法有丝网漏印法、光化学法等。现在主要介绍光化学法中的光敏湿膜法，该法适用于品种多、批量的印制电路板生产，它的尺寸精度高，工艺简单，对于单面板或双面板都能适用。光敏湿膜法线路制作工艺流程如图 11－58 所示。光敏湿膜法的主要工艺流程：电路板表面处理（BFM2000）—丝印感光油墨（MSM2000）—油墨固化（PSB3000）—曝光（EXP3600，实际用 EXP3300 图片）—显影（DPM6000）—镀锡（CPT4000）—脱膜（ARF4000）—腐蚀（AEM6000）—检测。

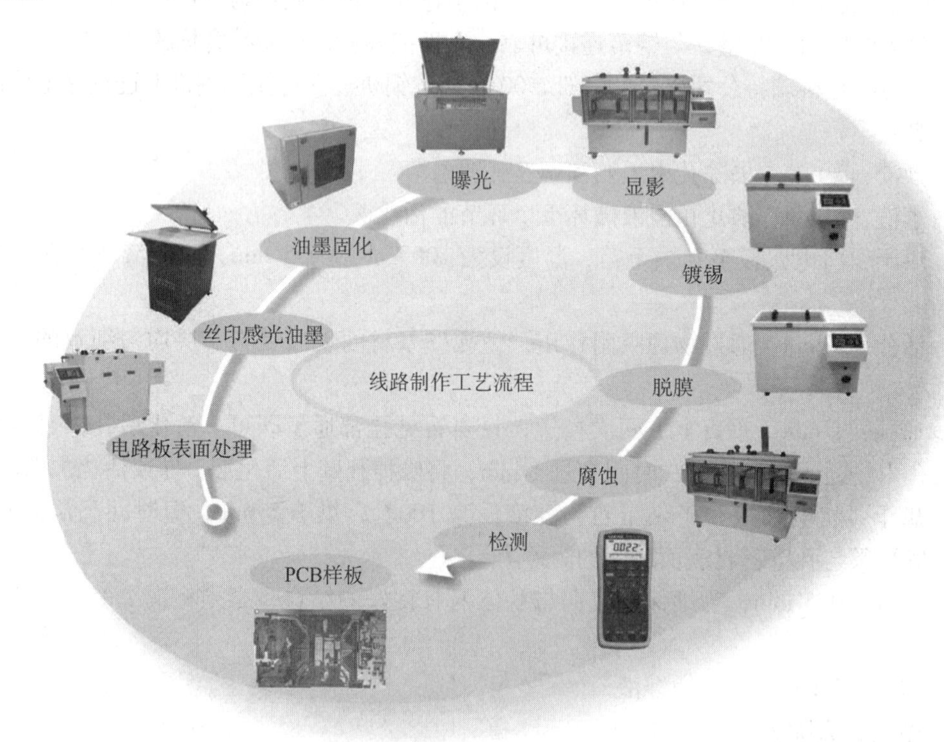

图 11－58　光敏湿膜法线路制作工艺流程

光敏湿膜法线路制作的具体操作步骤如下。

1. 电路板表面处理

（1）电路板表面处理：一般采用抛光机进行抛光处理，清除表面油污，以便湿膜可以牢固地粘贴在电路板上。

（2）固定丝网框：将准备好的丝网框固定在丝印台上，用固定旋钮拧紧。

（3）放置边角垫板：在丝印机底板放置好两块边角垫板，主要方便进行双面油墨印刷，印刷完一面再印刷另一面时，防止与工作台面接触使油墨受损。

（4）放板：把需要印刷油墨的敷铜板放上去，摆放好位置。

（5）调节丝网框的高度：调节丝网框的高度主要是为了避免在印刷油墨时丝网与电路

板粘在一起，丝网框前部（被固定处）的铝合金框架离丝印台面约 15 mm，丝网框后部的铝合金框架离丝印台面约 8 mm。

(6) 提取适量的蓝色感光油墨放在丝网上，先用手将丝网框提高一点，在丝网上表面来回轻刮一次（均匀预涂），使丝网表面均匀分布一层线路油墨（注意：不要将油墨刮到敷铜板上）；然后，将丝网框平放，双手握住刮刀，方向斜上 45°均匀从下往上用力推过去，对于双面板两面均要刷上蓝色感光油墨。

(7) 刮好感光油墨的电路板需要烘干，将电路板置于烘干箱竖放，根据感光油墨特性，烘干箱温度设置为 75℃，时间约为 25 min。

2. 线路对位

线路对位是在刮好感光线路油墨的电路板上进行。打开曝光机的对位灯，将底片与电路板进行对位。判断标准是底片上所有的孔全部遮盖了线路板的孔。

3. 线路对位曝光

曝光的基本原理是在紫外光照射下，光引发剂吸收了光能分解成游离基，游离基再引发光聚合单体进行聚合交联反应，反应后形成不溶于稀碱溶液的体型大分子结构。这里采用的是科瑞特公司生产的 EXP3600 曝光机，该曝光机的有效曝光面是底面，对已经对位好的电路板进行曝光，曝光的部分被固化，经光源作用将原始底片上的图像转移到感光底板上，在后续流程中通过显影可呈现图形。

线路对位曝光操作步骤如下。

(1) 图形对位：将顶层线路底片和底层线路底片通过定位孔分别与电路板两面（底片的放置按照有形面朝下、背图形面朝上的方法放置）对位好并用透明胶固定。

(2) 抬起上罩框，将上一步的电路板放于曝光机的玻璃板上。

(3) 落下上罩框，并将玻璃板推进曝光机内。

(4) 启动曝光机，曝光时间设置为 20 s（备注：时间设置与曝光灯管已使用有效曝光时间有关，实际操作中，需要曝光试板）。

(5) 按下真空启动按钮，待真空表指针稳定后，按下曝光启动按钮，开始曝光。

(6) 曝光结束后，拉出玻璃板，抬起上罩框将电路板翻一面，重复（2）～（6）步骤。

注意：曝光操作必须在暗室进行；曝光机不能连续曝光，中间间隔至少 3 min。

4. 线路显影

显影是将没有曝光的湿膜层部分除去，得到所需电路图形的过程。显影原理：由于底片的线路部分是黑色的，而非线路部分是透明的，经过曝光流程后，线路没曝光，被保护起来，而非线路曝光了；曝光部分的线路感光油墨被固化了，而没有曝光的线路感光油墨没有被固化，经显影后可去掉。

显影操作前需严格控制显影液的浓度和温度，显影液浓度太高或太低都易造成显影过头或不净。显影时间过长或显影温度过高，都会对湿膜表面造成劣化，在电镀或碱性蚀刻时出现严重的渗镀或侧蚀。

这里采用的是科瑞特公司生产的 DPM6000 全自动显影机，显影操作方法如下：

（1）开启加热开关，工作温度设置为 45℃。

（2）当温度加至 45℃时，启动传动开关。

（3）启动显影按钮将线路板放在滚轮上。

（4）显影完成后用清水清洗干净。

（5）首次显影时，为了掌握最佳显影时间和双面板显影速率，应先试显影一块双面板观察显影效果。如果显影不彻底应调慢传送速度，如果两面显影不一致需调节上下球阀的开通角度，调节显影压力，直到效果满意为止。

5. 镀锡

镀锡主要是在电路板部分镀上一层锡，用来保护线路部分（包括器件孔和过孔）不被蚀刻液腐蚀。镀锡与镀铜原理一样，只不过镀铜是整板镀铜，而镀锡只对线路部分镀锡。镀锡前，将电路板进行微蚀，进一步去除残留的显影液，再用清水冲洗干净。

这里采用的是科瑞特公司生产的 CPT4000 智能镀锡机，操作步骤如下。

（1）用夹具将显影后的电路板拧接固定好，并置于智能镀锡机中。

（2）设置电流大小：电流标准为 $0.5A/dm^2$，这里的面积指布线有效面积（即露铜面积），而不是线路板面积。

（3）电镀：电镀时间大约 20 min，完成后取出电路板。

6. 脱膜

将前一步的电路板放入脱膜液，将被固化的线路感光油墨清理，露出敷铜部分，为下一步对铜的腐蚀做准备。脱膜后，将电路板用清水清洗干净。

7. 腐蚀

腐蚀是以化学的方法将线路板上不需要的那部分铜箔除去，使之形成所需要的电路图。这里采用的是科瑞特公司生产的 AEM6000 全自动腐蚀机，腐蚀操作方法如下。

（1）开启加热开关，工作温度设置为 45℃。

（2）当温度加至 45℃时，启动传动开关，传动速度要根据经验设定（传动速度与液体温度、液体浓度有关）。

（3）启动腐蚀，按钮将电路板放在滚轮上。

（4）腐蚀完成后用清水清洗干净。

8. 褪锡

褪锡的目的是去除锡层，露出铜层，有利于高要求的工业生产级别焊接；若是实验实训，则不需要褪锡。这里采用的是科瑞特公司生产的 AES6000 全自动褪锡机，具体操作步骤如下。

（1）通电自检：开启电源后，系统进入自检状态，自检后会自动进入主界面。

（2）按键功能及参数。【传送】键：可选择传送电机的前进、暂停状态，选择此键后需按确定键；【时间】键：可设置时间的长短，选择此键后液晶屏上显影温度的数字会闪烁，按【+】或【-】就可以设置时间，再按【确认】键即可；参数设置完毕后，按

【启动】键退出界面回到主界面。

褪锡后将电路板用清水清洗干净。

9. 抛光

抛光的目的是去除电路板表面的残留物和氧化层。

10. 烘干

烘干的目的是将线路板烘干，将线路板置于烘干箱，温度设为 100℃，烘干 3 ~ 5 min。

11. 检测

对烘干后的线路板用万用表检测线路通断、过孔通断和元器件孔的通断。

11.4.4　阻焊制作

阻焊制作是将底片上的阻焊图像转移到腐蚀好的电路板上，它的主要作用有：防止在焊接时造成线路短路现象（如锡渣掉在线与线之间或焊接不小心等）。如果线路板需要做字符层必须要做阻焊层，它的制作流程与线路显影前 5 个工艺流程一样：电路板表面处理—丝印阻焊油墨—油墨固化—曝光—显影—目测。阻焊制作工艺流程如图 11 - 59 所示。

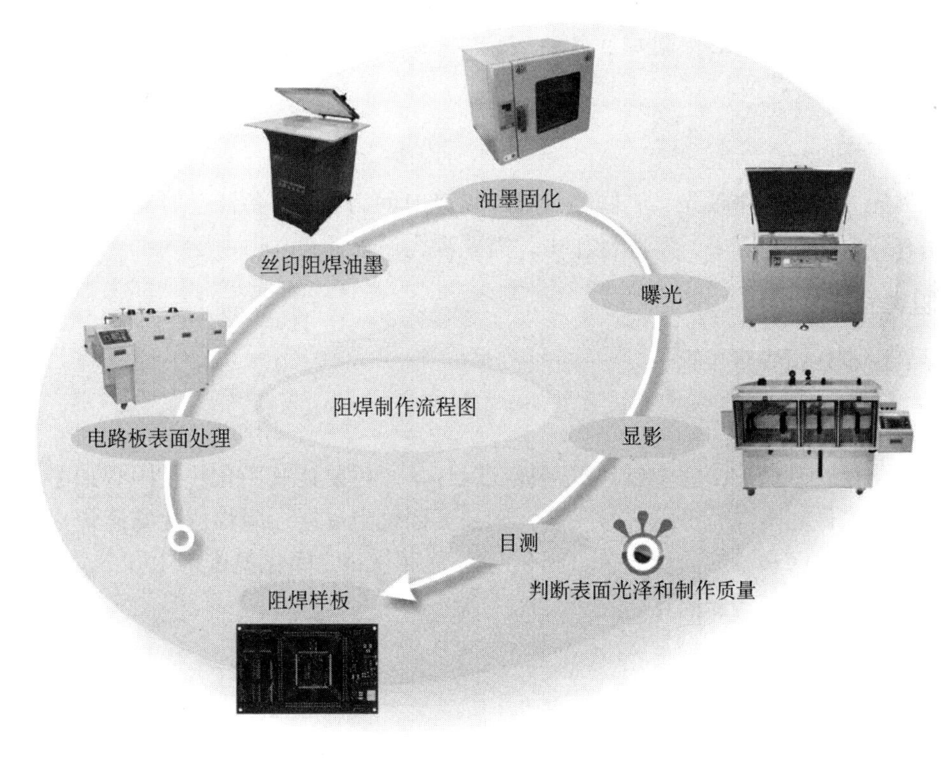

图 11 - 59　阻焊制作工艺流程

1. 具体操作步骤

（1）电路板表面处理：一般采用抛光机进行抛光处理，清除表面油污，以便湿膜可以牢固地粘贴在电路板上。

（2）固定丝网框：将准备好的丝网框固定在丝印台上，用固定旋钮拧紧。

（3）放置边角垫板：在丝印机底板放置边角垫板，主要用于刮双面板，刮完一面再刮另一面时，防止与工作台面摩擦使油墨受损。

（4）放板：把需要刮油墨的电路板放上去，摆放好位置。

（5）调节丝网框的高度：调节丝网框的高度主要是为了避免在印刷油墨时丝网与电路板粘在一起，丝网框前部（被固定处）的铝合金框架离丝印台面约 15 mm，丝网框后部的铝合金框架离丝印台面约 8 mm。

（6）提取适量的阻焊油墨放在丝网上，先用手将丝网框提高一点，在丝网上表面来回轻刮一次，使丝网表面均匀分部一层阻焊油墨（注意：不要将油墨刮到电路板上）；然后，将丝网框平放，双手握住刮刀，方向斜上 45℃ 均匀用力从下往上推过去。对于复杂双面板两面均要刮上阻焊油墨，阻焊油墨由感光阻焊油墨和阻焊固化剂配置，其比例为 3∶1。

（7）刮好阻焊油墨的电路板需要烘干，将电路板置于烘干箱竖放，根据阻焊油墨特性，烘干箱温度设置为 75℃，时间为 20 min 左右。

2. 阻焊对位

阻焊对位是在印好阻焊油墨的电路板上进行阻焊底片图形对位，根据 CAM 软件里设置的定位孔，将顶层（GTS）阻焊底片、底层（GBS）阻焊底片分别与电路板两面进行定位。

3. 阻焊曝光

阻焊曝光方法同线路曝光，不同的是阻焊曝光时间为 80s（备注：时间设置与曝光灯管已使用有效曝光时间有关，实际操作中，需要曝光试板）。

4. 阻焊显影

阻焊显影步骤同线路显影。

5. 阻焊固化

阻焊固化也就是烘干，它主要是电路板在阻焊显影后要让其固化，使阻焊油墨在焊接时不易脱落；若做完阻焊后不需要做字符，则需要固化阻焊层，阻焊固化与阻焊烘干操作方法一样，只有时间和温度需要调节，固化时间为 30 min，固化温度为 150℃。若做完阻焊后需要做字符，则不需要固化。

11.4.5 字符制作

字符制作主要是在做好的电路板上印上一层与元器件对应的符号，在焊接时方便插贴元器件，也方便了产品的检验与维修。字符制作较为简单，其工艺流程如图 11－60 所示。

（1）刮感光字符油墨：操作方法同刮感光线路油墨和阻焊油墨。

（2）烘干：将电路板放在烘干箱内烘干，烘干箱温度设为 75℃，时间为 20 min。

（3）曝光：操作方法同线路曝光，不同的是这里曝光时间设为 45s（备注：时间设置与曝光灯管已使用有效曝光时间有关，实际操作中，需要曝光试板)。

（4）显影：操作方法同阻焊显影。

（5）水洗：将电路板用清水清洗干净。

（6）烘干：高温烘干的目的是进一步固化字符油墨和阻焊油墨，烘干箱温度设为 150℃，时间设为 30 min。

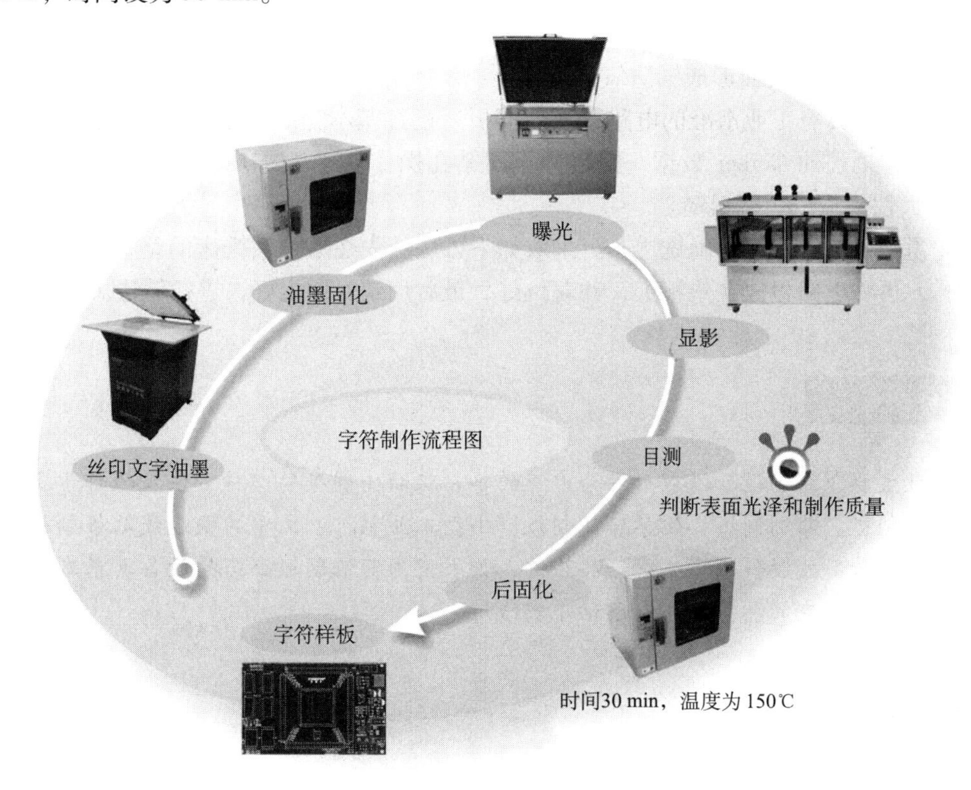

图 11-60　字符制作工艺流程

11.4.6　OSP 工艺

OSP 工艺是在焊盘上形成一层均匀、透明的有机膜，该涂覆层具有优良的耐热性，能适用于不洁助焊和锡膏。OSP 工艺与多种最常见的波峰焊助焊剂包括无清洁作用的焊剂均能相容，它不污染电镀金面，是一种环保制程。

这里采用的是科瑞特公司生产的 OSP4000 铜防氧化机，启动电源，在系统状态下按【SET】键设置每个工序的时间，它们分别为：除油 2 min、水洗 1 min、微蚀 0.5 min、酸洗 1 min、水洗 1 min、成膜 3 min。

各部功能如下。

（1）除油：除去电路板焊盘上的油污，除油效果的好坏直接影响到成膜品质，除油不良将导致成膜厚度不均匀。

（2）水洗：将电路板上的除油液清洗干净，防止板上剩余除油液带入微蚀槽，污染微蚀液。

（3）微蚀：微蚀的目的是形成粗糙的铜面，便于成膜，微蚀的厚度直接影响成膜速率。因此，要形成稳定的防氧化膜，保持微蚀厚度的稳定是十分重要的，一般将微蚀厚度控制在 1.0 ~ 1.5μm 比较合适。

（4）酸洗：去除板材上的氧化物。

（5）水洗：防止板材上剩余的酸洗液带入成膜槽，污染成膜液，所以经酸洗后的板材应水洗干净。

（6）成膜：在铜表面形成铜防氧化膜。

至此，一个具有工业水准的电路板（双面板）已经基本完成，最后一步是铣边。前面已经导出了边框层的 Gerber 数据，铣边操作同钻孔操作基本一样，不同的是铣削速度设为 1，速度太快易造成边框粗糙。

在此为了能对电路板精确铣边，可采取如下方法：先在数控钻铣床的垫板上对四个定位孔钻孔，再将电路板放在垫板上，并对位好，最后用销钉固定好，进行铣边。

项目小结

本项目主要介绍了现阶段应用最为广泛的单、双面印制板的四种方法及操作步骤，分别为热转印制板、雕刻制板、化学环保制板、小型工业制板。文中的快速线路板制板设备是以湖南科瑞特科技股份有限公司产品为例，如果采用其他制板公司的设备其基本原理是相同的，读者可以查阅相关资料自己动手实践。

项目练习

1. 运用热转印制板方法制作项目 10 中无线窃听器电路的 PCB 板。
2. 运用雕刻制板方法制作项目 10 中无线窃听器电路的 PCB 板。
3. 运用化学环保制板方法制作项目 10 中单片机实时时钟电路的 PCB 板。
4. 运用小型工业制板方法制作项目 10 中单片机实时时钟电路的 PCB 板。

参 考 文 献

[1] 叶建波 . Protel 99 SE 电路设计与制板技术 . 北京：北京交通大学出版社，2011.
[2] 李瑞，耿立明 . Altium Designer 14 电路设计与仿真 . 北京：人民邮电出版社，2014.
[3] 杨晓琦 . 完全掌握 Altium Designer 14 超级手册 . 北京：机械工业出版社，2015.
[4] 张青峰 . Altium Designer 14 中文版从入门到精通 . 北京：机械工业出版社，2015.
[5] 郭兵 . Altium Designer 实战攻略与高速 PCB 设计 . 北京：电子工业出版社，2015.